WILLIAM PEREIRA ALVES

BANCO DE DADOS

teoria e desenvolvimento

2ª edição

érica

Av. Paulista, 901, 4º andar
Bela Vista – São Paulo – SP – CEP: 01311-100

SAC | Dúvidas referentes a conteúdo editorial, material de apoio e reclamações:
sac.sets@saraivaeducacao.com.br

Direção executiva Flávia Alves Bravin
Aquisições Rosana Ap. Alves dos Santos
Edição Neto Bach
Produção editorial Daniela Nogueira Secondo

Preparação Ricardo Franzin
Revisão 3C Serviços Editoriais
Projeto gráfico e diagramação Ione Franco
Capa Tiago dela Rosa
Imagem da capa © Stone/ Maciej Frolow
Impressão e acabamento Gráfica Paym

DADOS INTERNACIONAIS DE CATALOGAÇÃO NA PUBLICAÇÃO (CIP)
ANGÉLICA ILACQUA CRB-8/7057

Alves, William Pereira
Banco de dados : teoria e desenvolvimento / William Pereira Alves. – 2. ed. – São Paulo: Erica, 2021.
368 p.

Bibliografia
ISBN 978-85-365-3374-2 (impresso)

1. Banco de dados. I. Título.

20-0417 CDD 005.74
CDU 005

Índice para catálogo sistemático:
1. Banco de dados

2ª edição
5ª tiragem: 2022

CO 10439 CL 642558 CAE 728183

Fabricantes

Produtos: SQL Server, Visual Studio e C#

Fabricante: Microsoft Corporation

Site: https://www.microsoft.com/pt-br/

Produtos: Oracle, MySQL e Java

Fabricante: Oracle Corporation

Site: https://www.oracle.com

Produto: PostgreSQL

Fabricante: PostgreSQL, Inc.

Site: http://www.postgresql.com

Produto: C++ Builder

Fabricante: Embarcadero Technologies Inc.

Site: http://www.embarcadero.com

Produto: Netbeans

Fabricante: Apache Software Foundation

Site: https://netbeans.org

Requisitos de Hardware e de Software

Os requisitos apresentados a seguir destinam-se à utilização nos Capítulos 3 e 4.

Requisitos de Hardware

- Microcomputador com processador Intel Core i5 ou compatível.
- Capacidade de memória RAM de 4 GB.
- Capacidade de disco rígido de 500 GB.
- Placa de vídeo SVGA.
- Monitor de 15 polegadas.
- Mouse.
- Modem e acesso à internet.

Requisitos de Software

- Sistema operacional Windows 10 ou superior.
- Visual Studio 2019 Community Edition.

Dedicatória

Especialmente à minha querida esposa, Lucimara, e aos meus dois filhos, Brian e Liam.

Em memória de meu pai, meus avós e meus sogros.

Ao leitor ávido por conhecimentos e aprimoramento profissional.

Agradecimentos

Minha enorme gratidão a todos da Editora Érica pelos votos de confiança em meus trabalhos durante todos esses anos.

Sobre o autor

William Pereira Alves é graduado em Análise e Desenvolvimento de Sistemas pelo Centro Universitário Claretiano de São Paulo. Já publicou, desde 1992, mais de 60 livros na área de computação, que abrangem linguagens de programação (Delphi, C/C++, C#, Visual Basic e Java), bancos de dados (Access), editoração gráfica (CorelDRAW, Adobe Flash, Adobe Fireworks, Adobe Illustrator e Blender) e desenvolvimento de sites (Adobe Dreamweaver, PHP e Angular) e de aplicações para dispositivos móveis (Palm/Pocket PC, smartphone e tablet).

Atuando da área de TI desde 1985, trabalhou na Cia. Energética de São Paulo (CESP) e na Eletricidade e Serviços S.A. (Elektro) no desenvolvimento de sistemas aplicativos para os departamentos comercial e de suprimento de materiais, inclusive com a utilização de coletores de dados eletrônicos e leitura de códigos de barras.

Entre os anos de 2007 e 2015, foi responsável por todo o desenvolvimento do sistema de gestão da Editora Érica. Atualmente, trabalha como desenvolvedor de sistemas no departamento de TI da empresa Leonardi Construção Industrializada, especializada em concreto pré-fabricado e sediada em Atibaia (SP).

Apresentação

Os sistemas de gerenciamento de bancos de dados são os softwares mais utilizados, seja no ambiente empresarial ou no doméstico. Dificilmente podemos mencionar alguma aplicação que não faça uso de um banco de dados, mesmo que seja um que possua arquitetura proprietária, definida pelo próprio fabricante do aplicativo.

Esses sistemas são responsáveis pela existência de incontáveis softwares de gestão empresarial, os conhecidos ERPs. A demanda por mais recursos e melhor desempenho tem levado os produtores a implementar aprimoramentos em seus produtos em tempo cada vez mais curto.

Praticamente todo tipo de informação que existe no mundo real é passível de ser armazenado em um banco de dados, seja um pequeno controle da coleção de CDs do acervo pessoal de músicas, o cadastro de funcionários de uma empresa ou um sistema de gestão comercial e financeira.

Este livro é uma nova versão totalmente revisada e ampliada com novos assuntos da edição anterior, **Banco de Dados - Teoria e Desenvolvimento**. Ele foi planejado com o objetivo de desmistificar muitos conceitos e fundamentos por trás da tecnologia de bancos de dados, iniciando-se pelo projeto conceitual, passando pelo processo de modelagem de um banco e concluindo-se com a criação e manuseio por meio da linguagem SQL.

Entre os assuntos novos tratados nesta edição estão:

- Arquitetura de três níveis ANSI-SPARC.
- Programas para demonstração dos processos de ordenação e pesquisa de dados escritos em C++ e C#.
- Operadores de união, diferença, intersecção, agregação e agrupamento, da Álgebra Relacional.
- Fundamentos da linguagem SQL, comandos DDL, DML, DQL, DCL e DTL e funções para agregação e agrupamento de registros.
- Subconsultas, comando SELECT WHEN e pesquisa em conjunto de dados com WHERE IN.
- Criação e uso de Views, Triggers, Functions e Stored Procedures.
- Banco de dados na web e em dispositivos móveis.
- Introdução ao SQLite e à computação em nuvem.

Os programas, já existentes na edição anterior, que demonstram como funcionam os métodos de ordenação e de pesquisa de dados, foram reescritos nas linguagens C++ e C#.

Ao fim dos capítulos, são apresentados exercícios com o objetivo de revisarmos os conceitos estudados. No final do livro há um glossário que pode auxiliar bastante em caso de dúvidas referentes a siglas ou termos técnicos. Essas características tornam o material indicado para adoção em cursos ligados à área de computação, mas não deixa de ser também uma opção para o profissional que deseja aprofundar-se no estudo desse assunto.

Espero, realmente, que a viagem que você inicia agora seja bem apreciada. Boa sorte!

O autor

Sumário

Parte I – História e Fundamentos de Banco de Dados

História e Fundamentos de Banco de Dados

Capítulo 1

Da Necessidade ao Surgimento

Vamos iniciar nossos estudos partindo de uma introdução que nos leva ao surgimento dos sistemas de bancos de dados a partir da necessidade do homem de registrar informações. Veremos como os programas armazenavam dados no início da era computacional, as diversas classificações atribuídas aos bancos de dados e os tipos nos quais eles são divididos.

1.1 Primórdios dos registros de informações

Desde os primórdios, o homem sempre se deparou com a necessidade de deixar registrados os principais eventos da sua vida e as informações que julgava de grande importância e que, porventura, pudessem ser utilizadas futuramente. Dessa necessidade surgiram as inúmeras técnicas de pinturas rupestres (pré-históricas), as inscrições hieroglíficas dos egípcios, o papiro, a escrita cuneiforme etc. Todas essas "tecnologias" serviam para que fosse possível fazer registros.

Por muitos séculos, ou mesmo milênios, o principal meio de registro de informações tem sido o papel. De início, as informações eram escritas manualmente, até que no século XV surgiu a tecnologia de impressão e tipografia, algo que se desenvolveu principalmente devido às contribuições de Johannes Gutenberg. É graças a ele que hoje temos conhecimento do que se passou na história humana, que podemos expor nossas ideias ou escrever um belo romance. Foi no papel também que o homem "armazenou" seus primeiros dados. Nossa certidão de nascimento ou a enciclopédia que você consultava quando ia à biblioteca são exemplos bastante concretos.

Apesar da sua indiscutível utilidade, o registro de informações em papel tem alguns inconvenientes. Tomemos como exemplo uma loja de produtos eletrônicos, que deve ter o registro de seus funcionários, de seus clientes e de seus fornecedores. É necessário também ter um controle detalhado das contas a pagar e a receber, além da gestão de estoque dos produtos que são vendidos (controle de entradas e saídas).

Todas essas informações demandam uma forma de armazenamento e recuperação que seja bastante prática, eficiente e confiável. Podemos imaginar o quanto seria trabalhoso efetuar o fechamento do faturamento mensal ou a preparação de uma lista dos produtos com seus respectivos preços. Certamente, esse trabalho levaria mais de um dia para ser concretizado e haveria necessidade de pelo menos dois funcionários dedicados exclusivamente a essas tarefas.

©Caboclin/Getty Images

Figura 1.1 | O homem começou a registrar informações em pinturas e inscrições nas paredes.

©Burazin/Getty Images

Figura 1.2 | O papel e os livros ainda são os meios mais comuns de registrar e divulgar informações.

Uma das primeiras formas de registro de informações da era computacional foi a fita de papel perfurada, posteriormente sucedida pelo cartão perfurado. Esse último foi utilizado por Hermam Hollerith, fundador de uma empresa que, em 1924, teve o nome mudado para International Business Machines (IBM), para coletar dados sobre o censo norte-americano de 1889. Foi uma ideia que ele aproveitou do sistema de tear automatizado por cartões inventado por Joseph-Marie Jacquard (o famoso tear de Jacquard).

O princípio de funcionamento dos cartões consistia no registro das informações por meio de furos dispostos em linhas e colunas. A posição de cada furo representava um determinado tipo de informação, como idade, sexo, estado civil etc. Os cartões, então, eram lidos por uma máquina específica, que também era responsável pelo processamento da contagem final dos dados. Veja na Figura 1.3 um exemplo desse cartão.

Praticidade, eficiência, rapidez na consulta e confiabilidade das informações foram os fatores principais que levaram ao desenvolvimento dos bancos de dados computadorizados. Mas é possível encontrar diversas formas de bancos de dados não computadorizados em nosso dia a dia.

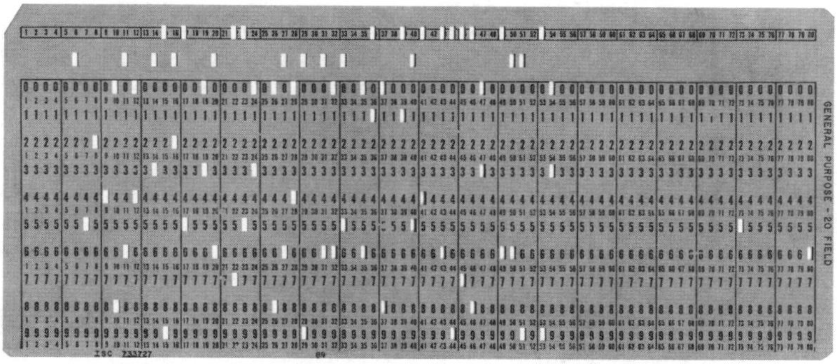

©Eyejoy/Getty Images

Figura 1.3 | Modelo de cartão perfurado.

Como exemplo, podemos citar um arquivo de aço, como o da Figura 1.4, ainda existente em muitos escritórios, que tem por finalidade guardar fichas, pastas e demais documentos em suas gavetas.

Com a invenção dos computadores tudo ficou bem mais fácil. Essa maravilha tecnológica permite que qualquer informação seja armazenada e recuperada com grande rapidez e de modo bastante facilitado.

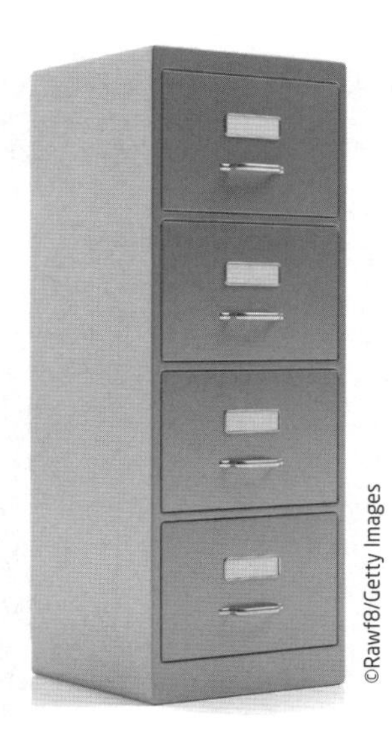

©Rawf8/Getty Images

Figura 1.4 | Arquivo de aço.

Neste livro, iremos adotar como exemplo de estudo um sistema de controle de edição/publicação de livros bastante simplificado, mas que pode demonstrar muitos conceitos e técnicas empregadas no cotidiano do profissional que trabalha com banco de dados, desde o administrador de banco de dados até o analista/desenvolvedor de software.

Vamos imaginar que estamos ainda lá no longínquo início dos anos 1980 e que o controle da editora era todo efetuado por meio de fichas preenchidas manualmente. Imaginemos, ainda, que temos cadastro de clientes, de fornecedores, dos autores e dos títulos publicados, só para ficarmos restritos às operações que envolvem cadastros. As Figuras 1.5 a 1.8 ilustram essas fichas cadastrais de preenchimento manual.

Já a Figura 1.9 exibe a ficha para controle de estoque, antigamente utilizada em um fichário denominado **kardex**, na era pré-computação.

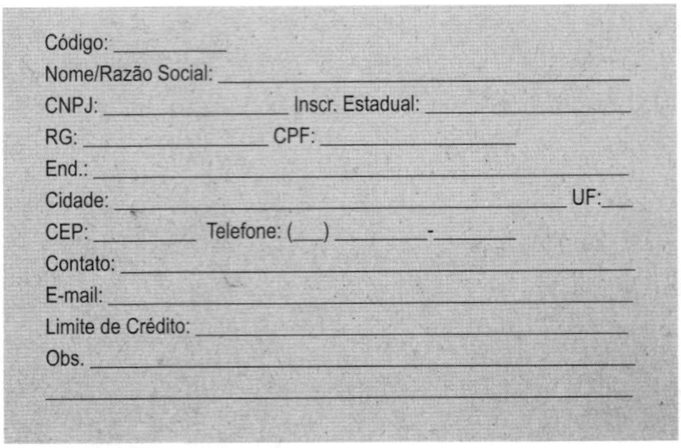

Código: __________
Nome/Razão Social: ______________________
CNPJ: ____________ Inscr. Estadual: ____________
RG: ____________ CPF: ____________
End.: ______________________
Cidade: ______________________ UF:___
CEP: ________ Telefone: (__) ______-______
Contato: ______________________
E-mail: ______________________
Limite de Crédito: ______________________
Obs. ______________________
____

Figura 1.5 | Ficha de cadastro de clientes.

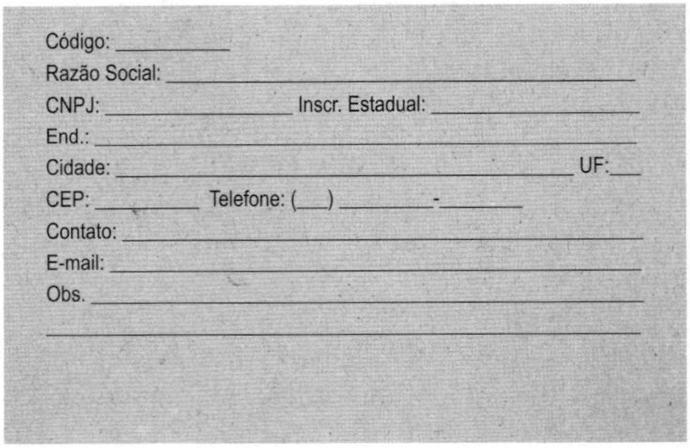

Código: __________
Razão Social: ______________________
CNPJ: ____________ Inscr. Estadual: ____________
End.: ______________________
Cidade: ______________________ UF:___
CEP: ________ Telefone: (__) ______-______
Contato: ______________________
E-mail: ______________________
Obs. ______________________
____

Figura 1.6 | Ficha de cadastro de fornecedores.

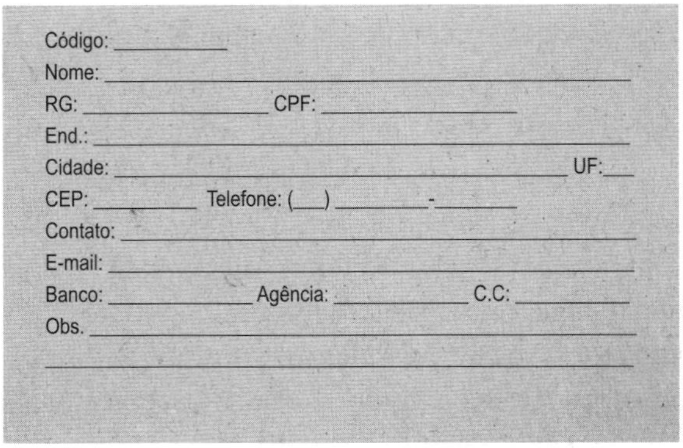

Código: __________
Nome: ______________________
RG: ____________ CPF: ____________
End.: ______________________
Cidade: ______________________ UF:___
CEP: ________ Telefone: (__) ______-______
Contato: ______________________
E-mail: ______________________
Banco: __________ Agência: __________ C.C: __________
Obs. ______________________
____

Figura 1.7 | Ficha de cadastro de autores.

Código Abreviado: __________
Título: ____
ISBN: ________________ Código EAN: __________________
Área: ____
Formato: __________ Nr. Páginas: ________ Peso (gr): ________
Edição: __________ Ano: ________ Nr. Contrato: ________
Autor(es): ____
Vl. Custo: ________________ Vl. Venda: __________________
(%) Direito Autoral: ______________

Figura 1.8 | Ficha de cadastro de livros.

Código: ____________ Título: ______________________________

Data	E/S	Nr. N.F.	Quant.	Vl. Unit.	Estoque	Vl. Total	Consumo
__/__/__	__	____	____	____	____	____	____
__/__/__	__	____	____	____	____	____	____
__/__/__	__	____	____	____	____	____	____
__/__/__	__	____	____	____	____	____	____
__/__/__	__	____	____	____	____	____	____
__/__/__	__	____	____	____	____	____	____
__/__/__	__	____	____	____	____	____	____
__/__/__	__	____	____	____	____	____	____
__/__/__	__	____	____	____	____	____	____
__/__/__	__	____	____	____	____	____	____

Figura 1.9 | Ficha de controle de estoque.

1.2 Sistemas baseados na manipulação de arquivos

Antes do desenvolvimento de sistemas de gerenciamento de banco de dados, os programas aplicativos trabalhavam com arquivos de formato próprio, que eram gerenciados por meio da utilização de recursos para gravação e leitura de dados em disco disponíveis no sistema operacional.

Nesse tipo de arquitetura, a própria aplicação era responsável pela definição e pelo gerenciamento dos dados a serem gravados. Isso significa que o leiaute dos arquivos de dados, ou seja, a disposição das informações gravadas neles, se encontrava definido no código da aplicação, o que tornava muito difícil a manutenção futura da aplicação. Isso é o que chamamos de dependência de dados. Ainda hoje é possível encontrar sistemas que fazem uso dessa tecnologia obsoleta, apesar de seus vários inconvenientes.

Para se ter uma ideia do tamanho do problema, no caso de necessidade de alteração do tamanho de um campo, era preciso criar um programa que copiasse os dados do arquivo em outro, registro a registro, fazendo-se os ajustes necessários durante essa cópia.

Dentre os diversos problemas que podemos enfrentar com esse tipo de aplicação, talvez o mais impactante seja o fato de haver enorme dificuldade na redefinição da estrutura dos arquivos de dados. Suponhamos, como exemplo, que em um arquivo para cadastro de clientes tenha sido definido um tamanho de 50 caracteres para registro do nome do cliente e que posteriormente seja necessário aumentar esse tamanho para 60. Uma vez que os dados ocupam posições fixas dentro dos arquivos, todos os códigos que manipulam o cadastro de clientes precisam ser adaptados/reescritos. Isso se deve à necessidade de serem deslocados mais 10 posições para a direita todos os valores que estão gravados no arquivo após o nome do cliente. Para efetuar essa reestruturação dos dados no arquivo é necessário um programa utilitário à parte responsável por essa tarefa.

A redundância de informações/dados entre os arquivos é grande, uma vez que não é possível criar um relacionamento entre eles, de modo que seja possível extrair dados de um a partir de valores existentes em outro. No caso do nosso sistema de editora, o nome do autor teria de constar tanto no cadastro de autores quanto no cadastro de livros.

Com sistemas baseados em arquivos, como os dados estão isolados em arquivos separados, torna-se difícil acessá-los de maneira prática. Tomando como exemplo nosso sistema de editora, se precisarmos recuperar as informações dos autores e seus respectivos títulos, teremos de extrair dados dos arquivos de cadastro de autores e de cadastro de livros e criar um arquivo temporário com essas informações.

Outra dificuldade ocasionada por esse tipo de arquitetura era o compartilhamento de um mesmo arquivo entre vários programas, uma vez que todo o fragmento de código responsável pela definição da estrutura de dados precisava ser copiado/duplicado entre os diversos programas.

A menos que o arquivo esteja em formato de texto, um arquivo de dados criado por uma aplicação desenvolvida em linguagem C++, por exemplo, não pode ser acessado/manipulado por outra aplicação escrita em Java, C# ou Pascal, tendo em vista que cada linguagem manipula de forma distinta arquivos em disco.

Outros fatores que contribuem para a ineficiência dessa tecnologia de armazenamento de dados são:

- ausência de controle de acesso concorrente de vários usuários;
- impossibilidade de se executar mais de um processo ao mesmo tempo em um arquivo de dados;
- inconsistência, redundância, dificuldade de acesso e isolamento de dados;
- problemas relativos à segurança dos dados.

Para nosso exemplo de aplicação de editora, considerando o arquivo de cadastro de clientes em formato texto, ele poderia ter uma estrutura similar à mostrada na Tabela 1.1.

Tabela 1.1 | Estrutura do arquivo de cadastro de clientes do sistema de editora

Nome do campo	Tipo	Posição inicial	Posição final
Código	Numérico	1	5
Nome	Caractere	6	35
CNPJ	Numérico	36	53
Inscrição Estadual	Numérico	54	65
RG	Numérico	66	75
CPF	Numérico	76	87
Endereço	Caractere	88	117
Cidade	Caractere	118	137
UF	Caractere	138	139
CEP	Numérico	140	148
Telefone	Numérico	149	159
Contato	Caractere	160	179
E-mail	Caractere	180	199
Limite de crédito	Numérico	200	206
Observação	Caractere	207	236

O processo de manipulação de arquivos pelos próprios programas aplicativos pode ser visto de forma ilustrativa na Figura 1.10.

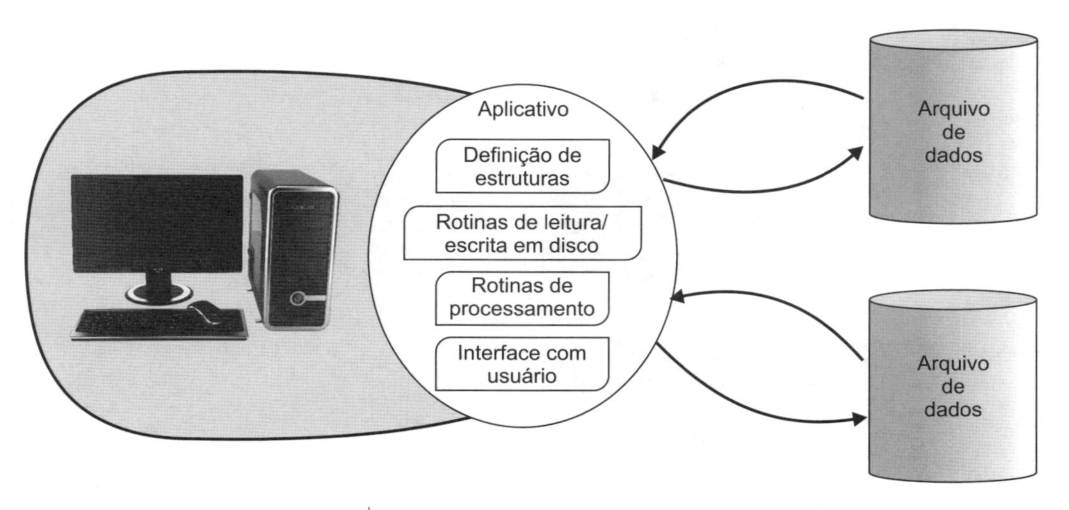

Figura 1.10 | Manipulação de arquivos por programas aplicativos.

Em resumo, sistemas baseados em arquivos código-fonte da aplicação possuem toda a implementação da estrutura dos arquivos de dados utilizados pelo programa. Se houver mais de um programa que acesse o mesmo arquivo, a descrição dessa estrutura deve ser inserida no seu código. Exemplos concretos são aplicações escritas em Pascal, C/C++ ou COBOL. No primeiro, as estruturas de registros definem os arquivos do banco de dados. Em C, temos as estruturas, enquanto a linguagem C++ faz uso de classes. Já a linguagem COBOL dispõe de declarações na seção **Data Division** para definir a estrutura dos arquivos.

Os arquivos manipulados por esses sistemas são também conhecidos como arquivos sequenciais, pois são arquivos cujos dados são gravados sequencialmente.

1.3 Sistemas de gerenciamento de banco de dados

Sistemas gerenciadores de banco de dados (aos quais nos referiremos neste livro, constantemente, simplesmente como SGBD) talvez sejam os programas mais antigos e os mais utilizados na área da computação, fazendo parte do nosso dia a dia de forma tão natural que nem nos damos conta da sua existência.

Com um sistema de banco de dados, os aplicativos não têm qualquer conhecimento dos mecanismos relacionados com as operações de gravação e leitura física dos dados. O que eles fazem é simplesmente se comunicar com o software de gerenciamento para recuperar ou armazenar as informações desejadas. Desta forma, diversos programas podem acessar um mesmo banco de dados e qualquer alteração em sua estrutura não pressupõe, necessariamente, modificações nos aplicativos. A Figura 1.11 mostra como esse processo ocorre.

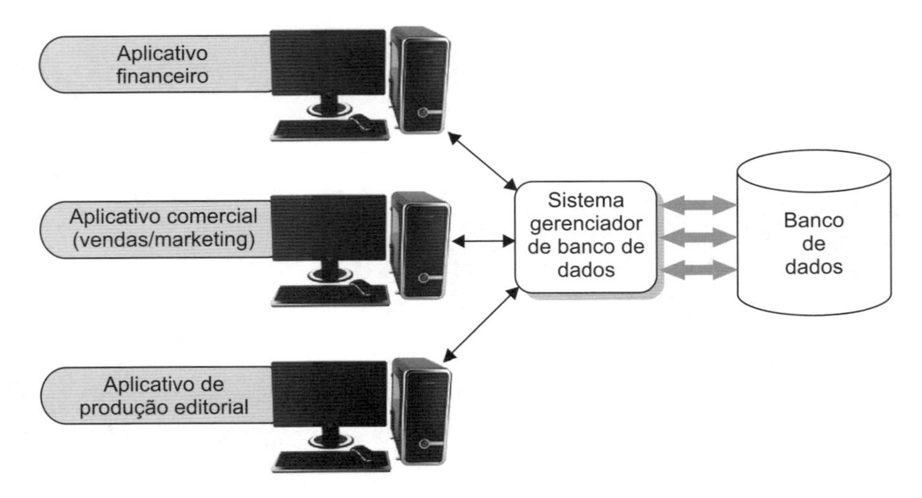

Figura 1.11 | Processo de comunicação entre aplicação e gerenciador de banco de dados.

Assim, os sistemas gerenciadores oferecem uma produtividade maior no desenvolvimento e manutenção, tanto dos softwares aplicativos quanto dos próprios bancos de dados. Por outro lado, o trabalho dos analistas, projetistas, programadores e mesmo dos usuários finais tornou-se menos artesanal e a qualidade dos sistemas também alcançou nível mais elevado.

A principal vantagem do uso de um sistema de gerenciamento de banco de dados é o estado coerente dos dados que se encontram armazenados no banco. Isso faz com que as informações extraídas dele sejam confiáveis e de grande credibilidade.

Com o advento dos microcomputadores, as empresas produtoras de software viram nesse segmento um ótimo e lucrativo mercado. Hoje encontramos uma grande variedade de sistemas de bancos de dados, para as mais diversas plataformas de hardware e sistemas operacionais, desde os computadores de grande porte (mainframes) até os computadores pessoais usados em casa ou mesmo dispositivos móveis, como tablets e smartphones.

A disseminação do uso de computadores, tanto nas empresas quanto nos lares, teve como um forte propulsor a tecnologia de banco de dados, chegando ao ponto de assumirem um papel importantíssimo em qualquer área que faça uso de recursos computadorizados.

Porém, antes de nos aprofundarmos no conceito de banco de dados, é preciso esclarecer a diferença entre **informação** e **dado**. Informação é qualquer fato ou conhecimento do mundo real, que pode ou não ser registrado/armazenado. Dado é a representação da informação, que pode estar registrado em papel, em um quadro de aviso ou no disco rígido do computador. Para um melhor entendimento da diferenciação entre os dois termos, considere o Quadro 1.1

Quadro 1.1

Informação	Dado
Está muito quente hoje.	A temperatura hoje é de 38 °C.

Devemos lembrar que um computador apenas armazena e processa dados, não informações.

Falando de forma bastante genérica, um banco de dados é um conjunto de dados com um significado implícito. Com essa definição bem simplória, pode-se concluir precipitadamente que uma coleção de palavras que formam um texto constitui um banco de dados. Mas o uso do termo banco de dados é mais restrito, em virtude das seguintes características:

- Um banco de dados representa uma porção do mundo real, o qual chamamos de minimundo ou **Universo de Discurso**. Qualquer alteração que esse minimundo venha a sofrer deve ser refletida no banco de dados.
- Um banco de dados é um conjunto lógico e ordenado de dados que possuem algum significado, e não uma coleção aleatória sem um fim ou objetivo específico.

- Um banco de dados é construído e povoado com dados que têm um determinado objetivo, com usuários e aplicações desenvolvidas para os manipular.

Para termos um banco de dados são necessários três ingredientes: uma fonte de informação, da qual derivamos os dados, uma interação com o mundo real e um público que demonstra interesse nos dados contidos no banco.

O tamanho de um banco de dados varia muito em função das suas especificações e do uso que se faz dele. Por exemplo, um banco de dados criado com o Microsoft Access para armazenar contatos telefônicos possui um tamanho relativamente pequeno em comparação com um banco de dados que contém informações de clientes, dos produtos e das contas a pagar e a receber do sistema de gestão de uma loja de roupas.

Um banco de dados pode ser armazenado em um ou mais arquivos gravados em um dispositivo de armazenamento, sendo o mais comum o disco rígido de grande capacidade de armazenamento.

Se um banco de dados é um conjunto de dados relacionados, um Sistema de Gerenciamento de Banco de Dados (SGBD) é uma coleção de ferramentas e programas que permite que usuários criem e mantenham seu próprio banco de dados. Desta forma, podemos considerar o SGBD um sofisticado software destinado à definição, construção e manipulação. Esses três termos podem ser melhor definidos da seguinte maneira.

Quadro 1.2

Definição	Especificação dos tipos de dados, das estruturas das tabelas e das restrições que devem ser impostas aos dados que serão armazenados.
Construção	Processo de acumular os dados em um meio de armazenamento totalmente controlado pelo SGBD.
Manipulação	Operações como atualização do banco de dados (inclusão, exclusão e alteração de registros) e extração de dados, como consultas e relatórios impressos.

Um SGBD deve, ainda, permitir que bancos de dados sejam excluídos ou que sua estrutura seja alterada, em operações de adição de novas tabelas ou modificação nas suas configurações (adição ou exclusão de campos, por exemplo).

Alguns sistemas de bancos de dados são concebidos para propósito geral, ou seja, permitem que praticamente qualquer tipo de dado seja armazenado, uma vez que o próprio usuário define sua estrutura. É o caso de programas como Microsoft Access, Interbase, MySQL, SQL Server, Oracle etc. Eles são mais flexíveis e poderosos, capazes de executar tarefas avançadas de gerenciamento. Em 90% deles (no mínimo), é utilizada a já consagrada linguagem SQL para as tarefas de gerenciamento, consulta e manipulação do banco de dados, mas também pode ocorrer de ser oferecida alguma linguagem de programação própria, como é o caso do Access, que permite ao usuário criar até mesmo aplicativos completos. No entanto, todos esses recursos têm seu preço, e bancos de dados de uso generalizado possuem um desempenho inferior se comparados aos sistemas especializados, além de consumirem mais memória RAM e espaço em disco.

Conforme mencionado no parágrafo anterior, também temos sistemas de bancos de dados especializados, como os empregados em aplicações de geoprocessamento (GIS), que trabalham com informações de formato predefinido. Esses sistemas rodam mais rapidamente que os bancos genéricos, em virtude de não oferecerem tantos recursos extras aos usuários. Mas é justamente esse fator que restringe sua aplicação a determinadas áreas.

Seja qual for o porte do computador, os SGBDs implementados nessas máquinas são bastante semelhantes. Eles possuem um repositório no qual as estruturas dos arquivos de dados e os próprios dados são armazenados, não havendo, portanto, redundância de definições entre aplicações que fazem uso do mesmo banco. Essa característica é denominada **Independência de Programas e Dados**, que torna possíveis alterações no banco de dados sem necessidade de modificações nos programas aplicativos. Do outro lado, se o aplicativo for modificado, o banco de dados pode permanecer inalterado.

Essa independência é proporcionada por uma característica denominada **Abstração de Dados**. Por meio dela, o usuário apenas tem acesso a uma representação conceitual dos dados, sem que haja necessidade de conhecer detalhes relacionados à implementação das operações ou ao modo como os dados são armazenados.

Um banco de dados, principalmente os que suportam vários usuários, precisa ser capaz de gerenciar múltiplas visões dos dados. Essas visões são subconjuntos de dados temporários, que existem somente durante uma determinada operação, como um comando de consulta SQL. E já que estamos falando em SGBD multiusuário, devemos destacar a necessidade de um controle de concorrência, situação na qual o banco de dados é acessado por vários usuários ao mesmo tempo.

Os atuais SGBDs possuem uma arquitetura que pode ser dividida em duas partes principais: catálogo do sistema e repositório de dados. A primeira, também conhecida como dicionário de dados ou metadados, é responsável por armazenar as informações de configuração de todos os bancos de dados e as estruturas que compõem suas respectivas tabelas, além das tabelas de uso interno pelo sistema de gerenciamento. Conforme veremos em mais detalhes posteriormente, as estruturas definem os campos e suas propriedades (como tipo de dados, tamanho, valor padrão etc.).

Já o repositório de dados é a área do sistema de gerenciamento que contém efetivamente os dados dos usuários. A Figura 1.12 ilustra essa arquitetura.

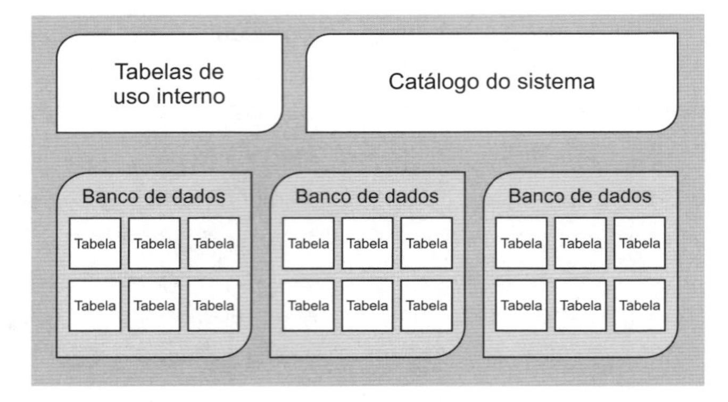

Figura 1.12 | Arquitetura básica de um sistema de gerenciamento de banco de dados.

Para poder interagir com os programas aplicativos dos usuários, os SGBDs oferecem dois recursos importantes, compostos por um conjunto de instruções da linguagem SQL (**Structured Query Language** - Linguagem Estruturada de Consulta). O primeiro é conhecido como **Data Definition Language** - DDL (Linguagem de Definição de Dados), que compreende instruções que o usuário pode utilizar para criar ou alterar tabelas, definir **Stored Procedures** (procedimentos armazenados) e índices. Os comandos desse grupo normalmente não são executados pelos programas aplicativos, mas pelo Administrador de Banco de Dados, ou DBA (Database Administrator).

Os comandos para manipulação/gerenciamento de dados (DML - **Data Manipulation Language**), por outro lado, podem ser executados interativamente, a partir de uma ferramenta de gerenciamento ou por um programa aplicativo. Esses comandos permitem que sejam extraídos dados da base, inseridos novos registros, excluídos registros antigos etc.

O Capítulo 10 aborda em mais detalhes esses grupos de instruções.

O usuário final, na verdade, nunca manipula os registros do banco de dados de forma manual, ou seja, mediante execução de comandos da linguagem SQL. Tudo que ele (ou ela) precisa fazer é acessar opções de menu ou clicar em ícones do programa aplicativo, que é responsável por executar as operações de inserção, alteração, exclusão ou visualização de dados.

Como qualquer outro software, os SGBDs precisam de alguns componentes essenciais para funcionarem adequadamente: hardware e software.

Diferentemente de um programa de planilha eletrônica, processador de textos ou software de ilustração, os sistemas de banco de dados necessitam de mais do que apenas um computador para funcionar, ainda que, em alguns casos particulares, um computador doméstico possa ser suficiente. Ao falarmos em infraestrutura de hardware para esses sistemas, devemos pensar em servidores, arquitetura de rede (switches, roteadores, cabeamento, placas de rede etc.) e máquinas clientes (estações de trabalho), em uma configuração de ambiente conhecida como cliente/servidor.

Essa infraestrutura pode ser expandida de modo a incorporar recursos de acesso remoto, via internet. Isso permite que o sistema da empresa possa ser acessado pelos proprietários/sócios ou pelos diretores a partir de suas casas para acompanhar, por exemplo, o faturamento.

Logicamente, o coração de um sistema de banco de dados é o software gerenciador. Porém, aliado a ele, temos o sistema operacional, os protocolos de comunicação de rede, os programas aplicativos dos usuários (por meio dos quais os dados são manipulados) e até mesmo as linguagens de programação utilizadas no desenvolvimento desses mesmos programas (C, C++, C#, Pascal, Java etc.).

Também entram na lista, se for o caso, servidores de aplicações (como Tomcat), servidores web (como Apache ou IIS) e plataformas/frameworks para desenvolvimento web (como PHP).

1.4 Classificação dos bancos de dados

Existem vários critérios que podemos utilizar para classificar os bancos de dados, os quais são apresentados nas próximas seções. Entre esses critérios, os principais são o modelo de dados, o número de usuários suportados simultaneamente, a localização física e o método de acesso.

1.4.1 Classificação quanto ao modelo de dados

O primeiro critério que estudaremos é o modelo de dados em que se baseia o SGBD. Atualmente, há dois modelos muito utilizados: modelo de dados relacional e modelo de dados orientado a objetos. Com os avanços tecnológicos ocorridos na área de banco de dados, os modelos relacionais têm incorporado conceitos que originalmente foram desenvolvidos para serem aplicados aos modelos de dados de objetos, o que levou à criação de outra categoria denominada banco de dados objeto-relacional.

Embora seja raro, ainda é possível encontrar aplicações antigas que usam bancos de dados baseados no modelo de dados hierárquico e no modelo de dados de rede.

1.4.1.1 Bancos de dados hierárquicos

Este é considerado o primeiro tipo de banco de dados de que se tem notícia. Ele foi desenvolvido graças à consolidação dos discos endereçáveis e, devido a essa característica, a organização de endereços físicos do disco é utilizada na sua estrutura.

Em sistemas de banco de dados hierárquicos encontramos dois conceitos fundamentais: registros e relacionamentos pai-filho. O registro é uma coleção de valores que representam informações sobre uma dada entidade de um relacionamento. Quando temos registros do mesmo tipo, nós os denominamos **tipos de registros**, que são similares às tabelas/relações do sistema relacional. Os registros que antecedem outros na hierarquia têm a denominação PAI e os registros que o sucedem são chamados FILHOS.

No relacionamento pai-filho, um tipo de registro do lado PAI pode se corresponder com vários (ou nenhum) tipos de registro do lado FILHO.

Em um diagrama hierárquico, os tipos de registro são apresentados como caixas retangulares e os relacionamentos são exibidos como linhas ligando os tipos (pai e filho), em uma organização estrutural semelhante a uma árvore, como mostra a Figura 1.13. Na Figura 1.14, podemos ver um pequeno exemplo de relacionamentos entre os tipos de registro.

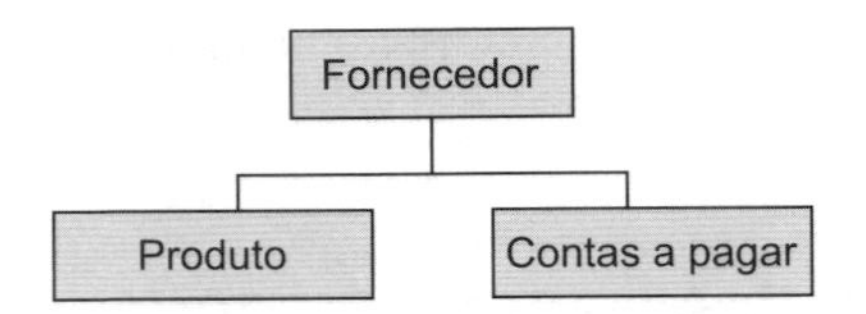

Figura 1.13 | Organização de registros em um banco de dados hierárquico.

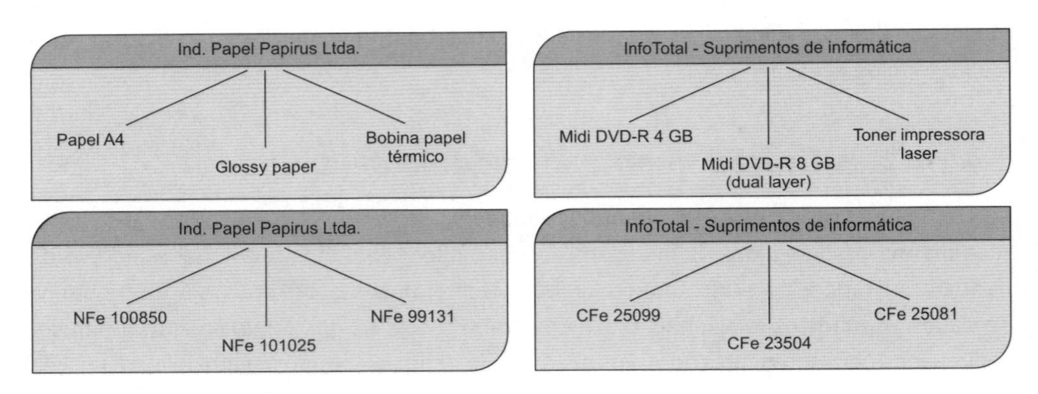

Figura 1.14 | Exemplo de relacionamento pai-filho em um banco de dados hierárquico.

Podemos perceber que o esquema hierárquico é estruturado em árvore e que o tipo de registro corresponde a um nó. Assim, temos nós pais e nós filhos.

Nesse tipo de banco de dados devemos nos referir a um relacionamento pai-filho como um par ordenado, no qual temos o tipo de registro PAI e o tipo de registro FILHO, como nos exemplos (Fornecedor, Produto) e (Fornecedor, Contas a Pagar). Ele apresenta ainda as seguintes propriedades:

- um registro que não está vinculado a outro registro pai é denominado raiz;
- com exceção do tipo de registro raiz, todos os demais correspondem a tipos de registros filhos dentro de um único tipo de relacionamento;

- um tipo de registro pai pode aparecer em qualquer número de relacionamentos;
- um tipo de registro filho que não possui descendentes (isto é, que não participa de um relacionamento como tipo de registro pai) é denominado folha do esquema hierárquico.

Quando um tipo de registro pai participa de mais de um relacionamento, os tipos de registros filhos correspondentes são ordenados, por convenção, da esquerda para a direita.

O primeiro sistema de banco de dados hierárquico de que se tem conhecimento é o IMS (sigla para **Information Management System** - Sistema de Gerenciamento de Informações). Ele foi desenvolvido pela IBM em conjunto com a Rockwell International no fim da década de 1960, com versões para rodar em vários sistemas operacionais da IBM, como OS/VS1, OS/VS2, MVS, MVS/XA e ESA, todos para ambiente de grande porte (mainframe). Ainda é utilizado em muitas organizações, como bancos, companhias de seguro etc.

1.4.1.2 Sistemas de bancos de dados de rede

Também conhecidos como CODASYL ou sistemas DBTG, devido ao fato de terem sido definidos pelo **Data Base Task Group - DBTG** (*Grupo de Tarefa de Base de Dados*) do comitê do **Conference on Data Systems Languages - CODASYL** (*Conferência sobre Linguagens de Sistemas de Dados*), que publicou, em 1971, um relatório que descrevia o modelo e a linguagem para utilização em bases de dados, embora esse relatório não definisse a organização dos dados propriamente ditos.

Esses sistemas são largamente utilizados em computadores de grande porte e à primeira vista se parecem com os sistemas hierárquicos, apresentados anteriormente, mas permitem que um mesmo registro participe de vários relacionamentos devido à eliminação da hierarquia. Outra característica que os diferencia do modelo hierárquico é a possibilidade de acesso direto a um determinado registro/nó da rede, enquanto no sistema hierárquico é necessário que se passe pela raiz obrigatoriamente.

Os comandos de manipulação de registros devem ser incorporados a uma linguagem de programação hospedeira, sendo COBOL a mais utilizada normalmente, mas outras, como Pascal e FORTRAN, também podem ser empregadas.

As duas estruturas fundamentais de um banco de dados de rede são os registros (**records**) e os conjuntos (**sets**). Os registros contêm dados relacionados e são agrupados em tipos de registros que armazenam os mesmos tipos de informações (como ocorre no sistema hierárquico).

Os conjuntos são a forma de representação dos relacionamentos entre os diversos tipos de registros, na forma 1:N (um para muitos). Esse relacionamento é representado de forma gráfica como uma seta, conforme Figura 1.15. Um tipo de conjunto possui em sua definição três componentes: nome do tipo de conjunto, tipo de registro proprietário e tipo de registro membro. Na mesma Figura 1.15 podemos identificar esses componentes da seguinte maneira.

Quadro 1.3

Tipo de conjunto	DEF_FUNC
Tipo de registro proprietário	DEPARTAMENTO
Tipo de registro membro	FUNCIONÁRIO

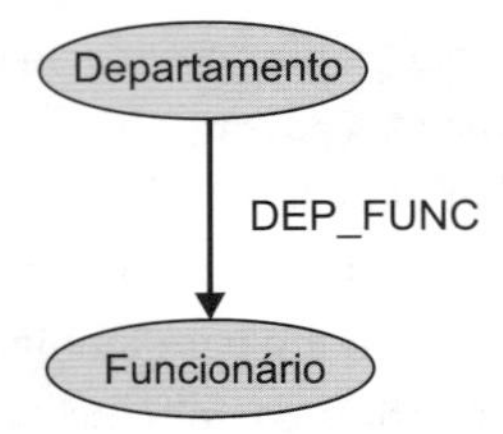

Figura 1.15 | Relacionamento entre registros em um banco de dados de rede.

Cada ocorrência em um tipo de conjunto relaciona um registro do tipo de registro proprietário com um ou mais registros (ou mesmo nenhum) do tipo de registro membro. Isso significa que uma ocorrência pode ser identificada por um registro proprietário ou por qualquer registro membro. A Figura 1.16 apresenta duas ocorrências do tipo de conjunto DEP_FUNC da Figura 1.15.

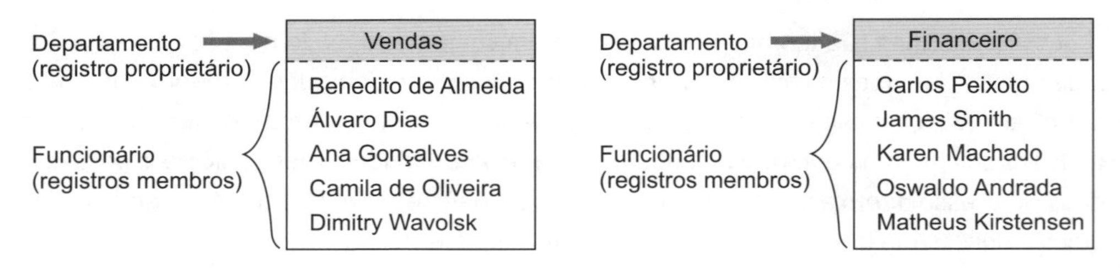

Figura 1.16 | Exemplo de ocorrências do tipo de conjunto DEP_FUNC.

Tecnicamente, pode-se dizer que o registro proprietário possui um ponteiro que "aponta" para um registro membro. Esse registro, que é o primeiro do conjunto, "aponta" para outros que também se relacionam com o mesmo registro proprietário, como um uma lista encadeada. Veja a apresentação da Figura 1.17.

Nesse exemplo, o registro de valor "Vendas", do tipo de registro **DEPARTAMENTO**, aponta para o primeiro registro do tipo de registro **FUNCIONÁRIO**, que no caso contém o valor "Benedito de Almeida". Este aponta para o segundo registro, cujo valor é "Álvaro Dias", que aponta para o terceiro ("Ana Gonçalves") e assim por diante. O último registro ("Dimitry Wavolsk") aponta de volta para o registro de **DEPARTAMENTO**, fechando assim o ciclo. Quando um novo registro for adicionado a **FUNCIONÁRIO**, ele ocupará a última posição e o ponteiro do registro de valor "Dimitry Wavolsk" será direcionado a ele.

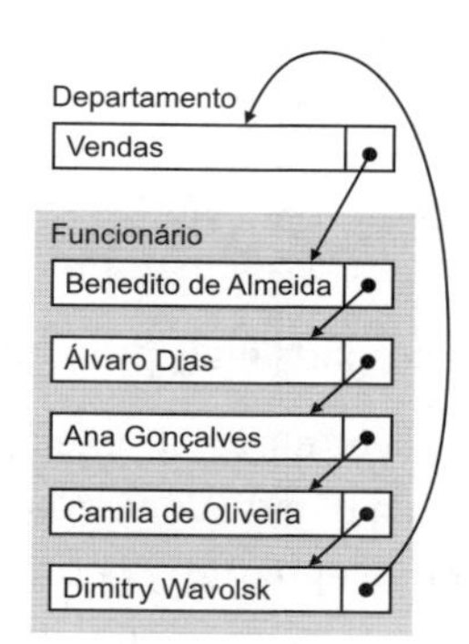

Figura 1.17 | Exemplo de vínculo entre os registros por meio de ponteiros.

1.4.1.3 Bancos de dados relacionais

A maioria dos sistemas de gerenciamento de bancos de dados atualmente em uso se enquadra no tipo relacional. Um banco de dados relacional se caracteriza por organizar os dados em relações, também conhecidas popularmente como tabelas, que são formadas por linhas e colunas. Assim, essas tabelas são similares a conjuntos de elementos ou objetos, uma vez que relacionam as informações referentes a um mesmo assunto de modo organizado. Esse tipo de banco de dados será nosso foco de estudo em todo o livro.

Da mesma forma que na matemática, podemos efetuar operações entre dois ou mais conjuntos, como, por exemplo, obter os elementos que são comuns a ambos os conjuntos (tabelas/relações) em um banco de dados relacional. Podemos também executar certas operações com essas tabelas, como ligar duas ou mais por meio de campos comuns em ambas. Quando uma operação de consulta é executada, o resultado é um conjunto de registros que pode ser tratado como uma tabela virtual (que só existe enquanto a consulta está ativa). Isso significa que não há comandos para efetuar uma navegação pelos registros, do tipo MOVE ou SKIP.

Edgard F. Codd (1923-2003) formulou os princípios básicos do sistema de banco de dados relacional em 1968, baseando-se na teoria dos conjuntos e da álgebra relacional. Provavelmente por ter sido um brilhante matemático, ele observou que certos conceitos da matemática podiam ser aplicados ao gerenciamento de bancos de dados. Em 1985, propôs um conjunto de doze regras para que um banco de dados relacional fosse admitido como tal:

- regra de informações;
- regra de acesso garantido;
- tratamento de valores nulos;
- catálogo relacional ativo;
- inserção, exclusão e alteração em bloco;
- linguagem de manipulação de dados abrangente;
- independência física dos dados;
- independência lógica dos dados;

- regra de atualização de visões;
- independência de integridade;
- independência de distribuição;
- regra não subversiva.

Cada uma dessas regras será estudada mais profundamente no Capítulo 2.

Para um melhor entendimento, voltemos ao exemplo do sistema de gestão de editora. Para que seja possível emitir um pedido de venda por esse sistema, ele deve possuir tabelas para o armazenamento dos seguintes dados: cadastro de clientes, cadastro de títulos existentes em estoque e pedidos de venda emitidos com seus respectivos itens. As Figuras 1.18 a 1.21 apresentam essas tabelas.

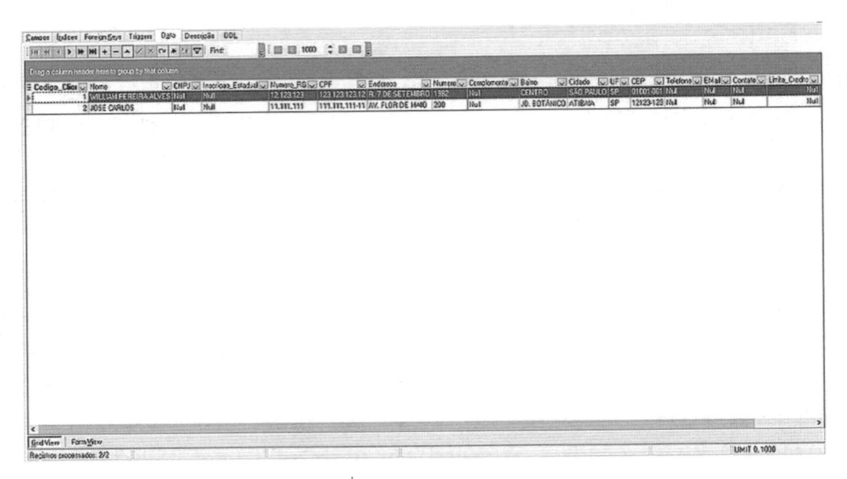

Codigo_Clie	Nome	CNPJ	Inscricao_Estadual	Numero_RG	CPF	Endereco	Numero	Complemento	Bairro	Cidade	UF	CEP	Telefone	EMail	Contato	Limite_Credito
1	WILLIAM PEREIRA ALVES	Null	Null	12.123.123	123.123.123.12	R. 7 DE SETEMBRO	1982	Null	CENTRO	SÃO PAULO	SP	01001-001	Null	Null	Null	Null
2	JOSE CARLOS	Null	Null	11.111.111	111.111.111-11	AV. FLOR DE MAIO	200	Null	JD. BOTÂNICO	ATIBAIA	SP	12123-123	Null	Null	Null	Null

Figura 1.18 | Tabela de cadastro de clientes.

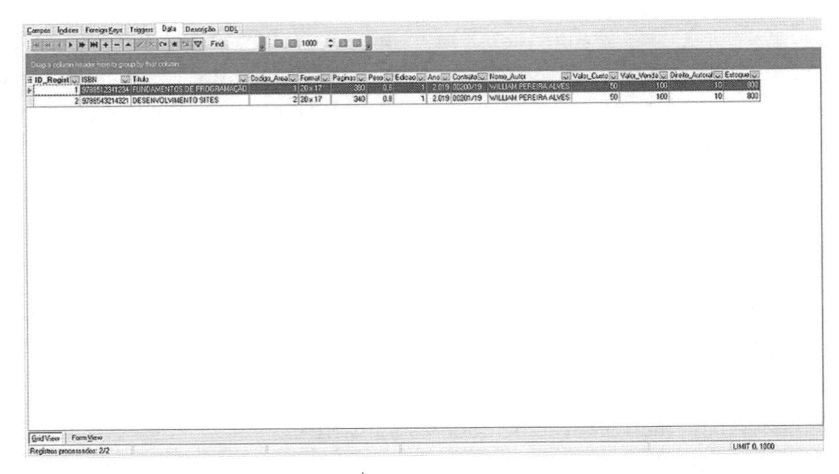

ID_Regist	ISBN	Titulo	Codigo_Area	Format	Paginas	Peso	Edicao	Ano	Contrato	Nome_Autor	Valor_Custo	Valor_Venda	Direito_Autoral	Estoque
1	9788512341234	FUNDAMENTOS DE PROGRAMAÇÃO	1	20 x 17	380	0.8	1	2.019	00200/19	WILLIAM PEREIRA ALVES	50	100	10	800
2	9788543214321	DESENVOLVIMENTO SITES	2	20 x 17	340	0.8	1	2.019	00201/19	WILLIAM PEREIRA ALVES	50	100	10	800

Figura 1.19 | Tabela de cadastro de livros.

Numero_Pedi	Codigo_Cliente	Codigo_Vendedor	Data_Emissao	Quant_Itens	Valor_Subtotal	Valor_Desconto	Valor_Total
1	1	2	25/08/2019	1	100	20	80
2	2	4	22/08/2019	2	200	20	180

Figura 1.20 | Tabela de pedidos emitidos.

ID_Regist	Numero_Pedido	ISBN	Valor_Unitario	Quantidade	Valor_Subtotal	Valor_Desconto	Valor_Total
1	1	9788512341234	100	1	100	20	80
2	2	9788512341234	100	1	100	10	90
3	2	9788543214321	100	1	100	10	90

Figura 1.21 | Tabela de itens dos pedidos.

Um banco de dados relacional permite que tenhamos informações divididas entre várias tabelas de dados. Porém, certas informações de uma tabela são obtidas a partir de outras. Em nosso exemplo, na tabela de pedidos não consta os dados pessoais do cliente, apenas seu código no cadastro, que é utilizado para se recuperarem essas informações, como mostra a Figura 1.22.

Essa funcionalidade é conhecida como visão, e permite ao usuário agrupar dados distribuídos entre várias tabelas para ter em uma única tela ou relatório as informações de que precisa. As visões também podem ser utilizadas para filtrar as informações que podem ser visualizadas pelo usuário, inibindo-se assim o acesso a dados sigilosos, como os salários dos funcionários.

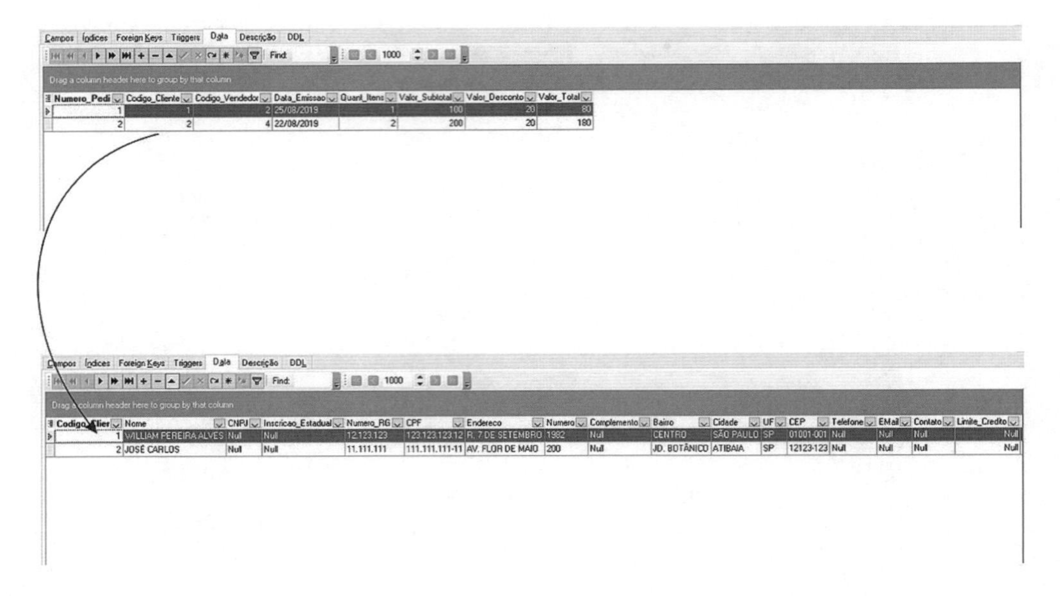

Numero_Pedi	Codigo_Cliente	Codigo_Vendedor	Data_Emissao	Quant_Itens	Valor_Subtotal	Valor_Desconto	Valor_Total
1	1	2	25/08/2019	1	100	20	80
2	2	4	22/08/2019	2	200	20	180

Codigo_Clier	Nome	CNPJ	Inscricao_Estadual	Numero_RG	CPF	Endereco	Numero	Complemento	Bairro	Cidade	UF	CEP	Telefone	EMail	Contato	Limite_Credito
1	WILLIAM PEREIRA ALVES	Null	Null	12.123.123	123.123.123.12	R. 7 DE SETEMBRO	1982	Null	CENTRO	SÃO PAULO	SP	01001-001	Null	Null	Null	Null
2	JOSÉ CARLOS	Null	Null	11.111.111	111.111.111-11	AV. FLOR DE MAIO	200	Null	JD. BOTÂNICO	ATIBAIA	SP	12123-123	Null	Null	Null	Null

Figura 1.22 | Relacionamento entre tabelas em um banco de dados relacional.

1.4.1.4 Bancos de dados orientados a objetos

Veremos aqui apenas de forma superficial a definição de banco de dados orientado a objetos, tendo em vista que será dedicado um capítulo inteiro ao assunto.

Esse tipo de banco de dados surgiu em meados de 1980, em virtude da necessidade de armazenamento de dados que não podiam ser armazenados pelos sistemas relacionais tradicionais devido às suas limitações. Podemos citar como exemplos os sistemas de geoprocessamento GIS (sigla de **Geographic Informations Systems** - *Sistemas de Informações Geográficas*) e CAD/CAM/CAE, que são baseados em tipos de dados complexos.

Basicamente, o modelo de dados orientado a objetos é caracterizado pela definição de bancos de dados por meio de objetos, com suas propriedades e operações. Isso significa que um registro é mais parecido com uma classe definida na linguagem C++, C# ou Java, por exemplo.

O **Grupo de Gerenciamento de Dados Objetos** (ODMG, em inglês) definiu um padrão de estrutura para bancos de dados orientados a objetos.

1.4.2 **Classificação quanto ao número de usuários suportados**

O segundo critério está relacionado com o número de usuários que podem acessar simultaneamente o banco de dados. Existem nessa classificação o sistema monousuário, que permite que apenas um usuário por vez acesse o banco de dados, e o sistema multiusuário, cujo banco de dados suporta o acesso de vários usuários ao mesmo tempo.

Esse suporte é possível graças a um recurso denominado controle de concorrência. Nesta classificação se encontram os principais sistemas gerenciadores de banco de dados atuais.

Ainda com relação a esse tipo de banco de dados, podemos mencionar uma funcionalidade denominada processamento de transações. Por meio dela, a integridade dos dados é garantida, uma vez que as alterações na base são efetivadas se todas as operações envolvidas forem executadas com sucesso; caso contrário, tudo é desfeito automaticamente, voltando o banco de dados ao seu estado anterior à alteração.

Sistemas do tipo monousuário são mais antigos e direcionados a um uso mais pessoal, como nos softwares dBASE III, dBASE IV, FoxBase, FoxPro e Paradox, entre outros, muito difundidos nas décadas de 1980 e 1990, quando o sistema operacional MS-DOS ainda dominava os computadores pessoais.

Atualmente, podemos citar como exemplo bastante conhecido o Microsoft Access, embora ele ainda ofereça capacidade para lidar com vários usuários ao mesmo tempo, sem, no entanto, ter a mesma confiabilidade e segurança de um sistema projetado com essa funcionalidade em primeiro plano, caso dos bancos de dados padrão SQL.

1.4.3 Classificação quanto à localização

No terceiro critério é levado em consideração o local onde o sistema gerenciador e o próprio banco de dados estão armazenados.

Temos duas possibilidades: SGBD centralizado e SGBD distribuído. No SGBD centralizado, o sistema de gerenciamento e o banco de dados se encontram em um único computador, denominado servidor de banco de dados. Mesmo sendo centralizado, ele pode ter suporte a acesso concorrente de vários usuários.

O segundo tipo, SGBD distribuído, é caracterizado por ter o sistema gerenciador e o banco de dados armazenados em diferentes máquinas. Enquanto o software gerenciador se encontra em um servidor, os bancos de dados que ele gerencia estão armazenados em diferentes máquinas. Um mesmo banco pode ser distribuído em mais de um computador. Compare essas arquiteturas analisando as Figuras 1.23 e 1.24.

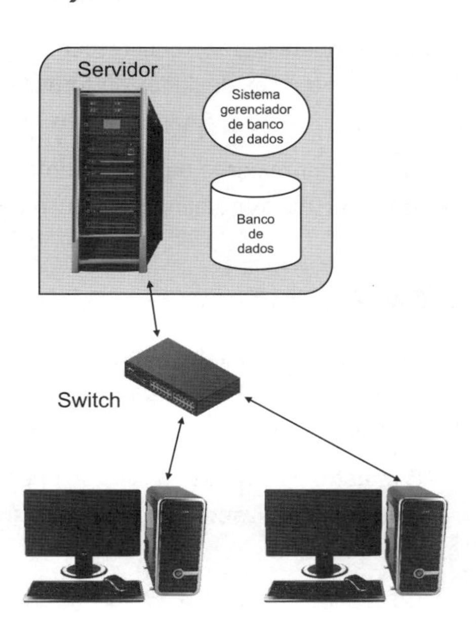

Figura 1.23 | Arquitetura de um SGBD centralizado.

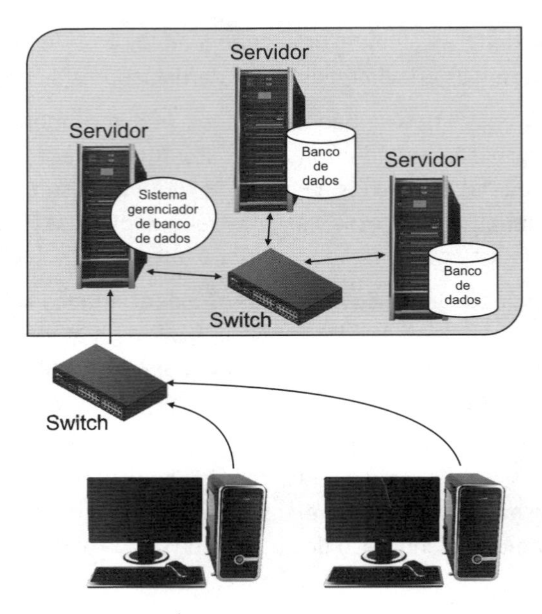

Figura 1.24 | Arquitetura de um SGBD distribuído.

Uma tendência que vem crescendo nos últimos tempos é distribuir na arquitetura de SGBD vários bancos de dados de fornecedores diferentes, mas que são acessados por um único SGBD. São os chamados SGBDs heterogêneos.

Independentemente de serem centralizados ou distribuídos, os sistemas gerenciadores de bancos de dados atualmente em uso trabalham dentro da arquitetura de cliente/servidor.

1.4.4 Classificação quanto ao método de acesso

Diversos sistemas de gerenciamento de banco de dados para microcomputadores são baseados nas listas invertidas, que são fáceis de implementar e programar. Esse tipo é considerado o precursor dos bancos de dados relacionais.

O registro é a unidade básica de operação em uma lista invertida. Isso permite que um registro seja localizado ou que se navegue por eles, movendo-se para o registro seguinte ou para o anterior.

Os índices de uma lista invertida são explícitos, ou seja, o usuário deve defini-los manualmente, e são utilizados para classificar os registros. A Figura 1.25 ilustra um exemplo de banco de dados de lista invertida.

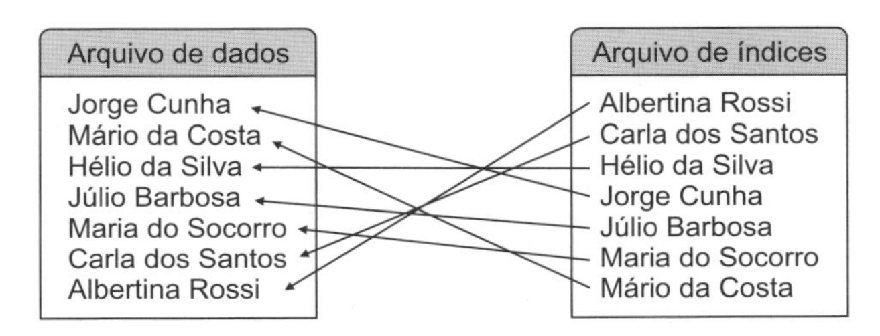

Figura 1.25 | Estrutura de um banco de dados baseado em listas invertidas.

Eles ainda são muito comuns e empregados por algumas aplicações.

Conclusão

Neste capítulo vimos como o homem, desde os tempos mais remotos, sempre se preocupou em registrar informações que julgava importantes para sua vida, criando, para isso, diversos meios que possibilitassem esses registros. O papel foi o principal meio para tal, sendo muito utilizado ainda hoje em todo o mundo.

Em relação ao registro de informações na era computacional, foram apresentados os programas aplicativos que utilizam arquivos em disco com formato/leiaute próprio, um método que, embora atenda às necessidades, oferece sérios problemas e dificuldades tanto no desenvolvimento quanto em futuras manutenções do sistema, em virtude de as estruturas dos arquivos se encontrarem embutidas no próprio código da aplicação, o que significa que os dados ocupam posições fixas dentro dos arquivos.

Depois dos sistemas baseados em manipulação de arquivos, demos início aos estudos dos sistemas de gerenciamento de banco de dados, o foco e objetivo deste livro. Sendo assim, abordaram-se os princípios básicos de funcionamento de um sistema de banco de dados, desde uma introdução à sua arquitetura até as várias classificações nas quais eles podem ser divididos.

Ainda dentro da abordagem introdutória dos bancos de dados, vimos também as bases teóricas dos bancos de dados relacionais, que são o principal objeto de estudo neste livro.

Exercícios

1. Dentre os diversos meios de registro de informações utilizados pelo homem desde a antiguidade, qual é o de maior uso, inclusive atualmente?
2. Em que consistia o cartão perfurado?
3. Um grande problema dos sistemas que manipulavam arquivos era a dificuldade na manutenção futura. Explique qual era a causa dessa dificuldade.
4. Defina o conceito de banco de dados.
5. O que são os Sistemas Gerenciadores de Bancos de Dados (SGBD)?
6. Descreva o conceito de catálogo do sistema de um banco de dados.
7. Quais os tipos de bancos de dados conhecidos?
8. Quais são os critérios usados para classificar um banco de dados?
9. Quais são as regras definidas por Edgard F. Codd para bancos de dados relacionais?
10. Embora os bancos de dados hierárquicos e de rede possuam alguma semelhança, quais características os diferenciam?
11. Em que se baseiam os bancos de dados relacionais?
12. Qual funcionalidade existe em bancos de dados multiusuário para garantir a integridade dos dados?
13. Considere a existência de um sistema que manipula arquivos de dados e que entre eles haja um para armazenamento das seguintes informações:

Informação	Tipo e tamanho
Número da duplicata/fatura	6 dígitos numéricos inteiros
Data da emissão	10 caracteres no formato DD/MM/AAAA
Código do cliente	6 dígitos numéricos inteiros
Valor total	10 dígitos numéricos com duas casas decimais
Data do vencimento	10 caracteres no formato DD/MM/AAAA

Monte um quadro especificando as posições iniciais e finais de cada dado dentro do arquivo.

Capítulo 2

Arquitetura e Terminologia

Depois de uma introdução generalizada, vamos agora nos aprofundar nos conceitos essenciais dos sistemas de bancos de dados. Veremos neste capítulo mais detalhes sobre a arquitetura de um banco de dados e os modelos de dados atualmente conhecidos e em uso, além da terminologia empregada nessa área. Estudaremos também um conceito muito importante: a integridade de dados.

2.1 Arquitetura de três níveis ANSI-SPARC

A proposta mais antiga para padronização da terminologia e estrutura de banco de dados foi apresentada em 1971 pelo DBTG, que havia reconhecido a necessidade de se dividir um banco de dados em dois níveis: uma visão do sistema (esquemas) e uma visão dos usuários (subesquemas). Em 1975, o **American National Standards Institute** (ANSI) e o **Standards Planning and Requirements Committee** (SPARC) publicaram um padrão denominado ANSI-SPARC que adicionava a essa arquitetura de dois níveis uma terceira, conhecida como catálogo do sistema. Essa arquitetura é formada pelos níveis externo, conceitual e interno, que podem ser vistos na Figura 2.1.

Essa arquitetura em três níveis (também conhecida como três esquemas) torna possível a existência de três características importantes nos bancos de dados, a saber: isolamento de dados e programas, suporte a múltiplas visões e utilização de catálogos. Ela é muito útil para se entender melhor o conceito de **independência de dados**, que consiste na capacidade de se efetuarem alterações no esquema em um nível sem que seja necessário alterar o esquema do nível seguinte. Seu principal objetivo é poder separar a visão dos usuários da representação física do banco de dados. Esses níveis têm as seguintes funções:

1. **Nível externo:** engloba as diferentes visões do usuário, que compreendem apenas as entidades (relações ou tabelas), atributos (campos) e relacionamentos que são de seu interesse. Cada usuário pode ter sua própria visão distinta.
2. **Nível conceitual:** contém o esquema conceitual, o qual descreve a estrutura lógica do banco de dados, de modo que possa ser facilmente entendida pelos usuários. Esse nível esconde os detalhes que são tratados pelo esquema interno, representando uma visão dos requisitos de dados de forma independente de qualquer mecanismo de armazenamento.
3. **Nível interno:** descreve toda a organização interna do banco de dados em termos de estruturação do modo de armazenamento em disco. Em outras palavras, é a representação física das entidades, atributos, índices e todos os demais elementos que compõem o banco de dados. Esse nível é responsável pela interface com os mecanismos de gravação e leitura de arquivos do sistema operacional.

Em SGBDs que trabalham com base nessa arquitetura, os usuários somente podem referenciar o esquema externo para ter acesso ao banco de dados. O processo básico executado pelo SGBD é transformar uma solicitação originada pelo usuário (como uma consulta) por meio do nível externo em uma solicitação ao nível conceitual, que por sua vez é transformada em uma solicitação ao nível interno, para então poder ser processada.

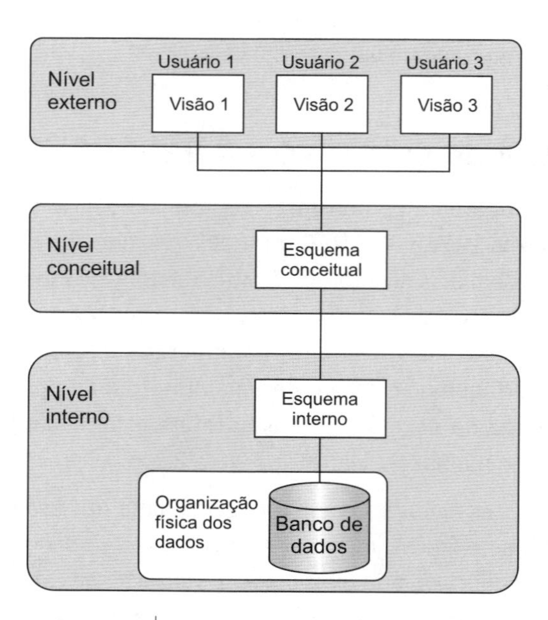

Figura 2.1 | Arquitetura de três níveis ANSI-SPARC.
Fonte: adaptado de Connoly e Begg (2015, p. 85).

Damos o nome de esquema do banco de dados à sua descrição geral. Temos também três esquemas, cada um vinculado diretamente a um dos níveis apresentados anteriormente e definidos de acordo com o nível de abstração de dados. Dessa forma, temos, no nível mais alto de abstração, o esquema externo, também chamado de subesquema. Abaixo dele encontramos o esquema conceitual. Por fim, no nível mais inferior, temos o esquema interno.

É responsabilidade do SGBD fazer o mapeamento entre esses três esquemas, checando-os para validar se o esquema externo realmente corresponde ao esquema conceitual e utilizando as informações no esquema conceitual para mapear os esquemas externo e interno.

O mapeamento conceitual/interno, que relaciona o esquema conceitual com o interno, possibilita que o SGBD encontre registros armazenados em um meio físico (esquema interno) que correspondam a registros lógicos do esquema conceitual. Por outro lado, o mapeamento externo/conceitual relaciona o esquema externo com o conceitual, possibilitando que o SGBD mapeie a visão do usuário com o esquema conceitual.

A Figura 2.2 ilustra melhor a diferença e a ligação entre os três níveis dessa arquitetura.

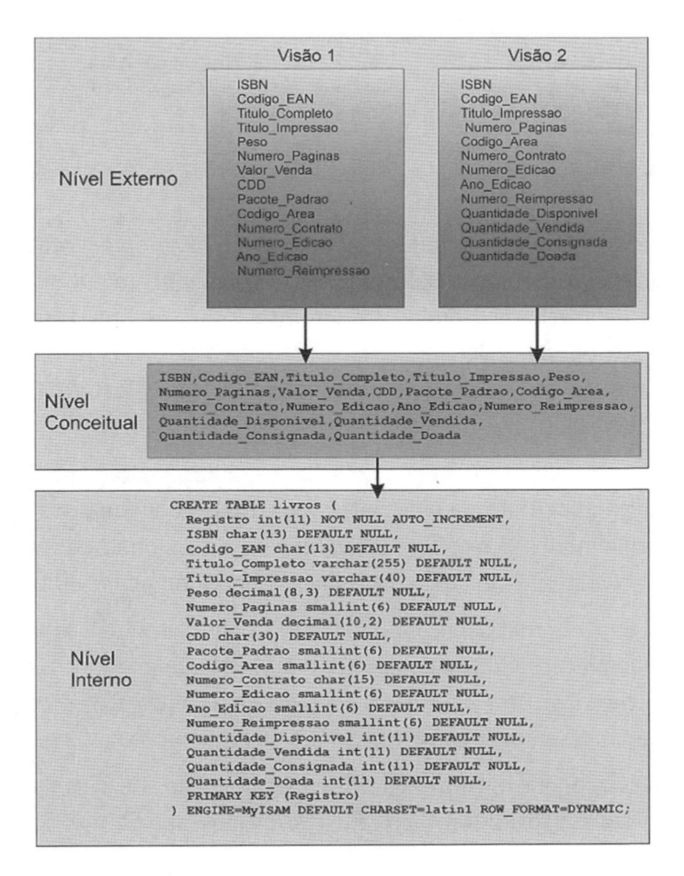

Figura 2.2 | Diferença e ligação entre os três níveis ANSI-SPARC.
Fonte: adaptado de Connoly e Begg (2015, p. 88).

2.2 Modelos de dados

Os modelos de dados existentes atualmente podem ser divididos em várias categorias, de acordo com a maneira empregada para descrever a estrutura do banco de dados. A primeira categoria engloba os modelos de dados de alto nível, também conhecidos como conceituais, nos quais os conceitos empregados na descrição da estrutura do banco de dados se aproximam da forma como os usuários conhecem ou trabalham com os dados. Neste modelo são utilizados conceitos como entidades, atributos e relacionamentos para representar a estrutura de um banco de dados. A entidade é uma representação de algo existente no mundo real ou do universo de estudo. O atributo descreve uma característica ou propriedade de uma entidade. Por fim, temos o relacionamento, que permite representar uma interação entre as entidades. Veja os detalhes na Figura 2.3.

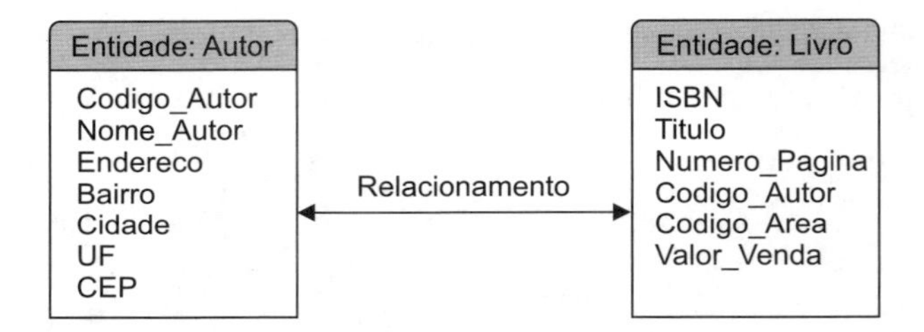

Figura 2.3 | Representação de entidades e relacionamento do modelo conceitual.

Na segunda categoria encontramos os modelos de dados representativos, cujos conceitos são fáceis de ser entendidos pelos usuários finais, sem, no entanto, distanciarem-se do modo de organização dos dados em um dispositivo de armazenamento, como o disco rígido. Nesta categoria podemos destacar o modelo de dados relacional muito utilizado pelos principais SGBDs, desde os gratuitos, como MySQL e PostgreSQL, até os pagos, como Oracle ou SQL Server.

Já nos modelos de baixo nível, ou modelos físicos, a descrição da estrutura está mais relacionada com a maneira utilizada pelo sistema no armazenamento dos dados em disco. Esses modelos normalmente têm como público-alvo os profissionais da área de tecnologia da informação, como engenheiros, técnicos, analistas, programadores etc.

A descrição da estrutura do banco de dados mencionada anteriormente também é conhecida como esquema do banco de dados. Ele é definido na fase de projeto do banco de dados e normalmente não sofre alterações de forma frequente. Esses esquemas podem ser representados por diagramas, como o exemplo da Figura 2.4.

É importante destacar que em um diagrama do esquema do banco de dados os atributos que formam as entidades são apresentados apenas sob os aspectos mais simplificados, sem a preocupação de se detalhar o tipo de dado de cada um dos atributos ou mesmo os relacionamentos que devem existir entre as entidades. No exemplo do diagrama do sistema de gestão de editora, o endereço do autor pode ser desmembrado em nome do logradouro, número do imóvel, bairro, cidade, estado, CEP, entre outros.

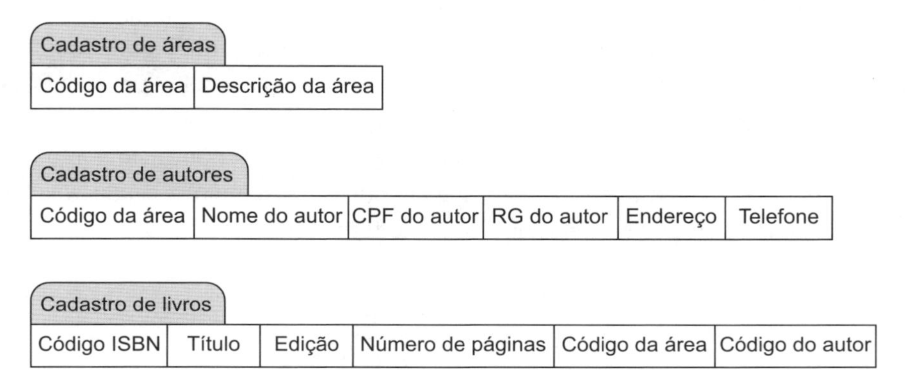

Figura 2.4 | Exemplo de entidades em um esquema de banco de dados.

Logo após sua criação física, o banco de dados está completamente vazio, ou seja, não possui qualquer tipo de dado armazenado. Nessa situação, diz-se que o banco de dados está no estado vazio. Quando alguns dados são gravados pela primeira vez, o banco de dados passa para o estado inicial. A partir de então, toda vez que o banco de dados sofre qualquer alteração, seja adição de novos registros ou alteração/exclusão dos que já existem, teremos o estado atual.

Em vista das alterações que o banco de dados sofre periodicamente, os dados existentes em um determinado momento recebem o nome de retrato ou snapshot.

2.3 Terminologia de banco de dados

Os bancos de dados possuem seu próprio vocabulário de termos técnicos. Um livro que trata deles não poderia deixar de apresentar essa terminologia. Os termos se referem a objetos que são os fundamentos dos bancos de dados.

2.3.1 Campos de um registro

O campo é a menor unidade destinada ao armazenamento de valores em um banco de dados. Isso significa que os dados armazenados são separados em pequenos fragmentos. Cada campo somente pode conter um tipo de dado. Tomemos como exemplo a seguinte informação:

Banco de Dados - Teorias e Desenvolvimento
William Pereira Alves
2ª edição
2020
368 páginas

Essa lista, da forma como está apresentada, não faz muito sentido do ponto de vista de um banco de dados. Embora forneça uma informação completa sobre um livro, para ser armazenada em um banco de dados é preciso que separemos as informações em diversas partes. Podemos assumir que cada linha é uma fração da informação como um todo. Imagine-a distribuída em uma folha quadriculada em que cada item/linha ocupa uma coluna (como nas planilhas eletrônicas). Assim, ela teria o formato da Figura 2.5.

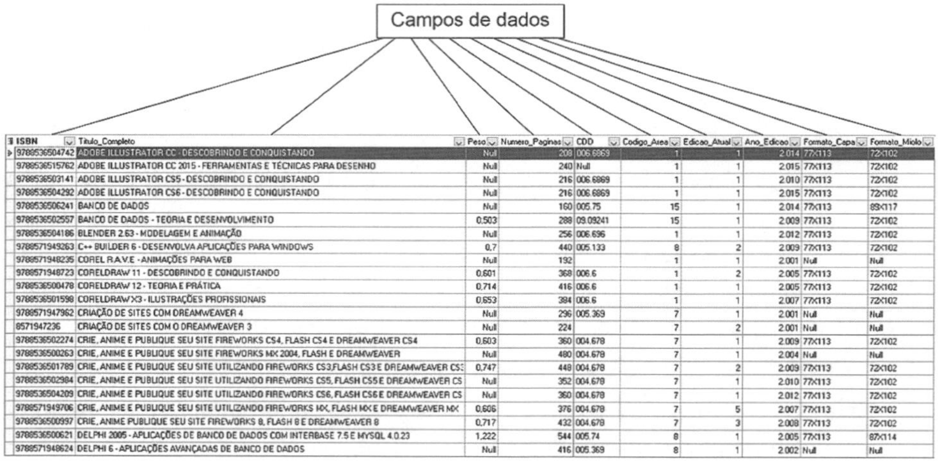

Campos de dados

ISBN	Titulo_Completo	Peso	Numero_Paginas	CDD	Codigo_Area	Edicao_Atual	Ano_Edicao	Formato_Capa	Formato_Miolo
9788536504742	ADOBE ILLUSTRATOR CC - DESCOBRINDO E CONQUISTANDO	Null	208	006.6869	1	1	2.014	77X113	72X102
9788536515762	ADOBE ILLUSTRATOR CC 2015 - FERRAMENTAS E TÉCNICAS PARA DESENHO	Null	240	Null	1	1	2.015	77X113	72X102
9788536503141	ADOBE ILLUSTRATOR CS5 - DESCOBRINDO E CONQUISTANDO	Null	216	006.6869	1	1	2.010	77X113	72X102
9788536504292	ADOBE ILLUSTRATOR CS6 - DESCOBRINDO E CONQUISTANDO	Null	216	006.6869	1	1	2.015	77X113	72X102
9788536506241	BANCO DE DADOS	Null	160	005.75	15	1	2.014	77X113	89X117
9788536502557	BANCO DE DADOS - TEORIA E DESENVOLVIMENTO	0,503	288	09.09241	15	1	2.009	77X113	72X102
9788536504186	BLENDER 2.63 - MODELAGEM E ANIMAÇÃO	Null	256	006.696	1	1	2.012	77X113	72X102
9788571949263	C++ BUILDER 6 - DESENVOLVA APLICAÇÕES PARA WINDOWS	0,7	440	005.133	8	2	2.009	77X113	72X102
9788571948235	COREL R.A.V.E - ANIMAÇÕES PARA WEB	Null	192		1	1	2.001	Null	Null
9788571948723	CORELDRAW 11 - DESCOBRINDO E CONQUISTANDO	0,601	368	006.6	1	2	2.005	77X113	72X102
9788536500478	CORELDRAW 12 - TEORIA E PRÁTICA	0,714	416	006.6	1	1	2.005	77X113	72X102
9788536501598	CORELDRAW X3 - ILUSTRAÇÕES PROFISSIONAIS	0,653	384	006.6	1	1	2.007	77X113	72X102
9788571947962	CRIAÇÃO DE SITES COM DREAMWEAVER 4	Null	296	005.369	7	1	2.001	Null	Null
8571947236	CRIAÇÃO DE SITES COM O DREAMWEAVER 3	Null	224		7	2	2.001	Null	Null
9788536502274	CRIE, ANIME E PUBLIQUE SEU SITE FIREWORKS CS4, FLASH CS4 E DREAMWEAVER CS4	0,603	360	004.678	7	1	2.009	77X113	72X102
9788536500263	CRIE, ANIME E PUBLIQUE SEU SITE FIREWORKS MX 2004, FLASH E DREAMWEAVER	Null	480	004.678	7	1	2.004	Null	Null
9788536501789	CRIE, ANIME E PUBLIQUE SEU SITE UTILIZANDO FIREWORKS CS3,FLASH CS3 E DREAMWEAVER CS:	0,747	448	004.678	7	2	2.009	77X113	72X102
9788536502984	CRIE, ANIME E PUBLIQUE SEU SITE UTILIZANDO FIREWORKS CS5, FLASH CS5 E DREAMWEAVER CS	Null	352	004.678	7	1	2.010	77X113	72X102
9788536504209	CRIE, ANIME E PUBLIQUE SEU SITE UTILIZANDO FIREWORKS CS6, FLASH CS6 E DREAMWEAVER CS	Null	360	004.678	7	1	2.012	77X113	72X102
9788571949706	CRIE, ANIME E PUBLIQUE SEU SITE UTILIZANDO FIREWORKS MX, FLASH MX E DREAMWEAVER MX	0,606	376	004.678	7	5	2.007	77X113	72X102
9788536500997	CRIE, ANIME PUBLIQUE SEU SITE FIREWORKS 8, FLASH 8 E DREAMWEAVER 8	0,717	432	004.678	7	3	2.008	77X113	72X102
9788536500621	DELPHI 2005 - APLICAÇÕES DE BANCO DE DADOS COM INTERBASE 7.5 E MYSQL 4.0.23	1,222	544	005.74	8	1	2.005	77X113	87X114
9788571948624	DELPHI 6 - APLICAÇÕES AVANÇADAS DE BANCO DE DADOS	Null	416	005.369	8	1	2.002	Null	Null

Figura 2.5 | Informação dividida em campos/colunas de dados.

Durante a estruturação do banco de dados, uma das principais tarefas do projetista/arquiteto responsável é definir os campos que comporão as tabelas. Cada campo recebe um nome de identificação, a especificação do tipo de dado que será capaz de armazenar e o tamanho para armazenamento, entre outras informações.

Os tipos de dados básicos que podemos atribuir aos campos são: caractere, numérico (com ou sem casas decimais), data, hora e lógico (valores do tipo verdadeiro ou falso). Nem todos os sistemas de banco de dados suportam o tipo de dado lógico e alguns possuem um tipo especial denominado autoincremento (como MySQL e SQL Server). Com esse tipo, o valor do campo (que é numérico inteiro, ou seja, sem casa decimal) é incrementado pelo próprio sistema quando um novo registro é adicionado à tabela. Isso é muito útil quando precisamos gerar um valor sequencial único para cada registro. Geralmente, um campo desse tipo é usado na definição da chave primária da tabela.

Alguns sistemas de banco de dados oferecem também o recurso de definição de campos calculados. Esse tipo de campo é formado por uma expressão matemática, que envolve outros campos da própria tabela ou mesmo constantes numéricas. Seu valor é o resultado obtido por meio da avaliação dessa expressão. Por exemplo, suponhamos que você tenha uma tabela de pedidos de clientes e nessa tabela constem campos para entrada da quantidade do produto e o preço unitário. O preço total do item poderia simplesmente ser obtido multiplicando-se o valor do campo de quantidade pelo valor do campo de preço unitário. Em termos simples, a especificação do campo seria parecida com a seguinte instrução fictícia:

```
DEFINIR "VALORTOTAL" COMO CÁLCULO("QUANTIDADE" * "PRECOUNITARIO")
```

Os modernos SGBDs também permitem definir-se um valor padrão para o campo, o que significa que, ao se adicionar um novo registro, esse valor padrão é atribuído automaticamente ao campo, caso o usuário não informe outro no lugar. Um exemplo clássico e bastante comum é a atribuição da data atual do sistema a um campo que deva conter a data de inclusão do registro.

Um novo tipo de dado que também podemos encontrar nos sistemas atuais é denominado **BLOB**, sigla para *Binary Large Objects* (Objetos Binários Grandes). Campos desse tipo permitem o armazenamento de dados não estruturados, como imagens, sons, vídeos etc. Geralmente, os valores de campos BLOB são armazenados separadamente dos respectivos registros no arquivo de dados e um ponteiro no registro faz referência a esses valores.

Campos do tipo caractere de tamanho fixo

Nome (50 caracteres)	Endereço (60 caracteres)	Telefone (20 caracteres)
André Domingues	Av. Getúlio Vargas, 1200	(11) 0101-0202
Rodolfo Menezes	Rua dos Gusmões, 830	(19) 1111-2222
Júlia Bertolin	Rua D. Pedro I, 405	(13) 1010-0101
Denise Sallas	Praça da Saúde, 33	(11) 1100-0011

Campos do tipo caractere de tamanho variável

Nome (50 caracteres)	Endereço (60 caracteres)	Telefone (20 caracteres)
André Domingues	Av. Getúlio Vargas, 1200	(11) 0101-0202
Rodolfo Menezes	Rua dos Gusmões, 830	(19) 1111-2222
Júlia Bertolin	Rua D. Pedro I, 405	(13) 1010-0101
Denise Sallas	Praça da Saúde, 33	(11) 1100-0011

Figura 2.6 | Comparação entre armazenamento em campo de tamanho fixo e de tamanho variável.

Outra característica dos SGBDs é a forma de armazenamento de dados em campos do tipo caractere. Eles permitem que esses campos sejam definidos com tamanho fixo ou variável. No caso de tamanhos fixos, se o usuário entrar com dados cujo comprimento seja menor que o especificado para o campo, os bytes extras são preenchidos com espaços em branco. Já com campos de tamanho variável, somente os caracteres fornecidos pelo usuário serão efetivamente armazenados. Veja a comparação na Figura 2.6.

A definição de nome e atributos (tipos de dados e tamanhos) dos campos constitui o que chamamos de **formato de registro**.

2.3.2 Registros (ou linhas)

Um registro é o conjunto de campos valorizados de uma tabela. É a unidade básica para o armazenamento e recuperação de dados e identifica a entrada de um único item de informação em particular em uma tabela do banco de dados. São também chamados de **tuplas** ou **n-uplas**. Em uma tabela (ou relação) cujos registros são formados por cinco campos, cada registro é denominado **5-upla** (ou quíntupla). Também podemos chamar os registros de linhas de uma tabela, pois durante sua visualização os dados dos campos são todos listados em uma única linha. Se uma tabela de cadastro de clientes possui 20 mil linhas ou registros, então ela armazena dados de 20 mil clientes.

Os registros de uma tabela de dados sempre são do mesmo tipo, ou seja, permitem o armazenamento dos mesmos tipos de dados. No entanto, seus campos podem ser de tipos e tamanhos diferentes. Quando o registro possui campos do tipo caractere de tamanho variável, o tamanho do próprio registro pode também variar conforme os dados que se encontram armazenados nele (vide o exemplo da Figura 2.6). Por exemplo, em uma tabela de cadastro de livros, os registros são utilizados para guardar os dados referentes aos livros, não sendo possível armazenar qualquer outro tipo de dados (como de clientes ou de funcionários).

É durante a estruturação das tabelas do banco de dados que definimos o formato (ou leiaute) dos registros. Como já mencionado, esse formato de registros envolve a disposição dos seus campos com nomes e atributos.

Voltando ao exemplo do tópico anterior, cada linha da tabela representa um registro. Assim, a tabela como um todo se resume a um agrupamento de linhas (registros) que são divididas em colunas (campos). Veja a Figura 2.7.

Registros

ISBN	Titulo_Completo	Peso	Numero_Paginas	CDD	Codigo_Area	Edicao_Atual	Ano_Edicao	Formato_Capa	Formato_Miolo
9788536504742	ADOBE ILLUSTRATOR CC - DESCOBRINDO E CONQUISTANDO	Null	208	006.6869	1	1	2.014	77X113	72X102
9788536515762	ADOBE ILLUSTRATOR CC 2015 - FERRAMENTAS E TÉCNICAS PARA DESENHO	Null	240	Null	1	1	2.015	77X113	72X102
9788536503141	ADOBE ILLUSTRATOR CS5 - DESCOBRINDO E CONQUISTANDO	Null	216	006.6869	1	1	2.010	77X113	72X102
9788536504292	ADOBE ILLUSTRATOR CS6 - DESCOBRINDO E CONQUISTANDO	Null	216	006.6869	1	1	2.015	77X113	72X102
9788536506241	BANCO DE DADOS	Null	160	005.75	15	1	2.014	77X113	89X117
9788536502557	BANCO DE DADOS - TEORIA E DESENVOLVIMENTO	0,503	288	09.09241	15	1	2.009	77X113	72X102
9788536504186	BLENDER 2.63 - MODELAGEM E ANIMAÇÃO	Null	256	006.696	1	1	2.012	77X113	72X102
9788571949263	C++ BUILDER 6 - DESENVOLVA APLICAÇÕES PARA WINDOWS	0,7	440	005.133	8	2	2.009	77X113	72X102
9788571948235	COREL R.A.V.E - ANIMAÇÕES PARA WEB	Null	192		1	1	2.001	Null	Null
9788571948723	CORELDRAW 11 - DESCOBRINDO E CONQUISTANDO	0,801	368	006.6	1	2	2.005	77X113	72X102
9788536500478	CORELDRAW 12 - TEORIA E PRÁTICA	0,714	416	006.6	1	1	2.005	77X113	72X102
9788536501530	CORELDRAW X3 - ILUSTRAÇÕES PROFISSIONAIS	0,853	384	006.6	1	1	2.007	77X113	72X102
9788571947952	CRIAÇÃO DE SITES COM DREAMWEAVER 4	Null	296	005.369	7	1	2.001	Null	Null
8571947236	CRIAÇÃO DE SITES COM O DREAMWEAVER 3	Null	224		7	2	2.001	Null	Null
9788536502274	CRIE, ANIME E PUBLIQUE SEU SITE FIREWORKS CS4, FLASH CS4 E DREAMWEAVER CS4	0,603	360	004.678	7	1	2.009	77X113	72X102
9788536500263	CRIE, ANIME E PUBLIQUE SEU SITE FIREWORKS MX 2004, FLASH E DREAMWEAVER	Null	480	004.678	7	1	2.004	Null	Null
9788536501769	CRIE, ANIME E PUBLIQUE SEU SITE UTILIZANDO FIREWORKS CS3,FLASH CS3 E DREAMWEAVER CS3	0,747	448	004.678	7	2	2.009	77X113	72X102
9788536502984	CRIE, ANIME E PUBLIQUE SEU SITE UTILIZANDO FIREWORKS CS5, FLASH CS5 E DREAMWEAVER CS	Null	352	004.678	7	1	2.010	77X113	72X102
9788536504209	CRIE, ANIME E PUBLIQUE SEU SITE UTILIZANDO FIREWORKS CS6, FLASH CS6 E DREAMWEAVER CS	Null	360	004.678	7	1	2.012	77X113	72X102
9788571949706	CRIE, ANIME E PUBLIQUE SEU SITE UTILIZANDO FIREWORKS MX, FLASH MX E DREAMWEAVER MX	0,606	376	004.678	7	5	2.007	77X113	72X102
9788536500997	CRIE, ANIME PUBLIQUE SEU SITE FIREWORKS 8, FLASH 8 E DREAMWEAVER 8	0,717	432	004.678	7	3	2.008	77X113	72X102
9788536500621	DELPHI 2005 - APLICAÇÕES DE BANCO DE DADOS COM INTERBASE 7.5 E MYSQL 4.0.23	1,222	544	005.74	8	1	2.005	77X113	87X114
9788571948624	DELPHI 6 - APLICAÇÕES AVANÇADAS DE BANCO DE DADOS	Null	416	005.369	8	1	2.002	Null	Null

Figura 2.7 | Exemplo de registros de uma tabela.

2.3.3 Tabelas de dados

Como mencionado anteriormente, uma tabela nada mais é do que um conjunto ordenado de registros/linhas. Cada registro possui o mesmo número de colunas (campos). Um banco de dados pode ser formado por uma ou mais tabelas, e cada uma deve ser definida de tal forma que somente possa conter um tipo de informação. No caso do nosso exemplo de sistema para gestão de editora, haveria uma tabela para armazenar dados dos clientes, uma para os fornecedores, uma para os livros etc. Falando em termos de modelagem de dados, elas representam as entidades do modelo conceitual.

Alguns sistemas de bancos de dados criam um arquivo para cada tabela, como é o caso do MySQL, quando utiliza o formato MyISAM na criação do banco de dados. Outros, como o SQL Server, Interbase ou Oracle, possuem um único arquivo, dentro do qual estão todas as tabelas - além de outros recursos, como rotinas autocontidas (*stored procedures*) e índices.

Cada tabela deve ser identificada por um nome único dentro do banco de dados. São as tabelas que possuem toda a estrutura/composição dos registros, como nomes, tipos de dados e tamanhos, além dos próprios valores dos campos desses registros. Uma aplicação de banco de dados somente pode acessar um determinado registro se referenciar a tabela na qual ele está definido. Na linguagem SQL, também é necessário especificar o nome da tabela a ser utilizada em um comando de consulta ou atualização de dados.

A hierarquia existente entre banco de dados, tabelas, registros e campos pode ser melhor entendida pelo gráfico da Figura 2.8. Na Figura 2.9 podemos ver diversas tabelas definidas em um banco de dados do servidor MySQL. Já a Figura 2.10 apresenta as stored procedures criadas nele.

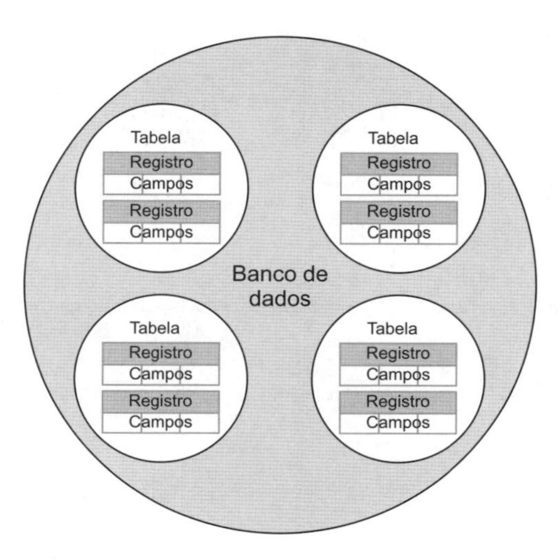

Figura 2.8 | Hierarquia entre banco de dados, tabelas, registros e campos.

Schema Tables | Schema Indices | Views | Stored procedures

db_editora
All tables of the db_editora schema

Table Name	Engine	Rows	Data length	Index length	Update time
acabamento_capa	MyISAM	101	5 kB	2 kB	2016-08-03 17:39:26
aliquotas_impostos	MyISAM	1	212 B	1 kB	2016-08-03 17:39:27
aplicacao_financeira	MyISAM	377	44,2 kB	6 kB	2016-08-03 17:39:27
area_aplicacao	MyISAM	88	4,1 kB	2 kB	2016-08-03 17:39:27
atualizacao_precos	MyISAM	1000	99,2 kB	1 kB	2016-08-03 17:39:32
autores	MyISAM	1119	476,8 kB	12 kB	2016-08-03 17:39:33
autoria_colaboracao	MyISAM	5382	688,7 kB	69 kB	2016-08-03 17:39:33
balancete	MyISAM	54	3,6 kB	2 kB	2016-08-03 17:39:34
bancos	MyISAM	7	400 B	2 kB	2016-08-03 17:39:34
boletos_emitidos	MyISAM	0	0 B	1 kB	2016-08-03 17:39:44
cadastro_bancos	MyISAM	123	5,1 kB	4 kB	2016-08-03 17:39:50
calculo_direitos	MyISAM	626	76,9 kB	9 kB	2016-08-03 17:39:50
cargos	MyISAM	43	1,5 kB	2 kB	2016-08-03 17:39:51
carta_correcao	MyISAM	162	17,8 kB	4 kB	2016-08-03 17:39:51
cep_bairros	MyISAM	42928	1,5 MB	432 kB	2015-06-16 09:29:41
cep_cidades	MyISAM	10356	568,3 kB	106 kB	2015-06-16 15:54:23
cep_enderecos	MyISAM	901005	47,3 MB	8,8 MB	2015-06-16 09:31:37
cep_estados	MyISAM	27	540 B	2 kB	2016-08-03 17:39:51
cfop	MyISAM	37	2,6 kB	2 kB	2016-08-03 17:39:51
cheques_emitidos	MyISAM	870	71,7 kB	11 kB	2016-08-03 17:39:52
clientes	MyISAM	94868	325,8 MB	6,4 MB	2016-08-03 17:40:15
cnae	MyISAM	1319	111 kB	15 kB	2016-08-03 17:40:28
compra_papel	MyISAM	116	22,1 kB	4 kB	2016-08-03 17:40:29
consignacoes_pendentes	MyISAM	0	0 B	1 kB	2016-08-03 17:40:46
consumo_papel_mes	MyISAM	6905	1,4 MB	73 kB	2016-08-03 17:40:47
contratos_direitos	MyISAM	2154	140,5 kB	29 kB	2016-08-03 17:40:47
contratos_licitacoes	MyISAM	14	1 kB	2 kB	2016-08-03 17:40:48
controle_bancos	MyISAM	38597	5,1 MB	536 kB	2016-08-03 17:40:50
controle_caixa	MyISAM	24302	2,5 MB	302 kB	2016-08-03 17:40:55
controle_cheques	MyISAM	52	4,8 kB	2 kB	2016-08-03 17:40:55
controle_edicoes	MyISAM	604	40,6 kB	10 kB	2016-08-03 17:40:56
controle_licitacoes	MyISAM	1237	149,8 kB	15 kB	2016-08-03 17:40:58
controle_papel_imune	MyISAM	109	23,2 kB	4 kB	2016-08-03 17:40:59

Num. of Tables: 131

Rows: 2.590.658 | Data Len: 1,3 GB | Index Len: 53,3 MB

Details >> | Create Table | Edit Table | Maintenance | Refresh

Figura 2.9 | Lista de tabelas de um banco de dados MySQL.

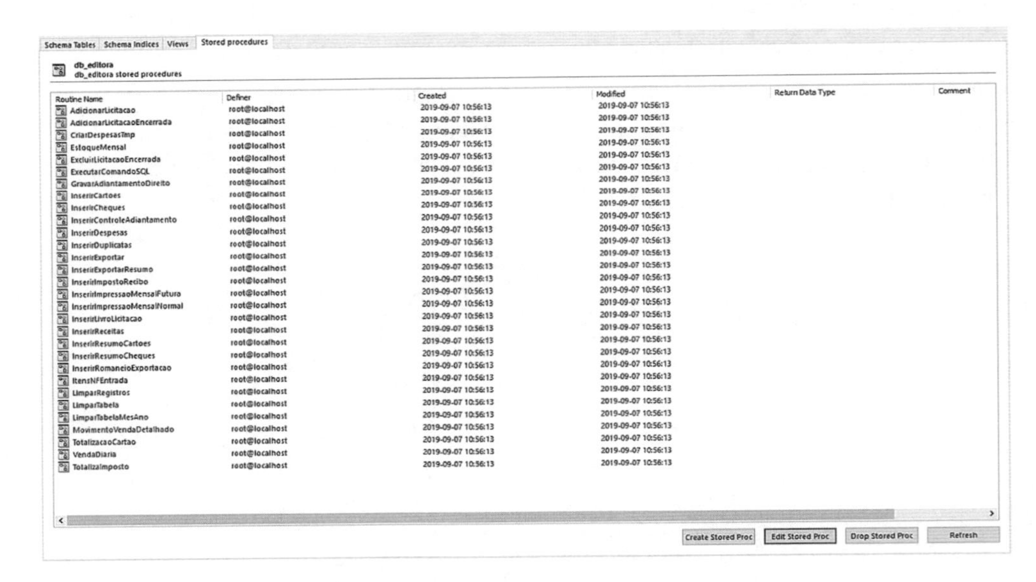

Schema Tables | Schema Indices | Views | Stored procedures

db_editora
db_editora stored procedures

Routine Name	Definer	Created	Modified	Return Data Type	Comment
AdicionarLicitacao	root@localhost	2019-09-07 10:56:13	2019-09-07 10:56:13		
AdicionarLicitacaoEncerrada	root@localhost	2019-09-07 10:56:13	2019-09-07 10:56:13		
CriarDespesasTmp	root@localhost	2019-09-07 10:56:13	2019-09-07 10:56:13		
EstoqueMensal	root@localhost	2019-09-07 10:56:13	2019-09-07 10:56:13		
ExcluirLicitacaoEncerrada	root@localhost	2019-09-07 10:56:13	2019-09-07 10:56:13		
ExecutarComandoSQL	root@localhost	2019-09-07 10:56:13	2019-09-07 10:56:13		
GravarAdiantamentoDireito	root@localhost	2019-09-07 10:56:13	2019-09-07 10:56:13		
InserirCartoes	root@localhost	2019-09-07 10:56:13	2019-09-07 10:56:13		
InserirCheques	root@localhost	2019-09-07 10:56:13	2019-09-07 10:56:13		
InserirControleAdiantamento	root@localhost	2019-09-07 10:56:13	2019-09-07 10:56:13		
InserirDespesas	root@localhost	2019-09-07 10:56:13	2019-09-07 10:56:13		
InserirDuplicatas	root@localhost	2019-09-07 10:56:13	2019-09-07 10:56:13		
InserirExportar	root@localhost	2019-09-07 10:56:13	2019-09-07 10:56:13		
InserirExportarResumo	root@localhost	2019-09-07 10:56:13	2019-09-07 10:56:13		
InserirImpostoRecibo	root@localhost	2019-09-07 10:56:13	2019-09-07 10:56:13		
InserirImpressaoMensalFuturo	root@localhost	2019-09-07 10:56:13	2019-09-07 10:56:13		
InserirImpressaoMensalNormal	root@localhost	2019-09-07 10:56:13	2019-09-07 10:56:13		
InserirLivroLicitacao	root@localhost	2019-09-07 10:56:13	2019-09-07 10:56:13		
InserirReceitas	root@localhost	2019-09-07 10:56:13	2019-09-07 10:56:13		
InserirResumoCartoes	root@localhost	2019-09-07 10:56:13	2019-09-07 10:56:13		
InserirResumoCheques	root@localhost	2019-09-07 10:56:13	2019-09-07 10:56:13		
InserirRomaneioExportacao	root@localhost	2019-09-07 10:56:13	2019-09-07 10:56:13		
ItensNFEntrada	root@localhost	2019-09-07 10:56:13	2019-09-07 10:56:13		
LimparRegistros	root@localhost	2019-09-07 10:56:13	2019-09-07 10:56:13		
LimparTabela	root@localhost	2019-09-07 10:56:13	2019-09-07 10:56:13		
LimparTabelaMesAno	root@localhost	2019-09-07 10:56:13	2019-09-07 10:56:13		
MovimentoVendaDetalhado	root@localhost	2019-09-07 10:56:13	2019-09-07 10:56:13		
TotalizacaoCartao	root@localhost	2019-09-07 10:56:13	2019-09-07 10:56:13		
VendaDiaria	root@localhost	2019-09-07 10:56:13	2019-09-07 10:56:13		
TotalizaImposto	root@localhost	2019-09-07 10:56:13	2019-09-07 10:56:13		

Create Stored Proc | Edit Stored Proc | Drop Stored Proc | Refresh

Figura 2.10 | Lista de stored procedures de um banco de dados MySQL.

A seguir, temos um comando típico em linguagem SQL para definição de uma tabela de dados:

```
CREATE TABLE clientes (
  Codigo_Cliente int(11) NOT NULL AUTO_INCREMENT,
  Nome_Cliente varchar(80) DEFAULT NULL,
  Tipo_Pessoa char(1) DEFAULT NULL,
  RG char(16) DEFAULT NULL,
  Orgao_Emissor varchar(6) DEFAULT NULL,
  CPF char(14) DEFAULT NULL,
  CNPJ char(18) DEFAULT NULL,
  Inscricao_Estadual char(18) DEFAULT NULL,
  CNAE varchar(9) DEFAULT NULL,
  Endereco varchar(50) DEFAULT NULL,
  Numero char(12) DEFAULT NULL,
  Bairro varchar(40) DEFAULT NULL,
  Complemento varchar(45) DEFAULT NULL,
  Codigo_Municipio varchar(7) DEFAULT NULL,
  Codigo_UF smallint(6) DEFAULT NULL,
  Codigo_Pais char(4) DEFAULT NULL,
  CEP char(9) DEFAULT NULL,
  DDD char(3) DEFAULT NULL,
  Telefone char(50) DEFAULT NULL,
  FAX char(50) DEFAULT NULL,
  DDD_Celular char(3) DEFAULT NULL,
  Celular char(50) DEFAULT NULL,
  UF_Internacional char(2) DEFAULT NULL,
  Cidade_Internacional varchar(40) DEFAULT NULL,
  Endereco_Entrega varchar(50) DEFAULT NULL,
  Numero_Entrega varchar(10) DEFAULT NULL,
  Compl_Entrega varchar(45) DEFAULT NULL,
  Bairro_Entrega varchar(40) DEFAULT NULL,
  Codigo_Municipio_Entrega varchar(7) DEFAULT NULL,
  Codigo_UF_Entrega smallint(6) DEFAULT NULL,
  CEP_Entrega char(9) DEFAULT NULL,
  CNPJ_Entrega varchar(18) DEFAULT NULL,
  CPF_Entrega varchar(14) DEFAULT NULL,
  Endereco_Cobranca varchar(50) DEFAULT NULL,
  Numero_Cobranca varchar(10) DEFAULT NULL,
  Compl_Cobranca char(45) DEFAULT NULL,
  Bairro_Cobranca varchar(40) DEFAULT NULL,
  Codigo_Municipio_Cobranca varchar(7) DEFAULT NULL,
  Codigo_UF_Cobranca smallint(6) DEFAULT NULL,
  CEP_Cobranca char(9) DEFAULT NULL,
  DDD_Contato char(3) DEFAULT NULL,
  Telefone_Contato char(50) DEFAULT NULL,
  Nome_Contato varchar(50) DEFAULT NULL,
  Aos_Cuidados varchar(50) DEFAULT NULL,
  EMail varchar(80) DEFAULT NULL,
  Site varchar(80) DEFAULT NULL,
  Limite_Credito decimal(10,2) DEFAULT NULL,
```

```
  Desconto decimal(8,2) DEFAULT NULL,
  Codigo_Atividade smallint(6) DEFAULT NULL,
  Tipo_Frete char(1) DEFAULT NULL,
  Condicao_Pagamento smallint(6) DEFAULT NULL,
  Vendedor_Externo smallint(6) DEFAULT NULL,
  Vendedor_Interno smallint(6) DEFAULT NULL,
  Situacao char(1) DEFAULT NULL,
  Data_Inclusao date DEFAULT NULL,
  Data_Alteracao date DEFAULT NULL,
  Codigo_Usuario smallint(6) DEFAULT NULL,
  Nome_Fantasia varchar(50) DEFAULT NULL,
  Area_Interesse char(2) DEFAULT NULL,
  Zona_Regiao varchar(8) DEFAULT NULL,
  Inscricao_Municipal varchar(18) DEFAULT NULL,
  EMail_NFE varchar(80) DEFAULT NULL,
  Imprimir_Desconto_NF char(1) DEFAULT NULL,
  PRIMARY KEY (Codigo_Cliente),
  KEY Nome_Cliente (Nome_Cliente),
  KEY CPF (CPF),
  KEY CNPJ (CNPJ),
  KEY Nome_Fantasia (Nome_Fantasia)
) ENGINE=MyISAM DEFAULT CHARSET=latin1 ROW_FORMAT=DYNAMIC;
```

As aplicações normalmente utilizam várias tabelas do banco de dados para consolidar e retornar informações nas quais o usuário tem interesse (como na geração de um relatório de vendas no mês ou o boletim escolar dos alunos).

2.4 Índices

Quando precisamos procurar um determinado assunto em um livro ou em uma enciclopédia, geralmente recorremos ao índice para saber em que volume e página se encontra a informação, assim tornando mais rápida nossa pesquisa. Os índices nos bancos de dados têm a mesma funcionalidade, ou seja, permitem que os registros com dados sejam encontrados com extrema rapidez. Apesar de seu uso principal ser a otimização de pesquisas, eles também oferecem uma maneira de acesso alternativo aos registros sem que sua posição física dentro do banco de dados seja modificada. Por exemplo, se desejarmos listar na impressora todos os clientes em ordem alfabética de nome, podemos utilizar um índice com base nesse campo.

Um índice pode ser simples (quando é formado por um só campo) ou composto (formado por vários campos da tabela). Os campos que são utilizados na definição de índices denominam-se **campos de indexação**. Os índices não contêm dados propriamente ditos, mas apenas o valor do campo de indexação e "ponteiros" que direcionam para o registro adequado dentro da tabela. A informação contida neles é automaticamente atualizada, ou seja, se inserirmos ou excluirmos um registro, ou mesmo alterarmos o valor do campo que compõe o índice, ele é automaticamente modificado para representar a nova configuração.

Os índices são estruturas basicamente compostas pelo valor do campo de cada registro, utilizado na definição do índice, e por um ponteiro que indica a posição física dos registros dentro da tabela. Na Figura 2.11 podemos ver como um índice se relaciona com os dados da tabela/arquivo.

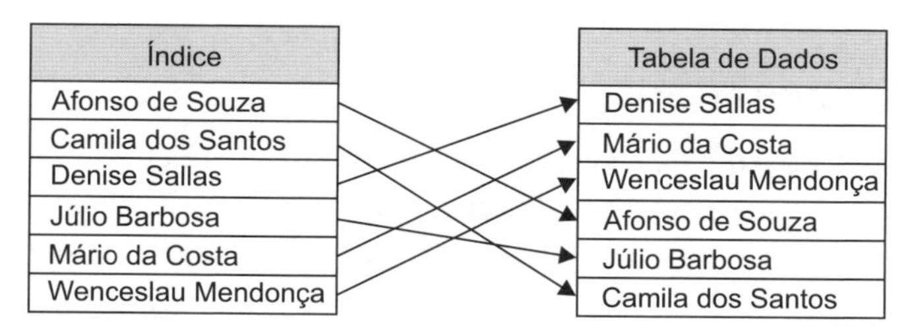

Figura 2.11 | Relação entre tabela de dados e índice.

Como os arquivos de índices contêm poucas informações, eles são menores que os arquivos de dados. Com um algoritmo de pesquisa, como a pesquisa binária, é fácil localizar um registro específico dentro do arquivo de índices e, por meio do ponteiro armazenado nele, posicionar no registro correspondente na tabela.

Em alguns sistemas os índices se encontram gravados separadamente do arquivo de dados, como arquivos com extensão MYI do MySQL, quando o banco de dados está configurado com o formato MyISAM. Há ainda outros sistemas, como o SQL Server, Interbase e o próprio MySQL com banco de dados em formato InnoDB, que armazenam os índices junto com as próprias tabelas de dados, em um único arquivo gravado em disco. É importante destacar que não há necessidade de abrirmos explicitamente um índice, tendo em vista que o próprio gerenciador se encarrega dessa tarefa quando alguma operação de consulta é efetuada na tabela.

Uma característica interessante que diversos sistemas oferecem com relação aos índices é a capacidade de ordenação dos registros de forma crescente ou decrescente. Outro recurso muito útil é a possibilidade de se definirem índices únicos, ou seja, que não permitem duplicidade de dados. Esse tipo de índice é independente da chave primária (que veremos a seguir). Vamos supor como exemplo uma tabela de cadastro de clientes, na qual cada registro possui como chave primária um campo numérico autoincrementado para definir o código do cliente. Podemos definir um índice com base no campo CPF, que não permite duplicidade, evitando-se dessa forma que um mesmo cliente seja cadastrado duas vezes.

Para localizar um registro utilizando índices, o banco de dados efetua uma pesquisa no índice utilizando um algoritmo. Ao encontrar um ponteiro para o valor a ser pesquisado, ele é posicionado no registro correspondente na tabela. Ainda veremos, posteriormente, como essa técnica pode ser implementada em código nas linguagens C# e C++.

Os sistemas atuais podem ter o índice baseado em arquivos ordenados, em estruturas de dados do tipo árvore binária ou mesmo no código de **hashing**. Todos os índices definidos para a tabela de dados, além do que é definido automaticamente pela chave primária, são normalmente referenciados como índices secundários.

Basicamente, podemos classificar os índices em primários, secundários, densos, esparsos, nível único e multinível.

2.4.1 Índice primário

Um índice primário é definido em banco de dados SQL pela cláusula **PRIMARY KEY** do comando **CREATE TABLE**. Esse tipo de índice define a ordenação física dos registros na tabela e o valor do campo deve ser único, ou seja, não pode haver duplicidade.

O campo ou grupo de campos que define um índice primário é denominado chave primária da tabela.

2.4.2 Índice secundário

Índices secundários são criados para otimizar as consultas efetuadas com o comando **SELECT** da linguagem SQL. Eles não ordenam fisicamente os registros gravados nas tabelas, mas são utilizados na sua localização.

Tomando como exemplo a tabela de cadastro de livros reproduzida na Figura 2.12, poderíamos definir um índice secundário a partir do campo **Titulo_Completo**. Quando uma consulta for efetuada com base nesse campo, o índice é utilizado para agilizar a pesquisa.

ISBN	Titulo_Completo	Peso	Numero_Paginas	CDD	Codigo_Area	Edicao_Atual	Ano_Edicao	Formato_Capa	Formato_Miolo
9788536504742	ADOBE ILLUSTRATOR CC - DESCOBRINDO E CONQUISTANDO	Null	208	006.6869	1	1	2.014	77X113	72X102
9788536515762	ADOBE ILLUSTRATOR CC 2015 - FERRAMENTAS E TÉCNICAS PARA DESENHO	Null	240	Null	1	1	2.015	77X113	72X102
9788536503141	ADOBE ILLUSTRATOR CS5 - DESCOBRINDO E CONQUISTANDO	Null	216	006.6869	1	1	2.010	77X113	72X102
9788536504292	ADOBE ILLUSTRATOR CS6 - DESCOBRINDO E CONQUISTANDO	Null	216	006.6869	1	1	2.015	77X113	72X102
9788536506241	BANCO DE DADOS	Null	160	005.75	15	1	2.014	77X113	89X117
9788536502557	BANCO DE DADOS - TEORIA E DESENVOLVIMENTO	0,503	288	09.09241	15	1	2.009	77X113	72X102
9788536504186	BLENDER 2.63 - MODELAGEM E ANIMAÇÃO	Null	256	006.696	1	1	2.012	77X113	72X102
9788571949263	C++ BUILDER 6 - DESENVOLVA APLICAÇÕES PARA WINDOWS	0,7	440	005.133	8	2	2.009	77X113	72X102
9788571948235	COREL R.A.V.E - ANIMAÇÕES PARA WEB	Null	192		1	1	2.001	Null	Null
9788571948723	CORELDRAW 11 - DESCOBRINDO E CONQUISTANDO	0,601	368	006.6	1	2	2.005	77X113	72X102
9788536500478	CORELDRAW 12 - TEORIA E PRÁTICA	0,714	416	006.6	1	1	2.005	77X113	72X102
9788536501598	CORELDRAW X3 - ILUSTRAÇÕES PROFISSIONAIS	0,653	384	006.6	1	1	2.007	77X113	72X102
9788571947962	CRIAÇÃO DE SITES COM DREAMWEAVER 4	Null	296	005.369	7	1	2.001	Null	Null
8571947236	CRIAÇÃO DE SITES COM O DREAMWEAVER 3	Null	224		7	2	2.001	Null	Null
9788536502274	CRIE, ANIME E PUBLIQUE SEU SITE FIREWORKS CS4, FLASH CS4 E DREAMWEAVER CS4	0,603	360	004.678	7	1	2.009	77X113	72X102
9788536500263	CRIE, ANIME E PUBLIQUE SEU SITE FIREWORKS MX 2004, FLASH E DREAMWEAVER	Null	480	004.678	7	1	2.004	Null	Null
9788536501789	CRIE, ANIME E PUBLIQUE SEU SITE UTILIZANDO FIREWORKS CS3,FLASH CS3 E DREAMWEAVER CS:	0,747	448	004.678	7	2	2.009	77X113	72X102
9788536502984	CRIE, ANIME E PUBLIQUE SEU SITE UTILIZANDO FIREWORKS CS5, FLASH CS5 E DREAMWEAVER CS	Null	352	004.678	7	1	2.010	77X113	72X102
9788536504209	CRIE, ANIME E PUBLIQUE SEU SITE UTILIZANDO FIREWORKS CS6, FLASH CS6 E DREAMWEAVER CS	Null	360	004.678	7	1	2.012	77X113	72X102
9788571949706	CRIE, ANIME E PUBLIQUE SEU SITE UTILIZANDO FIREWORKS MX, FLASH MX E DREAMWEAVER MX	0,606	376	004.678	7	5	2.007	77X113	72X102
9788536500997	CRIE, ANIME PUBLIQUE SEU SITE FIREWORKS 8, FLASH 8 E DREAMWEAVER 8	0,717	432	004.678	7	3	2.008	77X113	72X102
9788536500621	DELPHI 2005 - APLICAÇÕES DE BANCO DE DADOS COM INTERBASE 7.5 E MYSQL 4.0.23	1,222	544	005.74	8	1	2.005	77X113	87X114
9788571948624	DELPHI 6 - APLICAÇÕES AVANÇADAS DE BANCO DE DADOS	Null	416	005.369	8	1	2.002	Null	Null

Figura 2.12 | Tabela de cadastro de livros.

No Microsoft Access, podemos criar índices secundários de maneira bastante intuitiva, apenas selecionando o campo desejado na tela de definição da estrutura da tabela e especificando a opção **Sim (Duplicação autorizada)** ou **Sim (Duplicação não autorizada)** da propriedade **Indexado**, como indica a Figura 2.13. A primeira opção cria um índice em que é permitida a entrada de valores duplicados para o campo, enquanto a segunda funciona de modo similar à chave primária, ou seja, não permite valores duplicados.

Já em bancos de dados padrão SQL, a criação de índices secundários é efetuada com o comando **CREATE INDEX**. Também é possível especificar nesse comando a cláusula **UNIQUE**, que não permite a existência de valores duplicados no campo do índice.

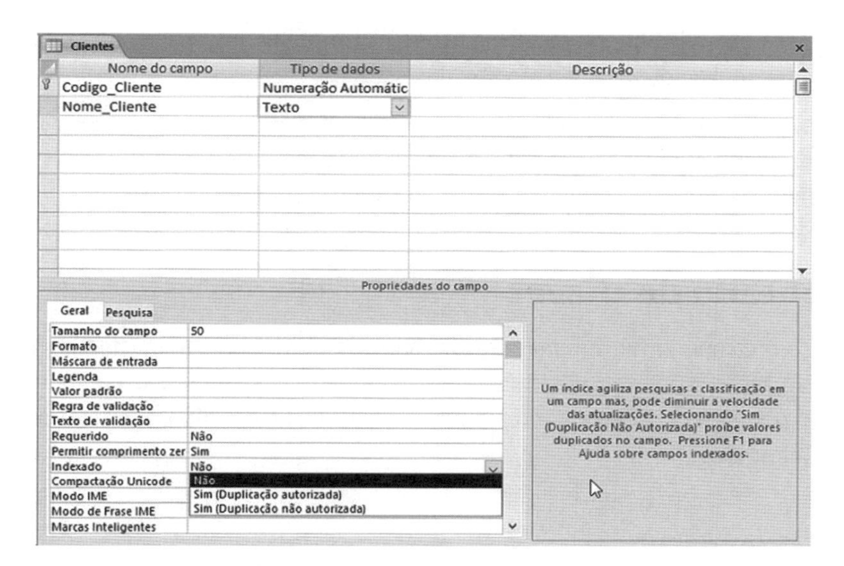

Figura 2.13 | Definição de índice secundário no Microsoft Access.

2.4.3 Índice denso e esparso

Nos índices do tipo denso, o arquivo de índice possui uma entrada para cada registro armazenado no arquivo de dados. Dessa forma, quando procuramos um registro utilizando o índice, ele nos remete diretamente a uma posição específica no arquivo ou tabela.

Ao contrário dos índices densos, os índices esparsos armazenam apenas uma entrada para cada bloco de dados armazenado no disco.

Nesse esquema, o arquivo de dados é dividido em diversos blocos endereçáveis, a partir de um tamanho padrão atribuído a cada bloco. Considere como exemplo uma tabela contendo 10 mil registros, cada um deles com comprimento de 128 bytes. Se tivermos o tamanho de cada bloco do disco definido em 1024 bytes, então cada bloco pode armazenar até oito registros (1024/128). Podemos então concluir que, para armazenar os 10 mil registros do banco de dados, são necessários 1.250 blocos (10.000/8). Com uma pesquisa binária a localização de um registro acessaria os blocos em aproximadamente dez vezes, já que $\log_2 1.250 \cong 10$.

Ao ser encontrado o valor do campo-chave no índice, ocorre o posicionamento no início do bloco, que é indicado pelo ponteiro para sua recuperação.

2.4.4 Índice de nível único e multinível

Para se localizar um bloco do disco ou um registro específico em índice de nível único, utiliza-se uma pesquisa binária, cujo algoritmo reduz pela metade a parte do arquivo de índice a ser pesquisado em cada fase do processo.

Com índices do tipo multinível, o objetivo é reduzir a parte do índice a ser pesquisada por um fator maior que 2. Basicamente, o que se tem são índices de índices. Nesse tipo de índice são muito empregadas as estruturas de dados B-Tree (Árvores-B).

2.5 Conceito de chaves

Chave é o componente de uma relação, que pode ser formada por um ou mais atributos, cuja função é permitir identificar uma linha na relação ou registro em uma tabela. Uma chave pode ser classificada como **superchave**, **chave candidata**, **chave primária** e **chave estrangeira**.

2.5.1 Superchave

Uma superchave representa uma restrição capaz de prevenir a existência dos mesmos valores em atributos de duas ou mais entidades diferentes, o que, em síntese, torna possível identificar de forma unívoca uma tupla dentro da relação.

Pode ocorrer de haver atributos em uma superchave que são irrelevantes para essa identificação única da tupla. Por exemplo, em uma relação de cadastro de clientes, o código e o número do CPF podem formar, juntos, uma superchave. No entanto, uma vez que o código é único para cada cliente, o CPF não é necessário para identificar um cliente.

2.5.2 Chave primária

Uma chave primária é um atributo (ou conjunto de atributos) da tabela que permite identificar seus registros de forma unívoca. Uma segunda função sua é aplicar uma ordenação automática aos registros, uma vez que seu funcionamento é idêntico ao de um índice. Isso significa que a ordem de exibição dos registros é determinada automaticamente por ela. Como ocorre com os índices, uma chave primária pode ser formada por um ou mais campos. No último caso, elas são chamadas de chaves compostas.

Uma chave primária evita que tenhamos nela registros com valores repetidos, ou seja, não é possível haver dois ou mais registros contendo os mesmos valores nos campos que a compõem.

As chaves primárias permitem que uma pesquisa seja realizada com maior velocidade. Suponhamos que se deseja encontrar o registro, em um banco de dados de clientes, do campo cujo CPF seja "101.101.101-11". Se tivermos definido esse campo como chave primária, a pesquisa dar-se-á com mais rapidez.

Há basicamente dois critérios importantíssimos na hora de escolher os campos que vão definir uma chave primária. Em primeiro lugar, devemos escolher campos que não sejam muito grandes, assim as atualizações e consultas da chave primária serão mais rápidas. Pelo mesmo motivo, quando tivermos uma chave composta, devemos procurar incluir o menor número possível de campos.

O segundo critério está relacionado com a capacidade de alteração do valor armazenado no campo da chave primária. Esse valor deve ser estável, ou seja, não pode ser modificado (pelo menos de forma frequente), pois os bancos de dados utilizam a chave primária para criar os relacionamentos entre as tabelas.

Há situações, no entanto, em que, mesmo sendo parte de chave primária, um campo deve permitir que seu valor seja alterado. Vamos supor o caso de uma tabela de cadastro de produtos, na qual o campo de código do produto é utilizado para armazenar o código de barras impresso na embalagem. Esse campo deve estar habilitado para permitir modificação, uma vez que o fabricante pode, por um motivo qualquer, alterar o código de barras de um produto que já se encontrava em fabricação, embora todas as demais características permaneçam inalteradas. Falando em termos de integridade de dados do banco, em uma situação desse tipo, o processo correto seria adicionar um novo registro e desabilitar o antigo, pois dessa forma não se perde todo o histórico do produto a ser substituído.

Outro recurso oferecido pelos sistemas de bancos de dados relacionais para que qualquer alteração não afete de forma desastrosa toda a integridade dos dados do banco é a atualização em cadeia dos valores nas tabelas envolvidas nos relacionamentos. Isso, no entanto, acarreta uma ligeira queda no desempenho do sistema, principalmente quando houver muitos registros a serem atualizados.

Preferencialmente, para campos de chaves primárias devemos utilizar valores que sejam calculados de forma sequencial pelo próprio sistema, seja por meio de recursos do SGBD ou por rotinas do aplicativo que faz uso do banco de dados.

É importante destacar também que campos que formam chaves primárias são de preenchimento obrigatório.

2.5.3 **Chave candidata**

Chaves candidatas são campos aptos a serem utilizados como chaves primárias, mas que não o são devido ao fato de não poderem identificar de forma unívoca uma tupla dentro da relação, uma vez que elas permitem a existência de tuplas com o mesmo valor no(s) campo(s) que forma(m) essa chave.

Por exemplo, em uma tabela de cadastro de clientes, temos o campo para armazenamento do RG do cliente, que pode ser chave primária. No entanto, não há garantia de que o número do RG seja único para cada cliente, tendo em vista que, pelo menos no Brasil, uma pessoa pode ter mais de um RG em estados diferentes.

Assim, a chave primária para essa tabela é definida com base em um campo de código do cliente, cujo valor é sequencial e gerado automaticamente pelo sistema.

2.5.4 Chave estrangeira

As chaves estrangeiras permitem que os registros de uma tabela sejam relacionados com os de outra tabela por intermédio da chave primária dessa última. Para exemplificar, vamos supor duas tabelas com as seguintes características:

- uma tabela de cadastro de áreas de livros que possua um campo de código de área (**Codigo_Area**) que é chave primária;
- uma tabela de cadastro de livros que possui um campo de código da área a que pertence (**Codigo_Area**).

Podemos notar que o campo denominado **Codigo_Area** existe nas duas tabelas, sendo que na de cadastro de livros ela não é chave primária. Como ela é utilizada para criar um relacionamento com a tabela de áreas, na qual o campo é chave primária, dizemos que ela é chave estrangeira. Veja a Figura 2.14 para mais detalhes.

Codigo_Area	Descricao
1	COMPUTAÇÃO GRÁFICA E DESIGN
2	SAÚDE
3	EDUCACIONAIS
4	ELETROTÉCNICA E ENERGIA
5	RECURSOS HUMANOS
6	ADMINISTRAÇÃO E GESTÃO
7	INTERNET
8	LINGUAGEM DE PROGRAMAÇÃO
9	ELETRÔNICA
10	ANÁLISE DE SISTEMAS
12	MICROCONTROLADORES
13	MÚSICA
14	AUTOMAÇÃO
15	BANCO DE DADOS
16	REDES
17	MECÂNICA
18	SECRETARIADO
20	TELECOMUNICAÇÕES
21	HARDWARE
22	TECNOLOGIA DA INFORMAÇÃO
23	SISTEMAS EMBARCADOS
24	SISTEMAS OPERACIONAIS
25	PROCESSAMENTO DE DADOS
27	INSTRUMENTAÇÃO E METROLOGIA
28	CONSTRUÇÃO CIVIL
30	AUTO AJUDA
34	SEGURANÇA DO TRABALHO
35	TURISMO
36	LOGÍSTICA
40	BIOQUÍMICA
41	CENTRAL DE MATERIAL E ESTERILIZAÇÃO

Registro	ISBN	Codigo_Area	Titulo_Completo	Titulo_Impressao	Unidade_
1	9788536502243	1	3DS MAX 2009 - MODELAGEM, RENDER, EFEITOS E ANIMAÇÃO	3DS MAX 2009 MODELAGEM, RENDER, EF	
9	9788536501459	4	ACIONAMENTOS ELÉTRICOS	ACIONAMENTOS ELÉTRICOS	
10	9788571948402	5	ADMINISTRAÇÃO DE DEPARTAMENTO DE PESSOAL	ADMINISTRAÇÃO DE DEPARTAMENTO PE	
11	9788571946354	6	ADMINISTRAÇÃO DE SISTEMAS DE INFORMAÇÃO	ADMINISTRAÇÃO DE SISTEMAS INFORMA	
14	9788536502342	1	ADOBE PHOTOSHOP CS4 - TÉCNICAS AVANÇADAS E FINALIZAÇÃO	ADOBE PHOTOSHOP CS4 - TÉC. AVAN. E F	
16	9788536501109	7	AJAX - GUIA PRÁTICO	AJAX - GUIA PRÁTICO	
17	9788571947184	8	ALGORITMOS - LÓGICA PARA DESENVOLVIMENTO DE PROGRAMAÇÃO DE COMPUTADORES	ALGORITMOS - LÓGICA P/ DESENV. PROG	
18	9788536502212	8	ALGORITMOS - LÓGICA PARA DESENVOLVIMENTO DE PROGRAMAÇÃO DE COMPUTADORES - EDIÇÃO REVISADA, ATUALIZADA E AMPLIADA	ALGORITMOS-LÓGICA P/DESENV.PROG.-E	
19	9788536501437	9	ANÁLISE DE CIRCUITOS EM CORRENTE ALTERNADA	ANÁLISE DE CIRCUITOS EM CORR ALTER	
20	9788571941472	9	ANÁLISE DE CIRCUITOS EM CORRENTE CONTÍNUA	ANÁLISE DE CIRCUITOS EM CORR CONTÍN	
21	9788571940550	10	ANÁLISE DE PONTOS DE FUNÇÃO: MEDIÇÃO, ESTIMATIVAS E GERENCIAMENTO DE PROJETOS DE SOFTWARE	ANÁLISE DE PONTOS DE FUNÇÃO	
22	9788536501444	10	ANÁLISE E ESTRUTURAS DE SISTEMAS DE INFORMAÇÃO	ANÁLISE E ESTRUTURAS DE SISTEMAS D	
27	9788536501086	7	APRENDA ASP.NET AJAX EM 15 PASSOS	APRENDA ASP.NET 2.0 AJAX EM 15 PASSO	
30	9788536502199	1	ARTE-FINALIZAÇÃO - PREPARAÇÃO E FECHAMENTO DE ARQUIVOS PDF	ARTE-FINALIZAÇÃO - PREP E FECH ARQUI	
32	9788576140498	2	AS BASES DO CONHECIMENTO BIOQUÍMICO	AS BASES DO CONHECIMENTO BIOQUÍMIC	
33	9788536501338	3	AS NOVAS AVENTURAS DO BITS - VOLUME 2	AS NOVAS AVENTURAS DO BITS - VOL. 2	
34	9788576140443	2	ASSISTÊNCIA À SAÚDE DA CRIANÇA - ATENÇÃO PRIMÁRIA DO NASCIMENTO AOS DOIS ANOS DE IDADE	ASSISTÊNCIA À SAÚDE DA CRIANÇA	
35	9788576140252	2	ASSISTÊNCIA DE ENFERMAGEM MATERNO-INFANTIL	ASSISTÊNCIA DE ENFER. MATERNO-INFAN	
36	9788576140160	2	ASSISTÊNCIA DE ENFERMAGEM NA RECUPERAÇÃO PÓS-ANESTÉSICA (RPA)	ASSISTÊNCIA DE ENFERM. NA RECUPERA	
38	9788536514161	6	ASSISTENTE ADMINISTRATIVO	ASSISTENTE ADMINISTRATIVO	
39	9788576140191	2	ATENDIMENTO PRÉ-HOSPITALAR PARA ENFERMAGEM - SUPORTE BÁSICO E AVANÇADO DE VIDA	ATENDIMENTO PRÉ-HOSPITALAR PARA E	
41	9788576140054	2	AUDITORIA DE ENFERMAGEM - NOS HOSPITAIS E OPERADORAS DE PLANOS DE SAÚDE	AUDITORIA DE ENFERMAGEM	
54	9788536502045	1	AUTOCAD 2009 - UTILIZANDO TOTALMENTE	AUTOCAD 2009 - UTILIZANDO TOTALMEN	
55	9788536502014	1	AUTOCAD 2009 - UM NOVO CONCEITO DE MODELAGEM 3D E RENDERIZAÇÃO	AUTOCAD 2009-UM NOVO CONCEITO MOD	
57	9788536501420	1	AUTODESK INVENTOR 11 - GUIA PRÁTICO PARA PROJETOS MECÂNICOS 3D	AUTODESK INVENTOR 11	
58	9788536501695	1	AUTODESK INVENTOR 2008 - TEORIA E PRÁTICA	AUTODESK INVENTOR 2008-TEORIA E PR	
59	9788536502267	1	AUTODESK INVENTOR 2009 - VERSÕES SUITE E PROFESSIONAL - PROTOTIPAGEM DIGITAL	AUTODESK INVENTOR 2009	
62	9788571947245	14	AUTOMAÇÃO APLICADA - DESCRIÇÃO E IMPLEMENTAÇÃO DE SISTEMAS SEQUENCIAIS COM PLC'S	AUTOMAÇÃO APLICADA - PLC	
63	9788571945813	14	AUTOMAÇÃO E CONTROLE DISCRETO	AUTOMAÇÃO E CONTRÔLE DISCRETO	
64	9788571944251	14	AUTOMAÇÃO ELETROPNEUMÁTICA	AUTOMAÇÃO ELETROPNEUMÁTICA	

Figura 2.14 | Relacionamento entre tabelas pela chave primária e chave estrangeira.

Outro uso muito comum de chaves estrangeiras, além de na ligação entre tabelas, ocorre no fornecimento de valores de outra tabela (a que contém a chave primária). Por exemplo, poderíamos utilizar uma caixa de listagem na tela de cadastro do aplicativo de gestão para escolha da área do livro, evitando assim que o usuário seja obrigado a digitar o código da área, o que também evita a entrada de informações indevidas.

Apesar de o nome do campo (ou conjunto de campos) que define a chave primária e a chave estrangeira normalmente ser o mesmo, é perfeitamente possível nomeá-los de forma distinta.

2.5.5 **Domínios**

O domínio é um tipo de conceito até certo ponto difícil de demonstrar. A melhor maneira de entendê-lo é recorrer a exemplos práticos. Os domínios se prestam a dois objetivos básicos: definição de tipos de dados e especificação de valores que podem ser aceitos pelos campos. Nem todos os sistemas de bancos de dados suportam a criação e uso de domínios.

Uma das maiores vantagens da utilização de domínios na construção de bancos de dados é o fato de podermos padronizar os atributos de campos que existem em várias tabelas do banco de dados. Vamos supor que precisemos definir cinco campos para armazenar endereço, bairro, cidade, estado e CEP. O formato desses campos é apresentado assim.

Tabela 2.1

Campo	Tipo de dado	Tamanho
Endereco	Caractere	50 caracteres
Bairro	Caractere	35 caracteres
Cidade	Caractere	35 caracteres
Estado	Caractere	2 caracteres
CEP	Caractere	9 caracteres

Apesar de a informação do CEP ser composta apenas por números, devemos definir o campo como sendo caractere, para que seja possível armazenar zeros à esquerda e o traço de separação - por exemplo, em "00123-456".

Continuando com o exemplo, esses campos serão criados em três tabelas: cadastro de funcionários, cadastro de clientes e cadastro de fornecedores. A probabilidade de definirmos um ou mais campos com tamanho diferente é grande.

Com os domínios, essa probabilidade de erro pode ser evitada. Para isso, devemos criá-los especificando os atributos necessários a cada campo e depois empregá-los na definição dos campos. O Interbase e o FireBird fazem um bom uso de domínios na definição da estrutura de tabelas. Vamos utilizar uma linguagem imaginária para demonstrar a criação de domínios para esses campos:

```
DEFINIR DOMÍNIO "DM_ENDERECO" COM TIPO CARACTERE E TAMANHO 50;
DEFINIR DOMÍNIO "DM_BAIRRO" COM TIPO CARACTERE E TAMANHO 35;
DEFINIR DOMÍNIO "DM_CIDADE" COM TIPO CARACTERE E TAMANHO 35;
DEFINIR DOMÍNIO "DM_ESTADO" COM TIPO CARACTERE E TAMANHO 2;
DEFINIR DOMÍNIO "DM_CEP" COM TIPO CARACTERE E TAMANHO 9;
```

Na criação da tabela de dados, devemos fazer referência a esses domínios da seguinte maneira (também em linguagem imaginária):

```
CRIAR TABELA "FUNCIONARIOS" COM FORMATO
(CAMPO ENDERECO COM ATRIBUTO "DM_ENDERECO",
 CAMPO BAIRRO COM ATRIBUTO "DM_BAIRRO",
 CAMPO CIDADE COM ATRIBUTO "DM_CIDADE",
 CAMPO ESTADO COM ATRIBUTO "DM_ESTADO",
 CAMPO CEP COM ATRIBUTO "DM_CEP")
```

O mesmo método seria empregado para as outras duas tabelas de dados. Com isso, não há como esquecermos as propriedades para um determinado campo, como seu tamanho em caracteres.

O segundo uso dos domínios, como já mencionado, ocorre na especificação de valores limites ou faixa de dados válidos. Por exemplo, podemos criar um domínio para não permitir que o usuário tente entrar com um valor menor ou igual a zero no campo de salário do funcionário. Utilizando nossa linguagem imaginária, teríamos:

```
DEFINIR DOMÍNIO "DM_SALARIO" COM TIPO DECIMAL E VALOR MAIOR QUE 0;
```

A regra principal por trás dos domínios é similar à da programação orientada a objetos: defina uma vez, use várias vezes.

2.6 Integridade dos bancos de dados

Uma das maiores preocupações de qualquer desenvolvedor ou projetista de banco de dados é encontrar uma forma de garantir a integridade dos dados que se encontram armazenados. Essa preocupação existe porque, se houver algum dado crucial armazenado de forma incorreta, o resultado pode ser catastrófico, pois o banco de dados apresentará informações imprecisas ou mesmo totalmente errôneas.

Imagine a seguinte situação: uma aplicação de contas a receber tem em seu banco de dados vinte e dois registros de pagamentos em aberto, referentes a um determinado cliente. A ligação entre essas informações (o cadastro do cliente e o pagamento em aberto) é feita pelo campo de código do cliente, por isso, o valor desse campo não pode ser alterado de forma alguma. Agora, digamos que um usuário ou o próprio administrador do banco de dados tenha aberto o banco de dados fora da aplicação e alterado o valor do campo do código do cliente na tabela de cadastro de clientes. Logicamente, o vínculo será quebrado, pois os campos utilizados no relacionamento agora possuem valores distintos. Dá para ter uma ideia do enorme problema que isso causaria.

Se o próprio sistema de banco de dados oferecer formas de restringir ou mesmo impossibilitar a quebra dessa integridade, o desenvolvedor terá menos trabalho, pois não será necessário escrever o código que faça essa tarefa dentro do aplicativo. Além disso, como no exemplo, ao se acessar o banco de dados fora da aplicação, as informações estarão vulneráveis.

Como solução para esse problema, os modernos SGBDs hoje oferecem recursos capazes de gerenciar a integridade de dados. A seguir, relacionamos algumas regras básicas que um sistema de banco de dados deve contemplar para garantir a integridade.

2.6.1 **Integridade de entidades**

A regra de integridade define que as chaves primárias de uma tabela não podem ser nulas, ou seja, sempre devem conter um valor. No caso de chaves primárias compostas (formadas por mais de um campo), todos os campos que as formam devem ser preenchidos.

Essa exigência se deve ao fato de a chave primária ser um atributo da tabela que identifica um registro único, além de determinar a ordem física dos registros e também ser utilizada no relacionamento com outras tabelas. Devemos ressaltar que um valor nulo é diferente de 0 ou espaço em branco. Com campo do tipo caractere, um espaço em branco é considerado um valor válido, enquanto um valor nulo seria realmente a ausência de qualquer caractere (inclusive espaços). Já com campos do tipo numérico, seja inteiro ou decimal, o valor 0 também é válido. O valor nulo para esse campo também seria a ausência de qualquer dado (mesmo o valor 0).

Na Figura 2.15, podemos ver a tela do utilitário **MySQL Workbench**, do gerenciador de banco de dados MySQL, com uma tabela contendo diversos campos que não possuem valor. Esses campos apresentam a expressão NULL, que indica essa ausência de valor.

No Microsoft Access, é possível configurar uma propriedade do campo denominada **Requerido** com o valor "Sim", para especificar desta forma a obrigatoriedade de preenchimento do campo, como mostra a Figura 2.16.

No caso de sistemas padrão SQL, podemos adicionar a cláusula "NOT NULL", que força a obrigatoriedade de valor para o campo.

Result Grid | Filter Rows: | Edit: | Export/Import: | Wrap Cell Content:

Registro	ISBN_Parcial	Numero_Edicao	Numero_Reimpressao	Tipo_Acabamento	Tipo_Capa	Inicio_Revisao_Autor	Fim_Revisao_Autor	Tem_Orelha	Controle_Edicao	Registro_Livro
11	3554P	1	1	NULL	NULL	NULL	NULL	N	1	693
12	351AP	1	1	NULL	NULL	NULL	NULL	N	1	695
13	3523P	1	1	NULL	NULL	NULL	NULL	N	1	696
14	3523P	1	1	NULL	NULL	NULL	NULL	N	1	696
15	8992	11	1	Laminacão Brilhante	Normal	NULL	NULL	N	1	21
16	3707	1	1	Laminacão Brilhante	Normal	2011-08-03	2011-08-03	N	0	703
17	3486P	1	1	Laminacão Brilhante	Normal	NULL	NULL	N	1	707
18	3738	1	1	NULL	NULL	NULL	NULL	NULL	NULL	697
19	374A	1	1	Laminacão Brilhante	Normal	2011-08-03	2011-08-18	N	0	709
20	3752	1	1	Laminacão Brilhante	Normal	2011-06-27	2011-06-27	N	1	711
21	3714	1	1	Laminacão Brilhante	Normal	2011-09-12	2011-09-12	N	1	712
22	3615P	1	1	Laminacão Brilhante	Normal	NULL	NULL	N	0	713
23	3721P	1	1	Laminacão Brilhante	Normal	NULL	NULL	N	0	714
24	0511	2	1	Laminacão Brilhante	Normal	2011-08-30	2011-08-30	N	0	357
25	0411	3	3	Laminacão Brilhante	Normal	2011-08-30	NULL	N	1	414

Figura 2.15 | Campos com valores nulos em uma base de dados MySQL.

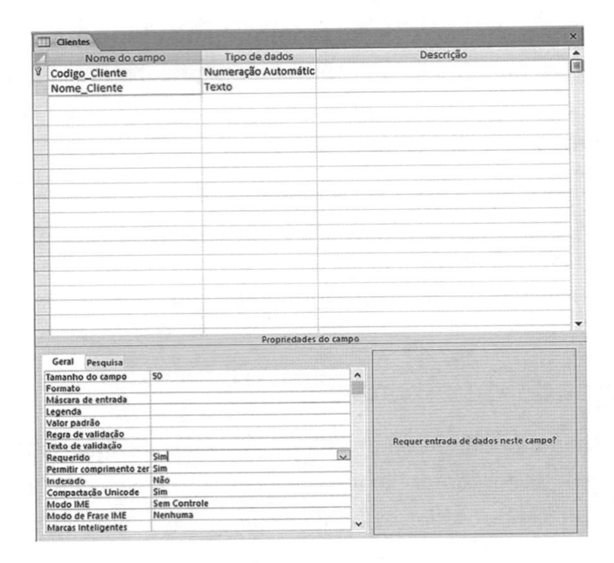

Figura 2.16 | Definição de campo obrigatório no Microsoft Access.

2.6.2 Integridade referencial

De forma bastante resumida, podemos dizer que a regra de integridade referencial estabelece restrições ou bloqueios de algumas operações (notadamente exclusão ou alteração) nos dados de campos das chaves primárias utilizadas no relacionamento de uma tabela com outra.

Com um exemplo prático, é mais fácil entender. Vamos pegar o exemplo de tabelas para cadastro de áreas e livros, mostradas anteriormente no tópico sobre chaves estrangeiras. A título de recordação, temos um campo denominado **Codigo_Area,** que é chave primária da tabela **cadastro_area** e chave estrangeira na tabela **cadastro_livros**. A área de código 1 se relaciona com um ou mais livros, como os de código ISBN 9788536502243, 9785536502014 e 9788536502267. Se o usuário, acidentalmente, excluir o registro da área 1, os produtos que pertencem a essa categoria ficarão "órfãos". Teríamos o mesmo resultado se o código da categoria fosse alterado. Nesse caso, além de registros órfãos na tabela de produtos, teríamos também registros pais sem nenhum vínculo na tabela de categorias.

O que a integridade referencial faz é proibir esse tipo de inconsistência, impedindo assim que a relação entre a chave primária e a chave estrangeira seja quebrada. Quando o próprio sistema de banco de dados se encarrega de mantê-la, o desenvolvedor novamente se vê livre da codificação de rotinas que devem ser incluídas em seus aplicativos para executar essas tarefas de "vigilância e auditoria".

O sistema também deve permitir que o desenvolvedor especifique a forma de tratamento dessas ocorrências, escolhendo uma das duas opções: proibição ou execução em cascata. A proibição de uma operação não permite que o usuário exclua ou altere os dados de uma chave primária que é chave estrangeira em outras tabelas (a menos que essa última não possua qualquer registro relacionado com a tabela da chave primária). Já na execução em cascata, quando um usuário efetua uma exclusão ou alteração, essa ação é refletida automaticamente nas tabelas relacionadas. No exemplo citado anteriormente, os livros que pertencem à área de código 1 serão excluídos junto com a própria área. Se houvesse uma alteração no código da área, ela seria refletida nos registros correspondentes na tabela de livros.

As Figuras 2.17 e 2.18 mostram graficamente os processos que ocorrem quando executamos uma exclusão de registro ou alteração da chave primária com a integridade referencial definida para proibição. Já as Figuras 2.19 e 2.20 apresentam as mesmas operações executadas com a configuração de ação em cascata.

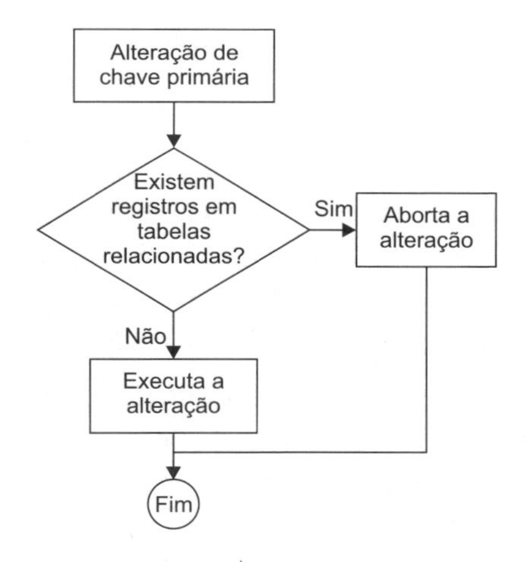

Figura 2.17 | Alteração proibida.

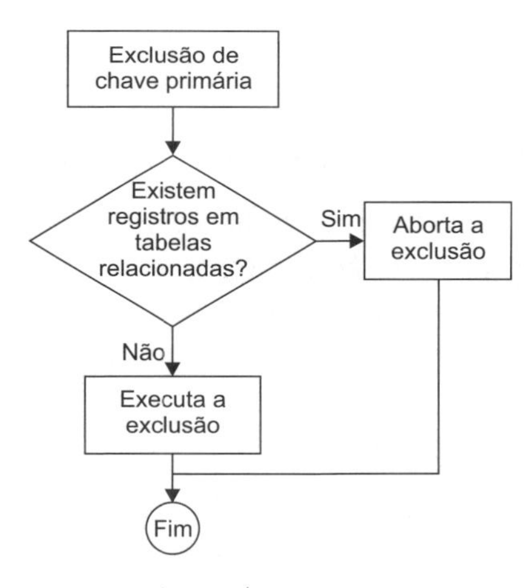

Figura 2.18 | Exclusão proibida.

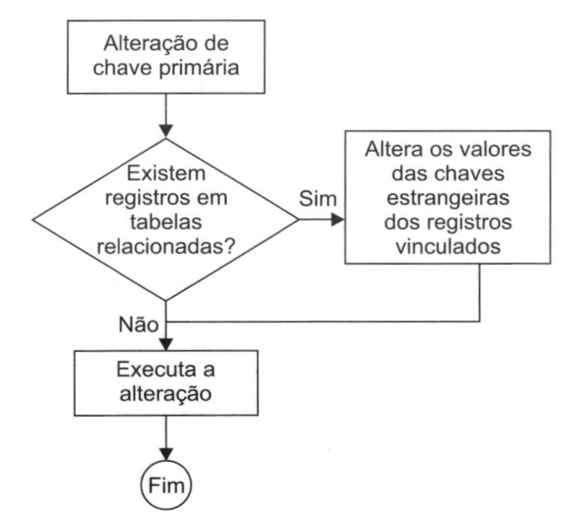

Figura 2.19 | Alteração executada em cascata.

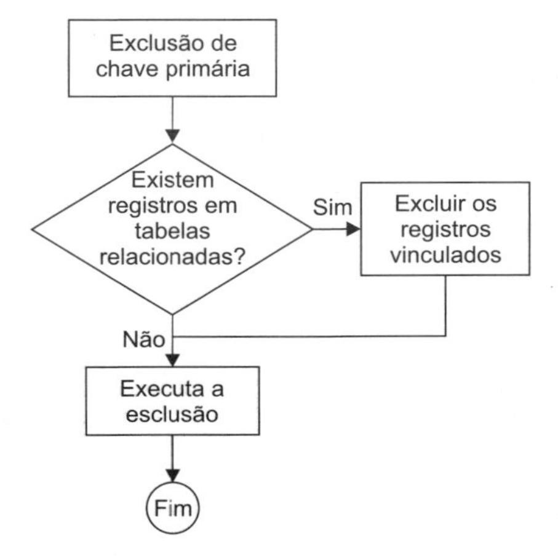

Figura 2.20 | Exclusão executada em cascata.

Os SGBDs relacionais (SGBDRs) oferecem suporte à integridade referencial, permitindo que sejam criadas chaves estrangeiras e restrições (chamadas CONSTRAINT) para especificar as ações a serem desempenhadas para operações de exclusão e atualização de dados.

2.6.3 Integridade de domínios

A integridade de domínios estabelece restrições e regras na definição dos domínios em si, em vez de diretamente nos campos. Isso ajuda a economizar tempo e trabalho, pois podemos ter vários campos que são formatados a partir de domínios e, com a regra de integridade definida neles, esses campos automaticamente herdam essas restrições.

Este é o caso do domínio apresentado como exemplo no fim do tópico anterior, utilizando nossa linguagem fictícia de definição de dados:

```
DEFINIR DOMÍNIO "DM_SALARIO" COM TIPO DECIMAL E VALOR MAIOR QUE 0;
```

2.6.4 Integridade de campos

Mesmo que o desenvolvedor tenha definido uma integridade de domínio, às vezes é necessário adicionar restrições extras aos campos. No exemplo do domínio definido para salários, podemos restringir o intervalo aceito entre 400 (valor mínimo) e 2.500 (valor máximo). Devemos ressaltar que a integridade de campos nunca deve conflitar com a de domínio.

Dentro da integridade de campos também podemos mencionar a validação de dados. Essa regra possibilita que o próprio sistema de banco de dados faça uma verificação quanto a valores informados pelo usuário serem válidos ou não. No exemplo de cadastro de funcionários, cada funcionário tem um cargo e seu salário é definido em função do cargo que ocupa. Assim, mesmo que o valor para essa informação esteja dentro da regra definida para o campo (no caso, entre R$ 1.500,00 e R$ 3.000,00), deve ser efetuada uma validação para certificar-se de que o valor fornecido esteja dentro do padrão para o cargo do funcionário.

Essa validação, sendo efetuada pelo próprio sistema, também isola qualquer aplicativo que faça uso do banco de dados, isentando-o de qualquer responsabilidade quanto a essa tarefa.

Um terceiro tipo de integridade de campo diz respeito ao formato dos dados. Por exemplo, para o campo que armazena o número de CNPJ de pessoas jurídicas, as informações devem ter o formato "99.999.999/9999-99". Se pudermos especificar esse formato para entrada de dados do campo diretamente no sistema, não precisaremos nos preocupar em codificar o aplicativo para fazer alguma conversão. O Microsoft Access permite que sejam especificadas "máscaras de entrada" para cada campo do banco de dados, como mostra a tela da Figura 2.21.

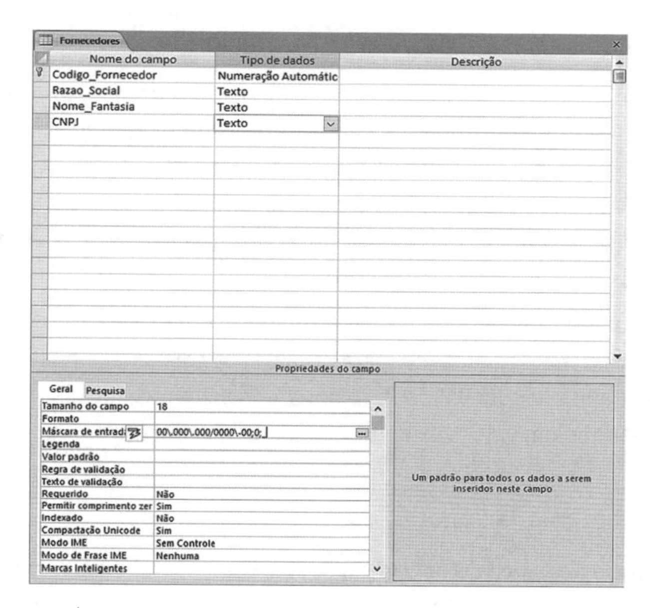

Figura 2.21 | Propriedade para definição de máscara de entrada no Microsoft Access.

Há ainda regras de integridade que podem ser definidas por meio de rotinas criadas pelo desenvolvedor, como é o caso das **stored procedures** e **triggers** (gatilhos) do padrão SQL.

2.7 **Doze regras de Codd**

O capítulo anterior apresentou superficialmente as doze regras estabelecidas por Edgard Frank Codd em 1985, por meio das quais podemos determinar o quanto um banco de dados é relacional ou não. Uma vez que elas podem tornar-se uma barreira difícil de transpor, a maioria dos sistemas não oferece suporte a todas elas. Vejamos o que essas regras definem.

1. Regra das informações em tabelas

As informações a serem armazenadas no banco de dados devem ser apresentadas como relações (tabelas formadas por linhas e colunas) e o vínculo de dados entre as tabelas deve ser estabelecido por meio de valores de campos comuns. Isso se aplica tanto aos dados quanto aos metadados (que são descrições dos objetos do banco de dados).

2. Regra de acesso garantido

Para que o usuário possa acessar as informações contidas no banco de dados, o método de referência deve ser o nome da tabela, o valor da chave primária e o nome do campo/coluna. No entanto, a ordem de apresentação dos dados não tem importância no contexto.

3. Regra de tratamento sistemático de valores nulos

O sistema de banco de dados deve ter capacidade para tratar valores que não são fornecidos pelos usuários, de maneira que se possa proceder à distinção de dados reais. Por exemplo, em um campo de armazenamento de dados numéricos, podemos ter valores válidos, valor 0 e valores nulos. O termo valor nulo na verdade se refere à falta de informação (como já foi descrito anteriormente). Se fôssemos efetuar cálculos com esse campo, como seriam tratados os valores nulos e o valor 0?

No caso de valores nulos, é mais fácil definirmos uma regra, pois simplesmente podemos ignorar o registro. No entanto, para o valor 0 a coisa se complica, já que é perfeitamente possível que ele seja válido. A maioria dos sistemas faz distinção entre valores nulos (falta de dado) e um valor vazio (espaço em branco ou 0).

4. Regra do catálogo relacional ativo

Toda a estrutura do banco de dados (domínios, campos, tabelas, regras de integridade, índices, restrições etc.) deve estar disponível em tabelas (também referenciadas como catálogos). Sua manipulação é possível por meio de linguagens permitidas aos dados regulares. Essas tabelas são manipuladas pelo próprio sistema, quando o usuário efetua alterações na estrutura do banco de dados.

Uma vez que são tabelas altamente importantes para o funcionamento do gerenciador de banco de dados, elas não podem ser manipuladas diretamente, sob risco de todo o sistema entrar em colapso caso alguma informação seja alterada/excluída. As ferramentas de gerenciamento que acompanham os SGBDs nem mesmo permitem acesso às tabelas do sistema.

5. Regra de atualização de alto nível

Esta regra diz que o usuário deve ter capacidade de manipular as informações do banco de dados em grupos de registros, ou seja, deve ser capaz de inserir, alterar e excluir vários registros ao mesmo tempo.

6. Regra de sublinguagem de dados abrangente

Pelo menos uma linguagem deve ser suportada para que o usuário possa manipular a estrutura do banco de dados (como criação e alteração de tabelas), assim como extrair, inserir, atualizar ou excluir dados, definir restrições de acessos e controle de transações (COMMIT e ROLLBACK, por exemplo). Deve ser possível ainda a manipulação dos dados por meio de programas aplicativos.

7. Regra de independência física

Quando houver necessidade de alguma modificação na forma como os dados são armazenados fisicamente, nenhuma alteração deve ser necessária nas aplicações que fazem uso do banco de dados, assim como devem permanecer inalterados os mecanismos de consulta e manipulação de dados utilizados pelos usuários finais.

8. Regra de independência lógica

Nenhuma alteração efetuada na estrutura do banco de dados, como inclusão ou exclusão de campos de uma tabela ou alteração no relacionamento entre tabelas, deve afetar o aplicativo que o utiliza. Da mesma forma, o aplicativo somente deve manipular **visões** dessas tabelas. Essas visões são uma espécie de tabela virtual, que agrupa dados de uma ou mais tabelas físicas e os apresenta ao usuário.

9. Regra de atualização de visões

Uma vez que as visões dos dados de uma ou mais tabelas são, teoricamente, suscetíveis a atualizações, um aplicativo que faz uso desses dados deve ser capaz de efetuar alterações, exclusões e inclusões neles. Essas atualizações, no entanto, devem ser repassadas automaticamente às tabelas originais.

10. Regra de independência de integridade

As várias formas de integridade do banco de dados (integridade de entidade, integridade referencial, restrições, obrigatoriedade de valores etc.) devem ser estabelecidas dentro do catálogo do sistema ou dicionário de dados e ser totalmente independentes da lógica dos aplicativos.

11. Regra de independência de distribuição

Alguns sistemas de banco de dados, notadamente os que seguem o padrão SQL, podem ser distribuídos em diversas plataformas/equipamentos que se encontrem interligados em rede. Esses equipamentos podem inclusive estar localizados fisicamente distantes entre si. Essa capacidade de distribuição não pode afetar a funcionalidade do sistema e dos aplicativos que fazem uso do banco de dados.

12. Regra não subversiva

O sistema deve ser capaz de impedir qualquer usuário ou programador de passar por cima dos mecanismos de segurança, das regras de integridade do banco de dados e das restrições utilizando algum recurso ou linguagem de baixo nível que eventualmente possa ser oferecido pelo próprio sistema.

2.8 Profissionais envolvidos

Quando precisamos de uma aplicação de banco de dados pequena, de uso pessoal e que pode ser desenvolvida com um software gerenciador para ambiente desktop, como o Microsoft Access, nós mesmos podemos nos aventurar no processo de estudo das necessidades, de definição da estrutura do banco de dados, de criação do banco de dados e de desenvolvimento do aplicativo. Mas quando nos deparamos com um projeto maior, de médio ou grande porte, é necessário o envolvimento de muitas pessoas, que podem ser classificadas da seguinte maneira:

- **Projetistas de banco de dados:** profissionais cuja responsabilidade é identificar todos os dados que devem ser armazenados no banco de dados, assim como determinar a sua estrutura mediante especificação de um modelo de dados. Para se chegar a essa fase, é necessário que se faça antes um levantamento minucioso das necessidades dos usuários finais. O projeto final do banco de dados deve atender a essas necessidades o mais completamente possível.
- **Analistas de sistemas e programadores:** os analistas de sistemas são responsáveis pela especificação da estrutura e das funcionalidades do aplicativo (o que o programa executará) depois de determinar as necessidades dos usuários. Então, os programadores, com base no modelo de dados definido pelo projetista de banco de dados e nas especificações dos analistas, desenvolvem a aplicação propriamente dita, criando formulários de interface com o usuário e códigos que executam tarefas importantes. São eles também os responsáveis pela documentação e manutenção do sistema. Para o desenvolvimento do projeto é imprescindível que analistas e programadores estejam familiarizados com o SGBD e a linguagem de programação adotados.
- **Administradores de banco de dados:** são os profissionais responsáveis pela administração dos recursos oferecidos pelo SGBD. Entre as suas principais tarefas, incluem-se: definir novos usuários do sistema, determinar níveis de acesso a cada usuário, monitorar o uso do sistema e efetuar manutenções preventivas (como **backup** e **restore** de bancos de dados).
- **Usuários finais:** são as pessoas que efetivamente fazem uso do aplicativo e, por conseguinte, do banco de dados. Este foi elaborado principalmente para atender às necessidades e exigências que esses usuários apresentaram aos projetistas e analistas.

2.9 Funções e serviços oferecidos por um SGBD

Em 1982, Codd estabeleceu oito funções (ou serviços) que devem ser fornecidas por um verdadeiro gerenciador de banco de dados, mas Connoly e Begg (2015, p. 98) acrescentaram mais duas, resultando na seguinte lista:

a) **Armazenagem, recuperação e atualização de dados:** função fundamental de um SGBD, que permite aos usuários inserir novos registros, atualizar os dados já gravados, excluir registros existentes e recuperar dados armazenados no banco de dados.

b) **Catálogo acessível ao usuário:** o catálogo do sistema é parte integrante da arquitetura ANSI-SPARC e deve estar disponível ao usuário para que ele possa adicionar novos elementos ao banco de dados, atualizar os que já existem ou mesmo excluir aqueles que não são mais necessários. Por elementos do banco de dados entendem-se tabelas, índices, stored procedures etc.

c) **Suporte a transações:** transações são mecanismos de que os SGBDs devem dispor para assegurar a integridade dos dados durante o processo de execução de um conjunto de ações que podem ocasionar inconsistências. Se uma dessas ações falhar, todo o processo é desfeito, revertendo-se o banco de dados ao seu estado imediatamente anterior ao início da execução das ações.

d) **Controle de concorrência:** os SGBDs, por permitirem acesso simultâneo de vários usuários, devem possuir um mecanismo que controle a execução concorrente de operações, como inserção, atualização ou exclusão.

e) **Recuperação de dados:** função que o SGBD deve oferecer para que se possa recuperar um banco de dados que eventualmente tenha sido corrompido. O suporte a transações já oferece algum nível de recuperação de dados, mas aqui, quando nos referimos a corrupção dos dados, queremos dizer ocorrência de algum problema de natureza física, como erros de gravação em disco provocados por falha em hardware. O melhor mecanismo para esse tipo de situação é o backup de dados executado automaticamente pelo próprio SGBD.

f) **Autorização/permissão de acesso:** todo SGBD precisa dispor de um mecanismo para que o DBA atribua permissões de acesso aos usuários, evitando-se dessa forma que usuários não autorizados possam manipular o banco de dados. Mesmo usuários autorizados podem obedecer a restrições nas operações que executam. Alguns, por exemplo, podem apenas consultar, mas não incluir novos registros.

g) **Suporte à comunicação de dados:** os usuários finais das aplicações que usam/manipulam o banco de dados utilizam seus próprios computadores para executar suas tarefas. Essas máquinas estão interligadas em rede com o servidor de banco de dados, o que certamente exige que o SGBD possa se comunicar com elas por meio dos protocolos de rede, em especial o TCP/IP. Isso significa que essa funcionalidade deve ser integrada ao sistema, uma vez que o processo de comunicação entre os computadores, por meio de envio de pacotes e mensagens, não faz parte do SGBD.

h) **Integridade do banco de dados:** essa é outra função que se refere à proteção dos dados armazenados no banco, mas também está relacionada com a segurança desses mesmos dados. Outro objetivo dessa função é prover qualidade dos dados, uma vez que podemos restringi-los por meio de regras que não possam ser violadas.

i) **Independência dos dados:** essa é uma das principais características de um banco de dados relacional, pois determina que as aplicações não dependem ou não estão vinculadas a qualquer mudança que seja efetuada na estrutura do banco.

j) **Utilitários:** o SGBD deve oferecer um conjunto de ferramentas para que o DBA possa executar suas tarefas de administração do banco de dados. Entre essas ferramentas, podemos citar os utilitários de conversão de banco de dados de um formato para outro, execução de backup/restore, monitoramento do desempenho, reorganização de índices, verificação da integridade do banco etc.

2.10 Linguagens de banco de dados

Neste último tópico, vamos abordar algo muito importante: uso de linguagens com banco de dados relacionais. Embora tenhamos capítulos dedicados exclusivamente a esse assunto, veremos aqui os fundamentos de SQL e os princípios que norteiam a manipulação de bancos de dados por meio de programas desenvolvidos em linguagens de programação, como Java, C, C++, C# etc.

A linguagem padrão para manipulação de banco de dados relacionais, adotada mundialmente por praticamente todos os produtores desse tipo de software, é a SQL (sigla de **Structured Query Language** - Linguagem Estruturada de Consulta). Devemos destacar que ela não é uma linguagem de programação de fato, pois não possui estruturas que permitam o desenvolvimento de aplicações completas, sendo apenas uma linguagem para manipulação de dados e estrutura do banco.

Mesmo sendo padronizada, a linguagem SQL apresenta pequenas diferenças entre os SGBDs porque cada fabricante procura dar a ela alguns recursos para realçar o que seus sistemas podem oferecer. Porém, à exceção dessas diferenças sutis, o núcleo da linguagem é totalmente compatível entre os diversos SGBDs disponíveis.

Os comandos da linguagem SQL podem ser divididos em três grupos, assim denominados: **Data Definition Language** - DDL (Linguagem de Definição de Dados), **Data Manipulation Language** - DML (Linguagem de Manipulação de Dados) e **Data Control Language** - DCL (Linguagem de Controle de Dados).

Todos os comandos para criação, alteração e exclusão de bancos de dados e seus componentes (tabelas, índices, stored procedures etc.) fazem parte da DDL. São eles que permitem ao administrador de banco de dados (DBA) especificar o nome das entidades (tabelas) e descrever seus atributos (campos). Já os comandos para inserção, alteração e exclusão de registros do banco de dados estão agrupados na DML. A DCL, por outro lado, agrupa comandos para definição de restrições de acesso aos usuários, ou seja, com seus comandos é possível especificar o que o usuário pode fazer. Por exemplo, podemos dar permissão para que um grupo de usuários apenas possa consultar os dados, mas nunca inserir novos registros ou excluir os já existentes.

Muitos SGBDs oferecem aos desenvolvedores bibliotecas e drivers de conexão que possibilitam a criação de programas que são capazes de executar comandos SQL dentro do próprio código, seja ele escrito em Java, C, C++, Pascal, Visual Basic ou C#. O mesmo vale para linguagens de script destinadas ao desenvolvimento de websites, como é o caso da conhecida linguagem PHP.

Conclusão

Estudamos neste capítulo a arquitetura em três níveis ANSI-SPARC, mediante a qual um sistema de banco de dados é dividido nos níveis externo, conceitual e interno, necessários para a existência de três características importantes: isolamento de dados e programas, suporte a múltiplas visões e utilização de catálogos para armazenar a estrutura do próprio banco.

Os detalhes de cada nível foram abordados de forma clara e detalhada.

Ainda em relação a esse assunto, vimos o processo envolvido no atendimento do SGBD a uma solicitação de consulta de dados pelo usuário, utilizando os níveis externo e interno.

Em seguida, estudamos os modelos de dados conhecidos e a estrutura de um banco de dados conhecida como esquema. Então, nos aprofundamos na terminologia empregada, descrevendo os conceitos de campos, registro, tabelas, índices, chaves primárias etc.

A integridade dos dados do banco também foi discutida de forma enfática, demonstrando toda sua importância para a existência de informações confiáveis e de qualidade. Assim, foram descritos os quatro tipos de integridades conhecidos.

Como iremos trabalhar durante todo o livro principalmente com bancos de dados relacionais, nada mais imprescindível do que tratar das doze regras de E. F. Codd, o que igualmente foi feito no capítulo de maneira exaustiva.

Para finalizar, foram estudadas as dez funções que um SGBD deve possuir e o uso de linguagens, tanto a SQL como as demais linguagens de programação, na manipulação do banco de dados.

Exercícios

1. Quais são os níveis definidos pela arquitetura ANSI-SPARC?
2. Qual a diferença entre o nível externo e o nível interno na arquitetura ANSI-SPARC?
3. Quais são as categorias em que podem ser divididos os modelos de dados?
4. Quais são os estados que podem ser encontrados em um sistema de banco de dados?
5. Quais são os objetos que compõem um banco de dados?
6. Qual é a definição de índices, chaves primárias, chaves estrangeiras, chaves candidatas e domínios?
7. Quais são os tipos de índices conhecidos?
8. Qual é a diferença principal entre um índice primário e um secundário?
9. Quais são os principais tipos de dados que podem ser atribuídos a campos?
10. Liste os tipos de integridade de bancos de dados conhecidos.
11. Quais funções de um SGDB podem estar relacionadas com a capacidade de manter confiáveis os dados do banco?

Capítulo 3

Formato ISAM, Estrutura de Dados e Métodos de Ordenação

Vamos conhecer mais alguns conceitos importantes para um melhor entendimento de como os bancos de dados trabalham, uma vez que esses conceitos são a base de muitos recursos oferecidos por eles. Veremos um dos formatos de arquivos de bancos de dados mais comuns, o ISAM, e como trabalham os índices no processo de ordenação, além dos fundamentos de estruturas de dados.

Para um melhor entendimento das técnicas de ordenação, serão apresentados programas em linguagem C++ e C# que demonstram o funcionamento na prática.

3.1 Banco de dados ISAM

ISAM (sigla de *Indexed Sequencial Access Method*) é um formato ou mecanismo utilizado para armazenar e acessar de forma eficiente os dados contidos em um arquivo, portanto, ele não é um sistema de gerenciamento de banco de dados real. Esse mecanismo foi desenvolvido com o objetivo de garantir alta performance em ambos os modos de acesso sequencial e aleatório. No ISAM, encontram-se definidos algoritmos para organização tanto dos dados em si quanto dos índices utilizados para acessá-los. O ISAM tem sido a base de muitos sistemas de gerenciamento de banco de dados atuais.

Como o ISAM não é um software autônomo, e sim um conjunto de rotinas, geralmente escritas em C/C++, ele não oferece qualquer tipo de interface com o usuário para manipulação da base de dados ou algum tipo de software gerador de relatórios, já que sua função é definir o formato dos arquivos de dados e índices. Essas funcionalidades devem ser implementadas pelo programador que está usando essas rotinas.

As operações que podem ser executadas em um banco de dados que utiliza o formato ISAM são: criação de bancos de dados, abertura de bancos de dados, criação de índices, inserção de novos registros, alteração de dados já existentes, exclusão de registros existentes, localização de um registro e navegação entre os registros. Para que essa última operação seja possível, o ISAM define o conceito de "registro corrente", que é o atualmente acessado pelo usuário. A partir dele pode ser feito um avanço (registro seguinte) ou retrocesso (registro anterior). Além disso, o usuário também deve ser capaz de se posicionar em um registro específico dentro do banco de dados.

Um aspecto bastante importante de bancos de dados ISAM está relacionado com campos do tipo caractere. Embora em certos sistemas os campos desse tipo tenham tamanho fixo, em bancos padrão ISAM é possível definir campos caractere com tamanho variável. Isso significa que podemos obter alguma economia de espaço em disco.

3.1.1 **Índices**

Já sabemos que o uso mais comum que se faz dos computadores, desde o seu surgimento, é o armazenamento de grandes quantidades de informações. Por esse motivo, um método eficiente de localização de um determinado item de informação dentro desse mar de dados é necessário. Os índices servem justamente para isso, e eles são uma das principais características do padrão ISAM, uma vez que são utilizados na manipulação dos dados em um banco.

Tomemos como exemplo de comparação uma biblioteca, com sua variedade enorme de livros e enciclopédias. Vamos supor que você deseje localizar o livro *Dom Casmurro*, do magistral Machado de Assis. Você tem duas opções: a primeira seria vasculhar a biblioteca inteira, passando por todas as estantes e verificando cada um dos livros (algo nada prático, diga-se de passagem); a segunda seria utilizar um catálogo que lhe desse a informação exata da estante em que se encontra o referido livro. Esse catálogo nada mais é do que um índice para a pesquisa.

A biblioteca, para facilitar ainda mais, pode possuir mais de um catálogo, cada um com um tipo de ordenação diferente: um catálogo contém informações indexadas por autor, outro por título da obra, outro ainda pela editora etc. Da mesma forma, sistemas de bancos de dados computadorizados podem apresentar vários índices para um mesmo grupo de registros (tabela). Essa característica (múltiplos índices) é totalmente suportada pelo padrão ISAM.

No arquivo do computador, poderíamos ter a seguinte relação de nome de escritores, de acordo com a ordem em que os dados foram adicionados.

Quadro 3.1

Número do registro	Nome do escritor
1	Euclides da Cunha
2	Bento Teixeira
3	Bernardo Guimarães
4	Machado de Assis
5	Castro Alves
6	Raul Pompéia
7	Álvares de Azevedo
8	José de Alencar

Agora, para ordenar a lista pelo nome, podemos criar um índice no qual apenas o número de registro é armazenado conforme a ordem em que os registros deverão ser mostrados. Desta forma, a classificação torna-se mais rápida e ocupa menos espaço em disco, tendo em vista que um valor numérico é tratado, em vez de uma enorme cadeia de caracteres.

Quadro 3.2

Número do registro	Nome do escritor
1	Euclides da Cunha
2	Bento Teixeira
3	Bernardo Guimarães
4	Machado de Assis
5	Castro Alves
6	Raul Pompéia
7	Álvares de Azevedo
8	José de Alencar

Índice de ordenação
7
2
3
5
1
8
4
6

Para listar os nomes em ordem alfabética, simplesmente verificamos as informações contidas no índice. Desta forma, o primeiro registro a ser apresentado é o de número 7, depois o de número 2 e assim por diante. Se o índice for desativado, o sistema deve considerar a ordem definida no momento da adição dos registros.

Outra forma de indexar esses dados é utilizar um posicionamento relativo. Nesse método, em vez de ser armazenado o número do registro no índice, ele conterá uma informação que diz onde encontrar o registro seguinte. Uma informação extra, no entanto, é necessária. Ela indica o registro a partir do qual podemos encontrar os demais. Veja o quadro a seguir:

Quadro 3.3

Número do registro	Nome do escritor	(Registro inicial = 7) Índice de ordenação
1	Euclides da Cunha	8
2	Bento Teixeira	3
3	Bernardo Guimarães	5
4	Machado de Assis	6
5	Castro Alves	1
6	Raul Pompéia	FIM
7	Álvares de Azevedo	2
8	José de Alencar	4

Repare que em vários casos os valores diferem do método anterior. No caso, podemos interpretar da seguinte maneira: o primeiro registro está armazenado na posição de número 7 dentro do índice; informa ainda que devemos ir para a posição 2, pois nela encontramos o próximo registro; a informação nos leva à posição 3, que contém o valor do próximo registro (no caso 5). A posição 5 do índice informa que o próximo registro é o de número 1 e assim por diante. Devemos notar que a posição de número 6 contém a cadeia de caracteres "FIM", indicando que não há mais dados, pois este é o último registro no índice.

3.2 Estruturas de dados

Para entendermos melhor como trabalham os bancos de dados, é imprescindível conhecermos os fundamentos de estruturas de dados, pois elas são o alicerce de muitos sistemas.

Basicamente, temos dois tipos de estrutura de dados, dos quais derivam outros: listas lineares e árvores. Cada uma possui vantagens e desvantagens, assim como são mais fáceis ou mais difíceis de desenvolver em termos de programação. As listas lineares podem ser divididas em filas ou pilhas, conforme a maneira como as informações são tratadas.

3.2.1 Listas lineares

Podemos definir uma lista linear como uma coleção ou agrupamento de dados, tendo cada elemento da lista uma referência de acordo com sua posição. Dependendo de como esses elementos são tratados, as listas podem ser denominadas filas ou pilhas.

As listas do tipo fila recebem esse nome justamente por se parecerem com uma fila na vida real. Vamos pegar como exemplo a fila de um caixa eletrônico, conforme Figura 3.1. As pessoas utilizam o serviço à medida que vão chegando, ou seja, devem esperar pela sua vez dentro da ordem da fila. Os itens em uma fila são inseridos em uma extremidade e retirados na outra. Devido a essa característica, dizemos que uma fila é uma lista em que o primeiro elemento a entrar é o primeiro a sair (em inglês, *FIFO - First Int/First Out*). Veja o diagrama da Figura 3.2.

Figura 3.1 | Fila de caixa eletrônico.

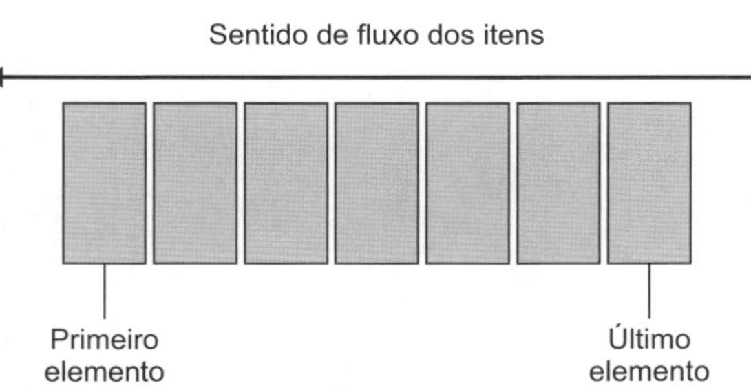

Figura 3.2 | Ilustração do fluxo de dados em uma fila.

Quando ocorre uma operação de inserção de um novo elemento na fila, ele é posicionado no fim, fazendo com que o tamanho da fila aumente. Na remoção acontece o contrário: o elemento do início é retirado e o tamanho, diminuído. Os elementos restantes são deslocados uma posição à frente. As Figuras 3.3 e 3.4 mostram esse processo.

É bastante frequente a utilização desse tipo de estrutura na implementação de filas de impressão, em que todos os documentos a serem impressos são enfileirados e, quando a impressora termina de imprimir um deles, o software de gerenciamento de impressão do sistema operacional envia o seguinte (se houver).

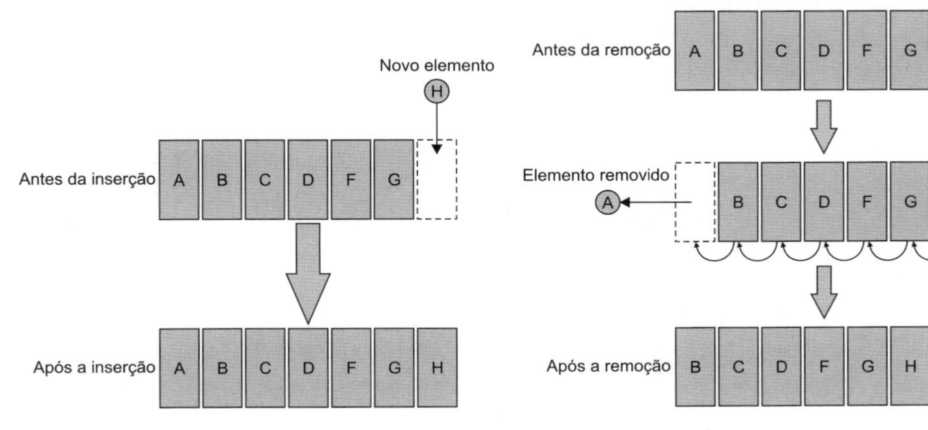

Figura 3.3 | Processo de inserção de elemento em uma fila.

Figura 3.4 | Processo de remoção de elemento de uma fila.

A pilha é outro tipo de lista linear em que os elementos são inseridos e removidos a partir da extremidade final. Sua semelhança com uma pilha de objetos na vida real (como pratos, caixas ou tijolos) - vide Figura 3.5 - não é por acaso.

O último elemento a ser adicionado à pilha sempre será o primeiro a ser retirado, por isso, também ela é denominada lista *LIFO* (*Last In/First Out*). Observando a Figura 3.6, podemos ter uma ideia geral do seu funcionamento. O uso mais comum de pilhas ocorre em rotinas internas de avaliação de expressões matemáticas e de controle de chamadas e retorno de funções de um programa aplicativo.

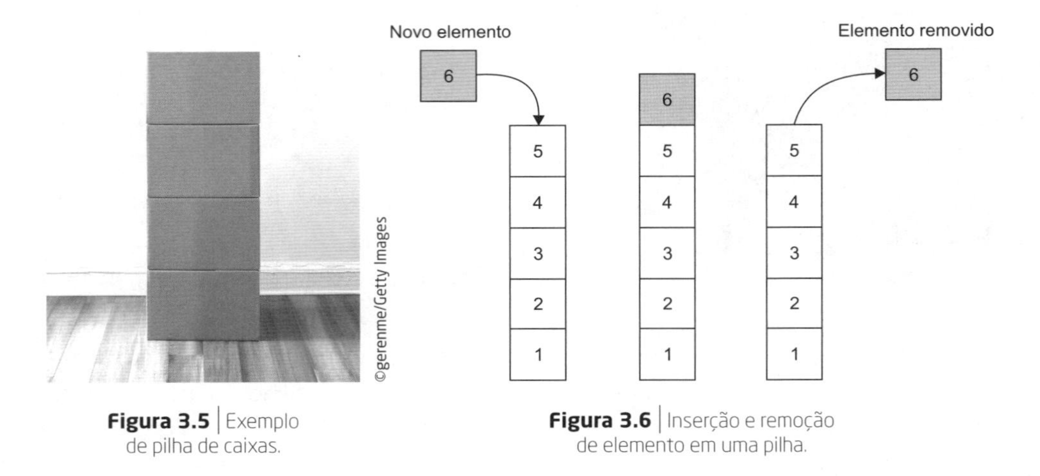

Figura 3.5 | Exemplo de pilha de caixas.

Figura 3.6 | Inserção e remoção de elemento em uma pilha.

3.2.2 Árvores binárias

As árvores são estruturas de dados cujos itens são organizados de forma hierárquica. Elas são assim chamadas devido ao fato um tanto óbvio de se assemelharem a uma árvore, possuindo um nó principal chamado "raiz", nós secundários denominados "nós interiores" e nós terminais identificados como "folhas". Veja a Figura 3.7.

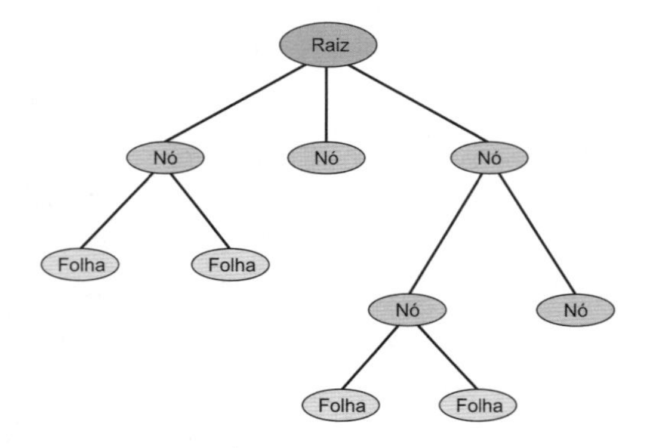

Figura 3.7 | Estrutura de dados em árvore.

Cada nó da árvore possui uma chave para organizar as informações e os dados propriamente ditos. No entanto, algumas partes dos dados não são de fato armazenadas na árvore.

O nó superior é denominado "pai" e o inferior, "filho". Para exemplificar, vamos assumir que temos uma relação de sete nomes de funcionários com seus respectivos códigos. A Figura 3.8 mostra a aparência que deveria ter uma árvore com essas informações. Note que os dados são organizados em função do código, e não do nome.

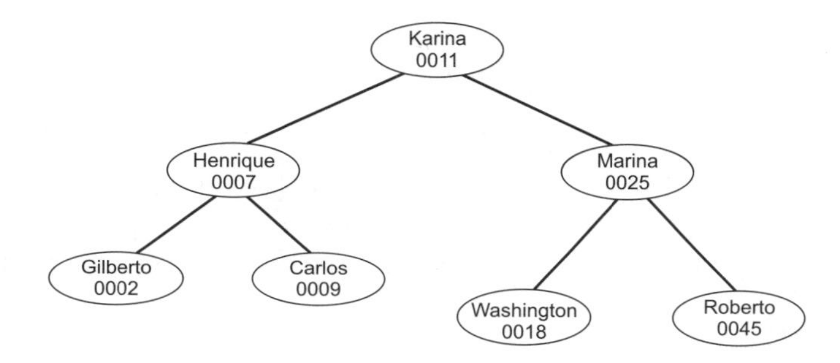

Figura 3.8 | Exemplo de árvore contendo nomes de funcionários.

Para saber qual é o elemento da raiz, devemos encontrar aquele que ocupa a posição central dentro da relação, e isso é fácil porque os dados estão ordenados por código. Pegando o número total de registros e o dividindo por dois, é possível obter o elemento central. Se o total de registros for um valor ímpar (como em nosso exemplo), devemos considerar somente a parte inteira (já que o resultado da divisão será fracionário) e somar um. Veja o diagrama da Figura 3.9.

De posse desse elemento da raiz, precisamos agora determinar os nós à sua direita e à sua esquerda. Os nós à esquerda conterão valores menores que o da raiz, enquanto os da direita armazenarão os elementos com valores maiores que o da raiz.

Vamos primeiramente gerar os nós à esquerda da raiz (mas poderíamos gerar também os da direita). Para isso, devemos encontrar a posição do elemento central dos itens restantes desse lado da árvore. Este será o elemento a ser adicionado como nó filho, conforme Figura 3.10.

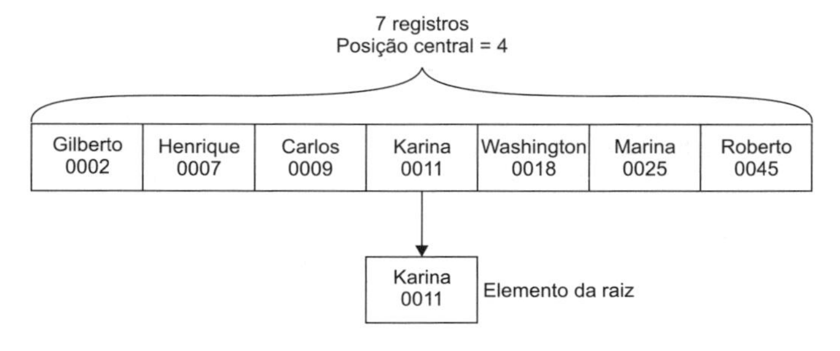

Figura 3.9 | Localização do elemento central da árvore.

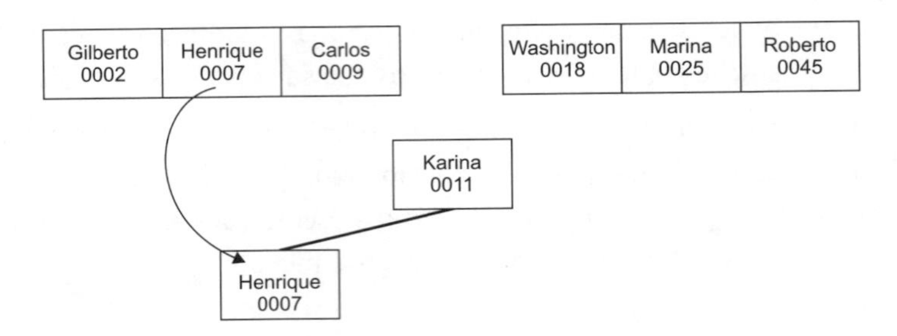

Figura 3.10 | Adição de elemento à esquerda do primeiro nó da árvore.

O processo para determinar os próximos nós é semelhante. Uma vez que o item à esquerda é único (não possui mais itens antes dele), ele será adicionado ao nó da esquerda, conforme Figura 3.11. Agora passamos aos elementos a serem adicionados à direita do nó denominado "Henrique". Como somente há um item, é ele que será inserido (Figura 3.12).

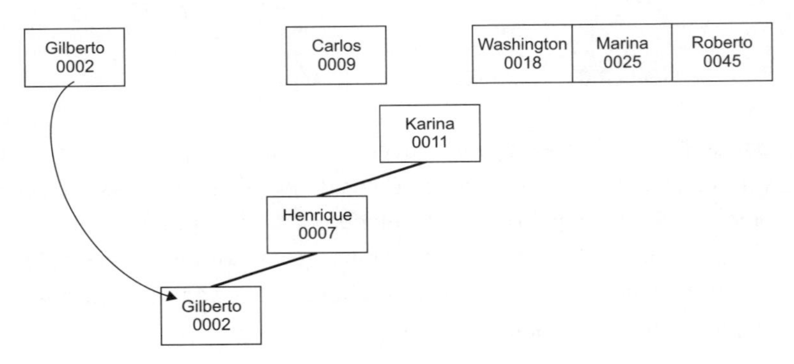

Figura 3.11 | Adição de outro elemento à árvore.

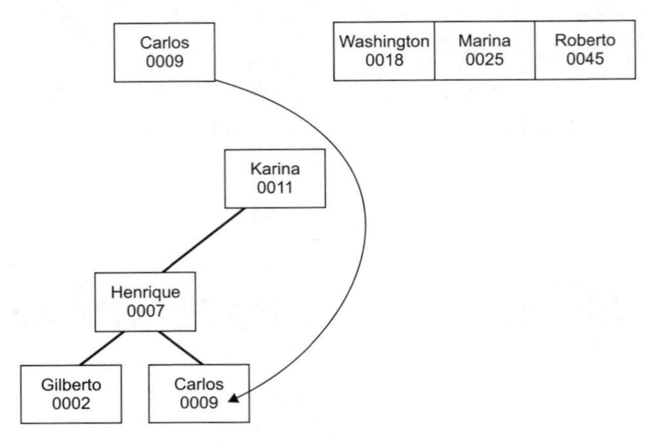

Figura 3.12 | Adição de elemento em outro nó filho.

Como não há mais itens do lado esquerdo da raiz, passamos à adição dos que restam à direita. O processo em si é o mesmo, conforme podemos verificar pelas Figuras 3.13 a 3.15.

Isso, no entanto, não é tudo. Precisamos considerar os casos em que o número de elementos é par. Vamos supor que tenhamos oito registros de funcionários. Para encontrar o elemento da raiz da árvore, utilizamos novamente a divisão do total de itens por dois, o que nos leva ao registro do funcionário de código 0011 (Karina). Os elementos à esquerda, cujos códigos são menores que o da raiz, são definidos da mesma forma estudada anteriormente.

O processo muda quando partimos para a análise dos itens à direita da raiz. Como agora resta uma quantidade par de itens, devemos proceder de forma diferente. Dividimos a quantidade por dois e "pegamos" o elemento à direita do que ocupa a posição central resultante dessa divisão, como mostra a Figura 3.16.

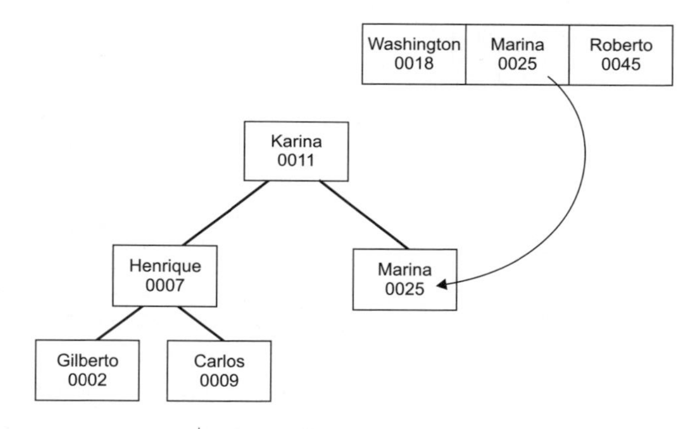

Figura 3.13 | Adição do primeiro elemento à direita do nó raiz.

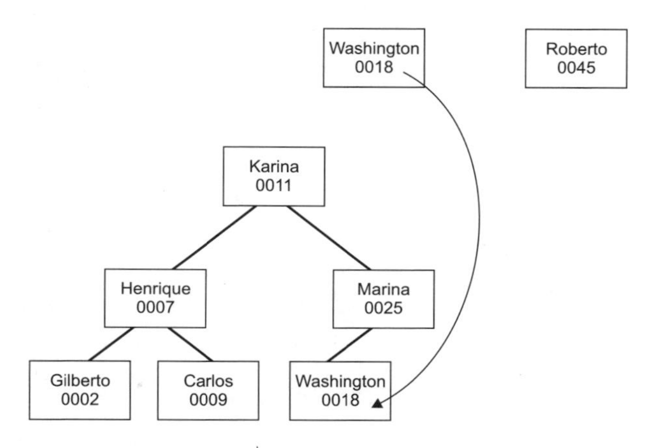

Figura 3.14 | Adição do segundo elemento.

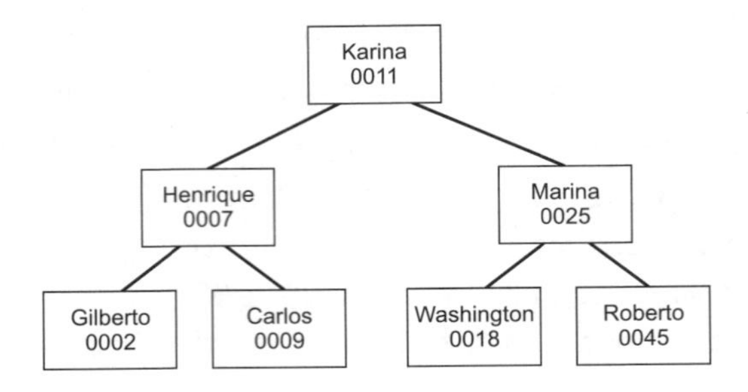

Figura 3.15 | Árvore completa.

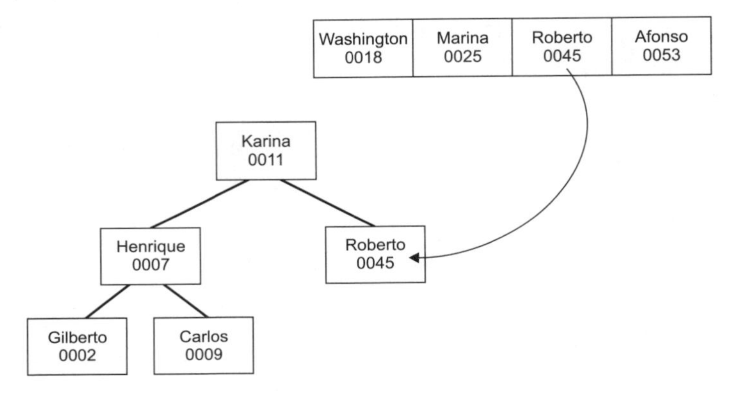

Figura 3.16 | Adição do elemento do grupo de número par de elementos.

Para a ramificação à esquerda desse novo nó, o procedimento é repetido: a posição média entre dois itens restantes é calculada e então adicionamos o item de maior valor (que é o de código 0025). Veja a Figura 3.17. O item restante é então adicionado, por fim, abaixo desse nó, como mostra a Figura 3.18.

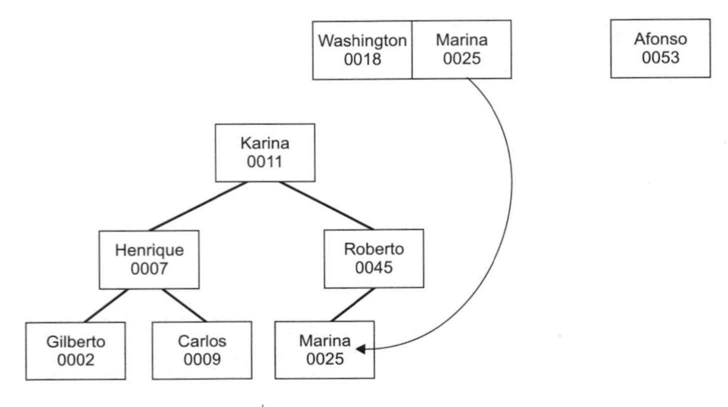

Figura 3.17 | Adição do segundo elemento à árvore.

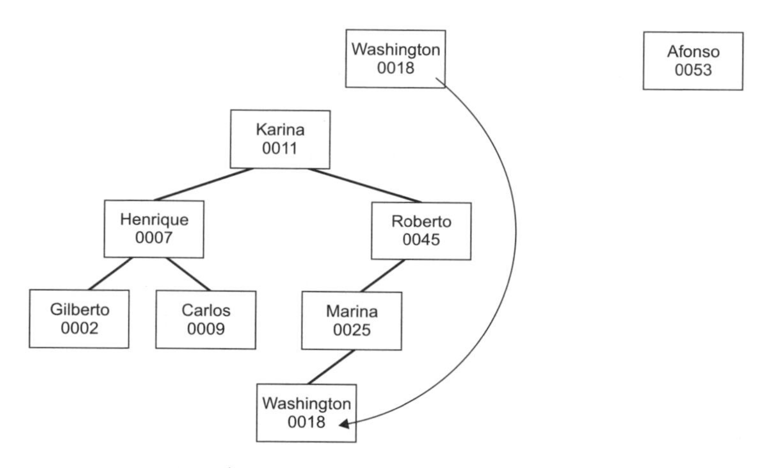

Figura 3.18 | Adição do terceiro elemento em nova ramificação.

Como ficou faltando só um elemento, ele é adicionado à ramificação que se encontra à direita do nó do código 0045 (Figura 3.19).

O tipo de árvore que acabamos de ver é denominado **árvore binária**, pois não há mais do que duas ramificações em cada nó.

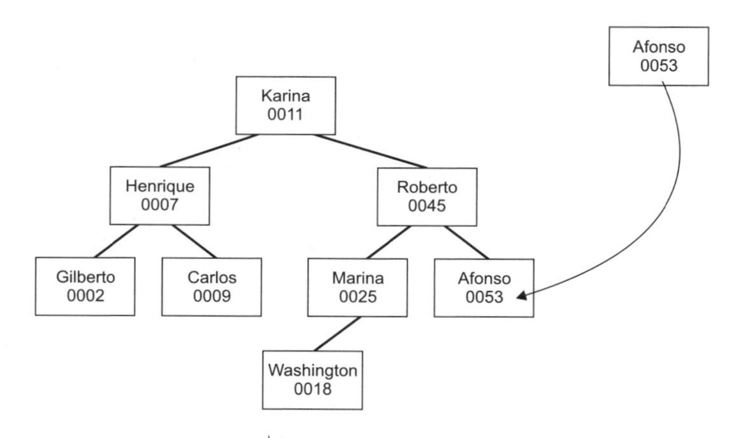

Figura 3.19 | Último elemento adicionado à árvore.

Árvores binárias são muito práticas para a localização de itens/registros. Suponhamos que você deseje visualizar os dados do funcionário de código 0018 (Washington). De posse desse código, que chamamos de chave de pesquisa, o sistema começa por compará-lo com o valor do registro localizado na raiz da árvore (que representa a posição central dentro do banco de dados). Se o valor da chave de pesquisa for maior que o valor da raiz, a pesquisa continua com a ramificação à direita; caso contrário, parte-se para o nó à esquerda. Novamente, é efetuada uma comparação com o valor do próximo nó. Se for maior, uma nova comparação é feita com o nó à direita. Em nosso caso, como a chave de pesquisa é menor (0018 contra 0025), a direção a ser seguida é a da esquerda.

O processo continua até que durante a comparação o valor seja encontrado. Se toda a árvore for varrida e nenhum nó que contenha o valor da chave de pesquisa for localizado, isso significa que ele não está armazenado no banco de dados. Veja o esquema da Figura 3.20.

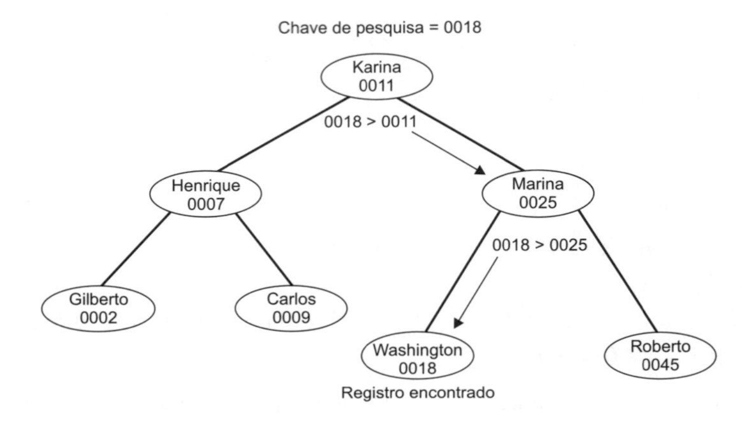

Figura 3.20 | Representação do processo de pesquisa em árvore binária.

3.3 **Ordenação**

Já vimos como os índices podem ser utilizados para agilizar as consultas ou para se aplicar uma determinada ordem a um conjunto de registros durante sua exibição. Para a implementação da última estrutura de dados estudada neste capítulo (árvore), é necessário que as informações também estejam colocadas em uma determinada ordem.

Tendo em vista que as operações de classificação/ordenação de dados são as mais corriqueiras e importantes de um sistema de banco de dados, é imprescindível que técnicas e métodos altamente eficientes sejam desenvolvidos, com o objetivo de se obter o máximo desempenho no menor tempo possível. De acordo com algumas pesquisas, os computadores chegam a empregar cerca de 30% de seu poder de processamento nessas tarefas. Assim, vamos estudar agora alguns métodos bastante simples, mas que oferecem bons resultados.

3.3.1 **Método Bolha**

O primeiro método que veremos é conhecido como **Classificação Bolha** (*Bubble Sort*, em inglês). É uma das técnicas mais simples e fáceis de implementar em programação. Ademais, utiliza pouca memória e apresenta uma razoável eficácia.

O processo em si consiste em comparar um grupo de valores tomando-os dois a dois e invertendo-se a sua ordem caso seja necessário. Vamos utilizar como exemplo ilustrativo um conjunto de nove cartões de papelão contendo a ilustração dos números de 1 a 9, dispostos aleatoriamente, como mostra a Figura 3.21.

4 1 5 7 3 2 6 9 8

Figura 3.21 | Disposição inicial dos cartões numerados.

Começando da extremidade esquerda dessa fileira, comparamos o primeiro cartão com o segundo (Figura 3.22). Se o cartão da esquerda tiver um número maior que o da direita, trocamos as suas posições. A seguir, comparamos novamente o primeiro cartão com o terceiro (Figura 3.23) e, se estiverem fora de ordem, fazemos a troca. E, assim, vamos fazendo essa comparação do primeiro cartão com todos os demais, até atingirmos a extremidade direita (último cartão da fileira). Veja a sequência das Figuras 3.24 a 3.29.

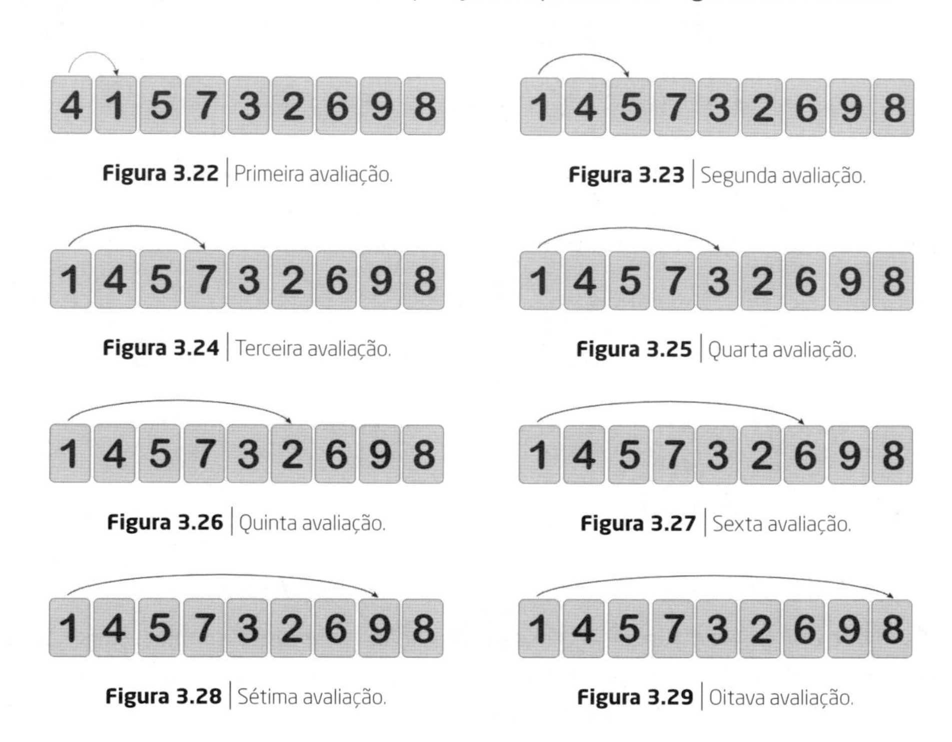

Figura 3.22 | Primeira avaliação.

Figura 3.23 | Segunda avaliação.

Figura 3.24 | Terceira avaliação.

Figura 3.25 | Quarta avaliação.

Figura 3.26 | Quinta avaliação.

Figura 3.27 | Sexta avaliação.

Figura 3.28 | Sétima avaliação.

Figura 3.29 | Oitava avaliação.

Ao final dessa primeira fase de varredura, teremos na extremidade esquerda o cartão com o menor valor. Assim, iniciamos o processo de comparação a partir do segundo cartão da fileira. A regra é a mesma: sempre verificamos seu valor com cada um dos cartões restantes à direita e, se for necessário, fazemos a troca de posição. Acompanhe pelas Figuras 3.30 a 3.36.

Figura 3.30 | Primeira avaliação.

Figura 3.31 | Segunda avaliação.

Figura 3.32 | Terceira avaliação.

Figura 3.33 | Quarta avaliação.

Figura 3.34 | Quinta avaliação.

Figura 3.35 | Sexta avaliação.

Figura 3.36 | Sétima avaliação.

O cartão que ocupa a terceira posição na fileira passa a ser o ponto inicial da próxima varredura. Veja pelas Figuras 3.37, 3.38 e 3.39 duas substituições efetuadas nessa passagem. O resultado da ordenação pode ser visto na Figura 3.40.

Figura 3.37 | Primeira avaliação.

Figura 3.38 | Segunda avaliação.

Figura 3.39 | Terceira avaliação.

Figura 3.40 | Resultado final.

Escrever um programa que faça essa ordenação é bastante simples, pois são necessários apenas dois laços de repetição, sendo um para contar a posição do cartão inicial da comparação e outro para indicar os cartões à direita que serão utilizados. Vamos demonstrar essa técnica usando duas linguagens bastante conhecidas: C++ e C#. Utilizaremos o Visual Studio 2019 da Microsoft em sua versão Community, que é totalmente gratuita para uso não comercial.

Acesse o endereço <https://visualstudio.microsoft.com/pt-br/> (Figura 3.41), clique no botão Baixar o Visual Studio e escolha a opção Community 2019 (Figura 3.42). Após ter sido baixada a ferramenta de instalação, execute-a e siga todos os passos informados para instalar o ambiente de desenvolvimento e seus complementos.

Figura 3.41 | Página do site da Microsoft sobre o Visual Studio.

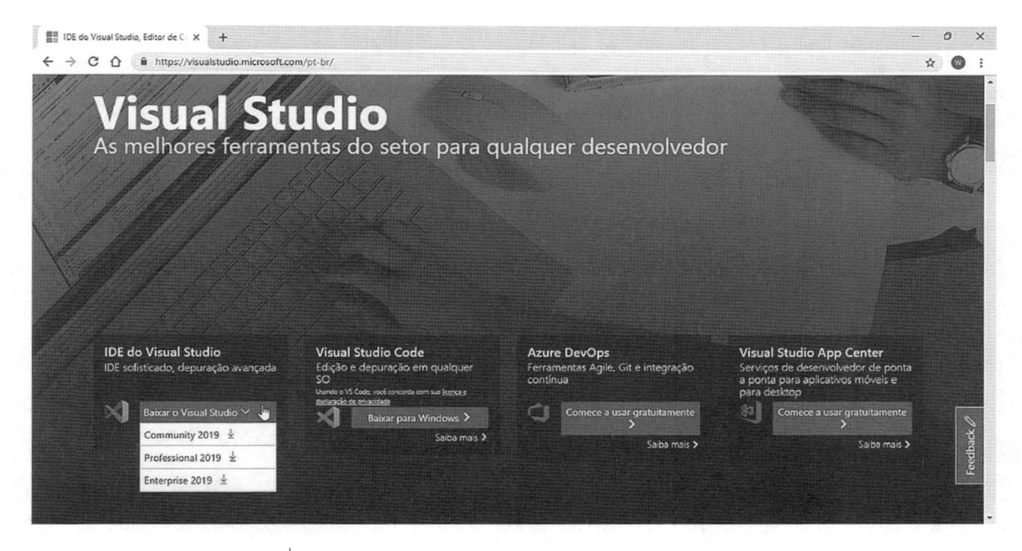

Figura 3.42 | Página do site da Microsoft para fazer download do Visual Studio.

Após ter finalizado a instalação do Visual Studio 2019 Community, execute-o e crie um novo projeto em linguagem C++ do tipo Console, para plataforma Windows. O **Apêndice A** aborda o processo de criação de um projeto em C++ e C# com essa ferramenta. A seguir encontra-se a listagem do código que deve ser digitado e compilado:

```
#include <iostream>
#include <stdlib.h>
#include <stdio.h>
#include <conio.h>

int intCartas[9] = { 4, 1, 5, 7, 3, 2, 6, 9, 8 };

void ImprimeMatriz(void)
{
        for (int intContador = 0; intContador < 9; intContador++)
                std::cout << intCartas[intContador] << " ";

        std::cout << "\n\n";
}

void OrdenaMatriz(void)
{
        int intCartaTemp;

        for (int intEsquerda = 0; intEsquerda < 8; intEsquerda++)
        {
                for (int intDireita = intEsquerda + 1; intDireita < 9; intDireita++)
                {
                        if (intCartas[intEsquerda] > intCartas[intDireita])
                        {
                                intCartaTemp = intCartas[intEsquerda];
                                intCartas[intEsquerda] = intCartas[intDireita];
                                intCartas[intDireita] = intCartaTemp;
                        }
                }

                std::cout << "Passagem no." << (intEsquerda + 1) << "\n";
                ImprimeMatriz();
        }
}

int main()
{
        system("cls");
        OrdenaMatriz();
}
```

Uma matriz de nove caracteres é criada inicialmente, a qual representa os nove cartões do exemplo que acabamos de abordar. Dois procedimentos são definidos em seguida. O primeiro, denominado **ImprimeMatriz,** simplesmente varre toda a matriz de dados e apresenta seus valores no vídeo. O segundo procedimento (**OrdenaMatriz**) é o que realmente executa a operação de ordenação dos elementos da matriz.

O núcleo do procedimento **OrdenaMatriz** reside em dois laços de repetição. O laço externo, controlado pela variável **intEsquerda**, determina o elemento inicial da comparação, a partir da extremidade esquerda da matriz. No laço interno varremos os demais elementos, começando pelo que está imediatamente à direita do elemento inicial (por isso, a variável de controle é inicializada com o valor de **intEsquerda** mais 1). Se o valor do elemento apontado por **intEsquerda** for maior que o apontado por **intDireita**, salvamos esse valor em uma variável temporária e fazemos a substituição.

Ao final desse laço, imprimimos o valor da matriz para mostrar como ela fica após cada passagem.

O corpo principal do programa armazena os valores de cada elemento da matriz e depois chama o procedimento para ordená-los. Após compilar o programa, você pode rodá-lo em uma janela de comando do Windows (**Prompt de Comando**). A tela resultante deve ser a mostrada pela Figura 3.43. Note que sempre será necessário um número de passos igual ao número de elementos envolvidos na ordenação, menos um.

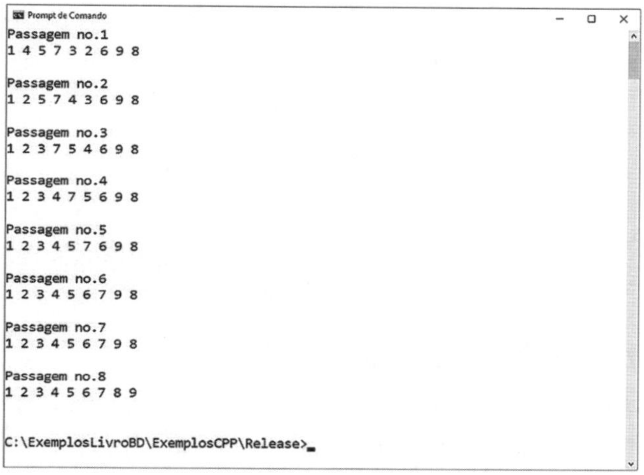

```
Prompt de Comando
Passagem no.1
1 4 5 7 3 2 6 9 8

Passagem no.2
1 2 5 7 4 3 6 9 8

Passagem no.3
1 2 3 7 5 4 6 9 8

Passagem no.4
1 2 3 4 7 5 6 9 8

Passagem no.5
1 2 3 4 5 7 6 9 8

Passagem no.6
1 2 3 4 5 6 7 9 8

Passagem no.7
1 2 3 4 5 6 7 9 8

Passagem no.8
1 2 3 4 5 6 7 8 9

C:\ExemplosLivroBD\ExemplosCPP\Release>_
```

Figura 3.43 | Tela de execução do programa Bubble_Sort.

Na linguagem C#, o código para executar a mesma tarefa está listado a seguir:

```
using System;

namespace Bubble_Sort
{
    class Program
    {
        static int[] intCartas = { 4, 1, 5, 7, 3, 2, 6, 9, 8 };

        private static void ImprimeMatriz()
        {
            for (int intContador = 0; intContador < 9; intContador++)
                Console.Write($"{intCartas[intContador]} ");

            Console.Write("\n\n");
        }

        private static void OrdenaMatriz()
        {
            int intCartaTemp;

            for (int intEsquerda = 0; intEsquerda < 8; intEsquerda++)
            {
```

```
                for (int intDireita = intEsquerda + 1; intDireita < 9; intDireita++)
                {
                    if (intCartas[intEsquerda] > intCartas[intDireita])
                    {
                        intCartaTemp = intCartas[intEsquerda];
                        intCartas[intEsquerda] = intCartas[intDireita];
                        intCartas[intDireita] = intCartaTemp;
                    }
                }

                Console.WriteLine($"Passagem no. {intEsquerda + 1}");
                ImprimeMatriz();
            }
        }

        static void Main(string[] args)
        {
            Console.Clear();
            OrdenaMatriz();
        }
    }
}
```

Não podemos deixar de notar a incrível semelhança entre os dois códigos.

3.3.2 Método de inserção direta

O segundo método que veremos é denominado inserção direta, e o nome se deve justamente ao fato de ser inserido um item apropriadamente no fim da lista. Esse método chega a ser duas vezes mais rápido que o da ordenação bolha. Ele trabalha ordenando os dados em um subarranjo e a cada nova etapa um elemento do arranjo principal é acrescentado.

Considerando a mesma distribuição de cartões mostrada anteriormente, vamos separar o segundo cartão, como indicado na Figura 3.44. A seguir, devemos pegar o primeiro cartão da lista e compará-lo com o que acabamos de separar. Se ele for maior, deve ser posicionado à direita; caso contrário, ocupa a posição à esquerda. Veja a Figura 3.45.

Figura 3.44 | Seleção do primeiro elemento.

Figura 3.45 | Posicionamento do segundo elemento.

Agora repetimos o procedimento com os próximos cartões. Veja que os de número 5 e 7 foram posicionados à direita (Figura 3.46).

Chegamos ao cartão de número 3, e as coisas nesse ponto se complicaram um pouco. Como ele é menor que o cartão no fim da segunda fileira (número 7), esse último deve ser deslocado para a direita (Figura 3.47). Então, efetuamos a comparação com o próximo cartão à esquerda. Novamente, por ser maior (número 5), há um deslocamento desse cartão para o lado direito. Com o cartão de número 4 acontece o mesmo (Figura 3.48). Assim, encontramos a posição para o cartão "3".

O processo é então repetido para o próximo cartão, que agora contém o número 2. Desta forma, todos os cartões à direita do número 1 devem ser deslocados para que seja encaixado o número 2, conforme a Figura 3.49.

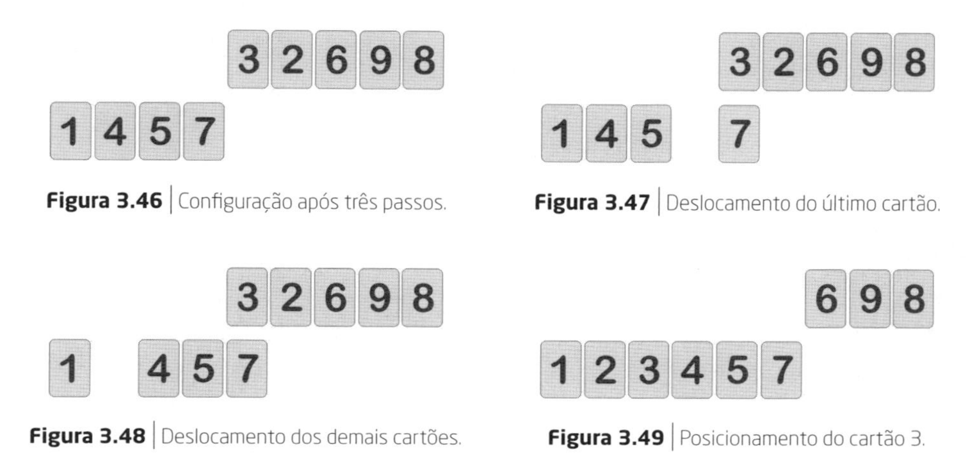

Figura 3.46 | Configuração após três passos.

Figura 3.47 | Deslocamento do último cartão.

Figura 3.48 | Deslocamento dos demais cartões.

Figura 3.49 | Posicionamento do cartão 3.

Veja nas Figuras 3.50 e 3.51 as etapas finais até chegarmos à ordenação completa mostrada pela Figura 3.52.

A seguir, são apresentadas as listagens do programa que executa esse tipo de ordenação nas linguagens C# e C++. A Figura 3.53 mostra o resultado após a execução dos programas. Perceba a maior velocidade de processamento e o menor número de passos para a execução completa da operação.

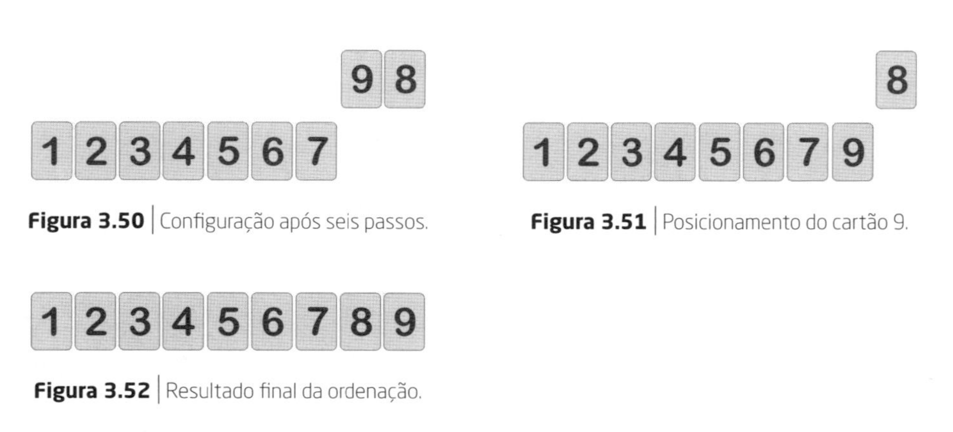

Figura 3.50 | Configuração após seis passos.

Figura 3.51 | Posicionamento do cartão 9.

Figura 3.52 | Resultado final da ordenação.

```
Prompt de Comando
Passagem no. 1
1 4 5 7 3 2 6 9 8

Passagem no. 2
1 3 4 5 7 2 6 9 8

Passagem no. 3
1 2 3 4 5 7 6 9 8

Passagem no. 4
1 2 3 4 5 6 7 9 8

Passagem no. 5
1 2 3 4 5 6 7 8 9

C:\ExemplosLivroBD\ExemplosCPP\Release>_
```

Figura 3.53 | Tela de execução do programa Insert_Direct.

Código fonte em C#

```
using System;

namespace Insert_Direct
{
    class Program
    {
        static int[] intCartas = { 4, 1, 5, 7, 3, 2, 6, 9, 8 };

        private static void ImprimeMatriz()
        {
            for (int intContador = 0; intContador < 9; intContador++)
                Console.Write($"{intCartas[intContador]} ");

            Console.Write("\n\n");
        }

        private static void OrdenaMatriz()
        {
            int intPassagem = 0, intContador, intCartaTemp;
            char chrTrocou;

            for (int intItem = 1; intItem < 9; intItem++)
            {
                chrTrocou = 'N';
                intCartaTemp = intCartas[intItem];
                intContador = intItem;

                while (intCartas[intContador - 1] > intCartaTemp)
                {
                    chrTrocou = 'S';
                    intCartas[intContador] = intCartas[intContador - 1];
                    intContador--;

                    if (intContador <= 0)
                        break;
                }
```

```
                intCartas[intContador] = intCartaTemp;

                if (chrTrocou == 'S')
                {
                    intPassagem++;
                    Console.WriteLine($"Passagem no. {intPassagem}");
                    ImprimeMatriz();
                }
            }
        }

        static void Main(string[] args)
        {
            Console.Clear();
            OrdenaMatriz();
        }
    }
}
```

Código fonte em C++

```
#include <iostream>
#include <stdlib.h>
#include <stdio.h>
#include <conio.h>

int intCartas[9] = { 4, 1, 5, 7, 3, 2, 6, 9, 8 };

void ImprimeMatriz(void)
{
        for (int intContador = 0; intContador < 9; intContador++)
                std::cout << intCartas[intContador] << " ";

        std::cout << "\n\n";
}

void OrdenaMatriz(void)
{
        int intPassagem = 0, intContador, intCartaTemp;
        char chrTrocou;

        for (int intItem = 1; intItem < 9; intItem++)
        {
                chrTrocou = 'N';
                intCartaTemp = intCartas[intItem];
                intContador = intItem;

                while (intCartas[intContador - 1] > intCartaTemp)
                {
                        chrTrocou = 'S';
                        intCartas[intContador] = intCartas[intContador - 1];
                        intContador--;

                        if (intContador <= 0)
                                break;
                }
```

```
                    intCartas[intContador] = intCartaTemp;

                    if (chrTrocou == 'S')
                    {
                            intPassagem++;
                            std::cout << "Passagem no. " << intPassagem << "\n";
                            ImprimeMatriz();
                    }
            }
}

int main()
{
        system("cls");
        OrdenaMatriz();
}
```

3.3.3 Método QuickSort

O método de ordenação QuickSort, desenvolvido em 1962 por C. A. R. Hoare, também possui um desempenho muito bom. O princípio básico é definir um elemento chave, chamado pivô, em uma posição correta dentro do conjunto de elementos ordenados. Assim, teremos um subconjunto disposto à esquerda contendo todos os elementos de valor menor que o do pivô, um segundo subconjunto em que se encontra apenas o pivô e um terceiro subconjunto formado pelos elementos de valor maior ou igual ao do pivô posicionado à sua direita.

Uma das grandes vantagens desse método é a possibilidade de implementarmos rotinas que fazem uso de uma técnica denominada recursividade.

Vamos ilustrar o funcionamento desse método com o exemplo de cartões numerados. Primeiramente, escolhemos um cartão que será o pivô. Podemos selecionar aleatoriamente ou utilizar um critério, como escolher o item intermediário entre todo o conjunto. Em nosso caso, adotaremos como pivô o primeiro elemento da lista: o cartão de número 4.

Esse cartão é separado dos restantes, como indica a Figura 3.54. A partir da extremidade esquerda, verificamos se o cartão é de valor maior ou menor que o do pivô. No caso, temos um valor menor, então esse cartão é posicionado à esquerda do pivô (Figura 3.55). O próximo cartão é o de número 5, o que significa que ele será posicionado à direita do pivô (Figura 3.56).

O processo é repetido até que toda a sequência tenha sido varrida, com cada elemento sendo posicionado no fim da fila esquerda ou direita, como mostram as Figuras 3.57 e 3.58. Com todos os itens devidamente posicionados, o pivô é alocado entre os dois grupos (Figura 3.59).

Agora, precisamos repetir esses passos com os dois subgrupos que resultaram do processo anterior. Comecemos com os cartões da fileira esquerda (1, 3 e 2). Separamos o cartão de número 1 (Figura 3.60), posicionamos adequadamente os outros dois (Figuras 3.61 e 3.62), depois subimos os três cartões (Figura 3.63). Como temos agora dois cartões à direita do pivô, devemos fazer sua análise e possível ordenação. O cartão de número 3 é separado e o de número 2, posicionado à sua esquerda (Figura 3.64). O número 3 é baixado (Figura 3.65) e os dois cartões são então colocados à direita do pivô número 1 (pois esta era a posição ocupada antes).

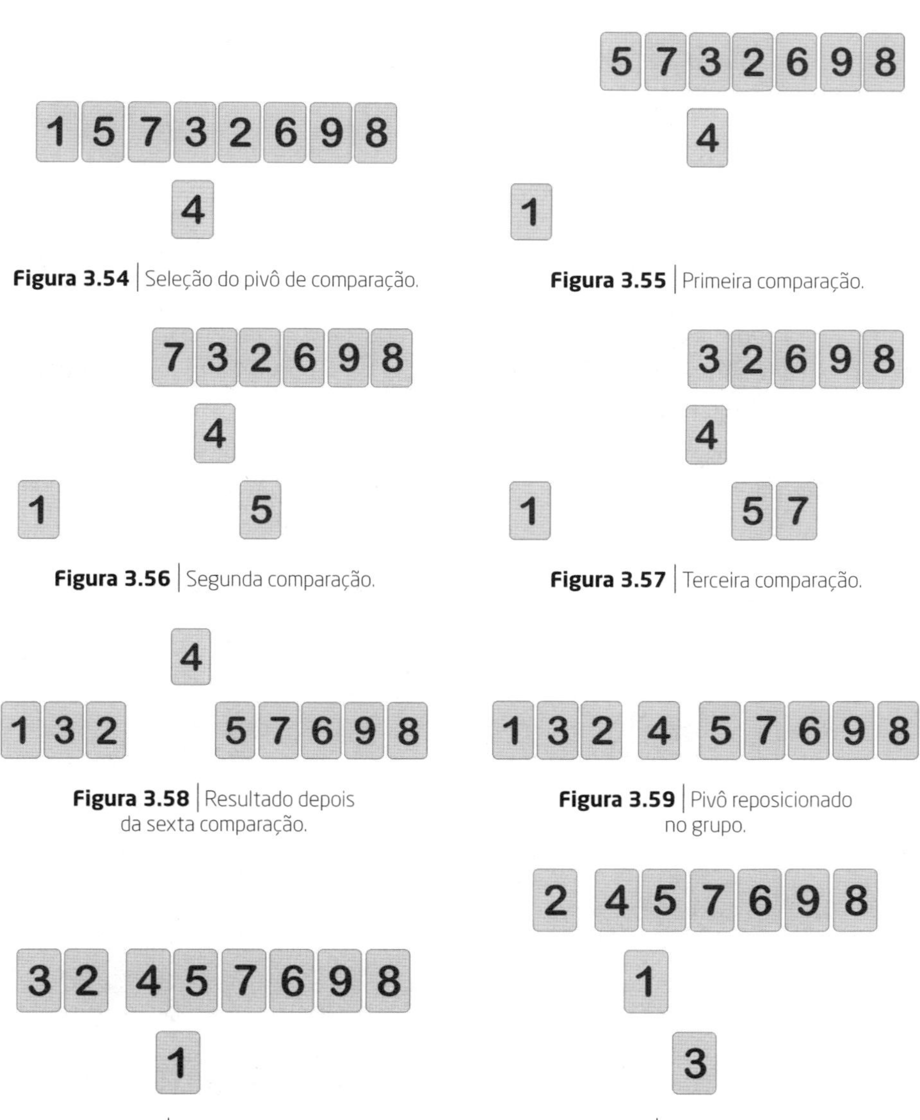

Figura 3.54 | Seleção do pivô de comparação.

Figura 3.55 | Primeira comparação.

Figura 3.56 | Segunda comparação.

Figura 3.57 | Terceira comparação.

Figura 3.58 | Resultado depois da sexta comparação.

Figura 3.59 | Pivô reposicionado no grupo.

Figura 3.60 | Comparação do primeiro cartão do grupo à esquerda.

Figura 3.61 | Comparação do segundo cartão do grupo à esquerda.

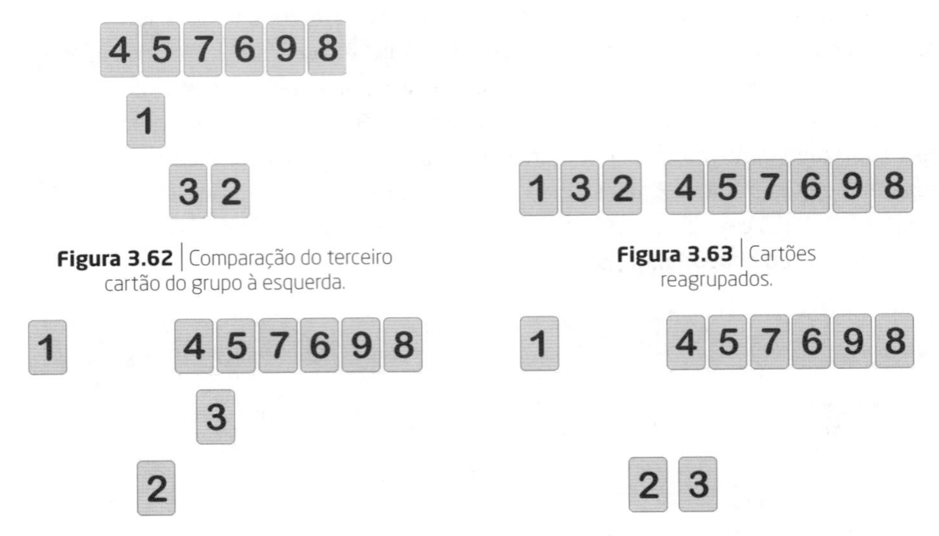

Figura 3.62 | Comparação do terceiro cartão do grupo à esquerda.

Figura 3.63 | Cartões reagrupados.

Figura 3.64 | Nova comparação do grupo à esquerda.

Figura 3.65 | Comparação final do grupo à esquerda.

Falta ainda repetir esse processo com o grupo da direita. Primeiramente, o processo é realizado tomando-se como pivô o cartão de número 5. A Figura 3.66 mostra o resultado para esse novo passo.

Para a próxima fase, o pivô é o cartão de número 7. O resultado final pode ser visualizado na Figura 3.67. Nas Figuras 3.68 e 3.69 podemos ver a fase do processo com os cartões 9 e 8, bem como o arranjo inteiro já devidamente ordenado.

Figura 3.66 | Comparação dos cartões do grupo à direita.

Figura 3.67 | Novo pivô selecionado.

Figura 3.68 | Última comparação.

Figura 3.69 | Resultado final da ordenação.

Os códigos para implementação desse método em C# e C++ são apresentados em seguida:

Código fonte em C#

```
using System;

namespace Quick_Sort
{
    class Program
    {
        static int[] intCartas = { 4, 1, 5, 7, 3, 2, 6, 9, 8 };

            private static void q_sort(ref int[] intVetor, int intEsquerda, int
intDireita)
        {
            int intPivo, intLadoEsquerdo, intLadoDireito;

            intLadoEsquerdo = intEsquerda;
            intLadoDireito = intDireita;
            intPivo = intVetor[intEsquerda];

            while (intEsquerda < intDireita)
            {
            while ((intVetor[intDireita] >= intPivo) && (intEsquerda < intDireita))
                    intDireita--;

                if (intEsquerda != intDireita)
                {
                    intVetor[intEsquerda] = intVetor[intDireita];
                    intEsquerda++;
                }

                     while ((intVetor[intEsquerda] <= intPivo) && (intEsquerda <
intDireita))
                    intEsquerda++;

                if (intEsquerda != intDireita)
                {
                    intVetor[intDireita] = intVetor[intEsquerda];
                    intDireita--;
                }
            }

            intVetor[intEsquerda] = intPivo;
            intPivo = intEsquerda;
            intEsquerda = intLadoEsquerdo;
            intDireita = intLadoDireito;

            if (intEsquerda < intPivo)
                q_sort(ref intVetor, intEsquerda, intPivo - 1);

            if (intDireita > intPivo)
                q_sort(ref intVetor, intPivo + 1, intDireita);
        }

        private static void QuickSort(ref int[] intVetor, int intTamanho)
        {
            q_sort(ref intVetor, 0, intTamanho - 1);
        }
```

```
        private static void ImprimeMatriz()
        {
            for (int intContador = 0; intContador < 9; intContador++)
                Console.Write($"{intCartas[intContador]} ");

            Console.Write("\n\n");
        }

        static void Main(string[] args)
        {
            Console.Clear();
            QuickSort(ref intCartas, 9);
            ImprimeMatriz();
        }
    }
}
```

Código fonte em C++

```
#include <iostream>
#include <stdlib.h>
#include <stdio.h>
#include <conio.h>

int intCartas[9] = { 4, 1, 5, 7, 3, 2, 6, 9, 8 };

void q_sort(int intVetor[], int intEsquerda, int intDireita)
{
        int intPivo, intLadoEsquerdo, intLadoDireito;

        intLadoEsquerdo = intEsquerda;
        intLadoDireito = intDireita;
        intPivo = intVetor[intEsquerda];

        while (intEsquerda < intDireita)
        {
                while ((intVetor[intDireita] >= intPivo) && (intEsquerda <
intDireita))
                        intDireita--;

                if (intEsquerda != intDireita)
                {
                        intVetor[intEsquerda] = intVetor[intDireita];
                        intEsquerda++;
                }

                while ((intVetor[intEsquerda] <= intPivo) && (intEsquerda <
intDireita))
                        intEsquerda++;

                if (intEsquerda != intDireita)
                {
                        intVetor[intDireita] = intVetor[intEsquerda];
                        intDireita--;
                }
        }
```

```
        intVetor[intEsquerda] = intPivo;
        intPivo = intEsquerda;
        intEsquerda = intLadoEsquerdo;
        intDireita = intLadoDireito;

        if (intEsquerda < intPivo)
                q_sort(intVetor, intEsquerda, intPivo - 1);

        if (intDireita > intPivo)
                q_sort(intVetor, intPivo + 1, intDireita);
}

void QuickSort(int intVetor[], int intTamanho)
{
        q_sort(intVetor, 0, intTamanho - 1);
}

void ImprimeMatriz(void)
{
        for (int intContador = 0; intContador < 9; intContador++)
                std::cout << intCartas[intContador] << " ";

        std::cout << "\n\n";
}

int main()
{
        system("cls");
        QuickSort(intCartas, 9);
        ImprimeMatriz();
}
```

3.3.4 **Método Shell**

Este método foi desenvolvido em 1959 por Donald Shell (daí o nome do algoritmo) e trabalha com uma sequência de incrementos, ordenando-se os itens que se encontram a uma distância equivalente a esse incremento. Ao fim de cada passo o processo é repetido com o incremento reduzido até o valor 1. É um dos métodos mais complexos já desenvolvidos, talvez perdendo apenas para o **Heap Sort**, que não estudaremos neste livro.

Sua principal vantagem está no fato de que a desordem dos arranjos de dados é reduzida logo no início da classificação. Isso significa que a posição intermediária de cada item não será muito diferente da posição final, já que o método possibilita trocas de itens que se encontram a grandes distâncias uns dos outros.

Vamos pegar o exemplo de cartões. Primeiramente, precisamos dividir o total de itens por dois, para assim encontrarmos o meio do conjunto. Esse valor será considerado o incremento inicial. Esse incremento diz quantos itens à frente devemos saltar para poder fazer a comparação com o item atual. Como o total de itens é de 9, o resultado da divisão será um valor fracionário (4,5), mas devemos considerar apenas a parte inteira. Assim, teremos que o primeiro cartão será comparado com o da quinta e o da nona posições; o segundo cartão, com o da sexta; o terceiro, com o da sétima; e, por fim, o quarto, com o da oitava. Veja o diagrama da Figura 3.70.

Na primeira passagem, concluímos que o cartão "4" deve ser trocado pelo cartão "3" por ser de maior valor (Figura 3.71). Voltamos então ao primeiro cartão e comparamos seu valor com o de número 8 (último da fileira). Como estão em ordem, não há nada a ser feito.

Figura 3.70 | Grupos de comparação inicial.

Figura 3.71 | Elementos com posições trocadas.

Procedemos da mesma maneira com os cartões "1" e "2", "5" e "6", "7" e "9". Como todos estão em ordem crescente, nenhuma posição é alterada.

Finalizada essa primeira passagem, reduzimos o tamanho do incremento, dividindo--o por dois. Desta forma, devemos fazer a comparação entre os cartões assinalados na Figura 3.72. Nessa nova varredura, haverá a troca dos cartões "5" e "4" (Figura 3.73) e "2" e "7" (Figura 3.74).

Depois de todos os itens terem sido passados, novamente reduzimos o incremento e repetimos o processo, que ocorrerá até que o valor do incremento seja menor que 1. Veja na Figura 3.75 o esquema da nova passagem pelo conjunto.

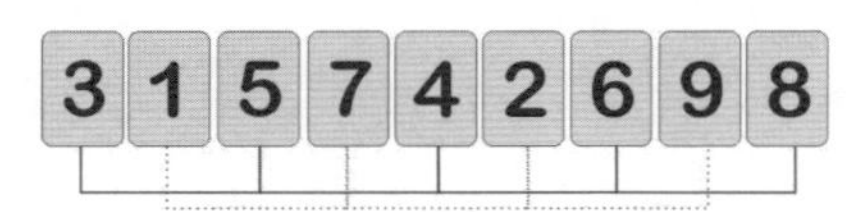

Figura 3.72 | Segunda fase de comparação.

Figura 3.73 | Primeira troca da segunda fase.

Figura 3.74 | Segunda troca da segunda fase.

Figura 3.75 | Incremento da comparação ajustado em uma unidade.

Podemos ver na Figura 3.76 que o primeiro cartão (número 3) será trocado apenas pelo de número 1. Na comparação do segundo cartão, ele é trocado com o da quarta posição, cujo valor é 2 (Figura 3.77).

Por fim, temos a troca dos cartões "4" e "3", "7" e "6", "9" e "8", como mostram as Figuras 3.78 e 3.79.

Figura 3.76 | Número 3 trocado com número 1.

Figura 3.77 | Número 3 trocado com número 2.

Figura 3.78 | Número 3 trocado com número 4.

Figura 3.79 | Resultado final.

Os códigos em linguagem C# e C++ que implementam esse algoritmo são apresentados em seguida.

Código fonte em C#

```
using System;

namespace Shell_Sort
{
    class Program
    {
        static int[] intCartas = { 4, 1, 5, 7, 3, 2, 6, 9, 8 };
        private static void ShellSort(int intTamanho)
        {
            int intContador1, intContador2, intIncremento, intCartaTemp;

            intIncremento = intTamanho / 2;

            while (intIncremento > 0)
            {
                intContador1 = 0;

                while (intContador1 < (intTamanho - 1))
                {
                    intCartaTemp = intCartas[intContador1];
                    intContador2 = intContador1 + intIncremento;

                    while (intContador2 <= (intTamanho - 1))
                    {
                        if (intCartas[intContador2] < intCartaTemp)
                        {
                          intCartas[intContador1] = intCartas[intContador2];
```

```
                        intCartas[intContador2] = intCartaTemp;
                        intCartaTemp = intCartas[intContador1];
                    }

                    intContador2 += intIncremento;
                }

                intContador1++;

                if ((intContador1 + intIncremento) > (intTamanho - 1))
                    break;
            }

            intIncremento /= 2;
        }
    }

    private static void ImprimeMatriz()
    {
        for (int intContador = 0; intContador < 9; intContador++)
            Console.Write($"{intCartas[intContador]} ");

        Console.Write("\n\n");
    }

    static void Main(string[] args)
    {
        Console.Clear();
        ShellSort(9);
        ImprimeMatriz();
    }
  }
}
```

Código fonte em C++

```
#include <iostream>
#include <stdlib.h>
#include <stdio.h>
#include <conio.h>

int intCartas[9] = { 4, 1, 5, 7, 3, 2, 6, 9, 8 };
```

```
void ShellSort(int intTamanho)
{
     int intContador1, intContador2, intIncremento, intCartaTemp;

     intIncremento = intTamanho / 2;

     while (intIncremento > 0)
     {
          intContador1 = 0;

          while (intContador1 < (intTamanho - 1))
          {
               intCartaTemp = intCartas[intContador1];
               intContador2 = intContador1 + intIncremento;

               while (intContador2 <= (intTamanho - 1))
               {
                    if (intCartas[intContador2] < intCartaTemp)
                    {
                         intCartas[intContador1] =
intCartas[intContador2];
                         intCartas[intContador2] = intCartaTemp;
                         intCartaTemp = intCartas[intContador1];
                    }

                    intContador2 += intIncremento;
               }

               intContador1++;

               if ((intContador1 + intIncremento) > (intTamanho - 1))
                    break;
          }

          intIncremento /= 2;
     }
}

void ImprimeMatriz(void)
{
     for (int intContador = 0; intContador < 9; intContador++)
          std::cout << intCartas[intContador] << " ";
```

```
        std::cout << "\n\n";
    }

    int main()
    {
        system("cls");
        ShellSort(9);
        ImprimeMatriz();
    }
```

Conclusão

Neste capítulo você estudou os fundamentos de estruturas de dados e de funcionamento de quatro métodos de ordenação de dados muito conhecidos (bolha, inserção direta, QuickSort e Shell). Também conheceu os conceitos do formato de arquivo ISAM, empregado por diversos sistemas de bancos de dados.

Exercícios

1. Descreva o que você entende por formato ISAM.
2. Quais são os tipos de índice que podemos ter?
3. Quais são os principais tipos de estrutura de dados?
4. O que são filas e pilhas?
5. Descreva o princípio básico das árvores.
6. O que é ordenação?
7. Em que consiste o método bolha (Bubble Sort)?
8. Como funciona o método de inserção direta?
9. Como funciona o método QuickSort?
10. Como funciona o método Shell?

Capítulo 4

Pesquisa de Dados e Organização de Arquivos

Neste capítulo, estudaremos mais alguns conceitos e técnicas empregadas na manipulação de dados por sistemas de banco de dados, como o uso eficaz dos índices na localização de registros. Um destaque entre os assuntos é a abordagem da pesquisa binária, que oferece grande desempenho nas operações de localização.

Veremos mais alguns programas em C++ e C# para demonstrar o processo envolvido nas operações de pesquisa sequencial e binária.

Completando essa parte introdutória, que apresenta os diversos conceitos e fundamentos necessários para uma boa compreensão do universo dos bancos de dados, o capítulo traz como último assunto alguns tipos de organização de arquivos muito conhecidos.

4.1 Conceito

Um sistema de banco de dados não teria muita utilidade se não fosse possível localizar e recuperar de forma rápida as informações que desejamos. Para facilitar e agilizar a execução dessas operações, foram desenvolvidos, durante anos, diversos algoritmos/métodos, uns mais eficientes que outros.

A forma mais primitiva de pesquisa é aquela em que o valor de cada item do conjunto é analisado, iniciando-se pelo primeiro e finalizando-se assim que for encontrado um valor que seja igual ao que se está procurando. Esse método é denominado pesquisa sequencial, e, como se pode perceber, é bem fácil desenvolver uma rotina que a execute. Mas ele não é de forma alguma eficiente, pois consume um tempo enorme se o item a ser localizado estiver próximo do fim do conjunto de dados.

O pior caso ocorre se não existir o item dentro do conjunto, pois todo esse conjunto será lido/pesquisado. Ou seja, se tivermos 12 mil itens, serão efetuadas 12 mil comparações. A única vantagem (se é que se pode chamar assim) é que, na pesquisa sequencial, não há necessidade de os dados estarem ordenados.

Os engenheiros de sistema têm procurado desenvolver uma maneira de gastar o menor tempo possível na localização de um registro dentro de um banco de dados, utilizando-se o menor número de operações de comparação.

A seguir, temos as listagens de códigos em C# e C++ que efetuam pesquisa sequencial:

Código fonte em C#

```
using System;

namespace Pesquisa_Sequencial
{
    class Program
    {
        static int[] intCartas = { 4, 1, 5, 7, 8, 3, 2, 6, 9 };
        private static void PesquisaSequencial(int intChave)
        {
            int intIndice = 0;
            bool blnAchou = false;

            while ((intIndice < 9) && !blnAchou)
            {
                if (intCartas[intIndice] == intChave)
                    blnAchou = true;
                else
                    intIndice++;

            }
            if (blnAchou)
                Console.Write($"Posicao do elemento e: {intIndice + 1}");
            else
                Console.Write("Elemento nao encontrado!");
        }

        static void Main(string[] args)
        {
            Console.Clear();
            PesquisaSequencial(8);
        }
    }
}
```

Código fonte em C++

```
#include <iostream>
#include <stdlib.h>
#include <stdio.h>
#include <conio.h>

#define TRUE 1
#define FALSE 0

int intCartas[9] = { 4, 1, 5, 7, 8, 3, 2, 6, 9 };

void PesquisaSequencial(int intChave)
{
    int intIndice, intAchou;

    intIndice = 0;
    intAchou = FALSE;

    while ((intIndice < 9) && (intAchou == FALSE))
    {
        if (intCartas[intIndice] == intChave)
            intAchou = TRUE;
        else
            intIndice++;
    }

    if (intAchou == TRUE)
        std::cout << "Posicao do elemento e: " << intIndice + 1;
    else
        std::cout << "Elemento nao encontrado!";
}

int main()
{
    system("cls");
    PesquisaSequencial(8);
}
```

4.2 Pesquisa binária

Um dos métodos de pesquisa mais simples de implementar em qualquer linguagem e que oferece grande desempenho na execução é a pesquisa binária. A técnica possui esse nome pelo fato de trabalhar sempre com dois subgrupos de dados. Para que seja possível utilizá-la, é necessário que o conjunto todo já esteja previamente ordenado. O princípio básico consiste em dividir o conjunto em dois e verificar em qual desses dois o elemento chave da pesquisa se encontra. O processo é repetido até que se localize um item ou até que o total de itens do subgrupo seja menor que 1. Esse método é tão rápido que, em um conjunto de 256 itens, temos apenas oito comparações (2^8=256). Se tivermos um milhão de registros, o total de comparações vai girar em torno de 20 (2^{20}=1.048.576).

Como podemos observar pelo diagrama da Figura 4.1, em cada passo o conjunto é dividido pela metade. Essa divisão pode se repetir $\mathbf{log_2 n}$ vezes.

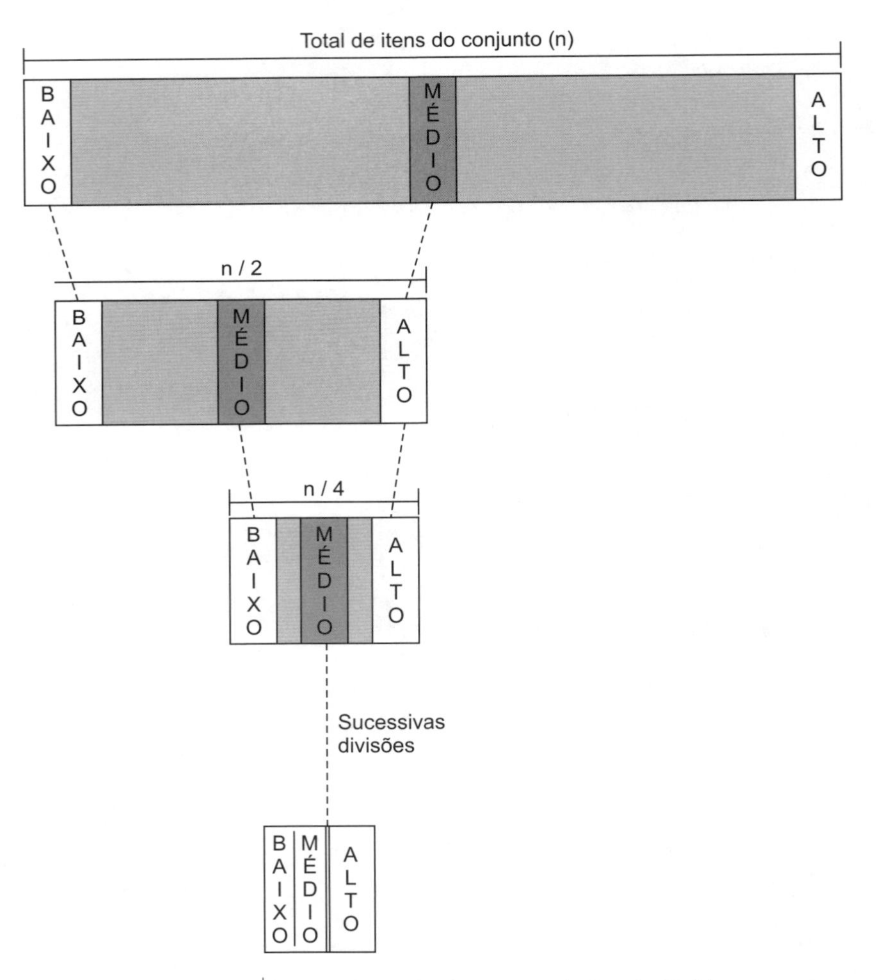

Figura 4.1 | Diagrama ilustrativo do processo da pesquisa binária.

Vejamos de forma mais ilustrativa como isso é feito. Considere o conjunto de cartões numerados que abordamos no capítulo anterior, dispostos ordenadamente. Agora, vamos supor que desejamos localizar a posição do cartão de número 8 utilizando esse método.

Primeiramente, encontramos o elemento intermediário, ou seja, aquele que ocupa a posição central do grupo. Como temos nove itens, a divisão por 2 dará como resultado 4,5. Tomando apenas a parte inteira, podemos separar o conjunto, agrupando os elementos à esquerda e à direita dessa posição, como mostra a Figura 4.2.

Agora, verificamos se o valor procurado, no caso "8", é menor ou maior que o valor da posição central. Como no exemplo o valor é maior, já que a posição central contém o número 4, passamos a trabalhar com o grupo da direita. Se fosse menor, trabalharíamos com os elementos da esquerda. Veja a Figura 4.3.

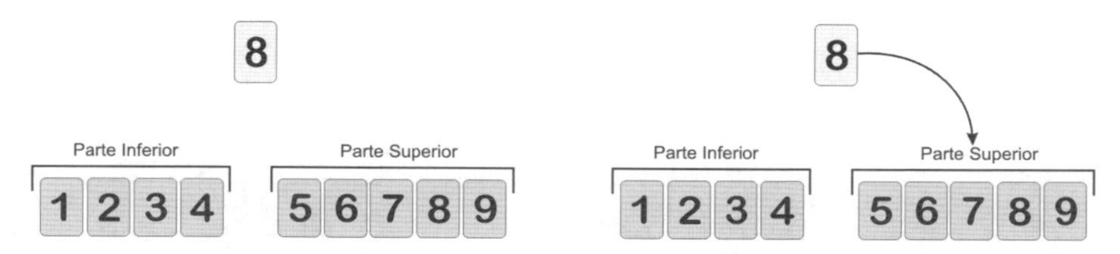

Figura 4.2 | Comparação do elemento de pesquisa com os subconjuntos de dados.

Figura 4.3 | Elemento de pesquisa deve estar no subconjunto da direita.

Com esse grupo, efetuamos também uma divisão do número de itens por dois para encontrarmos a posição central e separar o grupo em dois (Figura 4.4). Outra comparação é então efetuada entre o valor de pesquisa e o valor intermediário desse novo subgrupo. Como ele é maior, a pesquisa seguirá com o subgrupo da direita (Figura 4.5).

A separação em dois grupos é efetuada novamente (Figura 4.6) e, na comparação, verificamos que o valor procurado é encontrado no subgrupo da direita (primeiro elemento), conforme Figura 4.7.

Figura 4.4 | Divisão do subconjunto da direita.

Figura 4.5 | Comparação com o subconjunto à direita.

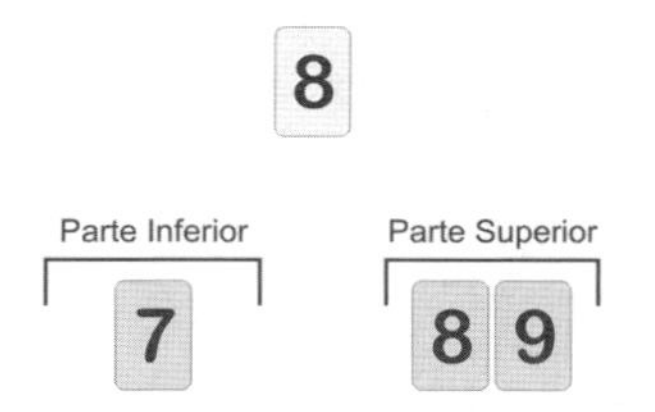

Figura 4.6 | Divisão do subconjunto da direita.

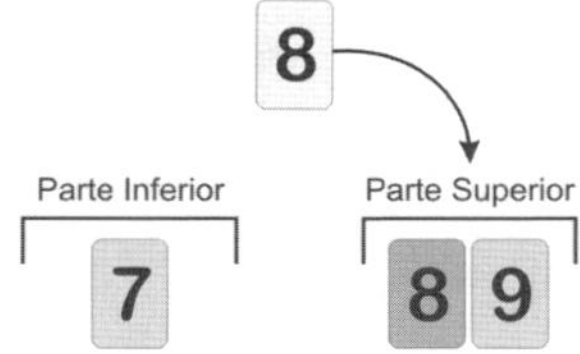

Figura 4.7 | Localização do elemento no subconjunto da direita.

O que ocorre se tentarmos fazer a pesquisa com um valor que não existe no conjunto? Vejamos o exemplo em que o valor a ser encontrado é "10". Como ele é maior que o item central, passamos a trabalhar com o subgrupo à direita, como já havíamos feito anteriormente (Figura 4.8).

O processo continua normalmente, como mostram as Figuras 4.9 e 4.10. Na Figura 4.11, podemos ver que o subgrupo ainda é dividido ao meio. O valor de pesquisa ainda é maior que o item da direita (Figura 4.12) e, como não há mais itens, chegamos à conclusão de que o elemento pesquisado não existe no conjunto.

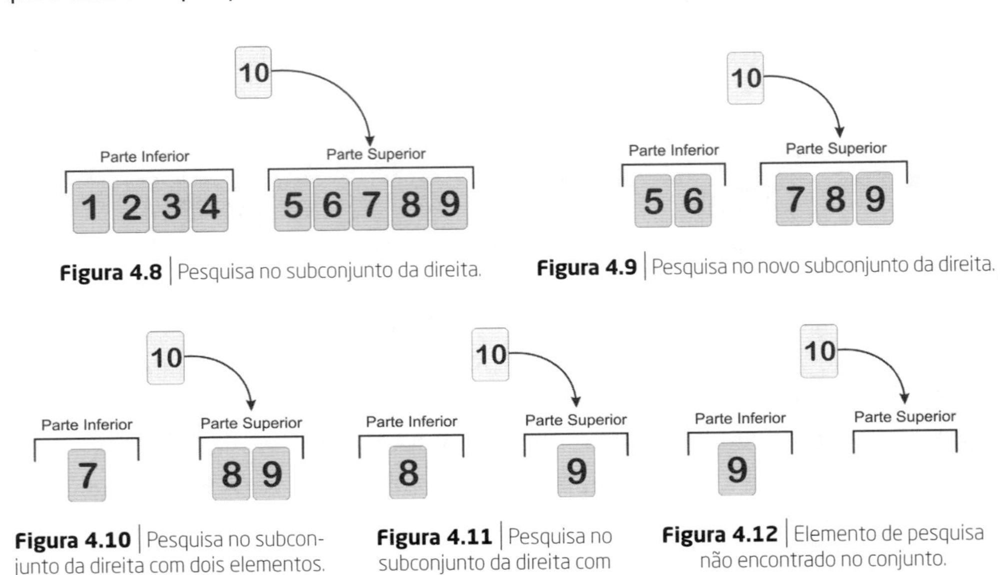

Figura 4.8 | Pesquisa no subconjunto da direita.

Figura 4.9 | Pesquisa no novo subconjunto da direita.

Figura 4.10 | Pesquisa no subconjunto da direita com dois elementos.

Figura 4.11 | Pesquisa no subconjunto da direita com apenas um elemento.

Figura 4.12 | Elemento de pesquisa não encontrado no conjunto.

A seguir, são apresentadas as listagens dos códigos fonte nas linguagens C# e C++ que implementam esse método de pesquisa:

Código fonte em C#

```
using System;

namespace Pesquisa_Binaria
{
    class Program
    {
        static int[] intCartas = { 1, 2, 3, 4, 5, 6, 7, 8, 9 };
        private static void PesquisaBinaria(int intChave)
        {
            int intMeio = 0, intLimInferior = 0, intLimSuperior = 8;
            bool blnAchou = false;
```

```
            while ((intLimInferior <= intLimSuperior) && !blnAchou)
            {
                intMeio = (intLimInferior + intLimSuperior) / 2;

                if (intCartas[intMeio] > intChave)
                    intLimSuperior = intMeio - 1;
                else if (intCartas[intMeio] < intChave)
                    intLimInferior = intMeio + 1;
                else if (intCartas[intMeio] == intChave)
                    blnAchou = true;
            }

            if (blnAchou)
                Console.Write($"Posicao do elemento e: {intMeio + 1}");
            else
                Console.Write("Elemento nao encontrado!");
        }
        static void Main(string[] args)
        {
            Console.Clear();
            PesquisaBinaria(8);
        }
    }
}
```

Código fonte em C++

```
#include <iostream>
#include <stdlib.h>
#include <stdio.h>
#include <conio.h>

#define TRUE 1
#define FALSE 0

int intCartas[9] = { 11, 25, 38, 45, 50, 62, 75, 80, 95 };

void PesquisaBinaria(int intChave)
{
    int intMeio, intLimInferior, intLimSuperior, intAchou;

    intLimInferior = 0;
    intLimSuperior = 8;
    intAchou = FALSE;
```

```
    while ((intLimInferior <= intLimSuperior) && (intAchou == FALSE))
    {
            intMeio = (intLimInferior + intLimSuperior) / 2;

            if (intCartas[intMeio] > intChave)
                    intLimSuperior = intMeio - 1;
            else if (intCartas[intMeio] < intChave)
                    intLimInferior = intMeio + 1;
            else if (intCartas[intMeio] == intChave)
                    intAchou = TRUE;
    }

    if (intAchou == TRUE)
            std::cout << "Posicao do elemento e: " << intMeio + 1;
    else
            std::cout << "Elemento nao encontrado!";
}

int main()
{
    system("cls");
    PesquisaBinaria(45);
}
```

Em cursos de Análise de Sistemas ou Ciência da Computação, na disciplina de Cálculo Numérico, encontramos uma matéria que aborda a resolução de equações de números reais com grau maior que dois na qual se emprega um método bastante parecido com este para determinar a raiz ou zero da equação. O método é chamado de **Bisseção**.

4.3 Pesquisa com índices

Os índices dos bancos de dados, conforme já vimos anteriormente, além de possibilitarem a ordenação dos registros, também são muito utilizados para agilizar a pesquisa de um registro a partir de um valor chave informado. Um arquivo de índice deve necessariamente conter a informação do campo sobre o qual o índice foi criado e o número que foi atribuído ao registro dentro do banco de dados.

Vamos supor como exemplo um arquivo de dados semelhante ao mostrado na Figura 4.13. Esse arquivo contém um índice com ordenação pelo campo do nome (Figura 4.14). Uma pesquisa que utiliza índices localiza o valor no arquivo de índice, recupera o número de registro correspondente e efetua o posicionamento adequado no registro do arquivo de dados. Para pesquisar a chave no índice, podemos empregar um dos vários métodos de pesquisa, como a binária, vista anteriormente.

	Nome	Profissão	Telefone
1	Aníbal de Souza	Eletricista	1234-5678
2	Pedro Soares Nunes	Médico	234-9898
3	Samuel Resende	Advogado	111-2233
4	Orlando Bonifácio Silva	Téc. Eletrônica	654-1234
5	Benjamin Yehuda	Farmacêutico	888-8888
6	Marta Cristina Prado	Estilista	456-1230
7	Nikolai Sergei Ishnov	Arquiteto	987-6543
8	Joseph Coulingbourne	Adm. Empresa	654-3210
9	Mikos Papadoulos	Biólogo	1122-3344

Figura 4.13 | Tabela contendo dados.

Chave do Índice	
Aníbal de Souza	1
Benjamin Yehuda	5
Joseph Coulingbourne	8
Marta Cristina Prado	6
Mikos Papadoulos	9
Nikolai Sergei Ishnov	7
Pedro Soares Nunes	2
Orlando Bonifácio Silva	4
Samuel Resende	3

Figura 4.14 | Arquivo de índice.

No diagrama da Figura 4.15, podemos ver que o nome "Nikolai Sergei Ishnov" foi localizado primeiramente no índice e, com base na informação do número de registro, o sistema posicionou o ponteiro no registro de número 7 no arquivo que contém os dados.

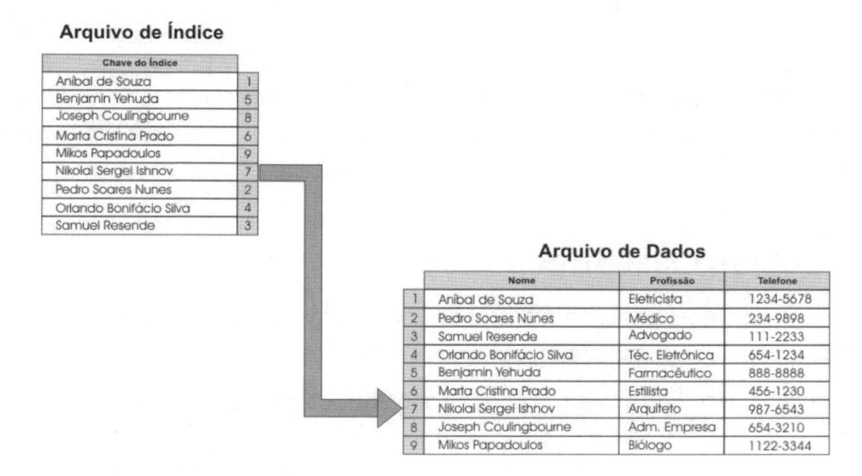

Arquivo de Índice

Chave do Índice	
Aníbal de Souza	1
Benjamin Yehuda	5
Joseph Coulingbourne	8
Marta Cristina Prado	6
Mikos Papadoulos	9
Nikolai Sergei Ishnov	7
Pedro Soares Nunes	2
Orlando Bonifácio Silva	4
Samuel Resende	3

Arquivo de Dados

	Nome	Profissão	Telefone
1	Aníbal de Souza	Eletricista	1234-5678
2	Pedro Soares Nunes	Médico	234-9898
3	Samuel Resende	Advogado	111-2233
4	Orlando Bonifácio Silva	Téc. Eletrônica	654-1234
5	Benjamin Yehuda	Farmacêutico	888-8888
6	Marta Cristina Prado	Estilista	456-1230
7	Nikolai Sergei Ishnov	Arquiteto	987-6543
8	Joseph Coulingbourne	Adm. Empresa	654-3210
9	Mikos Papadoulos	Biólogo	1122-3344

Figura 4.15 | Localização de um registro a partir de um índice.

4.4 **Organizações dos Arquivos**

Existem diversas técnicas que podem ser empregadas para se organizarem os arquivos de bancos de dados. Essa organização dita como os registros devem ser gravados fisicamente no disco e como eles são lidos/acessados. As mais conhecidas são o arquivo heap, o arquivo classificado, o arquivo hashed e árvores-B, que descrevemos nas seções a seguir.

4.4.1 **Arquivo Heap**

Este é o tipo de organização mais primitivo, no qual a posição dos registros dentro do arquivo do banco de dados é determinada pela ordem de inclusão, o que significa que os novos registros são adicionados ao final do arquivo.

Devido a essa simplicidade, o processo de inclusão de um novo registro é muito eficiente. Ele se resume a criar na memória uma cópia fantasma do registro com todos os campos vazios que, depois de preenchida, é gravada no arquivo em disco. A informação sobre o endereço do último registro do arquivo é mantida em um cabeçalho do próprio arquivo.

Apesar da eficiência na inclusão de dados, a pesquisa e a exclusão já são mais trabalhosas, pois é preciso fazer uma pesquisa linear até que se encontre o registro desejado.

A exclusão leva a outro problema: o desperdício de espaço causado pela fragmentação do arquivo. Explicando melhor, quando um registro é excluído, o espaço ocupado por ele é esvaziado. Também existe a técnica de se marcar o registro com um indicador que define se ele está excluído ou não. Com isso, é possível recuperar o registro após uma exclusão simplesmente pela remoção dessa marca, já que todos os dados estão presentes no arquivo.

Nesse caso, normalmente existe um comando que é preciso executar para que o arquivo seja reorganizado, eliminando-se os espaços em branco ou os registros marcados para exclusão. Esse processo é denominado **compactação**. Isso resulta em um arquivo com tamanho menor, que ocupa menos espaço no disco.

4.4.2 Arquivo Classificado

Nesse tipo de organização, os registros são ordenados fisicamente a partir do valor de um ou mais campos, denominados chave de ordenação.

A vantagem desse tipo sobre o anterior é a rapidez obtida na pesquisa de registros em virtude de a ordenação tornar a leitura mais eficiente. Como os registros estão ordenados, o acesso pode ser feito utilizando-se uma pesquisa binária, vista anteriormente.

No entanto, em acessos aleatórios, a ordenação não apresenta qualquer vantagem adicional. De igual modo, a inclusão de novos registros e a exclusão de registro existente demandam a reorganização de todo o arquivo, uma vez que eles se encontram fisicamente ordenados.

4.4.3 Hashing

Na terceira técnica, denominada arquivo **hash**, o índice é substituído por um algoritmo que gera um número (o hash) a partir do valor de um campo chave. Esse número representa a posição em que o registro deve ser armazenado no arquivo.

Podem ser definidas fórmulas diferentes de acordo com o tipo de informação do campo chave. Tomemos como exemplo um cadastro de fornecedores que tem como campo chave o CNPJ. A função que calcula o número do registro poderia ser projetada para multiplicar cada dígito do número do CNPJ por um valor entre 1 e 9, iniciando-se a partir da direita e aumentando-se em direção à esquerda. Se o valor da multiplicação for maior ou igual a 10, deve-se considerar apenas o último dígito. Esses valores devem então ser somados para se obter a posição do registro. A Figura 4.16 contém um exemplo para melhor entendimento.

Como não existem números de CNPJ repetidos, os registros sempre serão armazenados em diferentes posições.

Diferentemente dos índices, o hashing só pode ter um campo chave por arquivo. Embora seja menos flexível que o processo de indexação, ele é mais rápido, pois a posição do registro é encontrada automaticamente por meio do algoritmo presente na função.

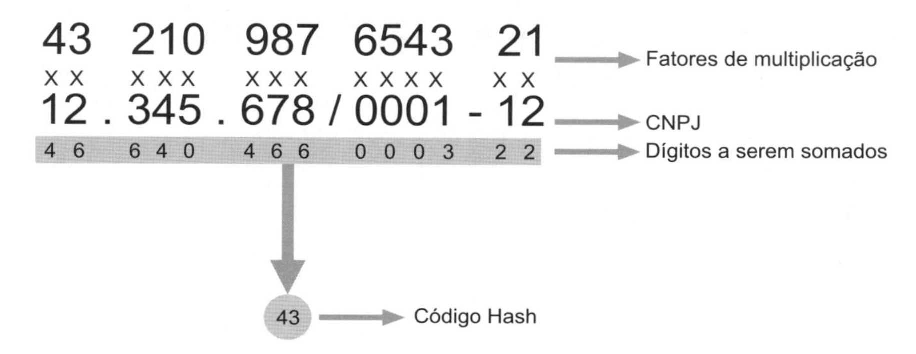

Figura 4.16 | Exemplo de definição de código hash.

4.4.4 **Árvores-B**

Este último tipo de organização de arquivo foi desenvolvido por Rudolf Bayer e consiste em um agrupamento de nós que seguem uma regra para a formação da árvore. Cada nó possui um nó pai e diversos nós filhos. Isso só não se aplica ao nó raiz, que tem apenas nós filhos.

Se o nó não possui um nó filho, ele é denominado nó folha. Por outro lado, os nós que possuem filhos, ou seja, que não são nós folhas, são denominados nós internos.

Em uma representação gráfica, o nó raiz é geralmente apresentado no topo, como mostra o exemplo da Figura 4.17.

Cada nó possui basicamente dois ponteiros, um que aponta para o nó pai e outro que aponta para o nó filho. Há exceções, como no caso do nó raiz que não possui nó pai, ou no nó folha, que não possui nó filho.

A Figura 4.18 mostra o agrupamento dos nós de uma árvore em níveis. É similar aos andares de um edifício.

Ainda nessa figura, é possível identificar **B**, **C** e **D** como nós filhos de **A**, assim como o nó **E** é filho de **B** e os nós **F** e **G** são filhos de **D**. Por outro lado, esses três últimos nós (**E**, **F** e **G**) são folhas.

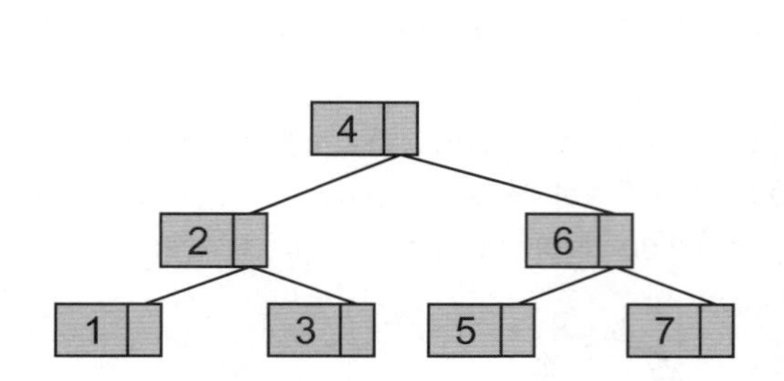

Figura 4.17 | Exemplo de árvore-B.

Figura 4.18 | Agrupamento de nós em níveis.

Outras duas características interessantes de uma árvore são:

- **Profundidade:** tamanho do maior percurso que vai da raiz até um nó folha. No exemplo da Figura 4.18, esse valor é 3.
- **Grau:** número de subárvores de um nó. Tomando por base a árvore da Figura 4.18, temos que o grau do nó A é 3, B é 1, C é zero, D é 2.

Uma árvore pode ser representada também por meio de parênteses aninhados. Tomando novamente, por exemplo, o gráfico da Figura 4.18, essa representação seria dada pela expressão (A (B) (C ((D (E)) (F (G))))).

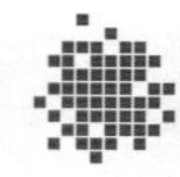

Conclusão

Vimos mais detalhes sobre alguns conceitos que permeiam as bases estruturais dos bancos de dados, como técnicas de pesquisa e organização de arquivos. Por meio dos códigos em C# e C++, é possível entender mais profundamente os conceitos de pesquisa sequencial e, principalmente, a pesquisa binária.

Tudo que foi apresentado até agora teve como objetivo subsidiar o que será estudo a partir do próximo capítulo.

Exercícios

1. Qual é a principal desvantagem da pesquisa sequencial?
2. Qual é o princípio de funcionamento da pesquisa binária?
3. Como funciona a pesquisa com índices?
4. Quais são as técnicas utilizadas no armazenamento e organização de arquivos em disco?

Parte II

Modelos de Dados e Projeto de Banco de Dados

©PM Images/Getty Images

Capítulo 5

Modelo de Dados Relacional

Agora que já temos uma boa base teórica sobre os fundamentos relacionados com o funcionamento dos bancos de dados, vamos partir para o estudo de assuntos mais avançados, iniciando com os conceitos por trás do modelo de dados relacional.

Neste capítulo, estudaremos a estrutura desse modelo e abordaremos o esquema de banco de dados relacional e o catálogo do sistema.

5.1 Conceito do modelo de dados relacional

Atualmente, o modelo de dados relacional, idealizado por Ted Codd, da IBM Research, praticamente domina o mercado direcionado ao processamento de dados. Esse é o modelo que norteará a maior parte dos nossos estudos. Ele se baseia na teoria dos conjuntos, utilizando o conceito de relações empregado na Matemática. Assim, o banco de dados relacional é representado por coleções de relações, que no mundo real assumem a forma de tabelas de registros. Esse modelo procura representar os dados e os relacionamentos existentes entre eles por meio de uma coleção de tabelas.

No modelo relacional, as tabelas são compostas por linhas que representam uma instância de uma entidade do mundo real. Cada linha é subdividida em colunas nomeadas para facilitar a interpretação dos dados nelas armazenados. Tomemos como exemplo a tabela de cadastro de clientes (**cadastro_clientes**) apresentada no Capítulo 1 e reproduzida na Figura 5.1.

Codigo_Cliente	Nome	CNPJ	Inscricao_Estadual	Numero_RG	CPF	Endereco	Numero	Complemento	Bairro
1	WILLIAM PEREIRA ALVES	Null	Null	12.123.123	123.123.123.12	R. 7 DE SETEMBRO	1982	Null	CENTRO
2	JOSÉ CARLOS	Null	Null	11.111.111	111.111.111-11	AV. FLOR DE MAIO	200	Null	JD. BOTÂNICO
3	LIVRARIA MENTE SÃ	11.222.333/4-	123.456.789	Null	Null	R. DAMA DAS CAMÉ	280	Null	BOA VISTA

Figura 5.1 | Exemplo de tabela de dados.

Na terminologia usualmente empregada, uma linha é denominada **tupla**, os nomes das colunas são conhecidos como **atributos** e a tabela em si chama-se **relação**. Os valores a serem armazenados em uma tupla são ditos atômicos, ou seja, não podem ser divididos em outras partes menores dentro do modelo relacional.

A Figura 5.2 apresenta essas nomenclaturas a partir da tabela de clientes apresentada anteriormente.

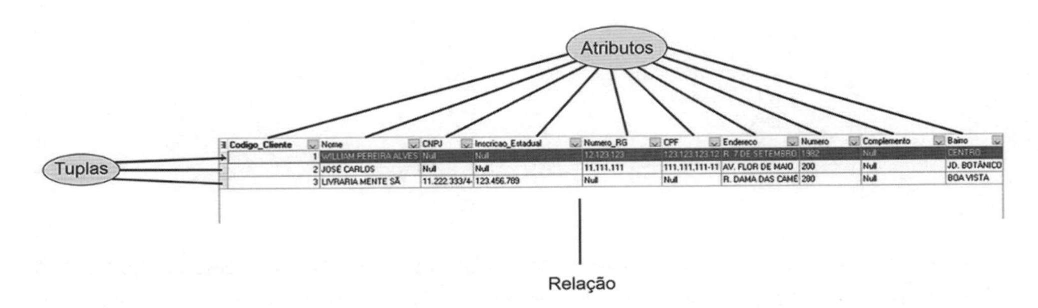

Figura 5.2 | Definição gráfica de tuplas, atributos e relação.

A quantidade de atributos/campos de uma relação/tabela define o seu grau. Dessa forma, uma relação com apenas dois campos é dita **binária**. Já uma relação com três campos é chamada **ternária**.

Seguindo essa premissa, podemos concluir que uma relação é um conjunto de tuplas dispostas sem que haja uma ordenação específica entre elas. Isso porque, na teoria de conjuntos, não existe o conceito de ordenação de elementos (o que significa que as tuplas de uma relação também não possuem ordem). No entanto, quando a relação é vista como um arquivo ou tabela de dados, os registros são gravados fisicamente em um arquivo/banco de dados segundo uma determinada ordem imposta pelo sistema, que pode ser de acordo com a entrada ou conforme a definição da chave primária. Essa ordem indica a posição que cada registro ocupa dentro do arquivo, por exemplo, o primeiro, o segundo, o terceiro, o **n-ésimo** registro.

A tabela a seguir apresenta as três nomeações usualmente empregadas de acordo com o tipo de profissional:

Modelo	Programador	Usuário
Tupla	Registro	Linha
Atributo	Campo	Coluna
Relação	Arquivo	Tabela

Um esquema de relação pode ser representado pela expressão matemática $R = \{A_1, A_2, A_3,..., A_n\}$ e, do mesmo modo, uma tupla pode ser representada como conjunto de pares na forma (atributo, valor).

Voltando à tabela denominada **Clientes**, a primeira tupla pode ser apresentada da seguinte maneira:

```
t = <(Codigo_Cliente, 1), (Nome, WILLIAM PEREIRA ALVES), (Número RG,
12.123.123), (CPF, 123.123.123.12),(Endereco, R. 7 DE SETEMBRO), (Numero,
1982), (Bairro, CENTRO), (Cidade, ATIBAIA), (UF, SP), (CEP, 01001-001)>
```

Como dito anteriormente, a ordem em que os atributos de uma tupla são listados não tem importância no contexto abstrato ou lógico, desde que seja mantida a correspondência entre esses atributos e seus valores.

Podemos, ainda, representar essa mesma relação como um esquema composto pelo nome da relação e a lista de atributos que dela fazem parte, apresentados entre parênteses. Veja o seguinte exemplo:

```
Clientes(Codigo_Cliente,Nome,CNPJ,Inscricao_Estadual,Numero_RG,CPF,Endereco,
Numero,Complemento,Bairro,Cidade,UF,CEP,Telefone,EMail,Contato,Limite_
Credito,Observacao)
```

Naturalmente, surge a dúvida sobre a diferença entre uma tabela e uma relação. Uma tabela somente pode ser considerada uma relação quando as seguintes condições forem satisfeitas:

- a intersecção de uma linha com uma coluna deve necessariamente conter um valor atômico;
- todos os valores de uma coluna devem ser do mesmo tipo de dado;
- cada coluna deve ter um nome único;
- não há duas ou mais linhas idênticas, ou seja, com os mesmos valores em suas colunas.

Temos, por outro lado, o termo domínio, que designa um conjunto de características a serem aplicadas a um ou mais atributos de uma tupla. Normalmente, atribuem-se nomes aos domínios como forma de identificá-los e para auxiliar na interpretação dos valores que eles representam. Também são declarados em um domínio o tipo de dado que deve ser aceito pelo campo e o tamanho máximo para armazenamento dos dados. Um exemplo clássico de definição de domínio é o CNPJ, com 14 dígitos numéricos.

Um domínio também pode ser útil para restringir os dados que devem ser armazenados em um atributo/campo. Por exemplo, é possível definir um domínio para um campo denominado **DATA_CADASTRO** para somente aceitar valores a partir de 01/01/1980. Vale lembrar, porém, que nem todos os sistemas de banco de dados oferecem suporte à definição e uso de domínios personalizados pelo usuário, como é o caso do MySQL. O Interbase, da Embarcadero, oferece suporte a esse recurso. O exemplo a seguir demonstra a sintaxe básica do comando SQL para criação de um domínio:

```
CREATE DOMAIN DM_CNPJ AS VARCHAR(18)
```

Assim como na Matemática todos os elementos pertencentes a um conjunto devem ser distintos, uma tabela de banco de dados deve conter registros que também sejam únicos, ou seja, os valores de todos os seus campos não podem se repetir. Por exemplo, no cadastro de clientes visto anteriormente, não deveria haver dois registros com as mesmas informações do fornecedor identificado como "LIVRARIA MENTE SÃ".

Da mesma forma, não pode haver registros no banco que possuam campo definido como chave-primária sem ter um valor armazenado nele. Em SQL, isso pode ser obtido ao se acrescentar a cláusula **NOT NULL** à linha em que o atributo é definido.

Não é possível que haja chave primária sem valor (valor nulo) porque ela é responsável por identificar de forma unívoca um registro dentro da tabela, além de ordenar fisicamente os seus registros. Imagine se fosse possível termos mais de um registro com chave primária sem valor. Nesse caso, não seria possível distinguir um registro do outro. Essa característica faz parte do que chamamos de **Restrição de Integridade da Entidade**.

Outro tipo de restrição muito importante é a **Restrição de Integridade Referencial**, que existe entre duas tabelas e cuja função é prevenir a inconsistência de dados. Suponha, por exemplo, que em nosso banco de dados de gestão de editora de livros a tabela **Categorias** possua uma ligação lógica com a tabela **Livros**. Dessa forma, cada livro do cadastro se enquadra em uma determinada categoria. Agora, imagine se um registro de categoria fosse excluído da tabela **Categorias**, mas a tabela **Livros** ainda possuísse registros que fizessem referência à categoria excluída. Teríamos, então, o que se costuma chamar de **registros órfãos**.

Para definir uma restrição de integridade referencial, entra em ação o conceito de **chave estrangeira**. Ela é responsável pelo vínculo entre as tabelas e consiste no campo da tabela secundária que é chave primária na tabela principal. No caso, o campo **Codigo_Categoria** da tabela **Livros** é a chave estrangeira.

Somente a título de curiosidade, pois ainda veremos em mais detalhes esse e outros assuntos relacionados com a linguagem SQL, o código apresentado a seguir demonstra como definir em SQL restrições por meio da cláusula **CONSTRAINT**:

```
CREATE TABLE cadastro_livros (
  Registro int(11) NOT NULL AUTO_INCREMENT,
  ISBN char(13) DEFAULT NULL,
  Codigo_Categoria int(11) DEFAULT NULL,
  Titulo_Completo varchar(255) DEFAULT NULL,
  Titulo_Impressao varchar(40) DEFAULT NULL,
  Unidade_Medida varchar(5) DEFAULT NULL,
  Codigo_Formato smallint(6) DEFAULT NULL,
  Peso decimal(8,3) DEFAULT NULL,
  Numero_Paginas smallint(6) DEFAULT NULL,
  Quantidade_Disponivel int(11) DEFAULT NULL,
  Quantidade_Vendida int(11) DEFAULT NULL,
  Quantidade_Consignada int(11) DEFAULT NULL,
  Valor_Custo decimal(10,2) DEFAULT NULL,
  Valor_Venda decimal(10,2) DEFAULT NULL,
  CDD char(30) DEFAULT NULL,
  Codigo_Area smallint(6) DEFAULT NULL,
  Autores varchar(500) DEFAULT NULL,
  Edicao_Atual smallint(6) DEFAULT NULL,
  Ano_Edicao smallint(6) DEFAULT NULL,
  Formato_Capa varchar(20) DEFAULT NULL,
  Gramatura_Capa varchar(20) DEFAULT NULL,
  Formato_Miolo varchar(20) DEFAULT NULL,
  Gramatura_Miolo varchar(20) DEFAULT NULL,
  PRIMARY KEY (Registro),
  UNIQUE KEY Titulo_Completo (Titulo_Completo),
  UNIQUE KEY Titulo_Impressao (Titulo_Impressao),
  KEY Codigo_Categoria (Codigo_Categoria),
  CONSTRAINT cadastro_livros_fk FOREIGN KEY (Codigo_Categoria) REFERENCES
cadastro_categorias (Codigo_Categoria) ON DELETE CASCADE ON UPDATE CASCADE
) ENGINE=InnoDB AUTO_INCREMENT=2936 DEFAULT CHARSET=latin1 ROW_FORMAT=DYNAMIC;
```

No exemplo de código SQL para criação da tabela **cadastro_livros,** encontramos restrições de integridade de entidade, assegurada pela cláusula **NOT NULL** à frente de cada campo. Já a restrição de integridade de chave é definida pela palavra-chave **PRIMARY KEY** adicionada ao campo **Registro**. Temos também duas restrições aplicadas aos campos **Titulo_Completo** e **Titulo_Impressao,** cuja função é definir que os valores desses campos devem ser únicos, ou seja, não podem se repetir.

Já a restrição denominada **cadastro_livros_fk** indica que o campo **Codigo_Categoria** é a chave estrangeira da tabela, que faz referência ao campo de mesmo nome (**Codigo_Categoria**) da tabela **cadastro_categorias**. Essa restrição ainda define que as operações de exclusão e alteração de dados da tabela **cadastro_categorias** são aplicadas em cascata à tabela **cadastro_livros**. Assim, não temos registros órfãos remanescentes nela.

Esse vínculo entre tabelas, conhecido no meio profissional como relacionamento, pode ser classificado de acordo com a quantidade de tuplas envolvidas, o que é conhecido como cardinalidade. Dessa forma, se em uma relação uma tupla da relação mãe se relacionado com apenas uma tupla da relação filha, temos uma cardinalidade denominada **um-para-um**. Se tivermos uma tupla que se relaciona com várias outras na relação filha, temos uma cardinalidade **um-para-muitos**.

5.2 Esquema de banco de dados relacional

Um banco de dados contém normalmente diversas relações (tabelas) que armazenam as tuplas (registros), porém algumas dessas relações (ou mesmo todas) podem possuir um relacionamento entre si por meio de atributos comuns, conforme descrito no tópico anterior. Os relacionamentos não podem ser visualizados fisicamente no banco de dados, uma vez que são componentes virtuais do banco.

Esse relacionamento somente pode ser representado em um esquema do banco de dados relacional, que consiste em um conjunto que contém as estruturas das tabelas e relacionamentos dispostos graficamente.

Tomemos como exemplo as tabelas mostradas na Figura 5.3, do nosso hipotético banco de dados do sistema de gestão de editora de livros.

Para a construção de um esquema, devemos desprezar todas as especificações dos campos das tabelas, listando apenas os seus nomes. Os campos que formam a chave primária da tabela devem ainda ser destacados com sublinhados. Veja na Figura 5.4 como ficaria o primeiro esboço do esquema desse banco de dados com algumas das relações mostradas na Figura 5.3.

Nesse diagrama do esquema, podemos notar a identificação das chaves primárias das tabelas por meio do sublinhado que foi adicionado aos nomes dos campos.

Para representar as restrições de integridade referencial no diagrama desse esquema de banco de dados, podemos empregar setas que saem das chaves estrangeiras em direção às chaves primárias (ou chaves candidatas), como mostra a Figura 5.5.

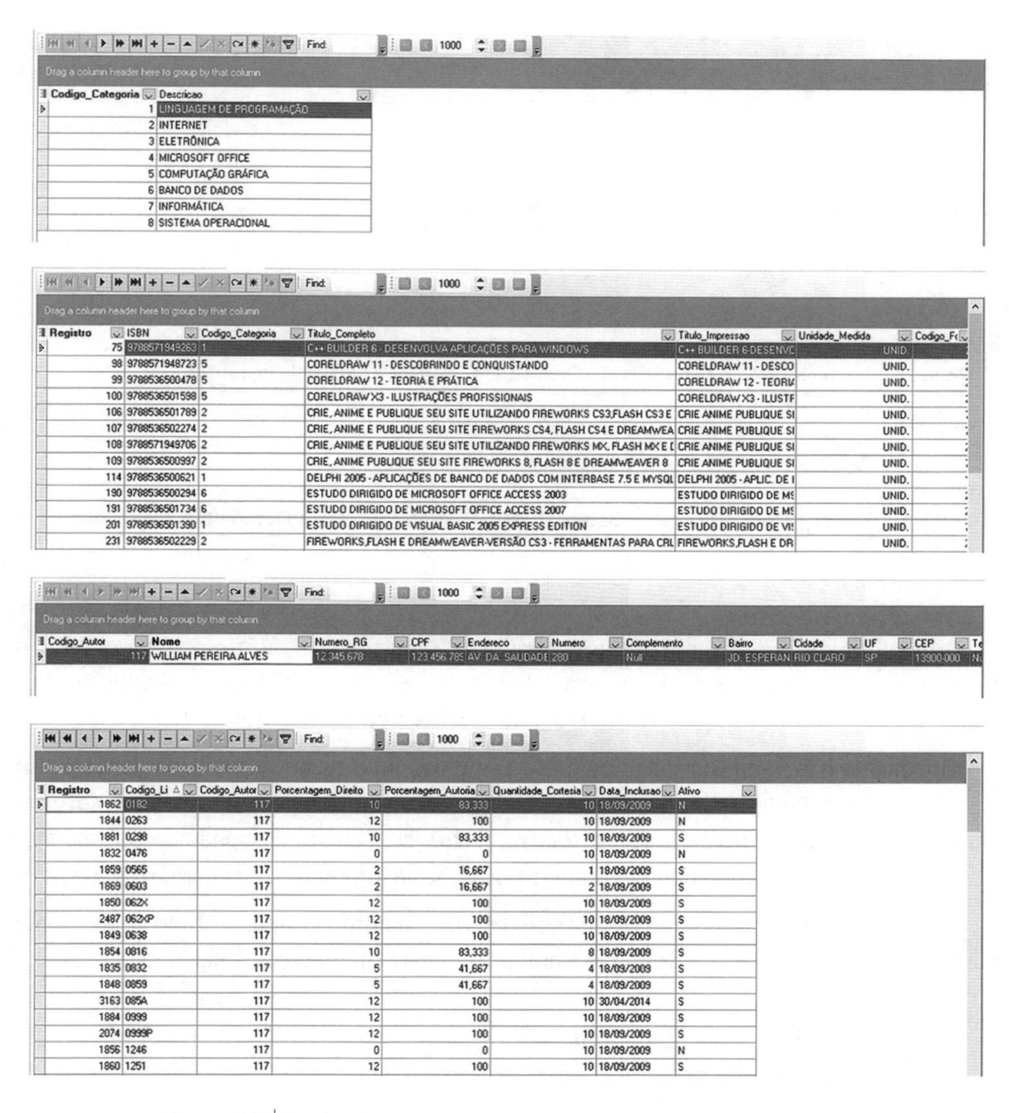

Codigo_Categoria	Descricao
1	LINGUAGEM DE PROGRAMAÇÃO
2	INTERNET
3	ELETRÔNICA
4	MICROSOFT OFFICE
5	COMPUTAÇÃO GRÁFICA
6	BANCO DE DADOS
7	INFORMÁTICA
8	SISTEMA OPERACIONAL

Registro	ISBN	Codigo_Categoria	Titulo_Completo	Titulo_Impressao	Unidade_Medida	Codigo_F
75	9788571949263	1	C++ BUILDER 6 - DESENVOLVA APLICAÇÕES PARA WINDOWS	C++ BUILDER 6-DESENVC	UNID.	
98	9788571948723	5	CORELDRAW 11 - DESCOBRINDO E CONQUISTANDO	CORELDRAW 11 - DESCO	UNID.	
99	9788536500478	5	CORELDRAW 12 - TEORIA E PRÁTICA	CORELDRAW 12 - TEORI/	UNID.	
100	9788536501598	5	CORELDRAW X3 - ILUSTRAÇÕES PROFISSIONAIS	CORELDRAW X3 - ILUSTF	UNID.	
106	9788536501789	2	CRIE, ANIME E PUBLIQUE SEU SITE UTILIZANDO FIREWORKS CS3,FLASH CS3 E	CRIE ANIME PUBLIQUE SI	UNID.	
107	9788536502274	2	CRIE, ANIME E PUBLIQUE SEU SITE FIREWORKS CS4, FLASH CS4 E DREAMWEA	CRIE ANIME PUBLIQUE SI	UNID.	
108	9788571949706	2	CRIE, ANIME E PUBLIQUE SEU SITE UTILIZANDO FIREWORKS MX, FLASH MX E [	CRIE ANIME PUBLIQUE SI	UNID.	
109	9788536500997	2	CRIE, ANIME PUBLIQUE SEU SITE FIREWORKS 8, FLASH 8 E DREAMWEAVER 8	CRIE ANIME PUBLIQUE SI	UNID.	
114	9788536500621	1	DELPHI 2005 - APLICAÇÕES DE BANCO DE DADOS COM INTERBASE 7.5 E MYSQL	DELPHI 2005 - APLIC. DE I	UNID.	
190	9788536500294	6	ESTUDO DIRIGIDO DE MICROSOFT OFFICE ACCESS 2003	ESTUDO DIRIGIDO DE M!	UNID.	
191	9788536501734	6	ESTUDO DIRIGIDO DE MICROSOFT OFFICE ACCESS 2007	ESTUDO DIRIGIDO DE M!	UNID.	
201	9788536501390	1	ESTUDO DIRIGIDO DE VISUAL BASIC 2005 EXPRESS EDITION	ESTUDO DIRIGIDO DE VI!	UNID.	
231	9788536502229	2	FIREWORKS,FLASH E DREAMWEAVER-VERSÃO CS3 - FERRAMENTAS PARA CRI	FIREWORKS,FLASH E DR	UNID.	

Codigo_Autor	Nome	Numero_RG	CPF	Endereco	Numero	Complemento	Bairro	Cidade	UF	CEP	Te
117	WILLIAM PEREIRA ALVES	12.345.678	123.456.78!	AV. DA SAUDADE	280	Null	JD. ESPERAN	RIO CLARO	SP	13900-000	N

Registro	Codigo_Li	Codigo_Autor	Porcentagem_Direito	Porcentagem_Autoria	Quantidade_Cortesia	Data_Inclusao	Ativo
1862	0182	117	10	83,333	10	18/09/2009	N
1844	0263	117	12	100	10	18/09/2009	N
1881	0298	117	10	83,333	10	18/09/2009	S
1832	0476	117	0	0	10	18/09/2009	N
1859	0565	117	2	16,667	1	18/09/2009	S
1869	0603	117	2	16,667	2	18/09/2009	S
1850	062X	117	12	100	10	18/09/2009	S
2487	062XP	117	12	100	10	18/09/2009	S
1849	0638	117	12	100	10	18/09/2009	S
1854	0816	117	10	83,333	8	18/09/2009	S
1835	0832	117	5	41,667	4	18/09/2009	S
1848	0859	117	5	41,667	4	18/09/2009	S
3163	085A	117	12	100	10	30/04/2014	S
1884	0999	117	12	100	10	18/09/2009	S
2074	0999P	117	12	100	10	18/09/2009	S
1856	1246	117	0	0	10	18/09/2009	N
1860	1251	117	12	100	10	18/09/2009	S

Figura 5.3 | Tabelas do exemplo de banco de dados de para gestão de editora.

cadastro_categorias

Codigo_Categoria	Descricao

cadastro_livros

Registro	ISBN	Titulo_Completo	Codigo_Categoria	Codigo_Livro	Numero_Paginas

cadastro_autores

Codigo_Autor	Nome_Autor	Numero_RG	CPF	Endereco	Bairro	Cidade	Estado

Figura 5.4 | Esquema do banco de dados.

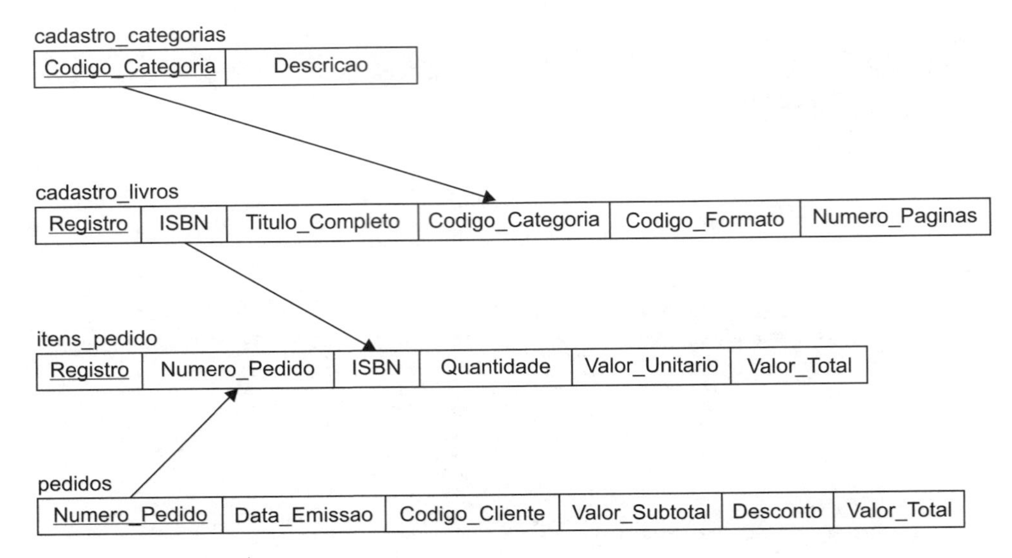

Figura 5.5 | Representação da integridade referencial no esquema do banco de dados.

Outra forma de representar esse esquema, e a mais aceita dentro dos conceitos de banco de dados relacional, é a mostrada pela Figura 5.6, em que são apresentados os relacionamentos entre as relações **cadastro_categorias** e **cadastro_livros**.

Embora tenham sido utilizados os mesmos nomes para os atributos das relações, isso não é uma regra. Poderíamos ter o campo **Codigo_Categoria** na tabela **cadastro_categorias** e o campo **Categoria** na tabela **cadastro_livros**, sem que o relacionamento fosse afetado. O que importa não é o nome do campo em si, mas a informação a ser armazenada nele.

Ainda na Figura 5.6, podemos notar que o relacionamento é representado no esquema como uma relação/tabela contendo os campos que participam desse relacionamento.

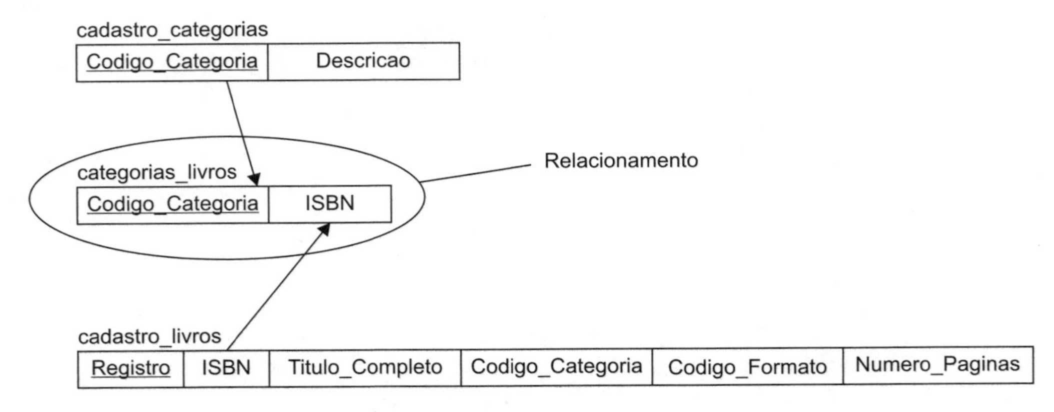

Figura 5.6 | Representação de relacionamento entre tabelas

5.3 **Catálogo do sistema relacional**

Conforme já apresentado no Capítulo 2, uma das regras elaboradas por Ted Codd em seu artigo determina que todas as informações necessárias à definição do banco de dados relacional devem residir em tabelas no próprio banco de dados, ficando disponíveis para consulta e manipulação pelo usuário (desde que seja devidamente autorizado) por meio de uma linguagem, como a SQL. Essas informações, que descrevem a estrutura do banco de dados em si, são chamadas de **metadados**.

Os metadados são armazenados no que é conhecido como **catálogo do sistema**. Ele é manipulado pelo SGBD (ou pelo usuário) quando a estrutura do banco de dados é modificada. Cada banco de dados possui suas próprias informações no catálogo do sistema, que é consultado pelo SGBD para que ele conheça o formato a ser utilizado para acessar os dados. Alguns sistemas costumam chamar de **dicionário de dados** os conjuntos de metadados.

No catálogo estão presentes informações referentes a nomes de relações (tabelas de dados), nomes de atributos (campos), especificações de domínios, descrições de índices, definições de restrições, visões e procedimentos armazenados (**stored procedures**). Também estão incluídas informações a respeito do mecanismo de segurança, como identificação de usuários e autorizações de acesso (privilégios).

Nas próximas figuras podemos visualizar as informações do catálogo de sistema do MySQL, um SGBD open source muito utilizado em sistemas aplicativos e na web. A Figura 5.7 apresenta o catálogo do sistema a partir da ferramenta **MySQL Workbench**, que acompanha o MySQL. Note a exibição da lista de tabelas já definidas no banco de dados. Já a Figura 5.8 exibe a estrutura do banco de dados **erp_editora**.

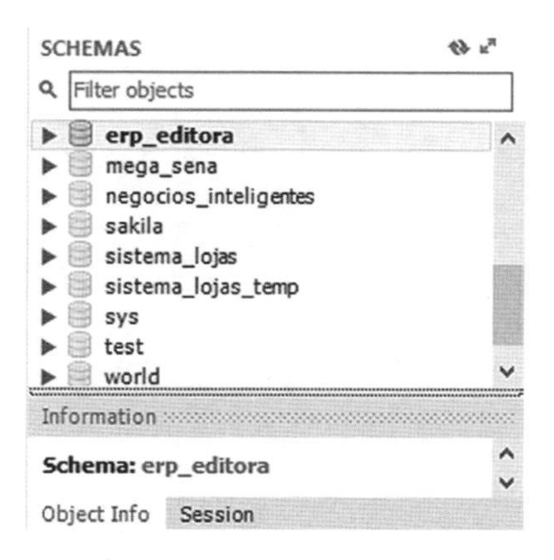

Figura 5.7 | Bancos de dados do catálogo do sistema.

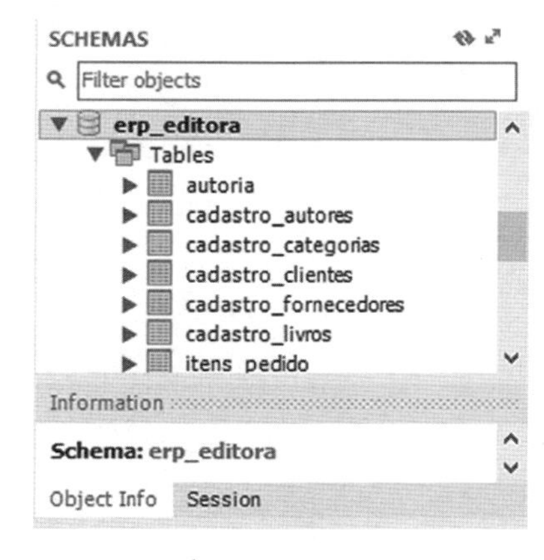

Figura 5.8 | Tabelas do banco de dados.

Conclusão

Você estudou neste capítulo os fundamentos do modelo de dados relacional. Entre os assuntos abordados, vimos a estrutura do modelo de dados relacional, os graus de uma relação conforme o número de campos que a compõem, a representação de relações na forma de esquemas e o conceito de catálogo de sistema.

Exercícios

1. Qual é a base teórica utilizada pelo modelo de dados relacional?
2. Como se organiza o modelo de dados relacional?
3. Considere o exemplo de tupla da relação **cadastro_livros** mostrado a seguir. Represente-a na forma de um esquema de relação.

ISBN	Titulo_Completo	Codigo_ Categoria	Preco_Venda	Edicao
9876543210987	Programação Gráfica em C#	12	120,00	1

4. Defina restrição de integridade da entidade.
5. Defina restrição de integridade referencial.
6. O que é um esquema de banco de dados?
7. O que são metadados?
8. Defina catálogo do sistema.

Capítulo 6

Álgebra Relacional

Vamos abordar neste capítulo o conceito de álgebra relacional, que possui grande similaridade com seu congênere da Matemática, mas aplicada a conjunto de dados computacionais. Esse assunto é muito importante para a construção de instruções em linguagem SQL.

Veremos a aplicação das operações de seleção, projeção, produto Cartesiano, união, diferença de conjuntos, junção, interseção e divisão. Também estudaremos a nomeação de operações e a agregação e agrupamento de dados.

6.1 Conceito de álgebra relacional

Como o modelo de dados relacional se baseia na teoria dos conjuntos, nada mais natural do que ele possuir uma linguagem formal que permita trabalhar com as relações e seus elementos, comumente conhecidos como tuplas ou registros de tabelas. Essa linguagem é formada por diversos operadores, sendo alguns deles similares aos existentes na Matemática, como, união, intersecção ou diferença entre conjuntos.

Os operadores da álgebra relacional permitem construir expressões capazes de retornar uma relação contendo tuplas que satisfazem as condições impostas pelas expressões. Essa relação pode, inclusive, servir de parâmetro para outras operações algébricas, em um processo conhecido como encadeamento de operações.

Inicialmente, foram definidas por Ted Codd oito tipos de operações, assim descritas: **Seleção**, **Projeção**, **Produto Cartesiano**, **União**, **Diferença de Conjuntos**, **Junção**, **Intersecção** e **Divisão**. As cinco primeiras operações são conhecidas como fundamentais.

Essas operações podem, ainda, ser classificadas em unárias (**Seleção** e **Projeção**), por terem apenas um operando (tupla), ou binárias (**Produto Cartesiano**, **União**, **Diferença de Conjuntos**, **Junção**, **Intersecção** e **Divisão**).

Antes de passarmos ao estudo dos operadores da álgebra relacional, vamos considerar as seguintes relações com as quais trabalharemos neste capítulo.

Tabela 6.1 | Relação FUNCIONARIOS

CODFUNC	NOME	SETOR	SALARIO	ADMISSAO
001	Felipe Gomes	RH	1800,00	01/08/2010
002	Norberto Silva	Financeiro	2100,00	10/03/1998
003	Kátia Salles	Contabilidade	1800,00	25/04/2013
004	Anselmo Vieira	Contabilidade	1800,00	18/01/2006
005	Margarete Moreira	Vendas	1300,00	22/05/2011
006	Reinaldo Gonçalves	Vendas	1300,00	06/10/2013
007	Felipe Camargo	Vendas	1800,00	18/08/1998

Tabela 6.2 | Relação LIVRARIAS

CODLIVRARIA	NOME	ENDERECO	BAIRRO	CIDADE
0001	BookShelf	Al. Santiago, 280	Centro	Atibaia
0002	Paper News	R. Santos Dumont, 88	Jd. Brasil	São Paulo
0003	WPA Livros	Av. Paulista, 1050	Jd. Paulista	Atibaia
0004	Livro de Cabeçeira	R. da Saudade, 33	Bela Vista	Rio Claro

Tabela 6.3 | Relação CLIENTES

CODCLIENTE	NOME	ENDERECO	BAIRRO	CIDADE
0001	Jorge Almeida	R. da Saudade, 33	Centro	Atibaia
0002	Roberto Alves	R. XV de Novembro, 200	Pq. das Américas	Bragança Paulista
0003	Juvenal Bueno	Av. Santos Dumont, 350	Centro	Joanópolis
0004	Marcos Rodrigues	Av. São João, 230	Jd. Paulista	Atibaia
0005	André Ramos	Rua Vitória, 151	Bela Vista	São Paulo
0006	Rute Barbosa	Rua Constantino, 200	Tatuapé	São Paulo
0007	Aline Barros	Al. Barão de Limeira, 105	Vila Alemã	Rio Claro

Tabela 6.4 | Relação TITULOS

ISBN	TITULO	PRECO
9781234567890	Computação e Animação Gráfica com Blender 2.80	89,00
9784234567893	Kotlin na Prática	85,00
9782234567891	Introdução à Programação de Computadores	68,00
9784234567893	Kotlin na Prática	85,00
9783234567892	Desenvolvimento para Web	60,00
9782234567891	Introdução à Programação de Computadores	68,00
9784234567893	Kotlin na Prática	85,00

Tabela 6.5 | Relação PEDIDOS

ISBN	QUANT	CODCLIENTE
9781234567890	1	0002
9784234567893	1	0002
9782234567891	1	0004
9784234567893	1	0004
9783234567892	1	0003
9782234567891	1	0003
9784234567893	1	0001

6.2 Operador de seleção (σ)

O operador σ (seleção) permite criar uma expressão cujo resultado é um subconjunto de tuplas de uma dada relação **R**. Sua sintaxe básica é σ **<condição> (R)**, em que **<condição>** refere-se a uma expressão lógica que deve ser satisfeita para a seleção das tuplas pertencentes à relação especificada por **R**. Dentro de **<condição>** podemos utilizar os diversos operadores matemáticos $=, \neq, <, \leq, >, \geq$. **<condição>** também é muito conhecida como **predicado**.

Por exemplo, para sabermos quais clientes residem na cidade de Atibaia, devemos escrever a seguinte expressão algébrica:

$$\sigma_{\text{CIDADE="Atibaia"}} (\text{CLIENTES})$$

O resultado deve ser um conjunto de tuplas, como no exemplo mostrado a seguir:

Quadro 6.1

CODCLIENTE	NOME	ENDERECO	BAIRRO	CIDADE
0001	Jorge Almeida	R. da Saudade, 33	Centro	Atibaia
0004	Marcos Rodrigues	Av. São João, 230	Jd. Paulista	Atibaia

Durante a operação algébrica, a condição lógica é aplicada em cada tupla da relação e, caso se satisfaça a condição, ela é selecionada.

O operador de seleção σ somente pode trabalhar com uma única relação, mas é possível encadear várias expressões, como no seguinte exemplo:

$$\sigma_{\text{BAIRRO="Centro"}} (\sigma_{\text{CIDADE="Atibaia"}} (\text{CLIENTES}))$$

A expressão/condição pode ainda utilizar operadores lógicos E, OU e NÃO em construções mais complexas. O exemplo anterior poderia ser alterado para o seguinte:

$$\sigma_{\text{CIDADE="Atibaia" E BAIRRO="Centro"}} (\text{CLIENTES})$$

6.3 Operador de projeção (∏)

Enquanto o operador **Seleção** retorna algumas linhas de uma relação, o operador **Projeção** permite a seleção de determinadas colunas. A sintaxe desse operador é:

$$\prod_{\text{atributos}} (\text{RELAÇÃO})$$

No caso, **atributos** representa a lista de atributos a serem recuperados da relação.

Se quisermos, por exemplo, listar apenas o nome e o salário dos funcionários, podemos utilizar a expressão algébrica mostrada a seguir:

$$\prod_{\text{NOME,SALARIO}} (\text{FUNCIONARIOS})$$

O resultado deve ser o apresentado na Tabela 6.6.

Tabela 6.6

NOME	SALARIO
Felipe Gomes	4800,00
Norberto Silva	5100,00
Kátia Salles	4800,00
Anselmo Vieira	4800,00
Margarete Moreira	5300,00
Reinaldo Gonçalves	5300,00
Felipe Camargo	4800,00

É possível combinar os dois operadores em expressões mais complexas, como a mostrada a seguir, que lista apenas os campos **ENDERECO** e **BAIRRO** dos clientes que moram na cidade de Atibaia.

$$\pi_{\text{ENDERECO,BAIRRO}} (\sigma_{\text{CIDADE="Atibaia"}} (\text{CLIENTES}))$$

Quadro 6.2

ENDERECO	BAIRRO
R. da Saudade, 33	Centro
R. XV de Novembro, 200	Pq. das Américas
Av. Santos Dumont, 350	Centro
Av. São João, 230	Jd. Paulista

6.4 Nomeação de operações

Antes de prosseguirmos com o estudo dos demais tipos de operações, vejamos como atribuir nomes a essas operações, o que facilita tanto sua criação como seu entendimento. Essa nomeação é efetuada com a especificação de uma cadeia de caracteres seguida de uma seta (←) e da operação propriamente dita.

A última operação composta poderia ser fragmentada em duas, cada uma com um nome específico, da seguinte maneira:

$$\text{CLIENTE\_CIDADE} \leftarrow \sigma_{\text{CIDADE="Atibaia"}} (\text{CLIENTES})$$

$$\text{CLIENTE\_ENDERECO} \leftarrow \prod_{\text{ENDERECO,BAIRRO}} (\text{CLIENTES\_CIDADE})$$

Note que a segunda expressão utilizou o nome da primeira no lugar da relação. O resultado é igual ao mostrado anteriormente.

6.5 Operador de união (∪)

As operações de conjunto são similares às da Matemática, ou seja, podemos efetuar **União**, **Intersecção** e **Diferença** entre as relações. Esses operadores trabalham com duas relações ao mesmo tempo, gerando como resultado uma terceira relação.

Na **União**, o resultado obtido é uma relação que contém todas as linhas que estão nas duas relações originais, utilizadas como fonte dos dados. Por exemplo:

$$\text{CIDADE\_ATIBAIA} \leftarrow \sigma_{\text{CIDADE="Atibaia"}} (\text{CLIENTES})$$

$$\text{CIDADE\_JOANOPOLIS} \leftarrow \sigma_{\text{CIDADE="Joanópolis"}} (\text{CLIENTES})$$

$$\text{RESULTADO} \leftarrow \text{CIDADE\_ATIBAIA} \cup \text{CIDADE\_JOANOPOLIS}$$

Com isso, a relação denominada **RESULTADO** deve conter as seguintes tuplas:

Quadro 6.3

CODCLIENTE	NOME	ENDERECO	BAIRRO	CIDADE
0001	Jorge Almeida	R. da Saudade, 33	Centro	Atibaia
0004	Marcos Rodrigues	Av. São João, 230	Jd. Paulista	Atibaia
0003	Juvenal Bueno	Av. Santos Dumont, 350	Centro	Joanópolis

Deve-se destacar que, para a perfeita execução da operação, as duas relações devem possuir o mesmo tipo de tuplas, ou seja, ambas devem ter uma estrutura comum.

6.6 **Operador de diferença (–)**

Com o operador de diferença, temos como resultado um conjunto de tuplas que existem em uma relação A, mas não em uma relação B. Tomemos como exemplo as relações LIVRARIAS e CLIENTES e a necessidade de sabermos quais livrarias não existem na cidade onde residem os clientes. A expressão algébrica seria similar à seguinte:

$$\prod_{\text{CIDADE}} (\text{LIVRARIAS}) - \prod_{\text{CIDADE}} (\text{CLIENTES})$$

O resultado seria uma relação parecida com a mostrada a seguir:

Quadro 6.4

CIDADE
São Paulo
Rio Claro

6.7 **Operador de intersecção (∩)**

O operador de intersecção tem um funcionamento similar ao de seu correspondente da Matemática, ou seja, ele faz com que seja gerado um conjunto de tuplas que são comuns a duas ou mais relações.

Tomemos como exemplo as relações de cadastro de clientes e de pedido de vendas. A seguinte operação retornará o conjunto de tuplas que contém os clientes cujos pedidos de venda foram efetuados.

$$\prod_{\text{CODCLIENTE,NOME}} (\text{CLIENTES}) \cap \prod_{\text{CODCLIENTE}} (\text{PEDIDOS})$$

Veja o resultado que deve ser obtido, considerando os dados de nosso exemplo:

Quadro 6.5

CODCLIENTE	NOME
0002	Roberto Alves
0004	Marcos Rodrigues
0003	Juvenal Bueno
0001	Jorge Almeida

6.8 Produto cartesiano (×)

Outra operação que também pode ser efetuada com relações na álgebra relacional é o **Produto Cartesiano**, que trabalha com duas relações que não precisam ter os mesmos tipos de tuplas. Essa operação utiliza o operador × e tem como resultado final uma terceira relação que contém um número de tuplas correspondente ao produto do número de tuplas de ambas as relações de origem. Por exemplo, se a relação **A** possui três tuplas e a relação **B** possui cinco, então o resultado será uma relação com 15 tuplas.

Veja o exemplo a seguir:

$$\text{CLIENTE1} \leftarrow \sigma_{\text{CIDADE="Atibaia"}} (\text{CLIENTES})$$

$$\text{VENDAS} \leftarrow \sigma_{\text{ISBN=9784234567893}} (\text{PEDIDOS})$$

$$\text{RESULTADO1} \leftarrow \text{CLIENTE1} \times \text{VENDAS}$$

$$\text{RESULTADO2} \leftarrow \pi_{\text{NOME,TITULO}} (\text{RESULTADO1})$$

Primeiramente, os clientes da cidade de Atibaia são selecionados. Em seguida, uma seleção sob a relação **PEDIDOS** é efetuada para que se extraiam apenas os pedidos do livro de código ISBN equivalente a 9784234567893.

Por fim, os atributos **NOME** e **TITULO** das tuplas de ambas as relações resultantes, denominadas **CLIENTE1** e **VENDAS**, são apresentados. Para melhor entendimento, essa etapa foi dividida em dois processos. O primeiro gerou o produto cartesiano de **CLIENTE1** e **VENDAS** e o segundo extraiu os atributos desejados.

Veja em detalhes como se deu o processo em si:

$$\text{CLIENTE1} \leftarrow \sigma_{\text{CIDADE="Atibaia"}} (\text{CLIENTES})$$

Quadro 6.6

CODCLIENTE	NOME	ENDERECO	BAIRRO	CIDADE
0001	Jorge Almeida	R. da Saudade, 33	Centro	Atibaia
0004	Marcos Rodrigues	Av. São João, 230	Jd. Paulista	Atibaia

$$\text{VENDAS} \leftarrow \sigma_{\text{ISBN=9784234567893}} (\text{PEDIDOS})$$

Tabela 6.7

ISBN	QUANT	CODCLIENTE
9784234567893	1	0002
9784234567893	1	0004
9784234567893	1	0001

$$RESULTADO1 \leftarrow CLIENTE1 \times VENDAS$$

Quadro 6.7

CODCLIENTE	NOME	ENDERECO	BAIRRO	CIDADE	ISBN	QUANT	CODCLIENTE
0001	Jorge Almeida	R. da Saudade, 33	Centro	Atibaia	9784234567893	1	0002
0001	Jorge Almeida	R. da Saudade, 33	Centro	Atibaia	9784234567893	1	0004
0001	Jorge Almeida	R. da Saudade, 33	Centro	Atibaia	9784234567893	1	0001
0004	Marcos Rodrigues	Av. São João, 230	Jd. Paulista	Atibaia	9784234567893	1	0002
0004	Marcos Rodrigues	Av. São João, 230	Jd. Paulista	Atibaia	9784234567893	1	0004
0004	Marcos Rodrigues	Av. São João, 230	Jd. Paulista	Atibaia	9784234567893	1	0001

$$RESULTADO2 \leftarrow \pi_{NOME,TITULO} (RESULTADO1)$$

Quadro 6.8

NOME	TITULO
Jorge Almeida	Kotlin na Prática
Jorge Almeida	Kotlin na Prática
Jorge Almeida	Kotlin na Prática
Marcos Rodrigues	Kotlin na Prática
Marcos Rodrigues	Kotlin na Prática
Marcos Rodrigues	Kotlin na Prática

6.9 Operador de junção (▷◁)

Você deve ter percebido que a operação **Produto Cartesiano** mistura os dados de ambas as relações, gerando um resultado absurdo e que não faz muito sentido. Isso significa que ela não satisfaz nossa necessidade na maioria das vezes. Assim, devemos fazer uso de operações de junção.

A operação de junção permite que duas relações sejam combinadas a partir de tuplas relacionadas. Suponha que desejemos listar os livros que os clientes compraram. Para isso, precisamos das relações **CLIENTES** e **PEDIDOS**. O atributo CODCLIENTE, existente em ambas as relações, permite que seja criado um vínculo entre elas. A expressão algébrica capaz de satisfazer essa condição é:

$$COMPRA\_CLIENTE \leftarrow CLIENTES \bowtie_{CLIENTES.CODCLIENTE=PEDIDOS.CODCLIENTE} PEDIDOS$$

$$RESULTADO \leftarrow \pi_{NOME,ISBN} (COMPRA\_CLIENTE)$$

Teremos como resultado, então, as tuplas mostradas a seguir:

Tabela 6.8

NOME	ISBN
Roberto Alves	9781234567890
Roberto Alves	9784234567893
Marcos Rodrigues	9782234567891
Marcos Rodrigues	9784234567893
Juvenal Bueno	9783234567892
Juvenal Bueno	9782234567891
Jorge Almeida	9784234567893

6.10 **Divisão (÷)**

A operação de divisão tem uma utilidade muito grande no desenvolvimento de expressões que representam consultas bastante específicas. Tomemos como exemplo uma consulta que deva retornar todos os clientes que compraram os mesmos livros adquiridos pelo cliente Marcos Rodrigues (código 0004).

Essa consulta deve ser fracionada em etapas. Primeiramente, descobrimos quais produtos **Marcos Rodrigues** comprou por intermédio da seguinte expressão:

$$\text{COMPRAS\_MARCOS} \leftarrow \sigma_{\text{CODCLIENTE="0004"}} (\text{PEDIDOS})$$

$$\text{LIVROS\_MARCOS} \leftarrow \pi_{\text{ISBN}} (\text{COMPRAS\_MARCOS})$$

Depois, precisamos obter todos os livros comprados:

$$\text{COMPRAS\_EFETUADAS} \leftarrow \pi_{\text{ISBN,CODCLIENTE}} (\text{PEDIDOS})$$

Então, aplicamos o operador de divisão para saber quais clientes compraram os mesmos livros que **Marcos Rodrigues**:

$$\text{LIVROS\_COMPRADOS} \leftarrow \text{COMPRAS\_EFETUADAS} \div \text{LIVROS\_MARCOS}$$

$$\text{RESULTADO} \leftarrow \pi_{\text{ISBN,CODCLIENTE}} \text{LIVROS\_COMPRADOS}$$

6.11 **Agregação e agrupamento**

Às vezes, desejamos não apenas recuperar as informações de um banco de dados, mas também efetuar algum tipo de operação estatística, como contagem de registros, totalização/somatória, extração de média de valores ou mesmo agrupamento de tuplas com base em valores de colunas.

Imaginemos como exemplo a necessidade de saber quantos livros de código ISBN 9784234567893 foram vendidos. Note que queremos saber o total de livros, e não quais são eles. Para essa situação existe o operador **COUNT**, que pode ser utilizado da seguinte forma:

$$r_R(\text{CONTAGEM})\ \text{COUNT}_{\text{ISBN}}(s_{\text{ISBN}=\text{"9784234567893"}}(\text{PEDIDOS}))$$

Outro exemplo: calcular a média de preço dos livros cadastrados. A expressão algébrica seria a seguinte:

$$r_R(\text{MEDIA\_PRECO})\ \text{AVG}_{\text{PRECO}}(\text{TITULOS})$$

A seguir, temos a lista das funções de agregação disponíveis:

Quadro 6.9

Função	Descrição
COUNT	Retorna a quantidade de valores de um atributo específico.
SUM	Soma todos os valores de um atributo específico.
AVG	Retorna a média dos valores de um atributo específico.
MIN	Retorna o menor valor de um atributo específico.
MAX	Retorna o maior valor de um atributo específico.

Junto às operações de agregação de dados podemos também associar uma operação de agrupamento. Para facilitar o entendimento, suponha que seja necessário somar os salários dos funcionários da editora, agrupando-os por departamento.

A expressão algébrica para esse caso seria assim:

$$r_R(\text{DEPARTAMENTO,SOMA\_SALARIO})_{\text{DEPARTAMENTO}}\ \text{SUM}_{\text{SALARIO}}(\text{FUNCIONARIOS})$$

O resultado pode ser visto a seguir:

Tabela 6.9

DEPARTAMENTO	SALARIO
Contabilidade	3600,00
Finança	2100,00
RH	1800,00
Vendas	4400,00

Conclusão

Este capítulo abordou os conceitos de operações algébricas aplicadas a bancos de dados e os usos que podemos fazer delas para extrair informações.

Foram estudadas as operações de seleção, projeção, produto Cartesiano, união, diferença de conjuntos, junção, interseção e divisão, com demonstração de como utilizá-las.

Outros assuntos tratados neste capítulo foram nomeação das operações, agregação e agrupamento de dados.

Exercícios

1. Qual é a utilidade da álgebra relacional?
2. São operações unárias:
   a) Projeção e Divisão
   b) Seleção e Produto Cartesiano
   c) Junção e Intersecção
   d) Seleção e Projeção
   e) União e Junção
3. Tomando por base as relações exibidas neste capítulo, crie uma expressão algébrica que retorne apenas o nome dos funcionários do departamento de vendas.
4. Cite a principal diferença entre os operadores SELEÇÃO e PROJEÇÃO.
5. Qual é a diferença entre os operadores JUNÇÃO e UNIÃO?
6. Baseando-se na tabela PEDIDOS do nosso exemplo, monte uma expressão algébrica que calcule a quantidade de títulos comprados por cliente.

Capítulo 7

Modelagem de Dados com Modelo Entidade-Relacionamento

Neste capítulo, esmiuçaremos os conceitos do Modelo Entidade-Relacionamento e veremos como utilizá-lo na modelagem e projeto de banco de dados.

Vamos também estudar os princípios do levantamento/análise dos requisitos, da criação do modelo conceitual, do modelo lógico, do modelo físico e do processo de abstração de dados.

Abordaremos, por fim, a definição de entidades, atributos, relacionamentos, cardinalidade, condicionalidade, agregação, entidades fracas, entidades fortes e tipos de restrições (razão de cardinalidade, restrição de participação e restrição estrutural).

7.1 Importância da modelagem de dados

Quando pretendemos fazer uma viagem, a primeira preocupação é planejá-la cuidadosamente e escolher o que vamos levar nas malas, o roteiro a ser feito e o meio de transporte a ser utilizado (carro, avião, ônibus etc.). Da mesma forma, quando estamos empenhados no desenvolvimento de um sistema para computador (seja de grande ou pequeno porte), devemos planejar todas as suas etapas e dedicar atenção especial ao projeto e estruturação do banco de dados. Para isso, utilizamos uma técnica chamada modelagem de dados, cujo objetivo é transformar uma ideia conceitual em algo que possa ser traduzido em termos computacionais. Com a modelagem de dados, podemos refinar um modelo conceitual durante as fases que compõem o projeto, eliminando redundâncias ou incoerências que possam inevitavelmente surgir.

Sem esse planejamento prévio, certamente a manutenção do sistema tornar-se uma tarefa mais complicada e de frequência mais constante. Não podemos pensar que todo o projeto do banco de dados deva ser assumido somente pela equipe de TI. Muito pelo contrário, é preciso que os próprios usuários façam parte das etapas mais críticas, como levantamento dos dados, testes de usabilidade e validação. Não há dúvida de que os profissionais também precisam conhecer o negócio da empresa, ou resultados desastrosos podem ocorrer.

Uma vez que a realidade muda de uma empresa para outra, é preciso estabelecer uma forma padrão para se estruturar um banco de dados, independentemente do tipo de ambiente ou negócio. Para isso, definiu-se o que normalmente conhecemos como **metamodelo**, sendo o mais utilizado o tipo **Entidade-Relacionamento** (**ER**).

O processo de desenvolvimento de um projeto de banco de dados envolve várias fases, que podem ser visualizadas graficamente na Figura 7.1.

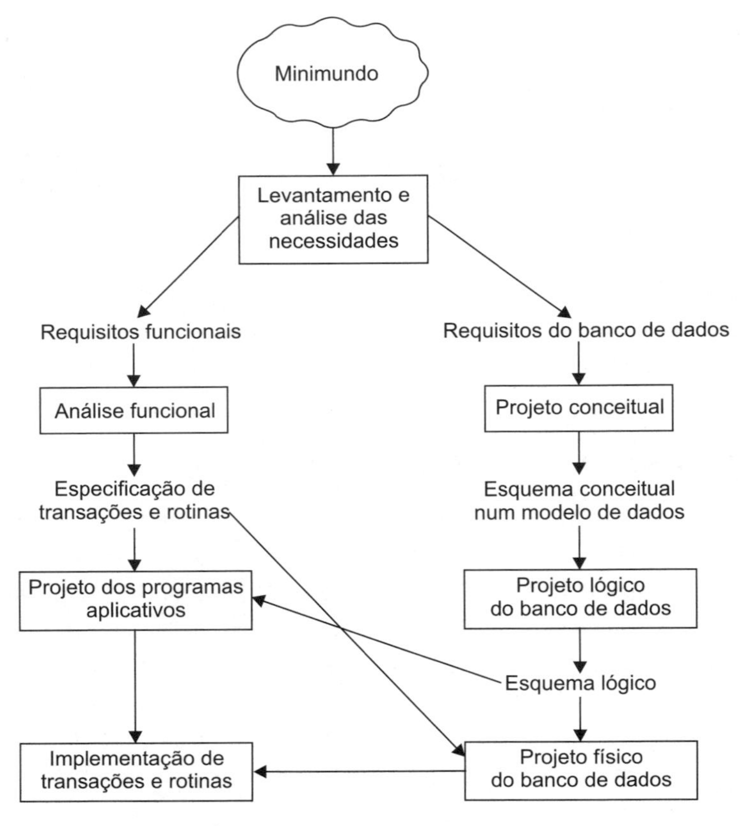

Figura 7.1 | Processo de estruturação de um banco de dados.

O **minimundo** representa uma porção da realidade que se deseja "transportar" para o sistema informatizado.

A seguir, encontram-se descrições mais detalhadas de cada uma das fases relacionadas com o projeto de banco de dados que estão apresentadas no diagrama.

Quadro 7.1

Levantamento e Análise das Necessidades	Por meio de entrevistas com potenciais usuários, os projetistas procuram entender e então documentar os requisitos de dados. Como resultado, tem-se um conjunto de requisitos especificados da forma mais detalhada possível. Também devem ser especificados nessa fase os requisitos funcionais, que são as operações que a aplicação deve executar com os dados.
Projeto Conceitual	A partir dos requisitos levantados é criado um esquema conceitual, no qual consta uma descrição detalhada e concisa dos tipos de entidades, os relacionamentos e as restrições. Para criação desse esquema, utiliza-se um modelo de dados de alto nível, como o MER. O esquema conceitual criado é denominado **Diagrama Entidade-Relacionamento** (**DER**).
Projeto Lógico do Banco de Dados	Trata-se da implementação do banco de dados, levando-se em conta o uso de um SGBD disponível no mercado, como banco de dados relacional (SGBDR).
Projeto Físico do Banco de Dados	Toda a estrutura de armazenamento interno e o método de acesso aos arquivos do banco de dados são definidos nessa fase. Paralelamente, também são projetados os programas aplicativos que manipularão esses dados.

7.2 Modelo Entidade-Relacionamento (MER)

Uma das dificuldades encontradas pelos projetistas de banco de dados sempre foi representar toda a semântica que se encontra associada aos dados presentes no minimundo. O **Modelo Entidade-Relacionamento** (**MER**) foi criado justamente para sanar essa deficiência. Ele é um modelo de dados de alto nível utilizado na fase de projeto conceitual, ou seja, na concepção do esquema conceitual do banco de dados. Nessa etapa do projeto de um sistema, não são abordados detalhes sobre implementação ou forma de armazenamento, o que torna mais fácil a compreensão do esquema.

Esse modelo foi concebido em 1976 por Peter Chen, com base na teoria de bancos de dados relacionais de Edgard F. Codd. O conceito principal por trás do modelo E-R (Entidade-Relacionamento) está na definição de dois grupos de objetos que formam um negócio: **Entidades** e **Relacionamentos**. Eles possuem uma ligação tão forte que não é possível tratar de um sem mencionar o outro. O que une esses dois componentes é uma ação. É como em uma oração, em que temos um sujeito (entidade), um verbo (ação) e um predicado (relacionamento). Veja o diagrama da Figura 7.2.

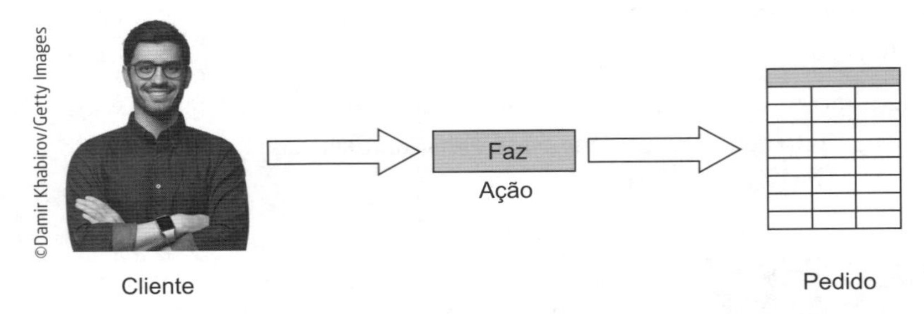

Figura 7.2 | Representação de vínculo entre entidade e relacionamento.

Durante a fase inicial de modelagem conceitual dos dados, o profissional precisa observar atentamente tudo que for relevante no mundo real e que deva ser "transportado" para o sistema que se está projetando. Com essas informações, ele já pode criar um esboço, representando de forma gráfica o processo. A esse esboço damos o nome de **abstração** ou **modelo abstrato**. Nele, podemos encontrar três componentes muito importantes: modelo conceitual, modelo lógico e modelo físico.

7.2.1 Modelo conceitual

Essa é a primeira etapa do projeto, na qual se representa a realidade mediante uma visão global e genérica dos dados e seus relacionamentos. Seu objetivo é conter todas as informações dessa realidade que serão armazenadas no banco de dados, sem que se retratem aspectos relativos ao banco de dados que será utilizado. Essas informações podem aparecer no formato de uma lista descritiva das operações executadas pelos usuários e os dados que eles devem manipular. Veja a seguir um pequeno exemplo do nosso hipotético sistema de gerenciamento de livros de uma editora.

1) Cadastro de autores

Dados necessários: código do autor, nome completo, número do RG, número do CPF, data de nascimento, endereço, bairro, cidade, estado, CEP, telefone, sexo, estado civil, e-mail, nome para contato, local de trabalho.

2) Cadastro de áreas

Dados necessários: código da área, descrição da área.

3) Cadastro de formatos

Dados necessários: código do formato, descrição do formato.

4) Cadastro de tipos de encadernação

Dados necessários: código do tipo de encadernação, descrição do tipo de encadernação.

5) Cadastro de livros

Dados necessários: código ISBN, título, área, formato, tipo de encadernação, peso, valor de custo, valor de venda, número da edição atual, ano da edição atual, número de reimpressão, número do contrato, estoque mínimo, estoque máximo, estoque atual, data da última entrada.

6) Cadastro de autorias

Dados necessários: código ISBN do livro, código do autor, percentual de direitos autorais, quantidade de cortesia, percentual de desconto.

7.2.2 Modelo lógico

A segunda etapa compreende a descrição das estruturas que serão armazenadas no banco de dados e resulta em uma representação gráfica dos dados de maneira lógica, inclusive já nomeando-se os componentes e as ações que exercem um sobre o outro. Veja a Figura 7.3.

Nessa etapa também se define a abordagem de banco de dados que será utilizada: hierárquica, de rede ou relacional.

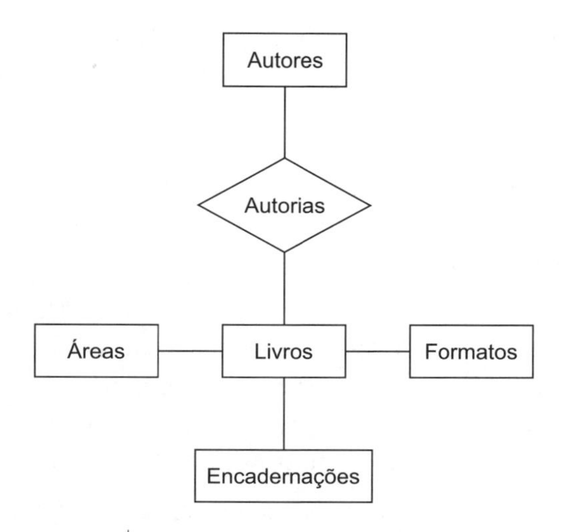

Figura 7.3 | Diagrama do modelo lógico do banco de dados.

7.2.3 Modelo físico

Do **modelo lógico** podemos derivar o **modelo físico**, no qual se encontram detalhados os componentes de estrutura física do banco de dados, como tabelas, campos, tipos de valores, índices etc.

Quando chegarmos a esse ponto, estaremos prontos para a criação propriamente dita do banco de dados, utilizando o sistema gerenciador que mais se adequar às nossas necessidades. Veja o exemplo hipotético apresentado a seguir:

Tabela 7.1 | Estrutura do Cadastro de Autores

Nome do campo	Tipo de dado	Tamanho do campo
Código do autor	Numérico	
Nome completo	Alfanumérico	50 caracteres
Número do RG	Alfanumérico	12 caracteres
Número do CPF	Alfanumérico	14 caracteres
Data de nascimento	Data	
Endereço	Alfanumérico	50 caracteres
Bairro	Alfanumérico	40 caracteres
Cidade	Alfanumérico	40 caracteres
Estado	Alfanumérico	2 caracteres
CEP	Alfanumérico	9 caracteres
Telefone	Alfanumérico	20 caracteres
E-mail	Alfanumérico	80 caracteres
Nome para contato	Alfanumérico	50 caracteres

7.3 Entidades e atributos

No modelo Entidade-Relacionamento os dados são descritos como entidades, atributos e relacionamentos, e podem ser exibidos por meio de um formato gráfico denominado **Diagrama Entidade-Relacionamento** (**DER**).

Sendo a entidade o objeto básico representado no modelo ER, esmiuçaremos seu conceito em primeiro lugar. Podemos definir entidade como um objeto do mundo real que tem existência independente e possui atributos capazes de torná-lo identificável. Essa existência pode ser física (pessoas, casa, relógio, computadores, funcionário etc.) ou apenas conceitual (serviço, disciplina escolar, consulta médica etc.).

Uma entidade possui uma ou mais propriedades capazes de descrevê-la. Por exemplo, a entidade **Autores** possui como principais propriedades **Nome completo**, **Número do RG**, **Número do CPF**, **Data de nascimento**, **Endereço**, **Bairro**, **Cidade**, **Estado**, **CEP**, **telefone**, **E-mail**, **Nome para contato**. Essas propriedades são importantes para que se possa identificar um autor específico, embora também haja o atributo **Código do autor**, que cumpre a mesma função - uma vez que ele contém um valor numérico sequencial e único. A essas propriedades dá-se o nome de atributos.

Os atributos podem ser classificados em simples ou compostos. Os atributos simples somente armazenam informação de um único tipo, como, por exemplo, **Data de nascimento**. Já os atributos compostos podem ser desmembrados em partes menores, como é o caso do atributo **Endereço**, que pode ser dividido em **Tipo de Logradouro** (Rua, Av., Pça. etc.), **Nome do logradouro**, **Número do imóvel** e **Complemento** (apto., sala, loja etc.). Veja a Figura 7.4.

Endereço			
TipoLogradouro	NomeLogradouro	NumeroImovel	Complemento

Figura 7.4 | Exemplo de composição estrutural de um atributo composto

Podemos ter ainda atributos com valores únicos ou multivalorados. No primeiro caso, os atributos somente admitem um valor, como nome ou data de nascimento. Já os atributos multivalorados se enquadram nos casos em que podem existir vários valores, como número do telefone, formação acadêmica, certificados de cursos de especialização etc.

Outra característica interessante dos atributos é que eles podem conter valores derivados de outros atributos. Um exemplo clássico é a idade de uma pessoa, que pode ser derivada/calculada a partir da data de nascimento e da data corrente.

Os atributos também podem conter valores nulos, que não são similares a valor em branco ou zerado. Um atributo com valor nulo significa que nada, nem mesmo espaço em branco ou zero, se encontra armazenado nele. Em SQL, é possível saber se um determinado campo da tabela não possui valor (é nulo) utilizando-se a cláusula **IS NULL**.

Um atributo especial de uma entidade é o atributo-chave, assim denominado porque identifica de forma única uma entidade dentro da coleção. O código do livro é um bom exemplo de atributo-chave, já que ele não pode se repetir dentro da coleção de entidades **Livros**.

Mas como podemos reconhecer uma entidade?

Isso pode ser feito pela análise criteriosa de cada informação levantada com os usuários. É nessa análise que procuramos agrupar as informações conforme suas características ou de acordo com sua relação com um mesmo assunto.

Vamos supor o caso de um cadastro de funcionários de uma empresa. Além da lista de funcionários, temos também uma relação de setores em que cada um trabalha. Desta forma, podemos identificar, de imediato, dois grupos de informações, como mostra a Figura 7.5.

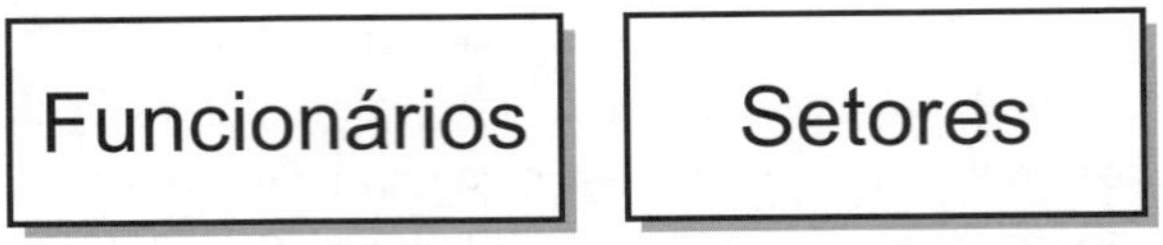

Funcionários | Setores

Figura 7.5 | Exemplo de entidades distintas.

Normalmente, um banco de dados contém diversas entidades que possuem similaridade entre si, como, por exemplo, entidade de clientes, de fornecedores ou de produtos. Cada entidade armazena um tipo específico de dado, compartilhando os mesmos atributos, ou seja, enquanto a entidade **CLIENTES** contém os atributos **NomeCliente**, **EnderecoCliente**, **BairroCliente**, **CidadeCliente**, **EstadoCliente**, **CEPCliente**, **RGCliente**, **CPFCliente** e **TelefoneCliente**, a entidade **PRODUTOS** contém os atributos **CodigoProduto**, **DescricaoProduto**, **UnidadeMedida**, **PrecoUnitario**, **CodigoCategoria**, **Estoque** e **UltimaCompra**.

Cada entidade possui um nome para identificá-la e uma relação de atributos que a descrevem. As entidades de um determinado tipo são agrupadas em um **conjunto de entidades**. Assim, a entidade **CLIENTES** se refere na verdade ao conjunto das entidades de clientes.

7.4 **Relacionamentos**

Analisando a relação **FUNCIONARIOS** apresentada no Capítulo 6, podemos perceber que existe um atributo denominado **SETOR** que vincula o funcionário a um setor da empresa. Por exemplo, o funcionário Felipe Gomes está lotado no setor denominado Recursos Humanos (RH), a funcionária Kátia Salles está lotada no setor Contabilidade e assim por diante.

Embora se trate de um atributo que vincula a relação **FUNCIONARIOS** à relação **SETORES**, em MER devemos representar essa ligação por meio de um relacionamento. Esse relacionamento é um conjunto de associações das duas relações ou entidades. A Figura 7.6 ilustra o relacionamento no Diagrama Entidade-Relacionamento (DER).

No diagrama da Figura 7.6, cada elemento $\mathbf{r_i}$ do relacionamento associa uma entidade da coleção **FUNCIONARIOS** com uma entidade da coleção **SETORES**, de tal maneira que se forma um conjunto de instâncias de relacionamentos $\mathbf{r_i}$. Podemos notar que o DER representa os relacionamentos por meio de pequenos pontos quadriculares pretos, com linhas ligando as entidades que participam do relacionamento.

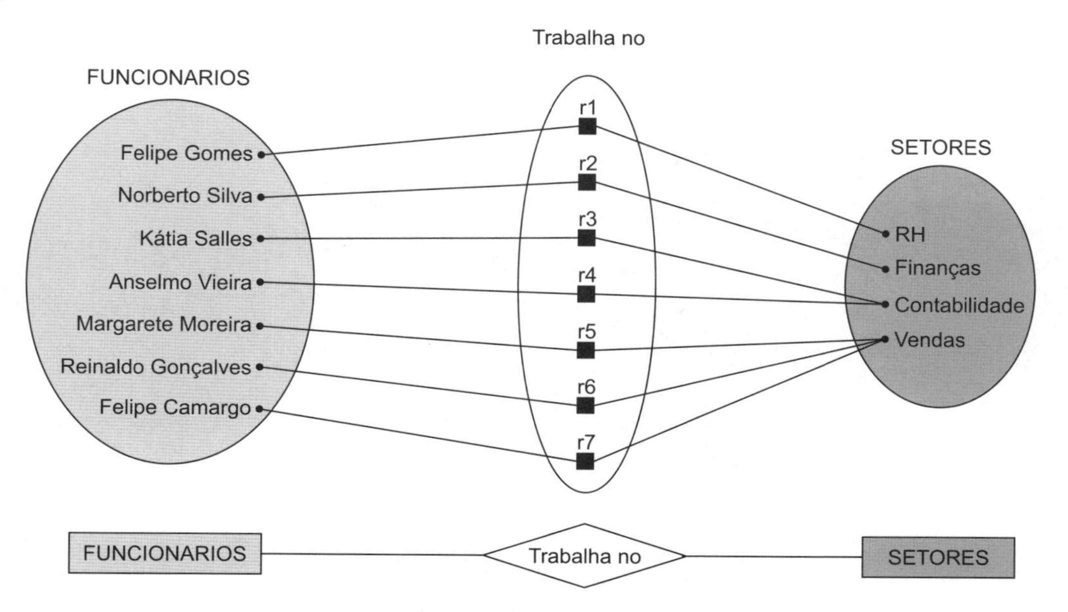

Figura 7.6 | Diagrama Entidade-Relacionamento.

Perceba a existência de um verbo (de preferência na voz ativa) ligando as duas entidades, que descreve com exatidão como elas se relacionam. As ocorrências da entidade **FUNCIONARIOS** se associam com as ocorrências da entidade **SETORES** por intermédio da ação **TRABALHA NO**.

Um relacionamento pode ser classificado de acordo com o número de entidades que participam dele. No nosso exemplo, temos duas entidades (**FUNCIONARIOS** e **SETORES**), sendo, portanto, um relacionamento binário ou de grau dois. Pode haver relacionamentos com grau maior que dois, embora o mais comum seja o binário.

Um exemplo de relacionamento de grau três, ou ternário, pode ser visto na Figura 7.7. Nesse caso, há três entidades, denominadas **FORNECEDORES**, **INSUMOS** e **PRODUTOS**. Por meio do relacionamento **FORNECE** elas estão interligadas. Temos, então, que **FORNECEDORES** fornecem **INSUMOS** para a confecção dos **PRODUTOS**. Um mesmo fornecedor pode fornecer mais de um tipo de insumo e, de igual modo, um mesmo insumo pode ser fornecido por vários fornecedores. Já o produto final a ser fabricado é composto por diversos insumos. Com esse relacionamento, é possível saber qual(is) o(s) fornecedor(es) conhecendo-se o insumo do produto.

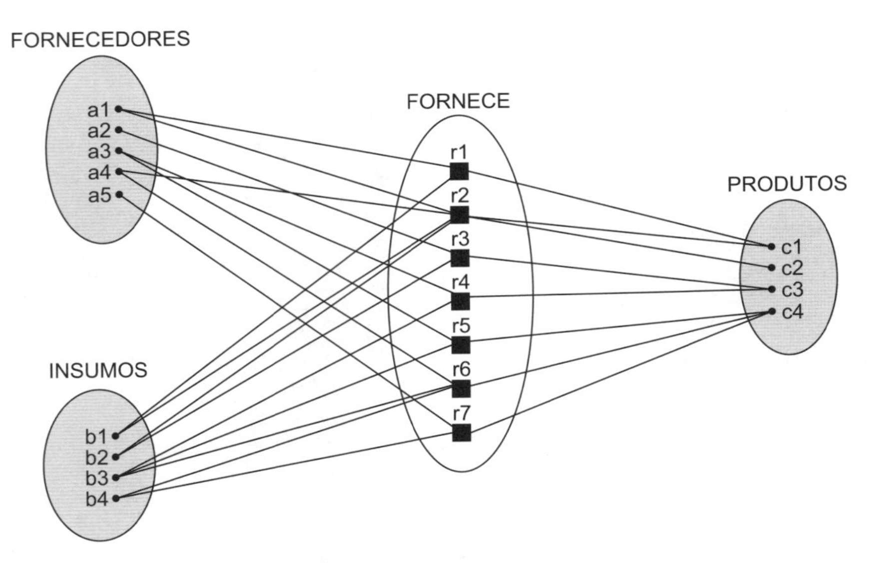

Figura 7.7 | Exemplo de relacionamento ternário.

Imagine agora a seguinte situação: uma empresa possui diversos empregados; alguns deles são chefes e outros são subordinados. Ao transportar esse cenário para o Modelo Entidade-Relacionamento, devemos ter um diagrama parecido com o mostrado pela Figura 7.8.

Esse tipo de relacionamento é chamado de autorrelacionamento, e nele os nomes dos papéis desempenhados pelas entidades participantes não são claros.

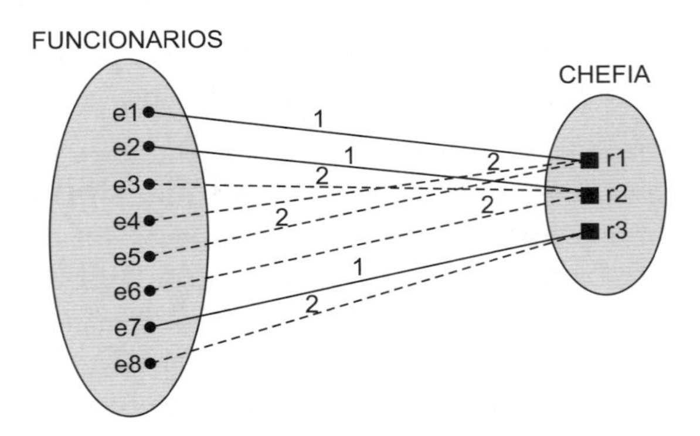

Figura 7.8 | Exemplo de autorrelacionamento.

A linha contínua que apresenta o número 1 refere-se ao papel do chefe, enquanto a linha tracejada identificada com o número 2 representa o papel do subordinado.

Existem ainda certas restrições que podem ser aplicadas aos tipos de relacionamentos. São elas: **razão de cardinalidade**, **restrição de participação** e **restrição estrutural**.

A razão de cardinalidade é uma restrição para um relacionamento binário que determina quantas vezes uma entidade pode participar de um relacionamento. No exemplo dos funcionários que estão lotados nos departamentos (Figura 7.6), temos que cada funcionário pode trabalhar apenas em um único departamento. Por outro lado, um departamento pode conter vários funcionários. Para o primeiro caso, temos uma razão de cardinalidade 1:N; para o segundo, encontramos a razão de cardinalidade N:1.

Na restrição de participação, a existência de uma entidade depende da existência, também, de outra à qual está relacionada. Podemos ter restrição de participação total ou parcial. No primeiro caso, todas as entidades devem satisfazer a condição imposta. Por exemplo, todos os funcionários devem estar lotados em um departamento, que é a condição para que o funcionário trabalhe na empresa. Isso determina uma restrição total.

Para a restrição parcial, podemos tomar como exemplo o fato de que nem todo empregado é chefe de setor. Isso significa que apenas parte da coleção **FUNCIONARIOS** participa do relacionamento.

Já a restrição estrutural determina os números mínimo e máximo de participações de uma entidade dentro do relacionamento. Um cliente, por exemplo, pode ter uma, várias ou nenhuma compra efetuada. Assim, a quantidade mínima de instâncias seria 0 e o número máximo, a quantidade de vezes que ele comprou na loja.

7.5 Condicionalidade

A condicionalidade refere-se à capacidade de uma entidade ter ou não ligação/vínculo com outra. Isso significa que podem existir ocorrências em uma entidade que não possuem um relacionamento ou associação com ocorrências de outra entidade. No exemplo de cadastro de funcionários, há a obrigatoriedade de se vincular um funcionário a um setor. No entanto, não é obrigatório que todos eles tenham filhos, o que indica que o relacionamento da entidade **FUNCIONARIOS** com uma entidade denominada **FILHOS** nem sempre ocorrerá. O exemplo da Figura 7.9 demonstra casos em que não há nenhum relacionamento.

Embora alguns itens eventualmente não participem do relacionamento, isso não significa que o fato não possa existir. Definem-se, deste modo, dois grupos de relacionamentos: condicionais e incondicionais.

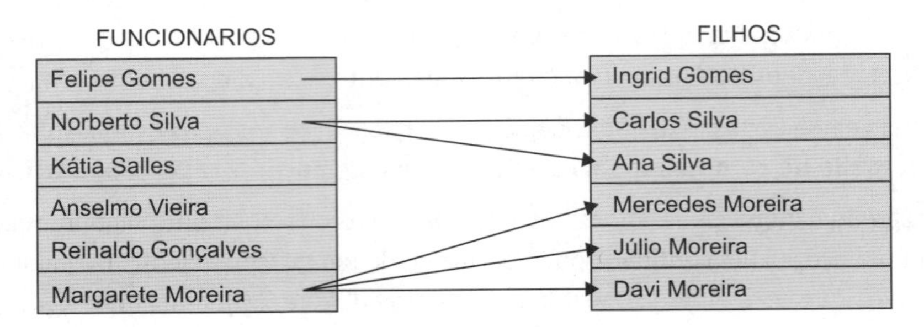

Figura 7.9 | Exemplo de condicionalidade.

Nos relacionamentos condicionais podemos ter elementos que não participam do relacionamento, ao contrário dos relacionamentos incondicionais, em que o relacionamento dos elementos entre as entidades é obrigatório, ou seja, todos os elementos de uma entidade devem se associar com pelo menos um elemento de outra entidade.

7.6 **Entidades fracas e fortes**

Pode haver algum tipo de entidade que não possui qualquer atributo-chave, o que significa que ficamos impossibilitados de distinguir uma entidade específica dentro do conjunto, já que é possível haver entidades duplicadas. A esse tipo de entidade dá-se o nome de **entidade fraca**. Por outro lado, as entidades que possuem atributos-chaves são denominadas **entidades fortes**.

As entidades fracas têm como característica o fato de serem identificadas por meio de sua associação com outra entidade específica, denominada **entidade identificadora**. O tipo de relacionamento que faz essa associação é chamado de **relacionamento identificador do tipo de entidade fraca**.

Na Figura 7.10 podemos ver um exemplo de DER com uma entidade fraca relacionada com uma entidade forte.

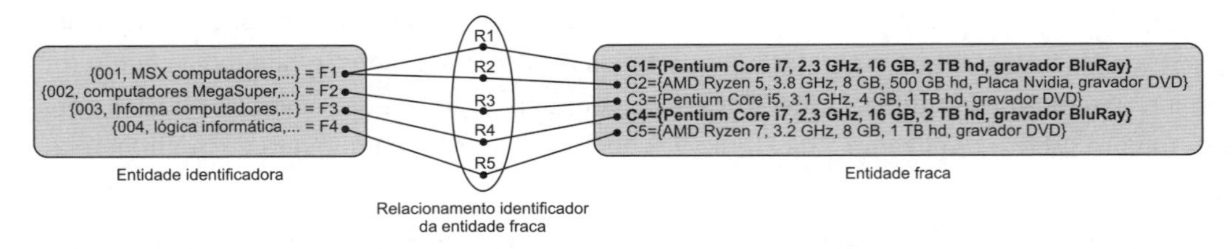

Figura 7.10 | Exemplo de entidade fraca.

No diagrama da Figura 7.10 é possível notar a existência de duas entidades (identificadas como **C1** e **C4** e negritadas) que possuem os mesmos valores em seus atributos. A única forma de distingui-las é por sua associação com a entidade identificadora.

7.7 **Agregação**

Considere agora a seguinte situação: uma empresa de desenvolvimento de sistemas possui vários programadores que trabalham em vários projetos utilizando diversas ferramentas, como linguagens de programação e gerenciadores de banco de dados. Da mesma forma que um projeto pode abranger no seu desenvolvimento vários programadores, cada programador também pode se dedicar a mais de um projeto. Assim, temos uma relação entre programadores e projetos do tipo **M:N**. Teoricamente, deveríamos ter os diagramas da Figura 7.11.

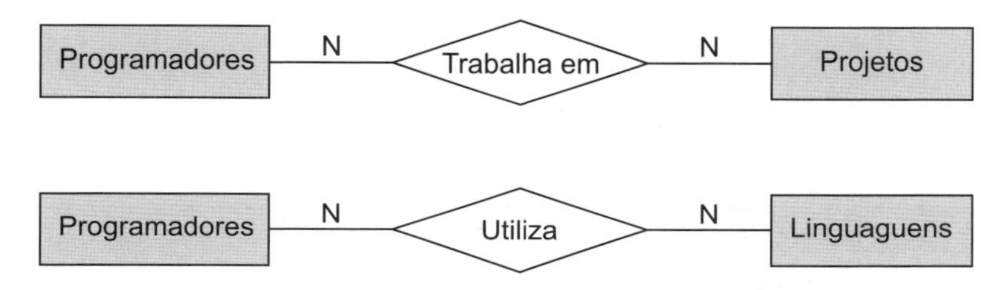

Figura 7.11 | Exemplo de múltiplos relacionamentos de uma entidade.

Temos uma entidade que participa de dois relacionamentos, **Trabalha em** e **Utiliza**. Precisamos, na verdade, de uma maneira de unir esses dois diagramas em um só, pois temos dois relacionamentos utilizados para retratar um fato do mundo real.

O que se deseja, então, é relacionar a entidade **Linguagens** com o próprio relacionamento **Trabalha em**. Só que algo do tipo apresentado na Figura 7.12 não existe na modelagem de dados, já que temos um relacionamento ligado a outro relacionamento.

Assim, devemos fazer uso de um conceito denominado **Agregação**. Primeiramente, as entidades **Programadores** e **Projetos** são agregadas com o relacionamento **Trabalha em** para terem um tratamento similar a um bloco único. Isso torna todo o conjunto similar a uma entidade consolidada por um fato, que no caso são programadores que trabalham em diversos projetos.

Esse bloco, então, se relaciona com a entidade **Linguagens**, resultando assim no diagrama mostrado pela Figura 7.13. Note que o bloco todo participa do relacionamento, e não o relacionamento **Trabalha em**. É importante destacar que a agregação de duas entidades só pode ser empregada quando o relacionamento entre elas for **M:N**.

Essa restrição existe porque, se tivermos a situação em que cada funcionário somente trabalha em um único projeto por vez, então podemos relacionar as ferramentas de desenvolvimento (linguagem e SGBD) diretamente com ele.

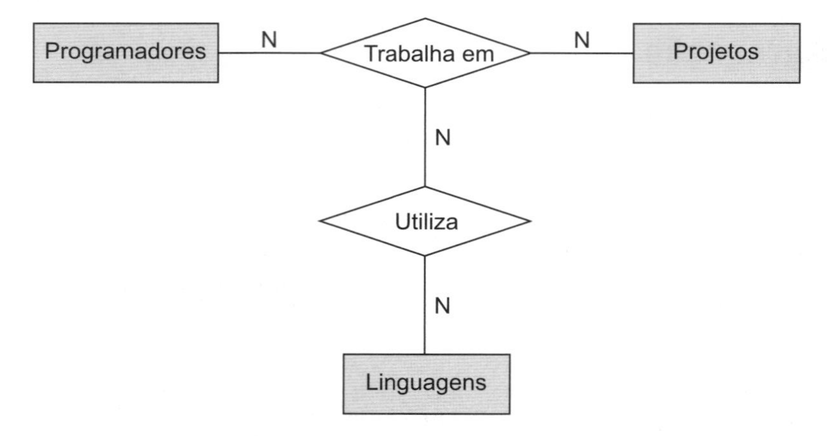

Figura 7.12 | Exemplo de relacionamento impossível de realizar.

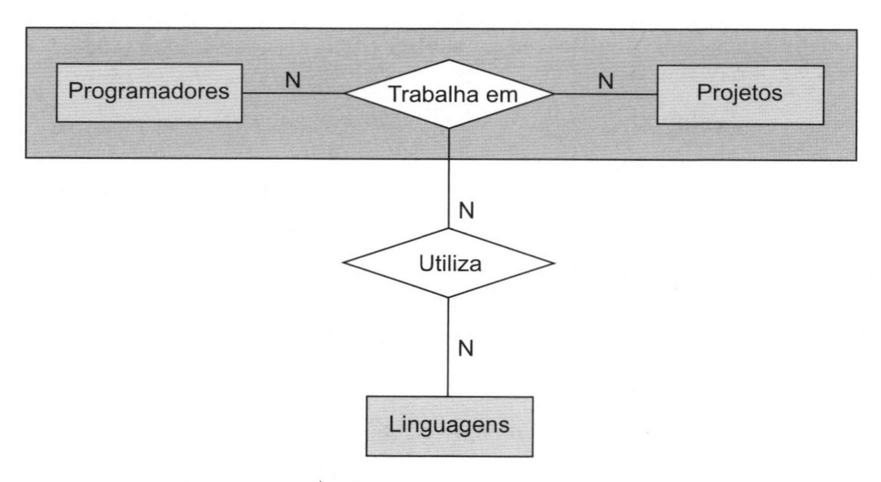

Figura 7.13 | Exemplo de agregação e relacionamento.

Conclusão

Você estudou neste capítulo o conceito de modelagem de dados e o Modelo Entidade-Relacionamento. Viu também a descrição das fases envolvidas no projeto de banco de dados: levantamento e análise de necessidades, projeto conceitual, projeto lógico e projeto físico.

Também aprendeu sobre o conceito de abstração de dados e foi apresentado à definição dos seguintes assuntos: entidades e atributos; relacionamentos e seus tipos; cardinalidade e condicionalidade; entidades fracas e fortes; agregação; tipos de restrições (razão de cardinalidade, restrição de participação e restrição estrutural).

Exercícios

1. Defina o modelo de dados Entidade-Relacionamento.
2. Descreva as etapas de um projeto de banco de dados.
3. O que é modelo conceitual?
4. Defina modelo lógico.
5. Defina atributos e entidades.
6. Qual é o papel do relacionamento?
7. Quais são os tipos de restrições existentes para relacionamentos?
8. Explique o significado de condicionalidade de um relacionamento.
9. Descreva a diferença entre entidades fracas e entidades fortes.
10. Qual é a restrição para se agregarem duas entidades?

Capítulo 8

Projeto Conceitual e Diagrama Entidade-Relacionamento

Neste capítulo, construiremos o projeto conceitual do banco de dados do nosso sistema-exemplo de controle de produção editorial.

Esse processo envolverá a definição das entidades e seus atributos, além dos relacionamentos que deve haver entre elas. Por fim, veremos o Diagrama Entidade-Relacionamento correspondente.

8.1 Projeto conceitual de banco de dados

Com base no que foi exposto no Capítulo 7, estamos prontos para criar um projeto conceitual de banco de dados e, posteriormente, seu diagrama entidade-relacionamento (DER). Esse projeto se refere ao nosso controle de publicação de livros e é a base para os estudos dos próximos capítulos.

Imagine que, como projetista de bancos de dados, você precise desenvolver um sistema para uma editora de livros técnicos. Após entrevistar todos os envolvidos no processo de gestão da editora, como vendedores, diagramadores, gerente de produção etc., você concluiu que são necessárias as seguintes entidades para o nosso banco de dados:

- **Áreas:** código da área, descrição da área.
- **Formatos:** código do formato, descrição do formato, dimensões (altura e largura da página).
- **Encadernações:** código da encadernação, descrição da encadernação.

- **Autores:** código do autor, nome do autor, endereço completo (nome do logradouro, número, bairro, cidade e estado), CPF, RG, telefone, data de nascimento, sexo, estado civil, local de trabalho.
- **Livros:** código ISBN, título, formato, tipo de encadernação, número de páginas, peso, valor de custo, valor de venda, número da edição, ano da edição, número da reimpressão, número do contrato.

Durante o processo de levantamento dos requisitos, também foram identificados os seguintes tipos de relacionamentos:

LIVRO PERTENCE A ÁREA

Razão de cardinalidade **M:1**, uma vez que um livro pertence a uma área específica, enquanto uma área pode ser atribuída a vários livros.

Restrição de participação total da entidade **LIVROS**, pois um livro deve, necessariamente, pertencer a uma área. Por outro lado, na entidade **ÁREAS** a restrição é parcial, pois pode haver áreas sem qualquer vínculo com algum livro.

LIVRO POSSUI FORMATO

Razão de cardinalidade **M:1**, uma vez que um livro somente pode possuir um formato de publicação, enquanto um mesmo formato pode ser atribuído a vários livros.

Restrição de participação total da entidade **LIVROS**, pois um livro deve, necessariamente, possuir um formato. Por outro lado, na entidade **FORMATOS** a restrição é parcial, pois pode haver formatos sem qualquer vínculo com algum livro.

LIVRO POSSUI ENCADERNAÇÃO

Razão de cardinalidade **M:1**, uma vez que um livro somente pode possuir um tipo de encadernação, enquanto um mesmo tipo de encadernação pode ser atribuído a vários livros.

Restrição de participação total da entidade **LIVROS**, pois um livro deve, necessariamente, possuir um tipo de encadernação. Por outro lado, na entidade **ENCADERNAÇÕES** a restrição é parcial, pois pode haver um tipo de encadernação sem qualquer vínculo com algum livro.

AUTOR ESCREVE LIVRO

Razão de cardinalidade é **M:N**, pois podemos ter vários autores que escrevem vários livros, embora o mais comum seja um autor escrever vários livros.

Restrição de participação de **AUTORES** é total, pois não se pode ter no cadastro de autores pessoas que não tenham escrito algum livro ou mesmo sem ter assinado um contrato de edição. De igual modo, não se pode cadastrar um livro sem que haja ao menos um autor vinculado a ele. Assim, sua participação também é total.

Vamos agora transformar todo esse material descritivo em algo mais técnico e de fácil entendimento pelos profissionais responsáveis pelo projeto de banco de dados. Primeiramente, iniciaremos a estruturação das entidades. Os parênteses contêm os domínios de cada atributo, ou seja, o tipo de dado que ele deverá armazenar.

ÁREAS
CodigoArea (numérico) Descricao (alfanumérico)

FORMATOS
CodigoFormato (numérico) Descricao (alfanumérico)

ENCADERNACOES
CodigoEncadernacao (numérico) Descricao (alfanumérico)

AUTORES
CodigoAutor (numérico) NomeAutor (alfanumérico) Endereco (nome do logradouro, número do imóvel, bairro, cidade, estado) CPF (alfanumérico) RG (alfanumérico) Telefone (alfanumérico) DataNascimento (data: DD/MM/AAAA) Sexo (caractere: M ou F) EstadoCivil (numérico: 1=solteiro, 2=casado, 3=desquitado, 4=divorciado, 5=viúvo) Email (caractere) NomeContato (caractere) LocalTrabalho (alfanumérico)

LIVROS
CodigoISBN (numérico) Titulo (alfanumérico) Area (numérico) Formato (numérico) TipoEncadernacao (numérico) NumeroPaginas (numérico) Peso (numérico) ValorCusto (numérico) ValorVenda (numérico) NumeroEdicao (numérico) AnoEdicao (numérico) NumeroReimpressao (numérico) NumeroContrato (alfanumérico) EstoqueMinimo (numérico) EstoqueMaximo (numérico) EstoqueAtual (numérico) DataUltimaEntrada (data: DD/MM/AAAA)

AUTORIAS
CodigoISBN (numérico) CodigoAutor (numérico) PercentualDireito (numérico) QuantidadeCortesia (numérico) PercentualDesconto (numérico)

A última entidade, denominada **AUTORIAS**, foi adicionada devido à necessidade de termos o relacionamento entre autores e livros publicados, já que pode haver vários autores para um mesmo livro, o que inviabiliza o vínculo do autor dentro da própria entidade **LIVROS**.

Os relacionamentos entre as entidades podem ser representados pelos diagramas das Figuras 8.1 a 8.4.

Figura 8.1 | Diagrama do relacionamento LIVRO PERTENCE A ÁREA.

Figura 8.2 | Diagrama do relacionamento LIVRO POSSUI FORMATO.

Figura 8.3 | Diagrama do relacionamento LIVRO POSSUI ENCADERNAÇÃO.

Figura 8.4 | Diagrama do relacionamento AUTOR ESCREVE LIVRO.

8.2 Diagrama Entidade-Relacionamento (DER)

Para a construção do DER são necessários alguns símbolos gráficos, semelhantemente ao que ocorre quando desejamos criar um fluxograma de uma rotina de programação.

A Figura 8.5 apresenta um resumo dos principais símbolos utilizados na construção de Diagramas Entidade-Relacionamento.

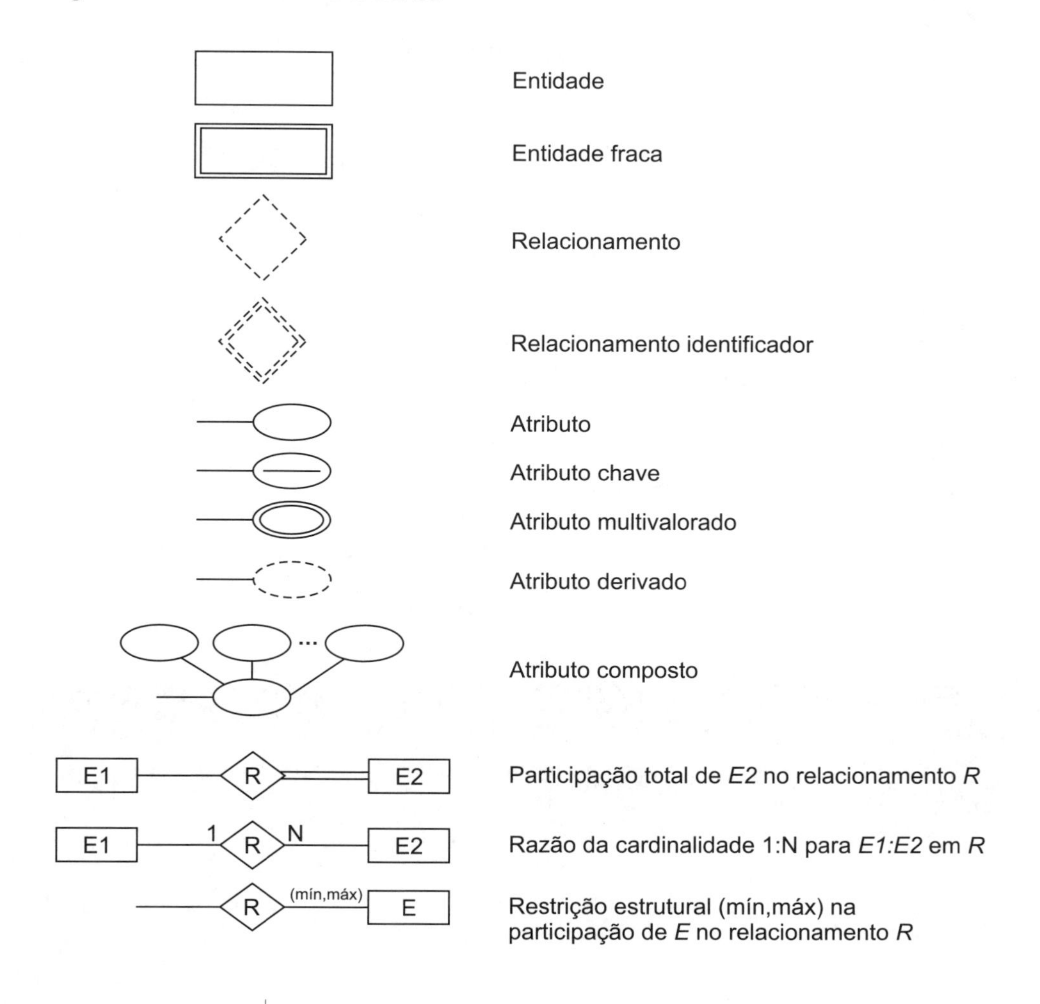

Figura 8.5 | Principais símbolos utilizados em Diagramas Entidade-Relacionamento.

Já na Figura 8.6 podemos ver o diagrama completo das entidades e relacionamentos apresentados no tópico anterior.

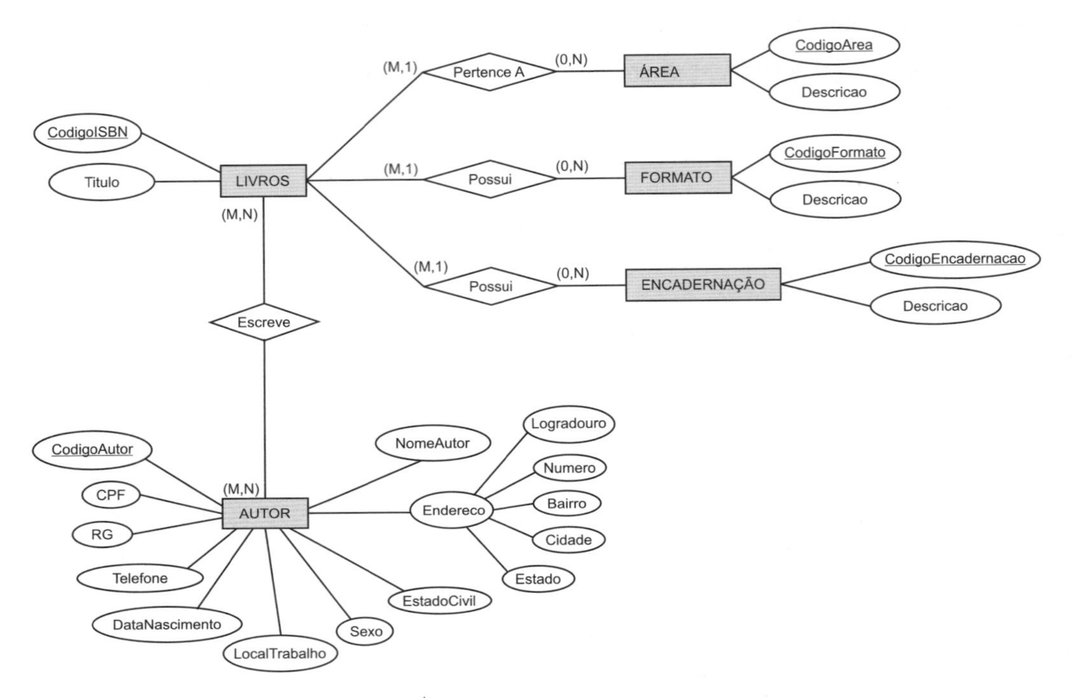

Figura 8.6 | DER do projeto de publicação de livros.

Conclusão

Estudamos neste capítulo o projeto conceitual do nosso exemplo, com definição das entidades e os relacionamentos existentes entre elas.

Capítulo 9

Dependência Funcional e Normalização de Dados

Este capítulo abordará uma das fases mais importantes de um projeto de banco de dados: a normalização. Inicialmente, veremos os conceitos de normalização e de dependência funcional. Em seguida, passaremos pelo estudo de cada uma das formas normais existentes no processo de normalização.

9.1 Conceito de normalização de dados

O principal objetivo a ser alcançado em um projeto de banco de dados é ter como resultado uma representação bastante apurada dos dados, dos relacionamentos existentes entre eles e das restrições que eles devem respeitar.

Para alcançar esse resultado, além da modelagem vista no Capítulo 8, podemos fazer uso de uma técnica conhecida como normalização de dados. Por meio dela, efetua-se um minucioso exame dos relacionamentos entre os atributos de uma relação (e não entre relações), utilizando-se para isso uma série de testes conhecidos como formas normais.

A normalização, que pode ser utilizada em qualquer estágio do projeto de banco de dados, tem como propósito produzir um conjunto de relações capazes de atender aos requisitos de dados do projeto, se enquadrando, ainda, nas seguintes características:

- número mínimo de atributos nas relações;
- atributos na relação com estreito relacionamento;

- mínima redundância de dados, o que significa evitar a repetição de atributos cuja função seja armazenar o mesmo tipo de informação, salvo os casos de chaves estrangeiras.

9.2 Dependência funcional

A dependência funcional é um conceito muito importante em bancos de dados relacionais. Consiste em uma restrição aplicada a dois conjuntos de atributos de uma mesma entidade/relação. Ela indica como os atributos se relacionam, ou seja, o quanto um atributo depende de outro para existir.

Uma dependência funcional é representada pela expressão **X** → **Y**, em que **X** e **Y** são subconjuntos de atributos de uma relação qualquer. Isso impõe uma restrição na qual um componente **Y** de uma tupla (registro) é dependente de um valor do componente **X** (ou é determinado por ele). Do mesmo modo, os valores do componente **X** determinam de forma unívoca os valores do componente **Y**. Resumindo, **Y** é dependente funcionalmente de **X**.

Considere como exemplo a relação de livros já apresentada anteriormente, cujo esquema relacional é o seguinte:

```
LIVROS(CodigoISBN, Titulo, Area, Formato, TipoEncadernacao, NumeroPaginas,
Peso, ValorCusto, ValorVenda, NumeroEdicao, AnoEdicao, NumeroReimpressao, Nu-
meroContrato, EstoqueMinimo, EstoqueMaximo, EstoqueAtual, DataUltimaEntrada)
```

Nesse exemplo, o valor do atributo **Titulo** pode ser recuperado apenas sabendo-se o valor do atributo **CodigoISBN**. Dessa forma, o atributo **CodigoISBN** determina o valor único de **Titulo**, ou seja, não temos títulos de livros diferentes com o mesmo código ISBN. Tecnicamente falando, **Titulo** é dependente funcional de **CodigoISBN**. Veja a Figura 9.1.

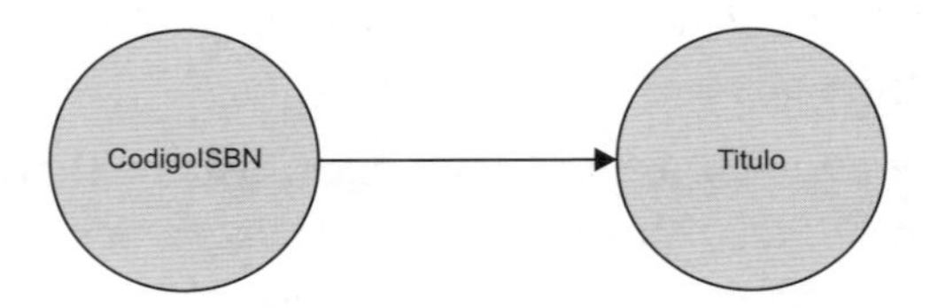

Figura 9.1 | Diagrama da dependência funcional de Titulo em relação a CodigoISBN.

O atributo do qual parte a seta nesse tipo de diagrama é denominado ***determinante***.

Como cada livro está vinculado a uma área, o atributo **CodigoISBN** também pode determinar o valor do atributo **Area**. Porém, neste caso, se procurarmos na relação por todas as tuplas que possuem o mesmo valor no atributo **Area**, encontraremos várias instâncias, uma vez que podemos ter vários livros pertencentes à mesma área. Dizendo de outra maneira, **CodigoISBN** determina um único valor para **Area**, mas **Area** pode determinar mais de um valor para **CodigoISBN**. O relacionamento entre **CodigoISBN** e **Area** é de 1:1, enquanto o oposto, entre **Area** para **CodigoISBN**, é de 1:M. Acompanhe a Figura 9.2.

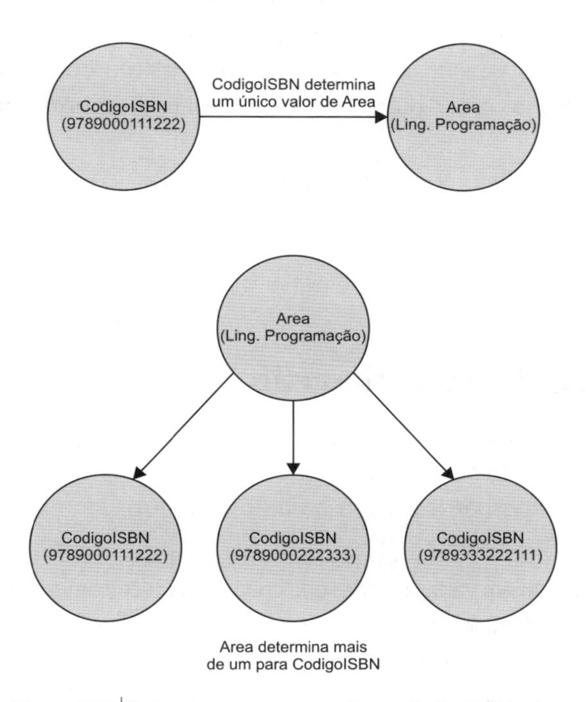

Figura 9.2 | Relacionamento entre atributos CodigoISBN e Area.

Podemos classificar a dependência funcional em três categorias: total (ou completa), parcial e transitiva. No primeiro tipo, a dependência só existe se a chave primária composta por vários atributos determinar univocamente um atributo ou conjunto de atributos. Em nosso exemplo, o atributo **CodigoISBN** é a chave primária que determina o valor de todos os outros atributos da tupla.

Se ocorrer de o atributo/conjunto de atributos depender apenas de parte dos valores da chave primária, então, temos uma dependência parcial (segundo tipo). Na dependência transitiva, temos uma situação em que um atributo/conjunto de atributos depende de outro atributo/conjunto de atributos que não faz parte de uma chave primária.

É importante notar que apenas o valor do atributo **CodigoISBN** é necessário para que seja possível determinar o título do livro. Isso caracteriza uma dependência parcial.

Agora, considere uma relação que contenha os itens de um pedido de venda. O esquema é o seguinte:

```
ITENS_PEDIDO(NumeroPedido,CodigoISBN,Quantidade,ValorUnitario,ValorTotal,
Desconto)
```

Neste caso, para sabermos a quantidade referente a um determinado livro dentro do pedido, não basta conhecermos apenas o número desse pedido. É necessário que também tenhamos o código ISBN do livro. Isso significa que o atributo **Quantidade** é dependente funcional da combinação de dois outros atributos, a saber: **NumeroPedido** e **CodigoISBN**.

```
{NumeroPedido,CodigoISBN} → {Quantidade}
```

Aqui, temos uma dependência funcional total, já que são necessários os dois atributos para identificar univocamente o valor de outro.

9.3 Processo de normalização

A normalização consiste em um processo de **refinamento** do esquema de banco de dados que busca eliminar possíveis redundâncias de dados entre as entidades, sanar problemas de dependências parciais entre atributos e reduzir ao mínimo as anomalias de inclusão, alteração e exclusão.

O processo é dividido em várias etapas, que chamamos tecnicamente de **formas normais**, nas quais são efetuados diversos testes com o objetivo de nos certificarmos de que o esquema satisfaz determinadas condições presentes em cada forma normal. A partir desses testes, as relações são decompostas em relações menores, conforme a necessidade. Por exemplo, uma relação pode ser dividida em duas ou mais, dependendo da situação.

A forma normal de uma relação indica o grau de normalização em que ela se encontra. Academicamente falando, existem cinco formas normais, embora apenas as três primeiras já sejam suficientes para se ter uma boa definição da estrutura do banco de dados. No fim da normalização teremos a resposta à principal pergunta que surge quando iniciamos um projeto: quantas tabelas são necessárias em nosso banco de dados?

As regras de normalização permitem que bancos de dados robustos e eficientes possam ser criados e facilmente alterados. Se essas regras forem seguidas com cuidado, o sistema todo (banco de dados e aplicativo) será bastante flexível, confiável e de fácil manutenção.

Podem ser utilizados dois tipos de abordagens/metodologias no processo de normalização de um banco de dados:

- **De cima para baixo (Top-Down):** trabalha com agrupamentos de atributos em relações já definidas a partir do projeto conceitual. Uma análise é então aplicada a essas relações, que as decompõe em entidades e relacionamentos até serem atingidas as propriedades desejadas para a implementação física.

- **De baixo para cima (Bottom-Up):** é um processo inverso ao anterior, que considera os relacionamentos entre os atributos o ponto de partida para o processo, utilizando-os na construção das relações. Também é denominado projeto por síntese.

Ted Codd propôs inicialmente apenas três formas normais, chamadas de primeira, segunda e terceira forma normal. Posteriormente, junto com Raymond Boyce, propôs uma nova definição, que ficou conhecida como **Forma Normal Boyce-Codd** (ou FNBC). Todas elas se baseiam na dependência funcional entre os atributos de uma entidade do banco de dados e nas chaves primárias.

Hoje, são conhecidas também a quarta (4FN) e a quinta forma normal (5FN), embora com as três primeiras já seja possível obter uma boa normalização do banco de dados.

Em primeiro lugar, precisamos nos certificar de que não há campos que contenham mais de um valor (que recebem o nome de **campos atômicos**). Por exemplo, um campo para endereço não pode conter informações além do nome do logradouro e, no máximo, o número do imóvel. Se forem armazenados nele o bairro, a cidade e o estado, então essa primeira regra estaria violada.

Para estudarmos essas técnicas, vamos utilizar como exemplo um formulário de pedido de venda, conforme mostrado na Figura 9.3. Em uma primeira análise, podemos destacar no formulário várias informações que se encontram misturadas: nome e endereço do cliente, lista de livros e identificação do vendedor. É possível também identificar os seguintes atributos:

- Número do pedido
- Data de emissão do pedido
- Nome do cliente
- Endereço do cliente (rua, bairro, cidade e estado)
- Título do livro
- Quantidade a ser vendida
- Preço unitário do livro
- Valor total do item (preço unitário × quantidade)
- Nome do vendedor
- Valor total do pedido sem desconto
- Valor do desconto
- Valor total com desconto

Pedido n.: 15062			Data: 12/01/2020
Cliente: Books Alves Ltda.			
Endereço: Av. Machado de Assis, 1200 – Centro			
Cidade: Atibaia Estado: SP CEP: 12900-000 Tel.: (11) 1010-0101			
Título do livro	Quant.	Preço Unit.	Valor Total
Programação em Linguagem C#	5	120,00	600,00
Modelagem 3D com Blender 2.81	2	90,00	180,00
Desenvolvimento p/ Web com C# e JavaScript	8	110,00	880,00
Projetos Eletrônicos com Arduino	4	110,00	440,00
Fundamentos de Computação Gráfica com C++	4	90,00	360,00
		Subtotal:	2.460,00
		Desconto:	246,00
Vendedor: José		Total:	2.214,00

Figura 9.3 | Exemplo de pedido de venda.

Transcrevendo as informações constantes nesse pedido para o formato de uma relação do mundo dos bancos de dados, teríamos algo parecido com o apresentado na Figura 9.4.

Após analisar cuidadosamente essa representação de dados do pedido, podemos concluir que existem diversas anomalias, como:

- os dados do pedido (número, data e vendedor) e do cliente (nome e endereço) são repetidos em cada linha que contém informações sobre o livro vendido;
- se um mesmo cliente efetuar outra compra futuramente, seus dados deverão ser inseridos outra vez no novo pedido;
- se uma venda inteira for excluída, os dados do cliente também serão;
- se houver alteração nos dados do cliente, como seu endereço, é necessário refletir essa alteração em todos os pedidos de venda em que esse cliente aparecer.

Isso nos leva à conclusão de que, do jeito que está, o modelo é simplesmente impraticável. Assim, é necessário aplicar a normalização a esse conjunto de dados. É justamente o que faremos nos próximos tópicos.

Número do Pedido	Data	Vendedor	Cliente	Endereço	Cidade	Estado	CEP	Telefone	Título do livro	Quantidade	Preço Unitário	Valor Total
15062	12/01/2020	José	Books Alves Ltda.	Av. Machado de Assis, 1200 - Centro	Atibaia	SP	12900-000	(11) 1010-0101	Programação em Linguagem C#	5	120,00	600,00
15062	12/01/2020	José	Books Alves Ltda.	Av. Nove de Julho, 193 - Jd. Paulista	Atibaia	SP	12900-000	(11) 1010-0101	Modelagem 3D com Blender 2.81	2	90,00	180,00
15062	12/01/2020	José	Books Alves Ltda.	Av. Nove de Julho, 193 - Jd. Paulista	Atibaia	SP	12900-000	(11) 1010-0101	Desenvolvimento para Web com C# e JavaScript	8	110,00	880,00
15062	12/01/2020	José	Books Alves Ltda.	Av. Nove de Julho, 193 - Jd. Paulista	Atibaia	SP	12900-000	(11) 1010-0101	Projetos Eletrônicos com Arduino	4	110,00	440,00
15062	12/01/2020	José	Books Alves Ltda.	Av. Nove de Julho, 193 - Jd. Paulista	Atibaia	SP	12900-000	(11) 1010-0101	Fundamentos de Computação Gráfica com C++	4	90,00	360,00

Figura 9.4 | Representação dos dados do pedido de venda na forma de uma tabela não normalizada.

9.3.1 Primeira Forma Normal (1FN)

Analisando a relação mostrada anteriormente, podemos notar que os atributos que servem para identificar o pedido em si (**Número do Pedido**, **Data**, **Vendedor**, **Cliente**, **Endereço**, **Cidade**, **Estado**, **CEP** e **Telefone**) se repetem em cada linha de registro de venda de livro. De acordo com a regra da **1FN**, isso não é permitido, pois ela define que a relação não deve possuir valores de atributos que sejam multivalorados ou compostos, além de proibir a repetição do valor dos atributos que formam a chave primária da relação. Os atributos devem conter apenas valores atômicos (não divisíveis) e únicos (não multivalorados). Assim, para converter uma entidade não normalizada na **1FN** precisamos decompô-la em tantas entidades quantas forem necessárias para não haver itens repetidos.

Primeiramente, vamos criar o esquema da entidade **Pedido**, conforme a Figura 9.5. A chave primária da relação será o atributo **NumPedido**, que aparece sublinhado no gráfico.

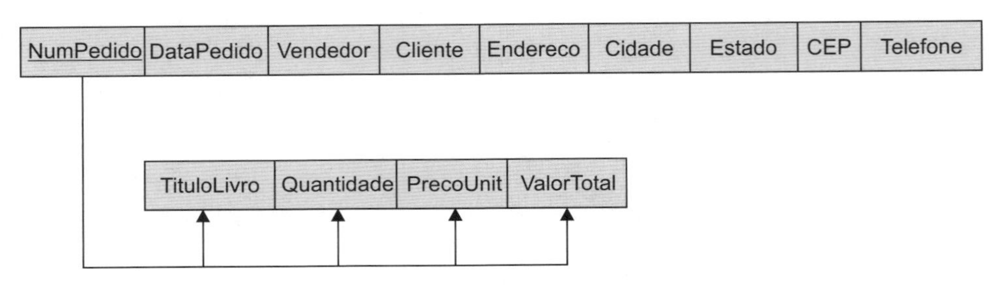

Figura 9.5 | Remoção de atributos multivalorados.

Com isso, deveremos ter as duas relações individuais mostradas na Figura 9.6.

Número do pedido	Data	Vendedor	Cliente	Endereço	Cidade	Estado	CEP	Telefone
15062	12/01/2020	José	Books Alves Ltda.	Av. Machado de Assis, 1200 - Centro	Atibaia	SP	12900-000	(11) 1010-0101

Título do livro	Quantidade	Preço Unitário	Valor Total
Programação em Linguagem C#	5	120,00	600,00
Modelagem 3D com Blender 2.81	2	90,00	180,00
Desenvolvimento para Web com C# e JavaScript	8	110,00	880,00
Projetos Eletrônicos com Arduino	4	110,00	440,00
Fundamentos de Computação Gráfica com C++	4	90,00	360,00

Figura 9.6 | Relações resultantes da separação dos atributos multivalorados.

É possível notar que há necessidade de uma chave estrangeira na relação que contém os itens do pedido, para assim ser possível vinculá-la à outra relação que contém dados sobre a identificação do pedido propriamente dito. Também precisamos adicionar a essa segunda relação um campo que conterá o código ISBN do livro. Sua função será vista mais adiante. As Figuras 9.7 e 9.8 apresentam o novo esquema e a relação com a chave adicionada.

É importante notar que no esquema está bem clara a ligação que há entre o atributo **CodigoISBN** e os atributos **TituloLivro** e **PrecoUnit**, tendo em vista que esses últimos são funcionalmente dependentes do primeiro. Note também que o atributo **NumPedido** é chave estrangeira nessa relação, mas, junto com o atributo **CodigoISBN**, forma sua chave primária.

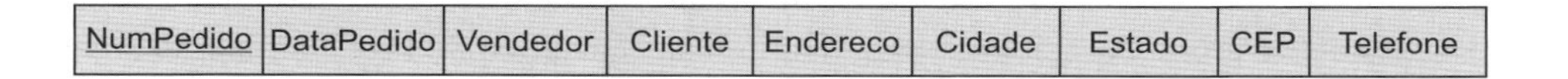

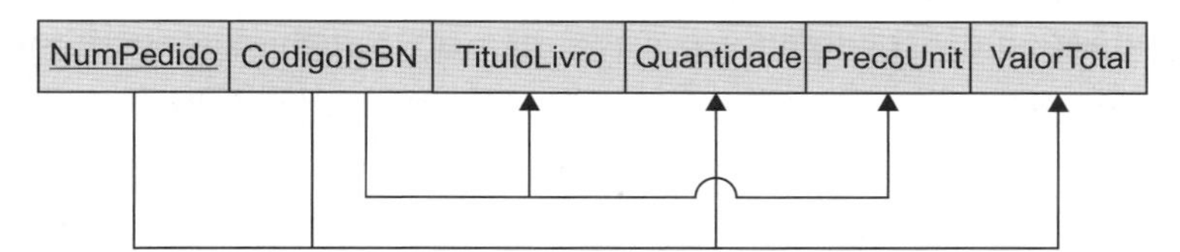

Figura 9.7 | Esquema com adição de novos atributos.

Número do pedido	Data	Vendedor	Cliente	Endereço	Cidade	Estado	CEP	Telefone
15062	12/01/2020	José	Books Alves Ltda.	Av. Machado de Assis, 1200 - Centro	Atibaia	SP	12900-000	(11) 1010-0101

Número do pedido	CodigoISBN	Título do livro	Quantidade	Preço Unitário	Valor Total
15062	978800111111	Programação em Linguagem C#	5	120,00	600,00
15062	978800111222	Modelagem 3D com Blender 2.81	2	90,00	180,00
15062	978800111333	Desenvolvimento para Web com C# e JavaScript	8	110,00	880,00
15062	978800111444	Projetos Eletrônicos com Arduino	4	110,00	440,00
15062	978800111555	Fundamentos de Computação Gráfica com C++	4	90,00	360,00

Figura 9.8 | Resultado da adição de novos atributos à segunda relação.

O relacionamento entre essas duas entidades é mostrado no diagrama da Figura 9.9. Uma vez que um pedido pode conter vários livros, temos então um relacionamento do tipo **Um-para-Muitos (1:N)**.

Figura 9.9 | Relacionamento entre as relações Pedidos e ItensPedido.

9.3.2 Segunda Forma Normal (2FN)

Transpor as entidades para a segunda forma normal é um pouco mais difícil, pois envolve o conhecimento das dependências funcionais, já que ela é baseada na dependência funcional total, o que significa que, em **X** $\rightarrow$ **Y,** se um atributo de **X** for removido, então **Y** não pode ser determinado de forma unívoca.

A entidade se encontra na segunda forma normal se, além de estar na primeira, todos os seus atributos forem totalmente dependentes da chave primária composta. Isso significa que atributos que são parcialmente dependentes devem ser removidos.

No exemplo, a entidade **ItensPedido** possui chave primária composta, que é constituída pelos atributos **NumPedido** e **CodigoISBN**. Já os atributos **TituloLivro** e **PrecoUnit** não dependem totalmente dessa chave, ao contrário de **Quantidade** e **ValorTotal**. Assim, definimos uma terceira entidade denominada **Livros**, conforme mostram as Figuras 9.10 e 9.11. O DER agora deve se parecer com o mostrado na Figura 9.12.

Pedidos

NumPedido	DataPedido	Vendedor	Cliente	Endereco	Cidade	Estado	CEP	Telefone

ItensPedido

NumPedido	CodigoISBN	TituloLivro	Quantidade	PrecoUnit	ValorTotal

Livros

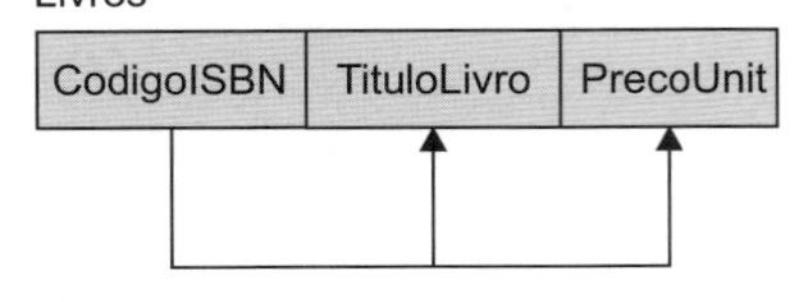

Figura 9.10 | Esquema das entidades do pedido de venda.

Pedidos

Número do pedido	Data	Vendedor	Cliente	Endereço	Cidade	Estado	CEP	Telefone
15062	12/01/2020	José	Books Alves Ltda.	Av. Machado de Assis, 1200 - Centro	Atibaia	SP	12900-000	(11) 1010-0101

ItensPedido

Número do pedido	CodigoISBN	Quantidade	Valor Total
15062	978800111111	5	600,00
15062	978800111222	2	180,00
15062	978800111333	8	880,00
15062	978800111444	4	440,00
15062	978800111555	4	360,00

Livros

CodigoISBN	Título do livro	Preço Unitário
978800111111	Programação em Linguagem C#	120,00
978800111222	Modelagem 3D com Blender 2.81	90,00
978800111333	Desenvolvimento para Web com C# e JavaScript	110,00
978800111444	Projetos Eletrônicos com Arduino	110,00
978800111555	Fundamentos de Computação Gráfica com C++	90,00

Figura 9.11 | Relações resultantes da segunda forma normal (2FN).

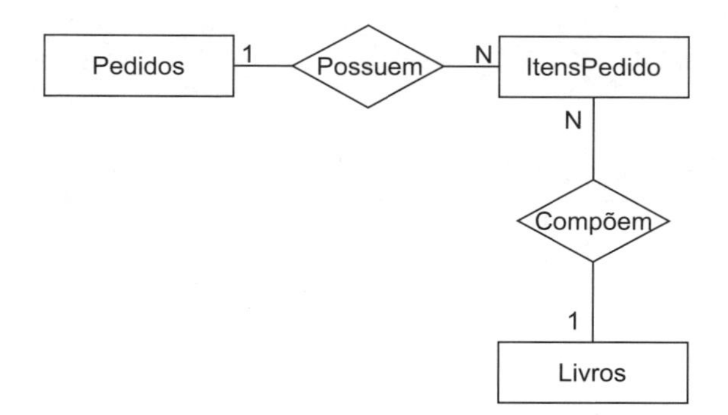

Figura 9.12 | Diagrama Entidade-Relacionamento.

9.3.3 **Terceira Forma Normal (3FN)**

Para uma entidade estar na terceira forma normal, é preciso que já esteja na segunda e não possua nenhum atributo dependente de outro que não faça parte da chave primária (dependência transitiva).

No exemplo de pedido, existem atributos que identificam um cliente (nome do cliente e endereço completo) e um vendedor (nome do vendedor). Os dados dos atributos **Cliente**, **Endereco**, **Cidade**, **Estado**, **CEP** e **Telefone** não são dependentes de **NumPedido**. São dados que podem residir em outra relação. O mesmo ocorre com o atributo **Vendedor**.

Nesse processo de decomposição, percebemos a necessidade de chaves primárias nas novas relações e chaves estrangeiras na relação **Pedidos** para vinculá-las entre si. Veja nas Figuras 9.13 e 9.14 a decomposição dessas relações e, na Figura 9.15, o DER correspondente.

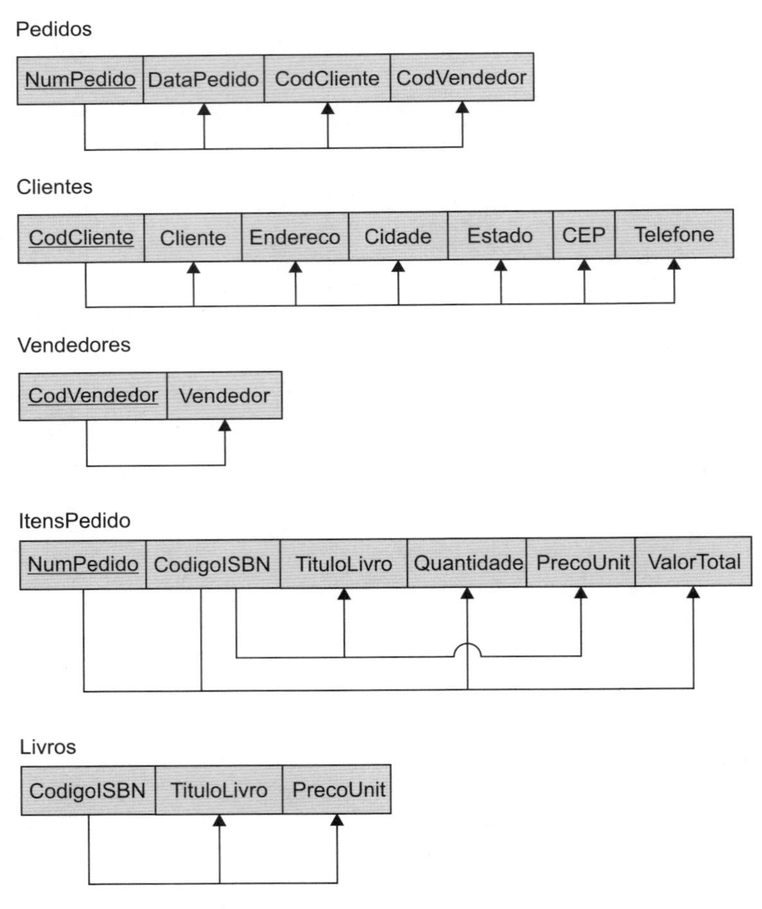

Figura 9.13 | Esquema do banco de dados após aplicação da 3FN.

Pedidos

Número do pedido	Data	CodVendedor	CodCliente
15062	12/01/2020	006	00120

Vendedores

CodVendedor	Vendedor
006	José

Clientes

CodCliente	Cliente	Endereço	Cidade	Estado	CEP	Telefone
00120	Books Alves Ltda.	Av. Machado de Assis, 1200 - Centro	Atibaia	SP	12900-000	(11) 1010-0101

ItensPedido

Número do pedido	CodigoISBN	Quantidade	Valor Total
15062	978800111111	5	600,00
15062	978800111222	2	180,00
15062	978800111333	8	880,00
15062	978800111444	4	440,00
15062	978800111555	4	360,00

Livros

CodigoISBN	Título do livro	Preço Unitário
978800111111	Programação em Linguagem C#	120,00
978800111222	Modelagem 3D com Blender 2.81	90,00
978800111333	Desenvolvimento para Web com C# e JavaScript	110,00
978800111444	Projetos Eletrônicos com Arduino	110,00
978800111555	Fundamentos de Computação Gráfica com C++	90,00

Figura 9.14 | Relações resultantes da aplicação da 3FN.

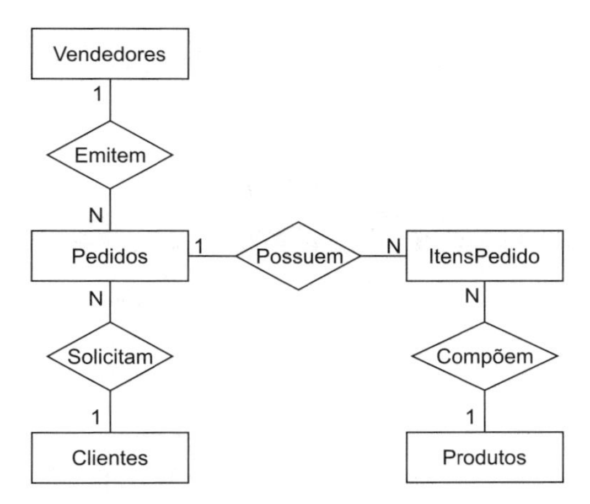

Figura 9.15 | Diagrama Entidade-Relacionamento.

9.3.4 Quarta Forma Normal (4FN)

Na maioria dos casos, como no exemplo que utilizamos, as entidades se encontram normalizadas na 3FN, mas pode ocorrer de, às vezes, uma entidade conter um ou mais fatos multivalorados. A seguir, temos uma representação dessa situação:

CodigoEditora	CodigoISBN	CodigoCliente
1024	9789001002003	0001
1024	9789001002004	0001
1024	9789001002005	0001
1024	9789001002003	0002
1024	9789001002006	0002
2048	9789001002007	0003
512	9789001002008	0004
512	9789001002009	0004

Essa relação representa um tipo de lista de uma livraria que contém os livros comprados pelos clientes e as respectivas editoras que os publicam. Desta forma, existem duas dependências: uma entre os atributos **CodigoEditora** e **CodigoISBN**, e outra entre o **CodigoEditora** e **CodigoCliente**. A atualização dessa entidade, nesse caso, torna-se difícil, apesar de ela se encontrar na 3FN.

É aí que entra a quarta forma normal (4FN), segundo a qual uma relação, além de estar na 3FN, deve conter apenas um fato multivalorado - ou dependência multivalorada. Note que estamos nos referindo a fato multivalorado, e não a atributo multivalorado. Essa dependência multivalorada é uma consequência natural da 1FN, pois ela não permite que haja um conjunto de valores para um atributo.

Essa característica pode levar à seguinte situação: necessidade de repetir o valor de um dos atributos com o valor de outro atributo quando houver dois ou mais atributos multivalorados independentes.

A relação anterior deve ser dividida em duas para estar, então, na 4FN, da seguinte maneira:

Relação Editora × Livro

CodigoEditora	CodigoISBN
1024	9789001002003
1024	9789001002004
1024	9789001002005
1024	9789001002003
1024	9789001002006
2048	9789001002007
512	9789001002008
512	9789001002009

Relação Editora × Cliente

CodigoEditora	CodigoCliente
1024	0001
1024	0002
1024	0002
2048	0003
512	0004

9.3.5 Quinta Forma Normal (5FN)

Esta última forma normal é talvez a mais difícil de entender, pois lida com relacionamentos múltiplos (ternário, quaternário etc.). Uma entidade está na 5FN se, estando na 4FN, não for possível reconstruir as informações originais a partir do conteúdo dos outros registros menores.

Embora seja extremamente importante e útil o processo de normalização, em certas situações é preciso fugir às regras de uma ou mais formas normais, buscando-se aprimorar o desempenho do sistema.

Vamos usar como exemplo o sistema de uma loja de materiais elétricos em que são vendidos materiais como fios, fusíveis, lâmpadas etc., mas também o que chamamos de "padrões de entrada do imóvel". Esses padrões são um tipo de produto, mas podem incluir um poste de concreto, uma caixa de medidor, "bengala" (conduíte com uma das extremidades curva) etc. Assim, quando de uma venda de padrão, o sistema deve baixar o estoque de cada um dos seus componentes. Cada um desses componentes pode ser comprado pela loja individualmente, o que significa que eles podem constar de vários pedidos de compra.

Vamos imaginar agora a seguinte entidade, na qual se encontram dados para compra de materiais dos fornecedores:

Produto	Pedido de Compra	Fornecedor
Padrão B2	07801	00341
Padrão B2	07801	00108
Poste Duplo T 9M	07801	00108
Padrão B2	07802	00108

Se desmembrarmos essa relação, chegaremos às seguintes entidades:

Entidade Produto × Pedido de Compra

Produto	NumeroPedido
Padrão B2	07801
Padrão B2	07802
Poste Duplo T 9M	07801

Entidade Pedido de Compra × Fornecedor

NumeroPedido	Fornecedor
07801	00341
07801	00108
07802	00108

Entidade Produto × Fornecedor

Produto	Fornecedor
Padrão B2	00341
Padrão B2	00108
Poste Duplo T 9M	00108

Se realizarmos uma junção dessas três entidades, utilizando o atributo **NumeroPedido** como o determinante, teremos como resultado o seguinte:

NumeroPedido	Produto	Fornecedor
07801	Padrão B2	00341
07801	Padrão B2	00108
07801	Poste Duplo T 9M	00108
07801	Poste Duplo T 9M	00341
07802	Padrão B2	00108

Note que o penúltimo registro (destacado na cor cinza) não constava na relação original.

Se a junção for efetuada tomando-se como base o atributo **Fornecedor**, o resultado será:

Fornecedor	Produto	NumeroPedido
00108	Padrão B2	07801
00108	Poste Duplo T 9M	07801
00108	Padrão B2	07802
00341	Padrão B2	07801
00341	Poste Duplo T 9M	07801

Novamente, um registro que não existia na relação original é gerado.

Durante o processo de normalização de dados você descobre duas coisas diametralmente opostas: o número de campos das tabelas diminui, enquanto o número de tabelas aumenta. No entanto, não devemos nos preocupar com isso, pois um projeto de banco de dados bem elaborado geralmente contém um número grande de tabelas cuja estrutura é bastante simples.

9.4 **Forma Normal de Boyce/Codd (FNBC)**

A forma normal Boyce/Codd foi desenvolvida para resolver algumas situações que não eram inicialmente cobertas pelas três primeiras formas normais mostradas anteriormente, em especial quando havia várias chaves na entidade formadas por mais de um atributo (chaves compostas) e que compartilhavam ao menos um atributo. Isso nos leva a concluir que o problema acontece porque até agora as formas normais tratam de atributos dependentes de chaves primárias.

Assim, para estar na FNBC, uma entidade deve possuir somente atributos que são chaves candidatas.

Vamos analisar o caso em que temos uma entidade formada pelos seguintes atributos:

CodAluno	CodCurso	CodTurma	CodProfessor

Um mesmo professor pode ministrar aulas em cursos e turmas diferentes. Assim, podemos identificar três chaves candidatas que são determinantes nessa entidade: **CodCurso+CodTurma**, **CodCurso+CodProfessor** e **CodTurma+CodProfessor**.

O atributo **CodProfessor** é parcialmente dependente de **CodCurso** e de **CodTurma**, mas é totalmente dependente da chave candidata composta **CodCurso+CodTurma**.

Desta forma, a entidade deve ser desmembrada, resultando em duas, uma que contém os atributos que descrevem o aluno em si e outra cujos atributos designam um professor. Veja na Figura 9.16 as entidades resultantes após a normalização.

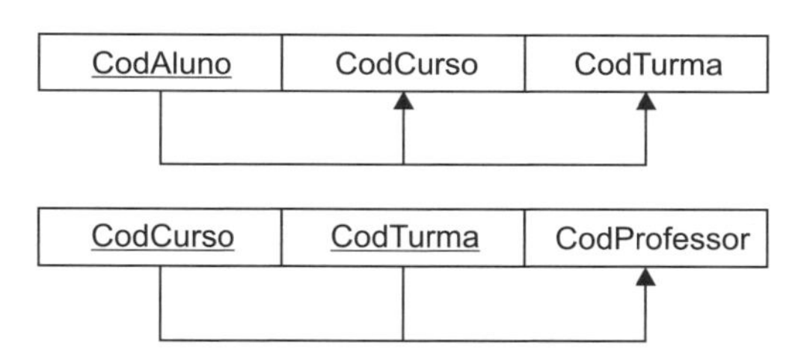

Figura 9.16 | Relações resultantes da aplicação da 5FN.

Conclusão

Você estudou neste capítulo os conceitos de normalização de dados e como identificar a dependência funcional entre atributos de entidades. Também conheceu o processo envolvido na normalização, por meio de exemplos que refletem o mundo real.

Exercícios

1. Defina dependência funcional.
2. O que é dependência funcional parcial?
3. O que é dependência funcional total?
4. Defina o conceito de normalização de dados.
5. Quais são as formas normais conhecidas?
6. Quando uma entidade está na primeira forma normal (1FN)?
7. Quando uma entidade está na segunda forma normal (2FN)?
8. Quando uma entidade está na terceira forma normal (3FN)?

Capítulo 10

Linguagem SQL para Bancos de Dados Relacionais

Neste capítulo, veremos os fundamentos da linguagem SQL e os comandos essenciais à manipulação de dados em sistemas relacionais.

Também abordaremos a integração com outras linguagens, o que torna possível executar esses comandos dentro dos aplicativos desenvolvidos com elas.

10.1 Surgimento da linguagem SQL

É difícil desvincular a história da linguagem SQL (sigla de *Structured Query Language* - Linguagem Estruturada de Consulta) da história dos bancos de dados relacionais, uma vez que ambas estão intimamente ligados. Em seu artigo intitulado *A Relational Model of Data for Large Shared Databanks* (Um Modelo Relacional de Dados para Grandes Bancos de Dados Compartilhados), publicado em junho de 1970, Edgard F. Codd, então pesquisador da IBM, dava início a uma revolução no conceito de bancos de dados, ao introduzir a teoria de manipulação de dados armazenados como relações utilizando conceitos matemáticos de conjuntos. Diferentemente dos modelos de rede e hierárquicos, os bancos de dados relacionais são mais fáceis e intuitivos de usar, além de serem também mais flexíveis.

A IBM pôs então suas equipes de desenvolvimento para trabalhar no projeto de um banco de dados relacional, conforme a concepção de Ted Codd. Assim, iniciou-se em 1974, nos laboratórios da empresa em San Jose, na Califórnia, o projeto denominado System/R, o primeiro no qual foi aplicada a teoria de Codd, concluído em 1979. Esse projeto incluía uma linguagem de consulta (não de programação) denominada SEQUEL (***S**tructured **E**nglish **QUE**ry **L**anguage* - Linguagem Inglesa de Consulta Estruturada), que posteriormente passou a se chamar SQL, apresentada oficialmente pela IBM em novembro de 1976, em seu publicação IBM Journal of R&B.

O projeto do System/R levou a IBM a desenvolver e a lançar no mercado, em 1981, o primeiro sistema de gerenciamento de banco de dados relacional para computadores de grande porte (mainframe). Chamava-se SQL/DS e rodava sob o sistema operacional VSE. Posteriormente, foi lançada uma versão para ambiente VM/CMS. Em 1983, a empresa lançou outro produto baseado na SQL, o DB2 (Data Base 2), que rodava no sistema operacional MVS.

Um grupo de engenheiros que trabalhara no projeto do System/R se desligou da IBM e fundou uma nova empresa, chamada Relational Software, onde projetaram um novo sistema de banco de dados relacional denominado Oracle, baseado na linguagem SQL.

Outros produtos lançados com base nessa linguagem foram o Ingres, inicialmente desenvolvido na Universidade da Califórnia (Berkeley), o SQLBase, da Gupta, e o SQLAnywhere, da Sybase. Essa adoção por várias empresas provocou um efeito colateral: uma certa "despadronização" da linguagem SQL, em virtude de implementações incorporadas por cada uma delas. Isso levou o instituto ANSI (American National Standards Institute - Instituto Americano de Padrões Nacionais) a formar um comitê cujo objetivo era criar uma padronização para a linguagem, o que resultou na especificação denominada SQL/86 (ou SQL1). Posteriormente, juntou-se ao instituto ANSI o órgão ISO (International Standards Organization - Organização de Padrões Internacionais) para determinar um conjunto de extensões ao padrão SQL, criando-se assim o SQL/89.

Esses comitês apresentaram ainda, em 1992, um novo padrão, denominado SQL2 (ou SQL/92, como preferem alguns). Um quarto padrão foi apresentado posteriormente no ano de 1999, chamado de SQL3 ou SQL/99. O padrão ANSI/ISO, porém, não é o único, já que um grupo europeu denominado X/Open adotou um padrão diferente para aplicações que rodam no sistema operacional UNIX.

Influenciados pelo padrão SQL, hoje em dia praticamente todos os produtos de bancos de dados relacionais suportam, de uma forma ou de outra, essa linguagem. Alguns produtos antigos foram até adaptados para que pudessem oferecer algum suporte a ela.

No início, os preços dos sistemas SQL eram simplesmente exorbitantes. Hoje, a situação é um bem mais favorável, pois existem até sistemas de código aberto (Open Source) disponíveis para serem baixados gratuitamente da internet, como é o caso do MySQL, PostgreSQL e FireBird, os mais famosos produtos que se enquadram nessa categoria. Outras empresas, como Microsoft e Oracle, oferecem versões "lite" de seus produtos comerciais, SQL Server Express e Oracle XE, que possuem algumas limitações em relação à versão comercial, como tamanho do banco de dados, mas são totalmente funcionais, e não mera versão de avaliação por tempo determinado.

Podemos considerar a linguagem SQL uma das razões para os bancos de dados relacionais terem alcançado o sucesso apresentado hoje. Uma vez que se tornou a linguagem padrão desses sistemas, é mais fácil para o usuário mudar de um SGBD relacional para outro, já que o processo é menos dispendioso e consome menos tempo.

Atualmente, é possível encontrar versões de produtos padrão SQL em praticamente todos os tipos de plataforma (hardware e software), dos computadores de grande porte e supercomputadores até os equipamentos pessoais, rodando em Windows, MacOS ou Linux.

10.2 **Definição da linguagem SQL**

A linguagem SQL é a ponte que nos permite comunicar com o banco de dados relacional para executar alguma operação, como incluir registros ou extrair informações. Ela não é uma linguagem de programação propriamente dita, na forma como os programadores entendem. Por padrão, ela não oferece comandos para definição de estruturas de controle de repetição (DO WHILE, FOR NEXT, por exemplo) ou de decisão (como IF/THEN). Devido a isso, é necessário que se utilize uma ferramenta de desenvolvimento cuja linguagem de programação permita a inserção e execução de comandos SQL, como é o caso do Delphi, Visual Basic, C++, C#, Java etc. No entanto, algumas empresas adicionaram extensões à linguagem, de modo a suprir essa deficiência, como é o caso da Microsoft (com o T/SQL) e a Oracle (com o PL/SQL). Essas extensões permitem que se criem procedimentos bastante sofisticados, inclusive com a declaração de variáveis.

Alguns sistemas possuem um software utilitário, chamado de pré-processador, que, a partir de um arquivo de script (roteiro) escrito com os comandos em linguagem SQL, gera um código compatível com uma linguagem de programação, como C, C++, COBOL, Pascal, Fortran ou Ada, para ser compilado junto com o projeto da aplicação.

Os comandos SQL consistem em expressões oriundas da língua inglesa e sempre devem se iniciar com um verbo, seguindo-se a ele os parâmetros e cláusulas que forem necessários. Por isso, a linguagem SQL é classificada como uma linguagem de quarta geração, por se aproximar o máximo possível da linguagem humana.

Um recurso muito importante da linguagem é o tratamento de transações. Uma transação consiste em um bloco de instruções que devem ser executadas em sequência. Se uma dessas instruções falhar, isto é, não for executada com sucesso, todas as operações anteriormente já efetuadas são desfeitas e o processo finaliza, mesmo que ainda haja instruções a serem executadas.

A segurança no acesso ao banco de dados também não foi esquecida, tendo em vista o grau de importância que esse fator carrega. A linguagem possui comandos para criação de usuários e definição de privilégios de acesso para cada um.

A linguagem SQL também possui recursos para a criação de visões (VIEW), de modo a se permitir que campos de uma ou mais tabelas sejam selecionados e tratados como um conjunto único. Isso é muito útil quando um determinado tipo de consulta é frequentemente executado. Assim, em vez de escrevermos o mesmo comando toda vez que for precisar da consulta, criamos uma visão para ela.

Os comandos SQL podem ser agrupados da seguinte forma:

- **DDL (*Data Definition Language* – Linguagem de Definição de Dados):** comandos responsáveis pela manipulação (criação, alteração ou exclusão) de bases de dados, tabelas, índices, visões etc. Comandos CREATE DATABASE, CREATE TABLE, DROP TABLE, ALTER TABLE etc.
- **DML (*Data Manipulation Language* – Linguagem de Manipulação de Dados):** comandos para manipulação de registros do banco de dados, como inclusão, alteração. Comandos INSERT, DELETE e UPDATE.
- **DQL (*Data Query Language* – Linguagem de Consulta de Dados):** comando para execução de consultas à base de dados. Comando SELECT.
- **DCL (*Data Control Language* – Linguagem de Controle de Dados):** comandos para controlar o acesso aos dados por meio da definição de usuários e seus privilégios. Comandos GRANT e REVOKE.
- **DTL (*Data Transaction Language* – Linguagem de Transação de Dados):** comandos para controlar as transações executadas no banco de dados. Comandos COMMIT e ROLLBACK.

Na linguagem SQL são empregados os termos tabela, coluna e linha para designar, respectivamente, relação, atributo e tupla.

Uma característica peculiar da linguagem SQL é o fato de ela trabalhar com grupos ou blocos de registros. Assim, quando executamos um comando para consultar os registros que satisfazem uma determinada condição, eles são separados em uma espécie de tabela temporária e, então, retornados ao usuário. Em outros sistemas, para que se procedesse à mesma tarefa, seria necessário um pequeno código que varresse a base de dados registro a registro, comparasse-os com a chave de pesquisa fornecida e, no caso de haver uma correspondência, apresentasse o registro ao usuário ou o separasse em outra tabela.

Embora não seja o objetivo deste livro abordar em detalhes os comandos da linguagem SQL, serão apresentados alguns dos mais utilizados na manipulação de uma base de dados.

Veremos nos próximos dois tópicos os principais comandos da linguagem SQL padrão, mas não serão apresentadas cláusulas ou opções que se encontram adicionadas a versões de diferentes SGBDs (InterBase, SQL Serve, Oracle, DB2, MySQL etc.).

10.3 **Comandos DDL**

Vejamos primeiramente os principais comandos de definição de dados existentes em SQL. No Quadro 10.1, temos a relação desses comandos e a função de cada um:

Quadro 10.1

Comando	Função
CREATE DATABASE	Criar uma base de dados totalmente vazia.
ALTER DATABASE	Permitir alterações em algumas caraterísticas da base de dados.
DROP DATABASE	Apagar um banco de dados existente (deve ser utilizado com muito cuidado).
CREATE TABLE	Criar uma tabela de dados (também há necessidade de cuidado na utilização).
ALTER TABLE	Permitir alterações na estrutura de uma tabela existente.
DROP TABLE	Apagar uma tabela de dados existente (deve ser utilizado com muito cuidado).
CREATE INDEX	Criar índices secundários para uma tabela.
DROP INDEX	Apagar um índice existente.
CREATE DOMAIN	Criar um domínio para campos das tabelas.
DROP DOMAIN	Apagar um domínio existente.
CREATE VIEW	Criar uma visão com base em uma ou mais tabelas.
DROP VIEW	Apagar uma visão existente.

10.3.1 **CREATE DATABASE, ALTER DATABASE e DROP DATABASE**

O comando **CREATE DATABASE** é utilizado para a criação de um banco de dados. Depois de criado, podemos adicionar os diversos objetos que o compõem, como tabelas, índices, visões etc. A sintaxe desse comando é:

```
CREATE DATABASE nome_base;
```

em que *nome_base* refere-se à especificação do nome do banco de dados a ser criado. Por exemplo:

```
CREATE DATABASE BD_EDITORA;
```

Alguns sistemas permitem que sejam especificadas diversas propriedades, como nome do usuário e sua senha (o que define o proprietário do banco de dados), tabela de caracteres, dialeto utilizado, tamanho de páginas do banco de dados etc. Outros ainda possibilitam a criação do banco de dados de forma interativa: em vez de se utilizarem comandos, usam-se ferramentas gráficas. É o caso do MySQL, do InterBase e do SQL Server.

Com o comando **ALTER DATABASE** podemos alterar algumas propriedades de um banco de dados já criado, como o conjunto de caracteres que o sistema deve utilizar.

O comando **DROP DATABASE** faz com que o banco de dados especificado seja apagado do disco. Por esse motivo, deve ser utilizado com extremo cuidado, pois uma vez apagado não será possível recuperá-lo, a não ser com o uso de softwares especializados na recuperação de arquivos. Na verdade, todos os comandos **DROP** merecem bastante atenção quando usados, para que se evitem possíveis dores de cabeça futuras. Em alguns SGBDs, essa exclusão pode ser efetuada interativamente.

10.3.2 CREATE TABLE, ALTER TABLE e DROP TABLE

Esses comandos estão relacionados com tabelas do banco de dados. **CREATE TABLE** é utilizado na criação de tabelas, sendo necessário especificar os campos e seus atributos. A sintaxe básica desse comando é:

```
CREATE TABLE nome_tabela (nome_campo atributo);
```

em que *nome_campo* é uma cadeia de caracteres iniciada com uma letra que nomeia um campo da tabela de dados e *atributo* especifica o tipo de dados do campo e outras características, como proibição de valores nulos, se o campo for chave primária, se há uma verificação de valores válidos etc. Veja um exemplo:

```
CREATE TABLE CAD_CLIENTES
(CODIGOCLIENTE INTEGER NOT NULL PRIMARY KEY,
 NOMECLIENTE VARCHAR(50),
 SEXO CHAR(1) CHECK (SEXO IN('M','F')),
 ENDERECO VARCHAR(50),
 BAIRRO VARCHAR(40),
 CIDADE VARCHAR(40),
 ESTADO CHAR(2),
 CEP CHAR(9));
```

Além dos tipos de dados definidos pelo padrão ANSI/ISO, podemos encontrar outros que foram acrescentados pelos produtores em vista das novas tecnologias que surgiram com o tempo. Veja no Quadro 10.2 os principais tipos:

Quadro 10.2

Tipo de dado	Descrição
CHAR(*n*)	Cadeia de caracteres com tamanho máximo definido por *n* e fixo.
VARCHAR(*n*)	Cadeia de caracteres com tamanho máximo definido por *n* e variável.
INTEGER	Valor numérico inteiro (sem casas decimais) com capacidade de 32 bits.
SMALLINT	Valor numérico inteiro (sem casas decimais) com capacidade de 16 bits.
DECIMAL(tamanho,decimais)	Valor numérico fracionário (com casas decimais) com o tamanho e o número de casas decimais especificados.
NUMERIC(tamanho,decimais)	Similar ao tipo DECIMAL.
DOUBLE PRECISION(tamanho,decimais)	Similar ao tipo DECIMAL, mas com dupla precisão.
FLOAT	Valor numérico de ponto flutuante com sete dígitos de precisão.
DATE	Permite armazenar uma data.
TIME	Permite armazenar um valor que representa um horário.
BLOB	Tipo de dado binário para armazenamento de arquivo de imagem, som ou vídeo.

Se depois de ter sido definida a estrutura de uma tabela percebermos a necessidade de efetuar nela algumas alterações, como adicionar novos campos ou apagar alguns que não serão mais úteis, devemos recorrer ao comando **ALTER TABLE**.

No MySQL, para alterar o nome de um campo devemos utilizar a cláusula **CHANGE** seguida pelo nome antigo do campo e o nome novo, com especificação do tipo de dado e tamanho. Já no Oracle, a cláusula é **RENAME COLUMN**. No SQL Server, somente é possível renomear um campo da tabela se utilizarmos o procedimento **sp_rename**. Veja os exemplos a seguir:

MySQL

```
ALTER TABLE CAD_CLIENTES CHANGE ESTADO UF CHAR(2)
```

Oracle

```
ALTER TABLE CAD_CLIENTES RENAME COLUMN ESTADO TO UF
```

Para adicionar um campo a uma tabela existente, utilizamos o comando com a seguinte sintaxe:

```
ALTER TABLE nome_tabela ADD nome_campo atributo;
```

Veja o exemplo:

```
ALTER TABLE CAD_CLIENTES ADD NUMERORG CHAR(12);
```

Para apagar um campo, usamos:

```
ALTER TABLE nome_tabela DROP nome_campo;
```

No exemplo a seguir, o campo CEP é removido da estrutura da tabela:

```
ALTER TABLE CAD_CLIENTES DROP CEP;
```

O comando **DROP TABLE** funciona de forma similar a **DROP DATABASE**, com a diferença de que ele apaga uma tabela inteira do banco de dados. Se houver outras tabelas relacionadas com a que se deseja excluir (por meio de chaves estrangeiras), o servidor não permitirá a operação.

10.3.3 CREATE INDEX e DROP INDEX

Esses comandos permitem, respectivamente, criar e excluir índices secundários. Esses índices são utilizados pelo gerenciador para efetuar pesquisas mais rapidamente. Um índice pode ser formado por um ou mais campos da tabela, com ordenação ascendente ou descendente. Para criar um índice, utilizamos a seguinte sintaxe:

```
CREATE INDEX nome_indice ON nome_tabela (nome_campo);
```

Por exemplo, para criar um índice secundário a partir do nome do cliente, teríamos o seguinte comando:

```
CREATE INDEX IXNOMECLIENTE ON CAD_CLIENTES (NOMECLIENTE);
```

Para excluir um índice, simplesmente especificamos o nome do índice após o comando **DROP INDEX**:

```
DROP INDEX nome_indice;
```

10.3.4 CREATE VIEW e DROP VIEW

Uma visão é criada com o comando **CREATE VIEW** e, depois, ela pode ser utilizada no lugar de uma expressão para consulta de dados. Após o comando, deve constar uma cadeia de caracteres que identifique a visão e o comando que será vinculado a ela.

Um emprego interessante ocorre na criação de consultas que restringem os dados que podem ser visualizados pelo usuário. Veja o seguinte exemplo:

```
CREATE VIEW VW_VENDASACIMA5000 (VALORFATURAMENTO) AS SELECT VALORFATURAMENTO
FROM DADOS_FATURAMENTO WHERE VALORFATURAMENTO >= 5000;
```

Com esse comando, criamos uma visão que retorna todos os registros de faturamento superiores a R$ 5.000,00.

A exclusão de uma visão é feita com o comando **DROP VIEW** ***nome_visao***.

Para utilizar essa visão, devemos passar ao comando **SELECT** o nome da visão no lugar da tabela real.

10.4 Comandos DML

O Quadro 10.3 relaciona os principais comandos de manipulação de registros conforme o padrão ANSI/ISO:

Quadro 10.3

Comando	Função
INSERT INTO	Inserir um novo registro na tabela de dados.
DELETE FROM	Apagar um ou mais registros de uma tabela de dados.
UPDATE	Permitir que os dados de um registro sejam atualizados.
SELECT FROM	Selecionar um conjunto de registros a partir de uma condição e retorná-los ao usuário.

10.4.1 INSERT INTO

Com o comando **INSERT INTO** é possível adicionar um novo registro e atribuir valores aos campos que o compõem. É possível especificar apenas um conjunto de campos, e não todos. Nesse caso, os campos que não se encontram relacionados não podem ter o modificador **NOT NULL** na definição, já que isso não permite um valor nulo para o campo. Veja o exemplo seguinte:

```
INSERT INTO CAD_CLIENTES (COGIDOCLIENTE,NOMECLIENTE,ENDERECO,LIMITECOMPRA)
VALUES ('05237','WILLIAM PEREIRA ALVES','AV. DA SAUDADE, 2000',2500);
```

Se for necessário atribuir valores a todos os campos da tabela, a lista de campos pode ser suprimida, como mostra o exemplo:

```
INSERT INTO CAD_PRODUTOS VALUES ('978902302','MONITOR 21 POL.',2,8,1200.00,
3,'A');
```

Nesse caso específico, a ordem dos valores deve seguir rigorosamente a que está definida para os campos dentro da tabela.

10.4.2 DELETE FROM

Para excluir um ou mais registros de uma tabela, devemos usar o comando **DELETE FROM**. O nome da tabela cujos registros serão excluídos é informado logo após o comando. Veja o exemplo:

```
DELETE FROM CAD_PRODUTOS WHERE ATIVO = 'N';
```

Nesse caso, os produtos cujo campo Ativo apresenta o caractere "N" serão apagados da tabela.

Se não for especificado nenhum parâmetro após o nome da tabela, todos os registros serão excluídos, como mostra o exemplo seguinte:

```
DELETE FROM CAD_PRODUTOS;
```

A tabela em si ainda existe, mas não possui registros armazenados (está vazia), portanto, deve-se ter muito cuidado ao utilizar o comando dessa forma.

10.4.3 UPDATE

O comando **UPDATE** é utilizado para atualizar os valores armazenados nos campos de uma tabela. Sua sintaxe é bastante simples:

```
UPDATE nome_tabela SET nome_campo = valor_campo;
```

Se tivermos vários campos para atualizar, eles podem ser especificados em sequência e separados por vírgula. Veja os dois exemplos mostrados em seguida:

```
UPDATE CAD_CLIENTES SET ESTADO = 'SP';
UPDATE CAD_PRODUTOS SET PRECOCUSTO = PRECOCUSTO * 1.15, SET PRECOVENDA =
PRECOCUSTO * MARGEMLUCRO;
```

A cláusula **WHERE** também pode ser utilizada caso queiramos atualizar apenas um grupo de registros, como no exemplo a seguir, em que somente os produtos da categoria

'035' (campo CODIGOCATEGORIA= '035') terão o valor do campo MARGEMLUCRO alterado para 18,50:

```
UPDATE CAD_PRODUTOS SET MARGEMLUCRO = 18.50 WHERE CODIGOCATEGORI = '035';
```

10.5 **Comandos DQL**

O comando **SELECT** talvez seja o comando mais utilizado e o que possui mais parâmetros e opções. Com ele, podemos efetuar consultas nas tabelas, especificando os campos desejados, uma condição para a pesquisa e a ordem em que os registros devem ser apresentados. Basicamente, a sintaxe é a seguinte:

```
SELECT campos FROM nome_tabela/visão;
```

Para especificar todos os campos da tabela, utilizamos um asterisco (*), como mostra o seguinte exemplo:

```
SELECT * FROM CAD_CLIENTES;
```

Se desejarmos saber apenas os nomes dos clientes cujo limite de compra seja superior a R$ 3.000,00, devemos executar o comando:

```
SELECT NOMECLIENTE FROM CAD_CLIENTES WHERE LIMITECOMPRA >= 3000;
```

Vamos supor agora que esses mesmos registros devam ser apresentados em ordem decrescente. O comando seria:

```
SELECT NOMECLIENTE FROM CAD_CLIENTES WHERE LIMITECOMPRA >= 3000 ORDER BY
LIMITECOMPRA DESC;
```

Os operadores lógicos **AND**, **OR** e **NOT** podem ser utilizados para concatenar mais de uma expressão à cláusula **WHERE**. Por exemplo, para recuperar todos os clientes que residem no estado de São Paulo e possuem limite de compra superior a R$ 3.000,00, usamos o comando:

```
SELECT NOMECLIENTE FROM CAD_CLIENTES WHERE ESTADO = 'SP' AND LIMITECOMPRA >= 3000;
```

Um operador muito utilizado é o de comparação **LIKE**. Ele permite que parte de uma cadeia de caracteres seja fornecida para que os dados sejam recuperados. Por exemplo, para listar todos os clientes cujos nomes comecem com a expressão caractere "JON", teríamos de executar o comando:

```
SELECT NOMECLIENTE FROM CAD_CLIENTES WHERE NOMECLIENTE LIKE 'JON%';
```

Dessa maneira, seriam apresentados todos os registros cujo valor do campo NOMECLIENTE comece com as letras "JON", independentemente do que venha após elas. Assim, seriam válidos nomes como "JONAS", "JONATAS" e "JONNY".

Se utilizarmos o nome de uma visão no lugar do nome da tabela, ela será tomada como base para a geração dos registros retornados.

Bem, com essa pequena introdução à linguagem SQL, foi possível ter uma ideia do que ela oferece e o que é possível fazer com ela.

10.6 Comandos DTL (segurança)

Dois são os comandos principais para gerenciamento de segurança de acesso ao banco de dados e seus registros: um para dar privilégios aos usuários, outro para revogá-los. O comando **GRANT** permite que sejam dados privilégios a um usuário, enquanto **REVOKE** é usado para remover um ou mais privilégios.

A sintaxe do comando **GRANT** é:

```
GRANT direitos ON nome_tabela TO identificação;
```

- **direitos:** indica os direitos que podem ser concedidos ao usuário. São eles: ALL PRIVILEGES, SELECT, INSERT, UPDATE e DELETE.
- **nome_tabela:** é a tabela de dados ou visão na qual será aplicada a concessão dos direitos.
- **identificação:** identificação da autorização para a qual os privilégios foram concedidos.

A sintaxe para o comando **REVOKE** é um pouco parecida:

```
REVOKE direitos ON nome_tabela FROM identificação;
```

A seguir, temos exemplos de concessão e revogação de direitos:

```
GRANT SELECT, INSERT, UPDATE ON CAD_CLIENTES TO WILLIAM;
GRANT SELECT, INSERT, UPDATE, DELETE ON CAD_CLIENTES TO SYSDBA;
REVOKE DELETE ON CAD_PRODUTOS FROM VENDABALCAO1;
REVOKE INSERT,UPDATE,DELETE ON CAD_CLIENTES FROM VENDABALCAO1;
```

10.7 Funções para estatística

A linguagem SQL possui funções especiais que permitem executar alguns tipos de cálculos com os registros ou valores de campos das tabelas. Por exemplo, podemos calcular o preço médio dos livros ou somar todas as faturas que se encontram em aberto em um determinado período. Essas funções são denominadas funções de agregação e estão listadas no Quadro 10.4:

Quadro 10.4

Função	Descrição
COUNT	Retorna a quantidade de registros.
SUM	Efetua a soma dos valores de um campo numérico.
AVG	Calcula a média dos valores de um campo numérico.
MIN	Retorna o menor valor existente em um campo da tabela.
MAX	Retorna o maior valor existente em um campo da tabela.

Por exemplo, para saber quantos livros a editora possui em seu catálogo, podemos utilizar o seguinte comando:

```
SELECT COUNT(ISBN) FROM livros
```

As Figuras 10.1 e 10.2 exibem as telas das ferramentas de gerenciamento do MySQL (MySQL Workbench) e do SQL Server (SQL Server Management Studio).

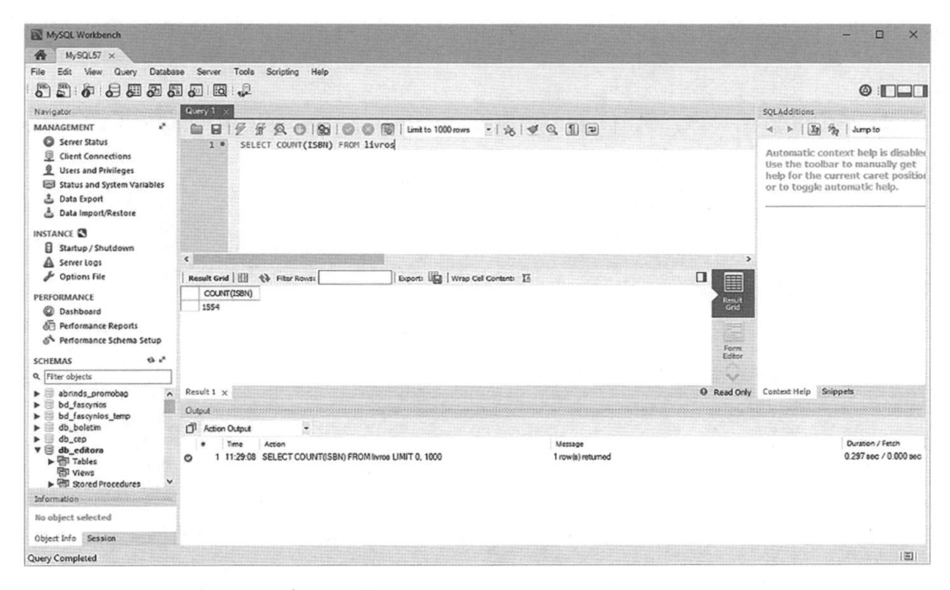

Figura 10.1 | Resultado de consulta executada no MySQL Workbench.

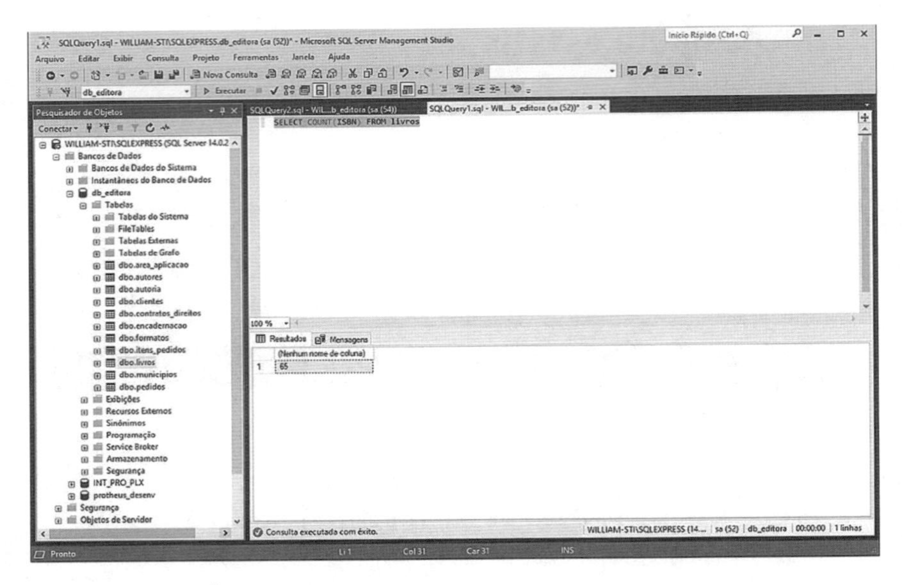

Figura 10.2 | Resultado de consulta executada no SQL Server Management Studio.

Agora, imagine que seja necessário visualizar o valor total de todos os pedidos emitidos no primeiro semestre de 2019. Nesse caso, além de utilizarmos a função de agregação **SUM()**, precisamos também especificar o período desejado por meio da cláusula **WHERE** aplicada ao campo **Data_Emissao**. O comando SQL para essa operação seria o seguinte:

```
SELECT SUM(Valor_Total) FROM pedidos WHERE Data_Emissao BETWEEN '2019/01/01'
AND '2019/06/30'
```

O resultado, tanto no MySQL quanto no SQL Server, pode ser visto nas Figuras 10.3 e 10.4.

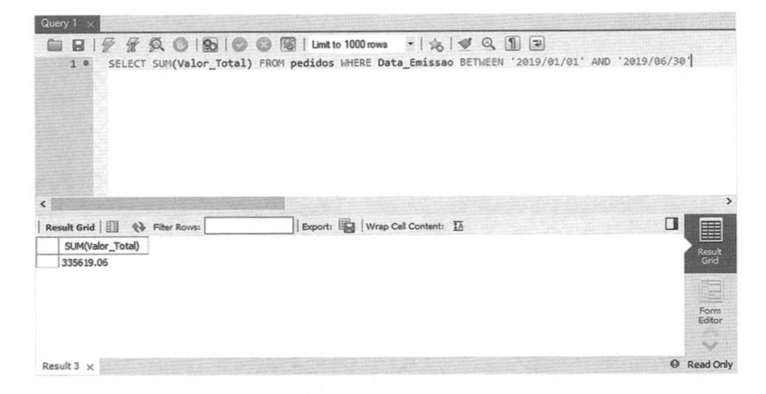

Figura 10.3 | Resultado de consulta executada no MySQL Workbench.

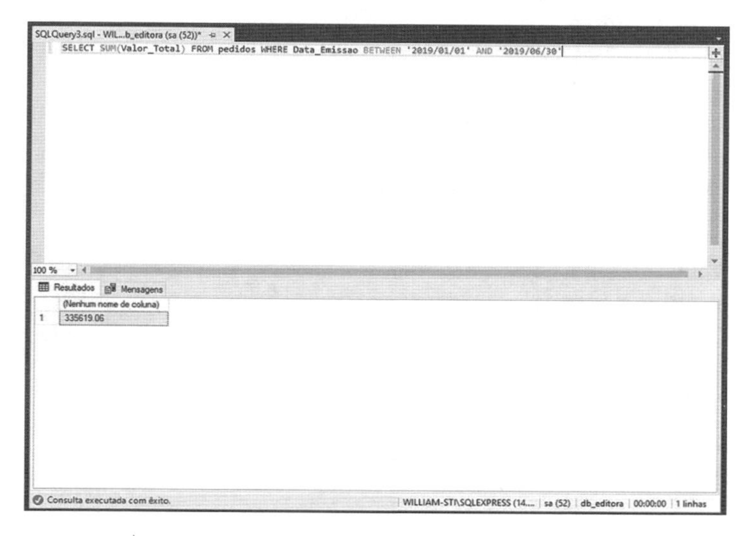

Figura 10.4 | Resultado de consulta executada no SQL Server Management Studio.

Da mesma forma, podemos usar a função de agregação **AVG()** - abreviação de *average* (média, em inglês) - para encontrar o valor médio de um campo numérico. Como exemplo, podemos, por meio do comando apresentado a seguir, verificar na tela o valor médio do preço de venda dos livros.

```
SELECT AVG(Valor_Venda) FROM livros
```

10.8 **Consultas avançadas**

Além das funções de agregação que podemos utilizar em comandos SQL para recuperar alguns tipos de informações da base, também é possível criar comandos de consulta bastante sofisticados. Um dos usos mais comuns ocorre na junção de duas ou mais tabelas para recuperar os dados por meio de chaves estrangeiras e candidatas.

Suponha que haja necessidade de se listarem os livros e seus respectivos autores. Pela nossa modelagem de dados, temos uma tabela de cadastro de autores, outra de cadastro de livros e uma terceira para armazenar a relação de livros e os autores correspondentes. Essa tabela é comumente conhecida como tabela de relacionamento, pois por meio dela será possível vincular um determinado livro a um autor específico.

O comando SQL para realizar essa consulta é o apresentado a seguir:

```
SELECT livros.ISBN,livros.Titulo_Completo,autores.Nome_Autor,autoria.ISBN,
autoria.Codigo_Autor FROM livros,autores,autoria
WHERE autoria.ISBN = livros.ISBN AND autoria.Codigo_Autor = autores.Codigo_
Autor
```

Veja nas Figuras 10.5 e 10.6 o resultado que seria apresentado.

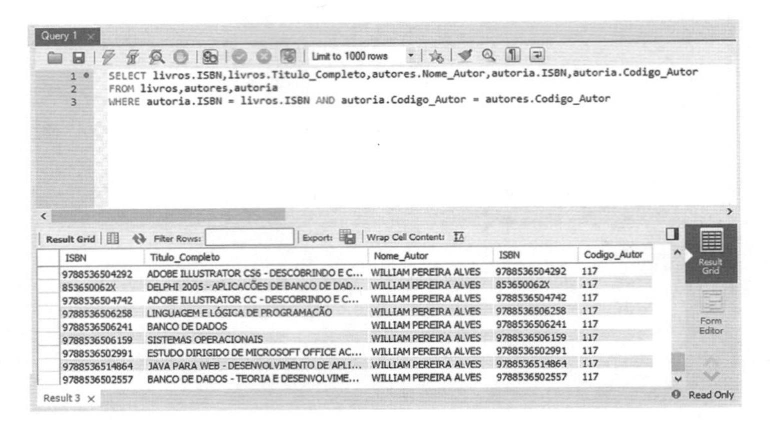

Figura 10.5 | Resultado da junção de tabelas em MySQL.

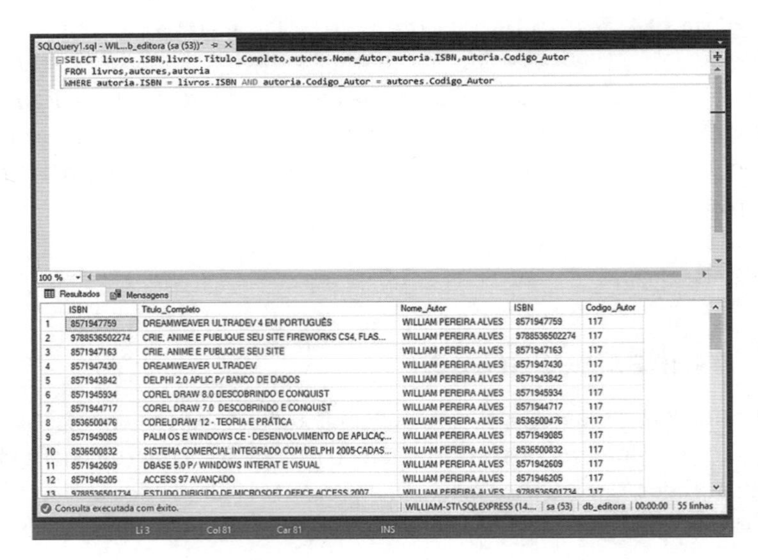

Figura 10.6 | Resultado da junção de tabelas em SQL Server.

Um recurso muito útil que pode ser inserido em uma consulta SQL envolve um tipo de estrutura condicional que permite que, a partir do valor de um campo, seja retornado um determinado valor. Vejamos um exemplo prático.

Nossa tabela livros está estruturada de tal forma que há dois campos para definição do tipo de encadernação e do tipo de impressão. Para o tipo de encadernação, podemos ter os seguintes valores:

1 - Brochura

2 - Grampeado

3 - Espiral

Já para o tipo de impressão, podemos ter o valor 1 para representar impressão em preto e branco (P&B), 2 para impressão em duas cores (2 Cores) e 3 para impressão em quatro cores (4 Cores).

Nosso banco de dados não contém tabelas para esses dois tipos de dados, já que, por envolverem poucos registros de informação, seria um desperdício. Assim, precisamos criar uma consulta que possa retornar a descrição correspondente a cada valor desses campos. Com o comando SQL listado a seguir, teremos como resultado as telas das Figuras 10.7 e 10.8.

```
SELECT ISBN,Titulo_Completo,Codigo_Encadernacao,Codigo_Formato,
Codigo_Cores,Peso,Numero_Paginas,Valor_Venda,Codigo_Area FROM livros
```

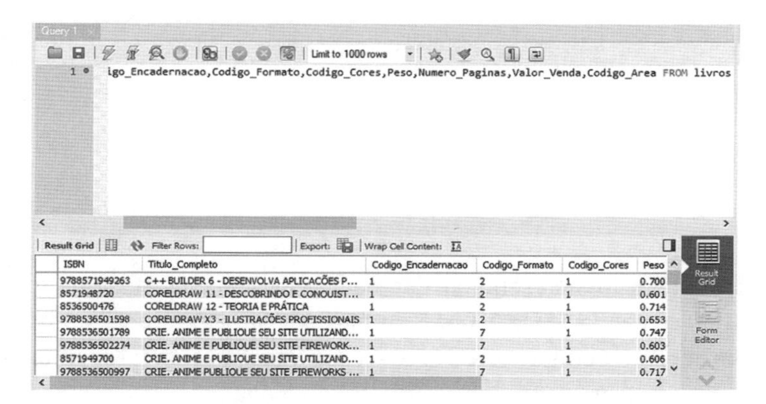

ISBN	Titulo_Completo	Codigo_Encadernacao	Codigo_Formato	Codigo_Cores	Peso
9788571949263	C++ BUILDER 6 - DESENVOLVA APLICACÕES P...	1	2	1	0.700
8571948720	CORELDRAW 11 - DESCOBRINDO E CONOUIST...	1	2	1	0.601
8536500476	CORELDRAW 12 - TEORIA E PRÁTICA	1	2	1	0.714
9788536501598	CORELDRAW X3 - ILUSTRACÕES PROFISSIONAIS	1	2	1	0.653
9788536501789	CRIE. ANIME E PUBLIOUE SEU SITE UTILIZAND...	1	7	1	0.747
9788536502274	CRIE. ANIME E PUBLIOUE SEU SITE FIREWORK...	1	7	1	0.603
8571949700	CRIE. ANIME E PUBLIOUE SEU SITE UTILIZAND...	1	2	1	0.606
9788536500997	CRIE. ANIME PUBLIOUE SEU SITE FIREWORKS ...	1	7	1	0.717

Figura 10.7 | Resultado da consulta sobre a tabela de livros no MySQL.

	ISBN	Titulo_Completo	Codigo_Encadernacao	Codigo_Formato	Codigo_Cores	Peso	Numero_Pag
1	9788571949263	C++ BUILDER 6 - DESENVOLVA APLICAÇÕES PARA WINDOWS	1	2	1	0.700	440
2	8571948720	CORELDRAW 11 - DESCOBRINDO E CONQUISTANDO	1	2	1	0.601	368
3	8536500476	CORELDRAW 12 - TEORIA E PRÁTICA	1	2	1	0.714	416
4	9788536501598	CORELDRAW X3 - ILUSTRAÇÕES PROFISSIONAIS	1	2	1	0.653	384
5	9788536501789	CRIE, ANIME E PUBLIQUE SEU SITE UTILIZANDO FIREWOR...	1	7	1	0.747	448
6	9788536502274	CRIE, ANIME E PUBLIQUE SEU SITE FIREWORKS CS4, FLAS...	1	7	1	0.603	360
7	8571949700	CRIE, ANIME E PUBLIQUE SEU SITE UTILIZANDO FIREWOR...	1	2	1	0.606	376
8	9788536500997	CRIE, ANIME PUBLIQUE SEU SITE FIREWORKS 8, FLASH 8 E...	1	7	1	0.717	432
9	853650062X	DELPHI 2005 - APLICAÇÕES DE BANCO DE DADOS COM INT...	1	1	1	1.222	544
10	9788571948464	ESTUDO DIRIGIDO DE ACCESS XP	1	2	1	0.391	232
11	9788536500294	ESTUDO DIRIGIDO DE MICROSOFT OFFICE ACCESS 2003	1	2	1	0.503	312
12	9788536501734	ESTUDO DIRIGIDO DE MICROSOFT OFFICE ACCESS 2007	1	2	1	0.515	320

Figura 10.8 | Resultado da consulta sobre a tabela de livros no SQL Server.

Como é possível perceber, os campos apresentam códigos numéricos, o que não é de fácil entendimento por parte do usuário.

Para solucionar esse problema, podemos utilizar o seguinte comando SQL:

```
SELECT ISBN,
Titulo_Completo,
(SELECT CASE
       Codigo_Encadernacao WHEN 1 THEN 'BROCHURA'
                WHEN 2 THEN 'GRAMPEADO'
                WHEN 3 THEN 'ESPIRAL'
END) AS Encadernacao,
Codigo_Formato,
(SELECT CASE
       Codigo_Cores WHEN 1 THEN 'P&B'
                WHEN 2 THEN '2 CORES'
                WHEN 3 THEN '4 CORES'
END) AS Cores,
Peso,
Numero_Paginas,
Valor_Venda,
Codigo_Area
FROM livros
```

O comando inteiro foi apresentado com quebra de linhas para tornar mais fácil seu entendimento. O comando **SELECT CASE** é utilizado para testar o valor dos campos **Codigo_Encadernacao** e **Codigo_Cores** e, com base em seu valor, retornar uma cadeia de caracteres correspondente. O valor a ser comparado segue a cláusula **WHEN** e o valor a ser retornado vem após a cláusula **THEN**. Para aqueles que conhecem as linguagens C, C++, C# ou Java, isso é equivalente à instrução **switch**; na linguagem Pascal, ao **case of**.

Veja o resultado a ser exibido por esse comando, tanto no MySQL quanto no SQL Server, nas Figuras 10.9 e 10.10.

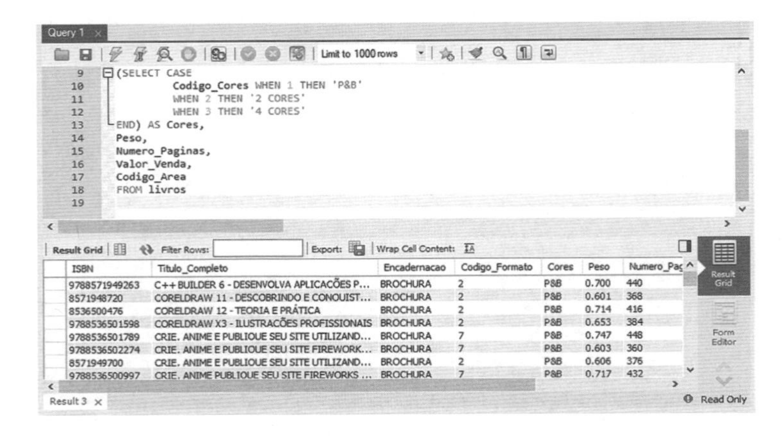

Figura 10.9 | Resultado da consulta com instrução condicional SELECT CASE no MySQL.

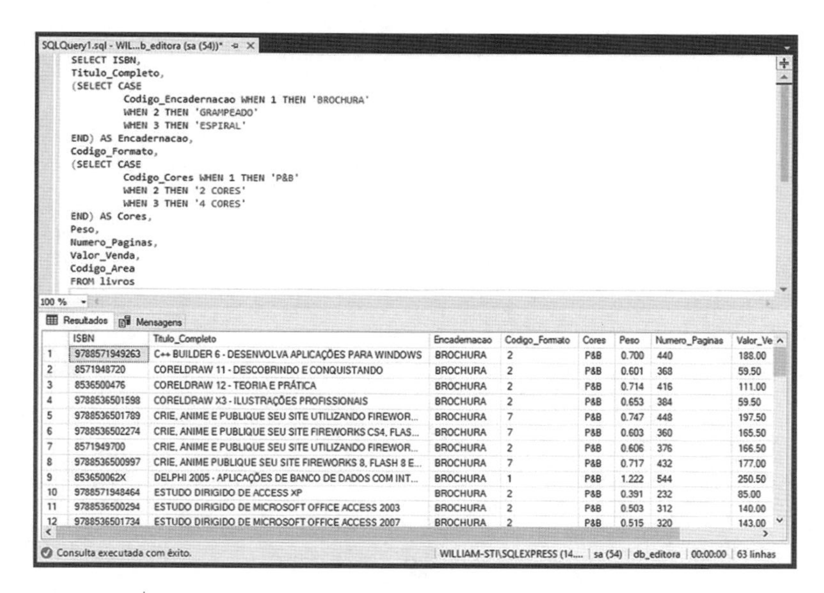

Figura 10.10 | Resultado da consulta com instrução condicional SELECT CASE no SQL Server.

Note que utilizamos um apelido para as colunas que possuem os valores retornados pela cláusula **SELECT CASE**, de modo a se permitir uma melhor visualização dos dados.

Outro recurso interessante disponível em SQL é a possibilidade de utilizarmos **subqueries**, que são uma consulta dentro de outra consulta. Por exemplo, suponha que desejamos listar todos os livros escritos pelo autor cujo código no cadastro seja equivalente a 117. A tabela de cadastro de livros não possui um campo que permite identificar por qual autor o livro foi escrito. Esse vínculo é realizado pela tabela autoria, conforme já visto, até porque um livro pode ter sido escrito por mais de um autor.

Precisamos, portanto, de uma consulta que resgate todos os livros do autor especificado a partir da tabela autoria e, então, com base nessa lista, referenciar os registros da tabela de cadastro de livros. O comando SQL para essa operação é o apresentado a seguir:

```
SELECT ISBN,Titulo_Completo FROM livros
WHERE ISBN IN (SELECT ISBN FROM autoria WHERE Codigo_Autor = 117)
```

O operador IN faz com que sejam listados todos os livros cujo código ISBN pertença ao conjunto de valores retornados pela subquery `SELECT ISBN FROM autoria WHERE Codigo_Autor = 117`.

Veja nas Figuras 10.11 e 10.12 os resultados nos gerenciadores MySQL e SQL Server.

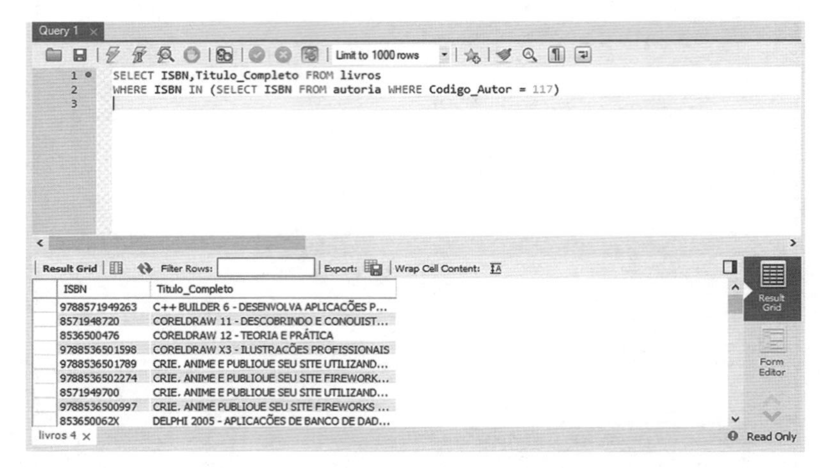

Figura 10.11 | Resultado da consulta com subquerie SELECT no SQL Server.

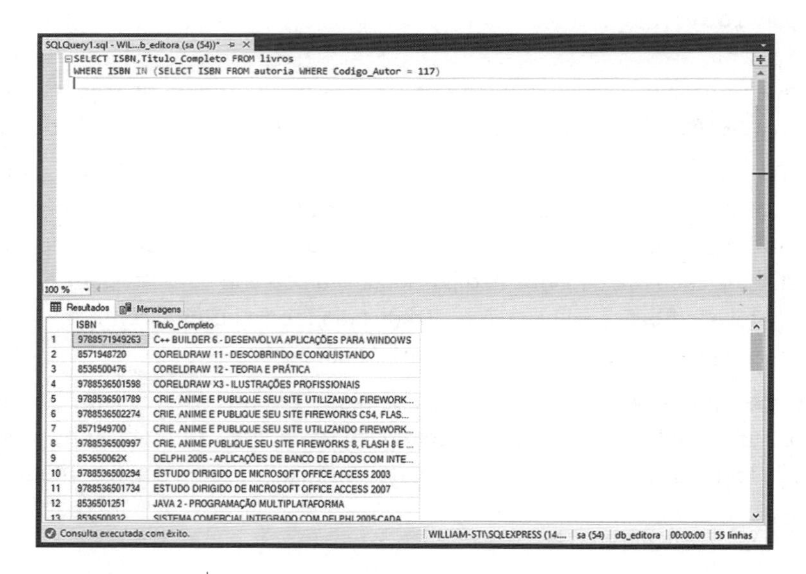

Figura 10.12 | Resultado da consulta com subquerie SELECT no SQL Server.

10.9 **Views**

As **views** (visões, em português) são uma forma de definir uma consulta que pode ser executada a qualquer momento, sem a necessidade de termos de escrever todo o código da instrução SQL. Suponha que precisemos executar frequentemente a seguinte consulta SQL:

```
SELECT livros.ISBN,
livros.Titulo_Completo,
(SELECT CASE
       livros.Codigo_Encadernacao WHEN 1 THEN 'BROCHURA'
                WHEN 2 THEN 'GRAMPEADO'
                WHEN 3 THEN 'ESPIRAL'
END) AS Encadernacao,
formatos.Descricao,
(SELECT CASE
       livros.Codigo_Cores WHEN 1 THEN 'P&B'
                WHEN 2 THEN '2 CORES'
                WHEN 3 THEN '4 CORES'
END) AS Cores,
autores.Nome_Autor
FROM livros,autores,autoria,formatos
WHERE autoria.ISBN = livros.ISBN
AND autoria.Codigo_Autor = autores.Codigo_Autor
AND livros.Codigo_Formato = formatos.Codigo_Formato
```

A complexidade e extensão do comando torna inviável digitá-lo toda vez que for necessário executá-lo. Assim, podemos criar uma view com base nele e depois utilizá-la a qualquer momento.

No MySQL Workbench, para criar uma view, clique com o botão direito do mouse sobre a opção **Views** e selecione a opção **Create View** (Figura 10.13). Será apresentada em seguida a tela da Figura 10.14, já com o cabeçalho do comando exibido no editor de views. Complete o código digitando as linhas que correspondem à nossa consulta mostrada anteriormente.

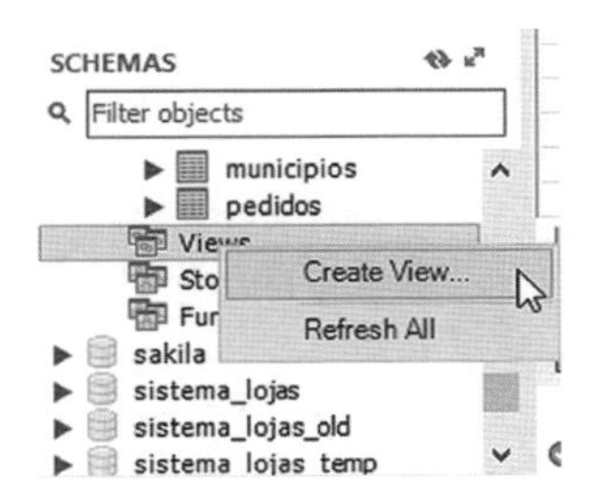

Figura 10.13 | Opção de criação de views.

Altere o nome da view substituindo a cadeia de caracteres **new_view** por **lista_livros**, logo após o comando CREATE VIEW

Clique no botão **Apply** para avançar até a tela da Figura 10.15. Ela mostra a construção final do comando pertencente à view. Clique em **Apply** novamente para voltar ao editor de views (Figura 10.16). Para finalizar, feche a janela do editor de views.

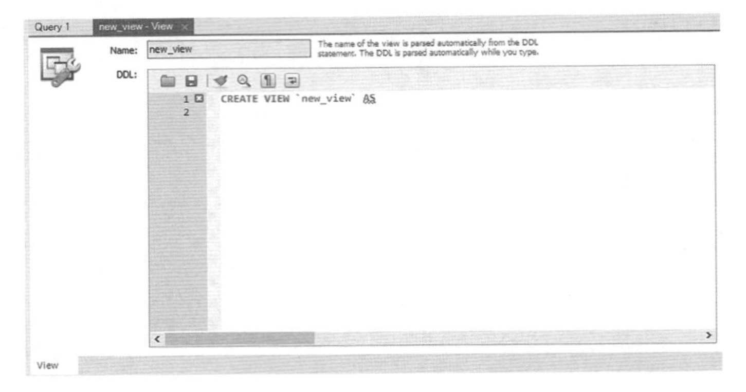

Figura 10.14 | Tela do editor de views.

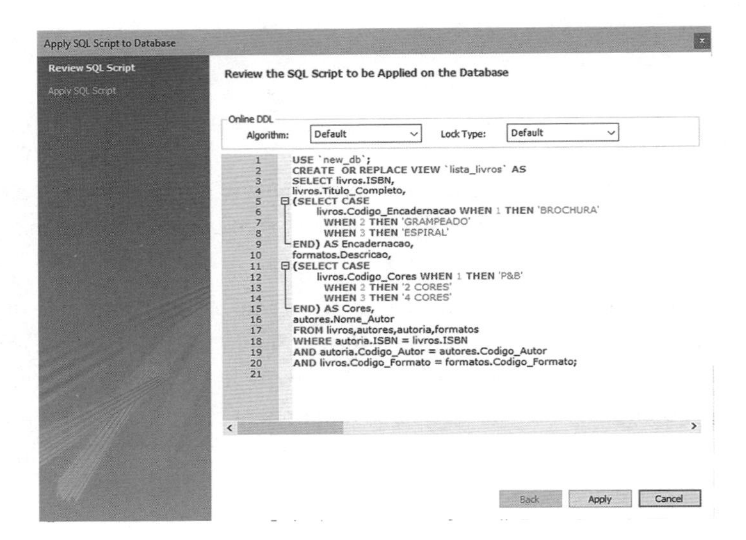

Figura 10.15 | Visualização do código da view.

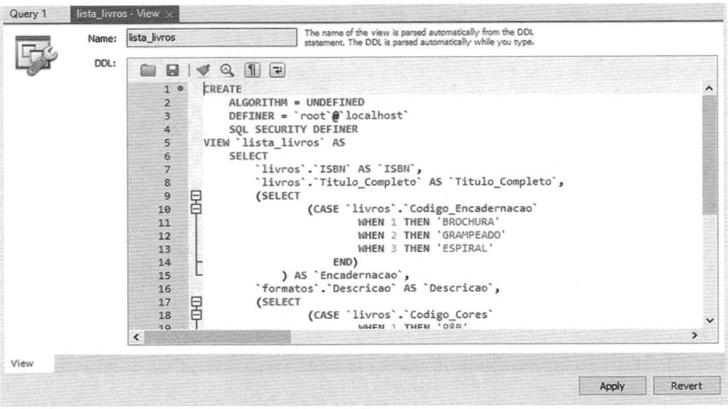

Query 1 | lista_livros - View

Name: lista_livros

The name of the view is parsed automatically from the DDL statement. The DDL is parsed automatically while you type.

DDL:

```
CREATE
    ALGORITHM = UNDEFINED
    DEFINER = `root`@`localhost`
    SQL SECURITY DEFINER
VIEW `lista_livros` AS
    SELECT
        `livros`.`ISBN` AS `ISBN`,
        `livros`.`Titulo_Completo` AS `Titulo_Completo`,
        (SELECT
                (CASE `livros`.`Codigo_Encadernacao`
                        WHEN 1 THEN 'BROCHURA'
                        WHEN 2 THEN 'GRAMPEADO'
                        WHEN 3 THEN 'ESPIRAL'
                    END)
            ) AS `Encadernacao`,
        `formatos`.`Descricao` AS `Descricao`,
        (SELECT
                (CASE `livros`.`Codigo_Cores`
```

View

Apply | Revert

Figura 10.16 | Tela do editor de views com o código completo.

Para executar uma view, devemos utilizar o comando **SELECT**. Para nosso exemplo, seria `SELECT lista_livros` (Figura 10.17). Note que, para o comando SELECT, uma view se comporta como uma tabela do banco de dados. Assim, podemos especificar, inclusive, os campos que desejamos visualizar.

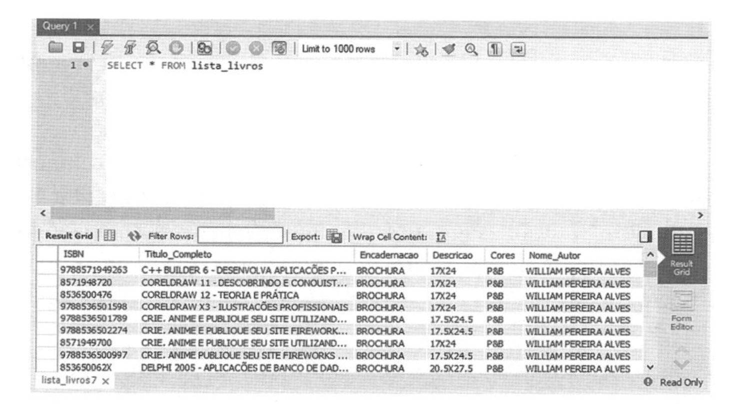

Figura 10.17 | Execução de uma view no MySQL.

10.10 Stored Procedures, Triggers e Functions

Os sistemas SQL oferecem um recurso muito importante, principalmente para quem é desenvolvedor, que permite a criação de rotinas inseridas no próprio banco de dados. Essas rotinas podem desempenhar diversos tipos de tarefas com os dados armazenados no banco. Por exemplo, em vez de criarmos um código em nosso programa que calcule o valor do pedido de venda, podemos criar uma **stored procedure** para executar essa operação.

Deixar a execução de algumas tarefas a cargo do servidor SQL pode trazer duas vantagens. A primeira é um ganho de performance na aplicação, tendo em vista que ela não precisa acessar a base de dados, ler os dados e trabalhar com eles localmente. A segunda é a possibilidade de a mesma stored procedure ser utilizada por mais de um programa.

A listagem a seguir apresenta uma stored procedure criada em um banco de dados MySQL. Sua função é excluir todos os registros de uma determinada tabela, cujo nome é passado como parâmetro para ele.

```
CREATE PROCEDURE `LimparTabela`(IN _NomeTabela VARCHAR(80))
    NOT DETERMINISTIC
    CONTAINS SQL
    SQL SECURITY INVOKER
    COMMENT ''
BEGIN
     SET @strComando = CONCAT('DELETE FROM ',_NomeTabela);
     PREPARE ComandoSQL FROM @strComando;
```

```
    EXECUTE ComandoSQL;

    SET @strComando = CONCAT('ALTER TABLE ',_NomeTabela,' AUTO_INCREMENT = 0');
    PREPARE ComandoSQL FROM @strComando;
    EXECUTE ComandoSQL;
END;
```

Esse procedimento pode ser invocado a partir de qualquer parte do programa. A mesma tarefa poderia ser executada por uma função criada dentro do próprio programa, mas, nesse caso, se ela fosse necessária em outro projeto, seu código precisaria ser copiado para ela ou então teríamos de criar uma biblioteca que pudesse ser compartilhada entre nossos projetos. No caso de haver necessidade de alteração nessa rotina interna do programa, todos os projetos que fizessem uso dela precisariam ser compilados novamente. Com uma stored procedure definida, não há qualquer necessidade de alteração no código fonte de nossos programas, desde que a interface de chamada, ou seja, os parâmetros passados, não sofra alterações.

Os triggers (gatilhos) são também rotinas embutidas no próprio banco de dados, mas, em vez de serem executadas por uma chamada dentro de um programa, o fazem quando um determinado evento ocorre na base. Você pode especificar se o código será executado antes ou depois da ocorrência do evento na aplicação.

Para nosso exemplo, vamos criar um trigger com a seguinte instrução: toda vez que for inserido um registro na tabela de livros, um registro correspondente deverá ser adicionado à tabela de autorias. No MySQL Workbench, selecione a tabela à qual se deseja adicionar o gatilho, clique com o botão direito do mouse sobre ela e escolha a opção **Alter Table**. Com isso, apresenta-se a tela de edição da estrutura da tabela. Selecione a aba Triggers (Figura 10.18). Vamos criar nosso gatilho vinculado ao evento **AFTER INSERT** (depois da inserção); assim, clique no ícone circular com o sinal + no interior, mostrado à direita dessa opção, e a tela da Figura 10.19 deverá ser mostrada.

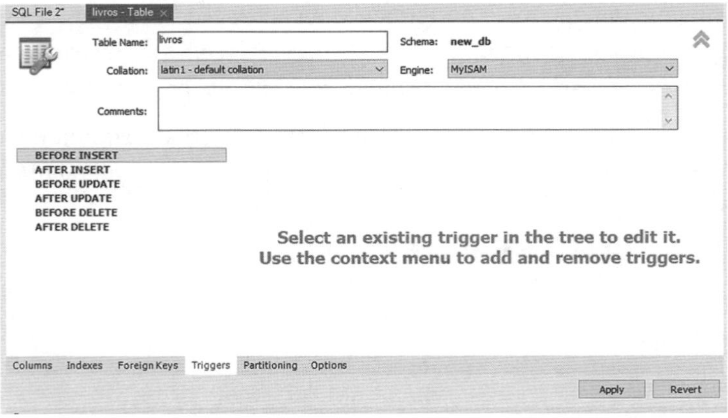

Figura 10.18 | Opções de eventos para criação de gatilhos no MySQL.

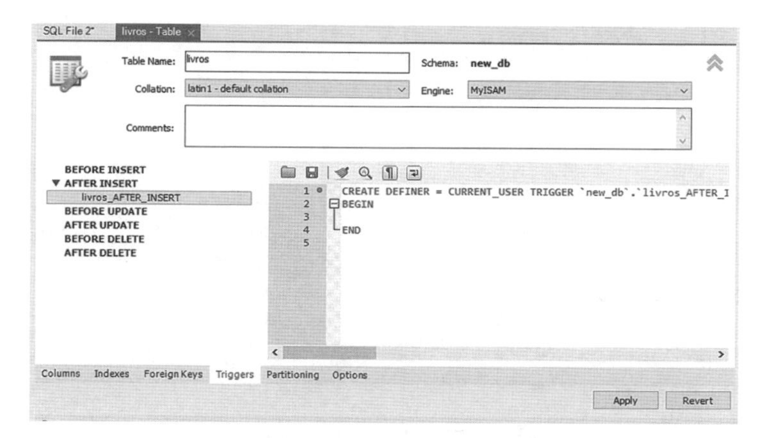

Figura 10.19 | Tela de edição do código do gatilho no MySQL.

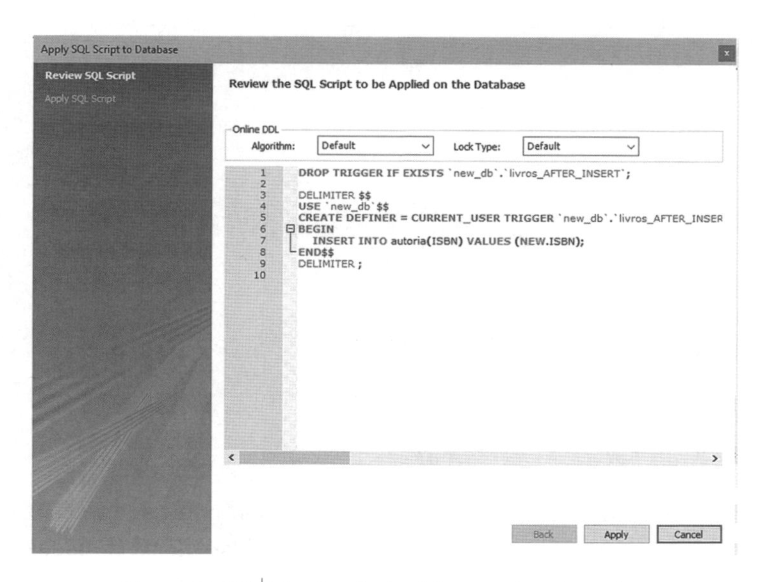

Figura 10.20 | Visualização do código completo do gatilho.

Digite a linha de comando `INSERT INTO autoria(ISBN) VALUES (NEW.ISBN);` e depois clique no botão **Apply**. Clique novamente no botão **Apply** na tela seguinte (Figura 10.20). Finalize ao clicar no botão **Finish** na próxima tela. Feche a janela e depois insira um novo livro por meio do comando **INSERT**, por exemplo, `INSERT INTO livros(ISBN,Titulo_Completo) VALUES('9781234567890','TITULO DE TESTE')`.

As Figuras 10.21 e 10.22 mostram, respectivamente, o novo livro adicionado e o registro de autoria correspondente, inserido automaticamente.

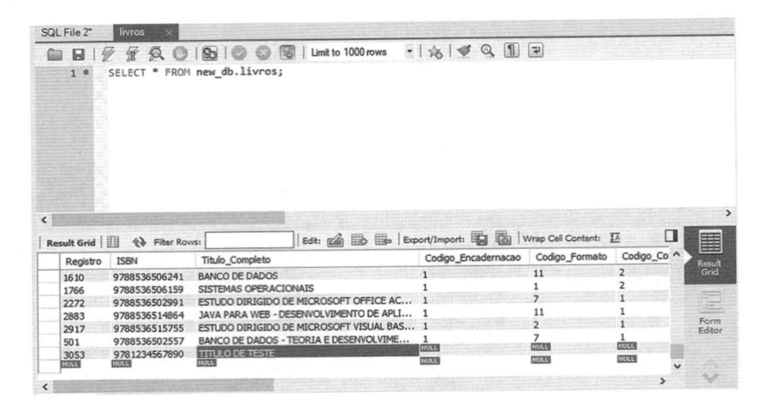

Figura 10.21 | Registro de livro novo adicionado ao banco.

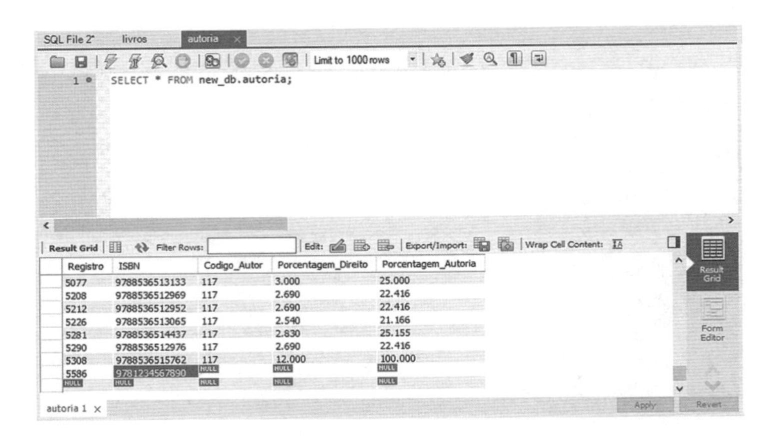

Figura 10.22 | Registro de autoria do novo livro adicionado ao banco.

Função é outra forma de embutir códigos dentro do banco de dados para uso posterior, a qualquer momento. Vamos adicionar uma função ao nosso banco de dados MySQL que calcule o imposto sobre um valor a partir de uma alíquota informada.

Clique com o botão direito do mouse sobre o item **Functions** e escolha a opção **Create Function**. Teremos, então, a tela da Figura 10.23 para definição do código que será executado quando a função for invocada. Altere o código gerado pelo MySQL Workbench acrescentando parâmetros à função e a linha que retornará um valor. Veja o código completo na listagem a seguir:

```
CREATE FUNCTION `CalcImposto` (_Valor DECIMAL(10,2),_Aliquota DECIMAL(8,2))
RETURNS INTEGER
BEGIN
RETURN (_Valor * _Aliquota) / 100;
END
```

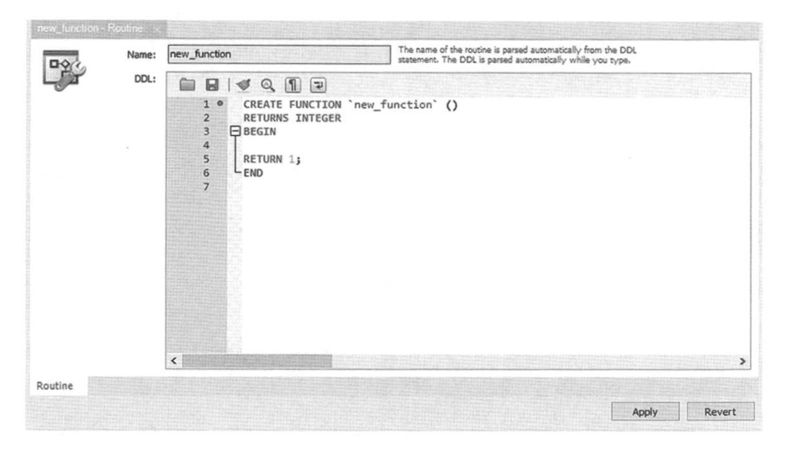

Figura 10.23 | Tela do editor de código de funções.

Clique no botão **Apply** nessa e na tela seguinte (Figura 10.24). Depois, feche o editor e execute o comando SQL `SELECT CalcImposto(1500,10)`. Isso faz com que a função seja chamada com os parâmetros ajustados para os valores 1500 e 10. O resultado pode ser visto na Figura 10.25.

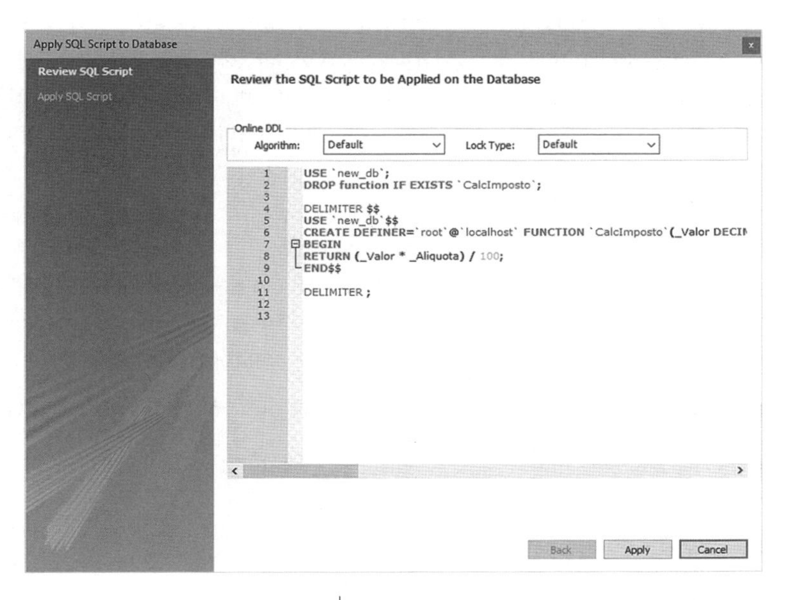

Figura 10.24 | Código completo da função.

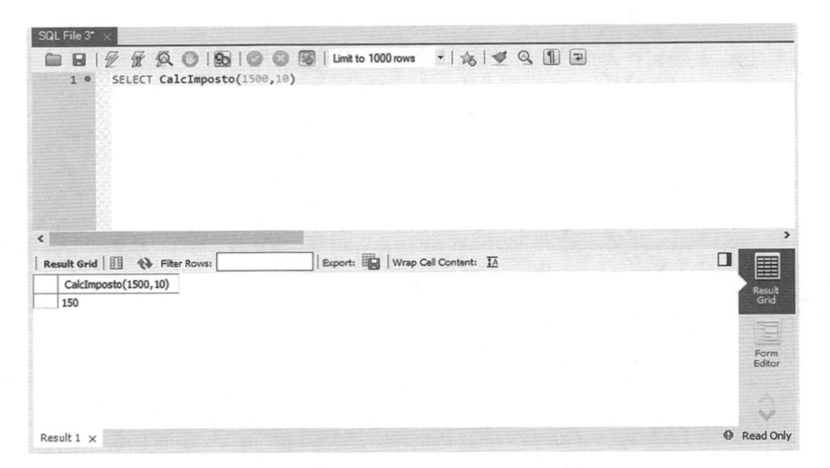

Figura 10.25 | Resultado da chamada da função.

10.11 **Vínculos com linguagens de programação**

Conforme mencionado no início do capítulo, diversos SGBDs oferecem um utilitário chamado pré-processador, que permite converter um arquivo fonte escrito em uma linguagem de programação (como C, C++, COBOL, Pascal, Fortran ou Ada) e contendo instruções SQL em um arquivo totalmente compatível com o compilador da linguagem utilizada. Com isso, podemos trabalhar com comandos SQL em conjunto com os da linguagem de nossa preferência.

Outra forma mais prática e flexível de manipular um banco de dados relacional padrão SQL a partir de uma linguagem de programação de uso geral é criar uma conexão por meio de drivers, como o ODBC ou o JDBC. Esses drivers servem de ponte entre o aplicativo e o banco de dados, gerenciando todo o processo de conexão e manipulação. Assim, é possível executar instruções SQL dentro do aplicativo de forma bastante simples.

A seguir, encontra-se a listagem de um fragmento de código de um aplicativo escrito em Java que acessa um banco de dados MySQL.

```
import java.awt.*;
import java.awt.event.*;
import javax.swing.*;
import javax.swing.table.*;
import java.sql.*;

public class AgendaEnderecos extends JFrame {
  private JPanel pnlNome,pnlEndereco,pnlBairro,pnlCidade,pnlEstado,pnlCEP,pn
lTelefone,pnlBotoes;
```

```
  private JTextField
fldNome,fldEndereco,fldBairro,fldCidade,fldEstado,fldCEP,fldTelefone;
  private JButton btnAdicionar,btnExcluir,btnSair;
  private JTable Agenda;
  private DefaultTableModel ModeloAgenda;
  private JScrollPane ScrollTabela;

  int intTotalRegistros,intNumRegistro,intRegistro;
  String NomeColuna[] = {"Registro","Nome","Endereço","Bairro","Cidade","Est
ado","CEP","Telefone"};
  String Campo[] = new String[8];

  String EnderecoDB;
  java.sql.Connection Conexao;
  java.sql.Statement Comando;
  java.sql.ResultSet rsRegistro;

  public AgendaEnderecos() {
    try {
        Class.forName("com.mysql.jdbc.Driver");
        EnderecoDB = "jdbc:mysql://localhost:3306/agenda_enderecos";
        Conexao = DriverManager.getConnection(EnderecoDB,"root","william");
    }
    catch (Exception Excecao) {
          JOptionPane.showMessageDialog(null,"SQLException: " + Excecao.
getMessage(),"Erro: Construtor",JOptionPane.INFORMATION_MESSAGE);
    }
  }

  public void Executa() {
    setSize(800,600);
    setLocation(0,0);
    setLayout(new GridLayout(9,1));

    try {
        Comando = Conexao.createStatement();
        rsRegistro = Comando.executeQuery("SELECT * FROM dadosagenda ORDER
BY Nome");

        rsRegistro.beforeFirst();
        intTotalRegistros = 0;
        while (rsRegistro.next())
              intTotalRegistros++;

        ModeloAgenda = new DefaultTableModel(NomeColuna,intTotalRegistros);

        rsRegistro.beforeFirst();
```

```
            rsRegistro.next();
            intRegistro = rsRegistro.getInt("Registro");
            Campo[0] = Integer.toString(intRegistro);
            Campo[1] = rsRegistro.getString("Nome");
            Campo[2] = rsRegistro.getString("Endereco");
            Campo[3] = rsRegistro.getString("Bairro");
            Campo[4] = rsRegistro.getString("Cidade");
            Campo[5] = rsRegistro.getString("Estado");
            Campo[6] = rsRegistro.getString("CEP");
            Campo[7] = rsRegistro.getString("Telefone");
            ModeloAgenda.insertRow(0,Campo);
            intNumRegistro = 1;
            while (rsRegistro.next()) {
                  intRegistro = rsRegistro.getInt("Registro");
                  Campo[0] = Integer.toString(intRegistro);
                  Campo[1] = rsRegistro.getString("Nome");
                  Campo[2] = rsRegistro.getString("Endereco");
                  Campo[3] = rsRegistro.getString("Bairro");
                  Campo[4] = rsRegistro.getString("Cidade");
                  Campo[5] = rsRegistro.getString("Estado");
                  Campo[6] = rsRegistro.getString("CEP");
                  Campo[7] = rsRegistro.getString("Telefone");
                  ModeloAgenda.insertRow(intNumRegistro,Campo);
                  intNumRegistro++;
            }
            Comando.close();
      }
      catch (Exception Excecao) {
            JOptionPane.showMessageDialog(null,"SQLException: " + Excecao.
getMessage(),"Erro: Leitura dos registros",JOptionPane.INFORMATION_MESSAGE);
      }

      Agenda = new JTable(ModeloAgenda);
      ScrollTabela = new JScrollPane(Agenda,JScrollPane.VERTICAL_SCROLLBAR_
ALWAYS,JScrollPane.HORIZONTAL_SCROLLBAR_ALWAYS);

      fldNome = new JTextField(50);
      fldEndereco = new JTextField(50);
      fldBairro = new JTextField(40);
      fldCidade = new JTextField(40);
      fldEstado = new JTextField(2);
      fldCEP = new JTextField(9);
      fldTelefone = new JTextField(20);

      pnlNome = new JPanel(new FlowLayout(FlowLayout.LEFT));
      pnlNome.add(new JLabel("Nome:"));
      pnlNome.add(fldNome);
```

```
pnlEndereco = new JPanel(new FlowLayout(FlowLayout.LEFT));
pnlEndereco.add(new JLabel("Endereço:"));
pnlEndereco.add(fldEndereco);

pnlBairro = new JPanel(new FlowLayout(FlowLayout.LEFT));
pnlBairro.add(new JLabel("Bairro:"));
pnlBairro.add(fldBairro);

pnlCidade = new JPanel(new FlowLayout(FlowLayout.LEFT));
pnlCidade.add(new JLabel("Cidade:"));
pnlCidade.add(fldCidade);

pnlEstado = new JPanel(new FlowLayout(FlowLayout.LEFT));
pnlEstado.add(new JLabel("Estado:"));
pnlEstado.add(fldEstado);

pnlCEP = new JPanel(new FlowLayout(FlowLayout.LEFT));
pnlCEP.add(new JLabel("CEP:"));
pnlCEP.add(fldCEP);

pnlTelefone = new JPanel(new FlowLayout(FlowLayout.LEFT));
pnlTelefone.add(new JLabel("Telefone:"));
pnlTelefone.add(fldTelefone);

btnAdicionar = new JButton("Adicionar");
btnExcluir   = new JButton(" Excluir ");
btnSair      = new JButton("   Sair  ");

pnlBotoes = new JPanel(new FlowLayout());
pnlBotoes.add(btnAdicionar);
pnlBotoes.add(btnExcluir);
pnlBotoes.add(btnSair);

getContentPane().add(pnlBotoes,BorderLayout.NORTH);
getContentPane().add(pnlNome);
getContentPane().add(pnlEndereco);
getContentPane().add(pnlBairro);
getContentPane().add(pnlCidade);
getContentPane().add(pnlEstado);
getContentPane().add(pnlCEP);
getContentPane().add(pnlTelefone);
getContentPane().add(ScrollTabela,BorderLayout.SOUTH);

ButtonHandler hndBotao = new ButtonHandler();
btnAdicionar.addActionListener(hndBotao);
btnExcluir.addActionListener(hndBotao);
```

```
    btnSair.addActionListener(hndBotao);

    Agenda.addMouseListener(new MouseTableHandler());

    addWindowListener(new WindowAdapter() {
      public void windowClosing(WindowEvent e) {
        try {
            Conexao.close();
            System.exit(0);
        }
        catch (Exception Excecao) {
          JOptionPane.showMessageDialog(null,"SQLException: " + Excecao.
getMessage(),"Erro: Saída",JOptionPane.INFORMATION_MESSAGE);
        }
      }
    });

    setVisible(true);
  }

  class ButtonHandler implements ActionListener {
    public void actionPerformed(ActionEvent eventoObjeto) {
      String strComandoSQL,strRegistro,strNome,strEndereco,strBairro,strCida
de,strEstado,strCEP,strTelefone;
      int intRegistro;

      if (eventoObjeto.getSource() == btnAdicionar) {
         try {
             PreparedStatement ComandoInserir = null;

             strNome = fldNome.getText();
             strEndereco = fldEndereco.getText();
             strBairro = fldBairro.getText();
             strCidade = fldCidade.getText();
             strEstado = fldEstado.getText();
             strCEP = fldCEP.getText();
             strTelefone = fldTelefone.getText();
             strComandoSQL = "INSERT INTO dadosagenda (Nome,Endereco,Bairro,
Cidade,Estado,CEP,Telefone) "+
                             "VALUES (?,?,?,?,?,?,?)";
             ComandoInserir = Conexao.prepareStatement(strComandoSQL);
             ComandoInserir.setString(1,strNome);
             ComandoInserir.setString(2,strEndereco);
             ComandoInserir.setString(3,strBairro);
             ComandoInserir.setString(4,strCidade);
             ComandoInserir.setString(5,strEstado);
             ComandoInserir.setString(6,strCEP);
             ComandoInserir.setString(7,strTelefone);
             intRegistro = ComandoInserir.executeUpdate();
             ComandoInserir.close();
```

```
                fldNome.setText("");
                fldEndereco.setText("");
                fldBairro.setText("");
                fldCidade.setText("");
                fldEstado.setText("");
                fldCEP.setText("");
                fldTelefone.setText("");
            }
            catch (Exception Excecao) {
                 JOptionPane.showMessageDialog(null,"SQLException: " + Excecao.
getMessage(),"Erro: Adição",JOptionPane.INFORMATION_MESSAGE);
            }
        }
        else if (eventoObjeto.getSource() == btnExcluir) {
              try {
                   PreparedStatement ComandoExcluir = null;
                   int intLinha = Agenda.getSelectedRow();

                   strRegistro = ModeloAgenda.getValueAt(intLinha,0).
toString();
                   strComandoSQL = "DELETE FROM dadosagenda WHERE Registro =
?";
                   ComandoExcluir = Conexao.prepareStatement(strComandoSQL);
                   ComandoExcluir.setString(1,strRegistro);
                   intRegistro = ComandoExcluir.executeUpdate();
                   ComandoExcluir.close();
                 }
                 catch (Exception Excecao) {
                       JOptionPane.showMessageDialog(null,"SQLException: " +
Excecao.getMessage(),"Erro: Exclusão",JOptionPane.INFORMATION_MESSAGE);
                 }
              }
        else if (eventoObjeto.getSource() == btnSair) {
              try {
                    Conexao.close();
                    System.exit(0);
                 }
                 catch (Exception Excecao) {
                       JOptionPane.showMessageDialog(null,"SQLException: " +
Excecao.getMessage(),"Erro: Saída",JOptionPane.INFORMATION_MESSAGE);
                 }
              }
      }
   }

   class MouseTableHandler extends MouseAdapter {
     public void mouseClicked(MouseEvent me) {
       int intLinha = Agenda.getSelectedRow();
       fldNome.setText(ModeloAgenda.getValueAt(intLinha,1).toString());
       fldEndereco.setText(ModeloAgenda.getValueAt(intLinha,2).toString());
       fldBairro.setText(ModeloAgenda.getValueAt(intLinha,3).toString());
```

```
            fldCidade.setText(ModeloAgenda.getValueAt(intLinha,4).toString());
            fldEstado.setText(ModeloAgenda.getValueAt(intLinha,5).toString());
            fldCEP.setText(ModeloAgenda.getValueAt(intLinha,6).toString());
            fldTelefone.setText(ModeloAgenda.getValueAt(intLinha,7).toString());
        }
    }

    public static void main(String args[]) {
        JFrame.setDefaultLookAndFeelDecorated(true);
        new AgendaEnderecos().Executa();
    }
}
```

Conclusão

Você foi apresentado neste capítulo aos comandos essenciais da linguagem SQL para a realização de tarefas de manipulação de banco de dados relacionais. Também viu como acessar um banco de dados relacional e como executar esses comandos a partir de aplicativos escritos em outras linguagens de programação.

Exercícios

1. Em qual projeto foram aplicados os conceitos de bancos de dados relacionais?
2. Qual é a origem da linguagem SQL?
3. O que são os comandos DDL? Cite alguns exemplos.
4. O que são os comandos DML? Cite alguns exemplos.
5. Suponha que haja, em nosso banco de dados de editora, uma tabela denominada NF_ENTRADA, usada para a entrada de notas fiscais dos livros impressos pelas gráficas. Agora, digamos que seja necessário saber qual foi a última nota de entrada do livro de código ISBN 9780012390342. Qual seria o comando correto?
   a) SELECT * FROM NF_ENTRADA COUNT("9780012390342")
   b) SELECT MAX(Numero_NF) FROM NF_ENTRADA WHERE ISBN = "9780012390342"
   c) SELECT COUNT(Numero_NF) FROM NF_ENTRADA WHERE ISBN = "9780012390342"
   d) SELECT * FROM NF_ENTRADA WHERE MAX(Numero_NF)
   e) COUNT MAX(Numero_NF) FROM NF_ENTRADA WHERE ISBN = "9780012390342" ORDER BY Numero_NF
6. Considerando nosso banco de dados de exemplo de editora, escreva o comando SQL necessário para listar todos os livros que pertençam às áreas cujos códigos sejam equivalentes a 1, 4, 8 e 10. Deverão ser exibidos apenas o código ISBN e o título do livro, em ordem crescente de título.

Tecnologias de Bancos de Dados

Capítulo 11

Banco de Dados Hierárquico, de Rede e Dedutivos

Vamos iniciar o estudo das tecnologias aplicadas a sistemas de banco de dados começando pelos modelos hierárquico, de rede e dedutivos. São sistemas mais antigos, que surgiram antes do advento dos modelos relacionais.

11.1 Modelo hierárquico

Os modelos de banco de dados hierárquico e de rede precederam o modelo relacional, tendo surgido nas décadas de 1970 e 1980. Ambos têm grande importância histórica, o que justifica sua abordagem aqui, mesmo que simplificada.

No modelo hierárquico são empregados os conceitos de registros e relacionamento pai-filho. Os registros são conjuntos de valores de campos que identificam uma entidade ou instância de um relacionamento. Como no modelo de rede, que veremos a seguir, existem os tipos de registros, que agrupam registros do mesmo tipo. Um conjunto de campos define sua estrutura e cada campo possui um tipo de dado.

O relacionamento pai-filho define um relacionamento do tipo 1:N, em que o tipo de registro do lado 1 recebe o nome de tipo de registro pai, enquanto o tipo de registro do lado N é denominado de tipo registro filho.

Uma série de esquemas hierárquicos define o esquema de um banco de dados hierárquico e cada um desses esquemas é formado por tipos de registros e relacionamentos. Esses esquemas apresentam pelo menos as seguintes propriedades:

- Tipos de registro raiz não participam como registro filho em um relacionamento pai-filho.
- Exceto o tipo de registro raiz, os demais participam como tipo de registro filho em apenas um relacionamento pai-filho.
- Tipos de registro que não aparecem como registro pai num relacionamento pai-filho são denominados folha.

No modelo hierárquico, uma estrutura de dados em árvore é caracterizada pela definição do esquema hierárquico, e nela temos um tipo de registro que corresponde ao nó da árvore e o relacionamento pai-filho representado pelo arco da árvore (linha que liga as entidades).

A Figura 11.1 mostra a representação de árvore de um esquema hierárquico.

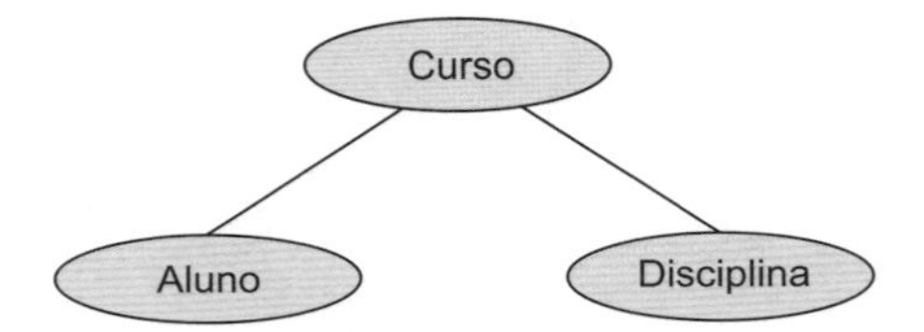

Figura 11.1 | Exemplo de árvore de esquema de banco de dados hierárquico.

11.1.1 Linguagem de manipulação de dados

A linguagem de manipulação de dados hierárquicos **HDML** (*Hierarchical Data Manipulation Language* - Linguagem de Manipulação de Dados Hierárquicos) trabalha com um registro por vez e seus comandos devem estar embutidos em um código-fonte escrito em linguagem de programação hospedeira, como C/C++, C#, Java, Pascal, COBOL etc.

O conceito de sequência hierárquica é sua base de operação, sendo o último registro acessado por um comando denominado registro corrente.

Os principais comandos de manipulação são **GET** (recuperação de registros), **INSERT** (inserção de registro), **DELETE** (exclusão de registro) e **REPLACE** (alteração de registro).

O comando **GET** possui as seguintes cláusulas:

- **FIRST:** utilizado para recuperar o primeiro registro que satisfaça uma dada condição lógica.
- **NEXT:** utilizado na recuperação do próximo registro que também satisfaça a condição lógica especificada.
- **PATH:** recupera um registro localizado no interior da hierarquia, empregando para isso um caminho hierárquico composto por uma lista de tipos de registros com início na raiz.

11.2 **Modelo de rede**

O modelo de rede possui duas estruturas básicas, que são os registros e os conjuntos. Os registros consistem em grupos de valores, classificados em tipos de registros, sendo que cada um deles descreve a estrutura do grupo no qual são armazenados os dados. Cada tipo de registro recebe um nome, assim como seus atributos (item de dado), que também recebem um formato. Veja o seguinte exemplo, em que temos um tipo de registro denominado **PRODUTO** com seus itens de dados:

Quadro 11.1 | PRODUTO

Codigo	Descricao	Preco	Estoque	DataInclusao
Caractere(13)	Caractere(40)	Decimal(10,2)	Inteiro	Data

A última linha dessa tabela indica o formato de cada item de dado.

Para criar relacionamentos entre dois tipos de registros utiliza-se um tipo de conjunto, que pode ser representado na forma do diagrama da Figura 11.2.

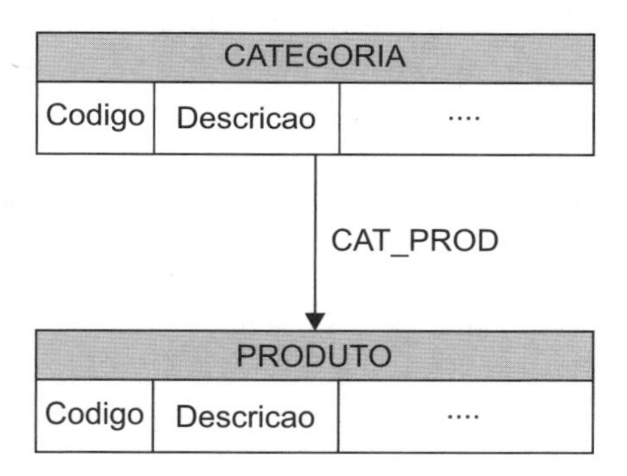

Figura 11.2 | Exemplo de relacionamento em um banco de dados de rede.

Esse tipo de conjunto tem o nome **CAT_PROD** como indicação do relacionamento entre categorias e produtos. Temos também o tipo de registro proprietário denominado **CATEGORIA** e **PRODUTO,** que é o tipo de registro membro. Nesse relacionamento, um componente de **PRODUTO** somente pode se relacionar com um único componente de **CATEGORIA**. Isso é um típico relacionamento 1:N do modelo relacional, entre as categorias e os produtos.

O banco de dados conterá inúmeras ocorrências (também denominadas instâncias) oriundas do tipo de registro proprietário **CATEGORIA** com registros oriundos do tipo de registro membro **PRODUTO**.

Analisando a Figura 11.3, percebemos que cada instância de conjunto pode possuir um registro proprietário e vários (ou nenhum) registros membros.

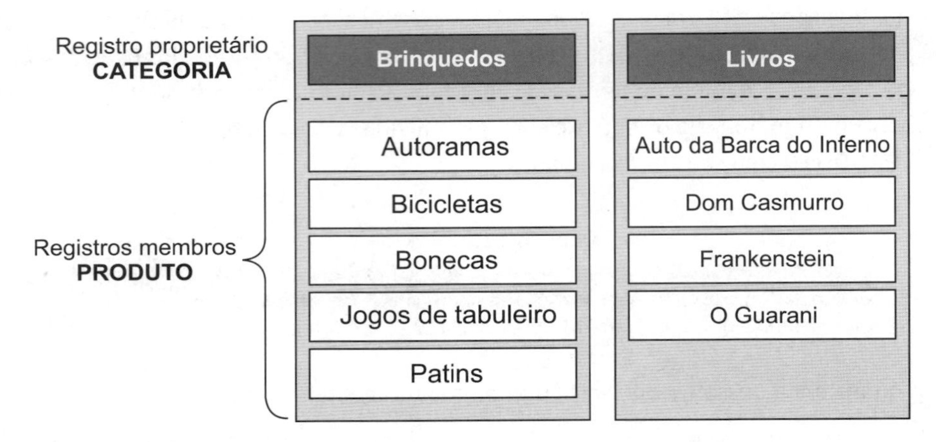

Figura 11.3 | Instâncias de conjuntos com seus respectivos registros membros.

Diferentemente do conceito matemático de conjunto, no modelo de rede há um elemento distinto na instância de conjunto e os membros dessas instâncias são ordenados.

11.2.1 Linguagem de manipulação de dados

O modelo de rede também possui uma linguagem que permite a manipulação dos dados. Os comandos dessa linguagem são geralmente embutidos em códigos de uma linguagem de programação hospedeira, como COBOL, C/C++, C#, Java, Pascal etc. Esses comandos não são muitos e podem ser agrupados nas seguintes categorias:

- **Comandos de navegação:** utilizados para posicionar o ponteiro de registros em um registro específico. Exemplo: **FIND**.
- **Comandos de recuperação:** permitem recuperar os dados armazenados no registro corrente. Exemplo: **GET**.
- **Comandos de atualização:** utilizados na atualização de registros ou de ocorrências de conjuntos. Para o primeiro tipo de atualização temos os comandos **STORE**, **ERASE** e **MODIFY**. Já os comandos de atualização de ocorrências de conjuntos são **CONNECT**, **DISCONNECT** e **RECONNECT**.

Alguns comandos possuem cláusulas adicionais, como **FIND,** que pode vir acompanhada pelas cláusulas **FIRST** (primeiro), **NEXT** (próximo), **PRIOR** (anterior) e **LAST** (último).

11.3 Conceito de bancos de dados dedutivos

Uma nova tecnologia está atualmente abrindo terreno no mercado: os sistemas de bancos de dados dedutivos que se enquadram no meio-termo entre bancos de dados relacionais, lógica e inteligência artificial. Sua principal característica é incluir capacidades para definir regras que podem deduzir ou inferir informações extras, partindo de fatos armazenados no banco de dados.

Um workshop denominado "Lógica e Bancos de Dados" foi apresentado em um seminário realizado em 1977, nos Estados Unidos, organizado e apresentado por Herve Gallaire, J. Minker e J. M. Nicolas. A partir de então, foram desenvolvidos diversos sistemas de bancos de dados dedutivos em caráter experimental e alguns chegaram a ser disponibilizados comercialmente. Entre os mais conhecidos, temos o LDL, o NAIL! e o CORAL.

Em um sistema dedutivo, especificam-se regras (por meio de uma linguagem) para se definir *o que* deve ser executado, e não *como* deve ser executado. Essas regras são interpretadas pelo sistema para que seja possível deduzir novos fatos do banco de dados.

O modelo de dados no qual se baseiam bancos de dados dedutivos possui uma forte e estreita relação com os modelos relacionais. Também possui ligação com a linguagem de programação Prolog, devido aos princípios de lógica que envolve. Para atender às necessidades de definição de regras de modo declarativo em conjunto com relações existentes (tabelas de dados), foi desenvolvida a partir do Prolog uma linguagem denominada Datalog, que possui uma semântica operacional um pouco diferente.

A especificação de fatos é similar às formas como as relações de um banco de dados são especificadas, apenas não incluindo os nomes dos atributos, ou seja, consideram-se os valores dos atributos. Em um banco de dados dedutivo, o significado do valor de um atributo/campo em um registro é definido apenas pela posição que ele ocupa dentro do próprio registro.

As regras são em parte similares às visões (views) dos sistemas relacionais, uma vez que elas especificam relações (conjuntos de registros) que não são efetivamente armazenadas no banco, mas existem apenas por um determinado tempo. No caso do sistema dedutivo, são formadas a partir dos fatos e somente existem durante o contexto da regra. Uma característica interessante das regras é que elas podem ser recursivas.

A linguagem Prolog foi criada com o objetivo de permitir o desenvolvimento de sistemas especialistas, baseados na lógica e com emprego de princípios de inteligência artificial.

A linguagem em si se baseia no conceito de trabalho com predicados. Um predicado possui um significado implícito e um número predefinido de parâmetros. Vamos considerar como exemplo o diagrama da Figura 11.4, que representa uma relação de funcionários e de associação entre chefes e subordinados, presentes em um hipotético banco de dados:

Quadro 11.2 | FUNCIONARIOS

CodFunc	NomeFuncionario
00001	José
00002	Maurício
00003	Roque
00004	Isaura
00005	Amanda
00006	Augusto
00007	Cristina
00008	Norma
00010	Vicente

Quadro 11.3 | CHEFIA

Chefe	Funcionario
00001	00002
00001	00004
00002	00003
00002	00010
00002	00007
00004	00005
00004	00008
00004	00006

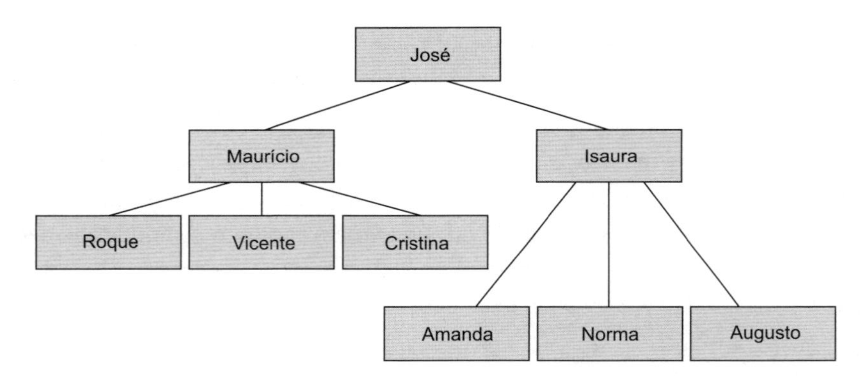

Figura 11.4 | Diagrama de relacionamento entre chefia e funcionários.

De imediato, podemos visualizar a partir da relação denominada **CHEFIA** um predicado, de acordo com o qual um "Chefe" se liga a um "Subordinado". Esse predicado é definido por um conjunto de fatos, constituídos por um par de argumentos: nome do chefe e nome do subordinado. Temos, então, o predicado **CHEFIA(Chefe,Subordinado)**. Dessa forma, podemos dizer que a expressão "chefia(Isaura,Amanda)" declara o fato de que o funcionário de nome "Isaura" chefia o funcionário de nome "Amanda". Nesse caso em particular, o primeiro argumento sempre indicará um chefe e o segundo, o funcionário subordinado. Os fatos seriam definidos assim:

```
chefia(Maurício,Roque)
chefia(Maurício,Vicente)
chefia(Maurício,Cristina)
chefia(Isaura,Amanda)
chefia(Isaura,Norma)
chefia(Isaura,Augusto)
chefia(José,Maurício)
chefia(José,Isaura)
```

Agora, podemos especificar regras para o banco de dados. Elas também definem predicados. Uma regra tem a seguinte sintaxe: **cabeça :- corpo**. O símbolo **:-** pode ser entendido como uma expressão que significa "se e somente se". Em uma regra, podemos ter um único predicado à esquerda desse símbolo (o lado denominado **cabeça**) e um ou mais predicados à direita (o lado **corpo**). Veja duas regras que podem ser estabelecidas para esse exemplo:

```
superior(X,Y) :- chefia(X,Y)
subordinado(X,Y) :- superior(Y,X)
```

Podemos entender a primeira regra como "X é superior a Y se e somente se X for chefe de Y". Já a segunda regra pode ser lida como "X é subordinado a Y se e somente se Y for chefe de X".

Se precisássemos de uma regra que envolvesse um subordinado indireto, como José e Amanda, teríamos de definir outra regra, da seguinte forma:

```
superior(X,Y) :- chefia(X,Z),superior(Z,Y)
```

Note que são utilizados dois predicados à direita do operador **:-**. O primeiro é o predicado já conhecido como **chefia**. O segundo é o próprio predicado que se encontra à esquerda do símbolo, somente com parâmetros diferentes. Isso é possível devido à característica da recursividade. A expressão toda poderia ser traduzida como "X é superior a Y se X for chefe de Z e se Z for chefe de Y". Isso significa que os dois predicados devem resultar em verdadeiro para que a expressão toda seja verdadeira. Podemos concluir que, quando listamos vários predicados no corpo de uma regra, estamos implicitamente utilizando o operador lógico "E".

Uma consulta normalmente emprega um predicado com alguns argumentos e seu significado (ou valor de retorno) é obtido a partir da dedução de todas as possíveis combinações que podem tornar o predicado verdadeiro. Por exemplo, vamos considerar o seguinte:

```
superior(José,Y)?
superior(Isaura,Amanda)?
subordinado(Cristina,Maurício)?
```

No primeiro exemplo, os nomes de todos os funcionários cujo chefe é "José" são solicitados, independentemente da sua posição dentro do nível hierárquico. Já a segunda consulta retorna um valor verdadeiro, pois "Isaura" é superior a "Amanda" na hierarquia. Da mesma forma, a terceira consulta retorna verdadeiro, pois "Cristina" é subordinada a "Maurício".

Para conhecer um pouco mais sobre a linguagem de programação Prolog, visite um dos seguintes sites (acesso em: jan. 2020):

- <http://kti.mff.cuni.cz/~bartak/prolog/>
- <https://www.cpp.edu/~jrfisher/www/prolog_tutorial/contents.html>
- <https://www.visual-prolog.com/>

11.4 Sistemas LDL, NAIL! e CORAL

Vamos apresentar neste tópico os três sistemas de bancos de dados dedutivos mencionados no início do capítulo.

11.4.1 Sistema LDL

Sigla de *Logic Data Language* (Linguagem Lógica de Dados), trata-se de um projeto iniciado em 1984 pela Microelectronics and Computer Technology Corporation (MCC) cujos objetivos eram:

- Permitir o desenvolvimento de um sistema que estenda o modelo relacional, explorando algumas de suas características.
- Possibilitar que a funcionalidade de um sistema de banco de dados seja estendida para que ele funcione como um sistema dedutivo, mas que também permita o desenvolvimento de aplicações genéricas, além das aplicações especialistas.

No projeto da LDL procurou-se aliar a capacidade lógica e dedutiva da linguagem Prolog à funcionalidade e facilidade de manipulação de dados de um SGBD. Porém, a linguagem Prolog tem o inconveniente de trabalhar de uma maneira denominada navegacional, ou seja, manipula um registro por vez. Já os SGBDs relacionais trabalham com o conceito de conjunto de registros que são gerados em resposta a uma consulta do usuário. A solução adotada no projeto da LDL foi modificar a Prolog, de forma a torná-la uma linguagem lógica declarativa para desenvolvimento de aplicações genéricas.

A primeira fase desse projeto foi concluída em 1987 e gerou uma linguagem denominada FAD. Uma nova implementação apareceu em 1988, com uma linguagem base que recebeu o nome de SALAD. Revisões posteriores foram necessárias para adaptar a LDL às necessidades de desenvolvimento de aplicações reais. Hoje, temos um protótipo que é um sistema portável para UNIX, com uma interface de recuperação de registros entre o programa compilado em LDL e o gerenciador de banco de dados.

11.4.2 Sistema NAIL!

O projeto NAIL!, cujo nome é um pouco estranho (*Not Another Implementation of Logic!* - Não É Outra Implementação de Lógica!), foi iniciado em 1985, na Universidade de Stanford. Ele tinha como objetivo o estudo de otimização da lógica ao se empregar um modelo de "todas as soluções" orientado a bancos de dados e, com isso, permitir o suporte à execução dos objetivos da linguagem Datalog em relação aos sistemas de bancos de dados relacionais.

O projeto teve ainda a colaboração de equipes do MCC e foi responsável pela ideia de conjuntos mágicos e pelo trabalho pioneiro sobre recursividade regular. Temos na Figura 11.5 a representação da arquitetura do NAIL!.

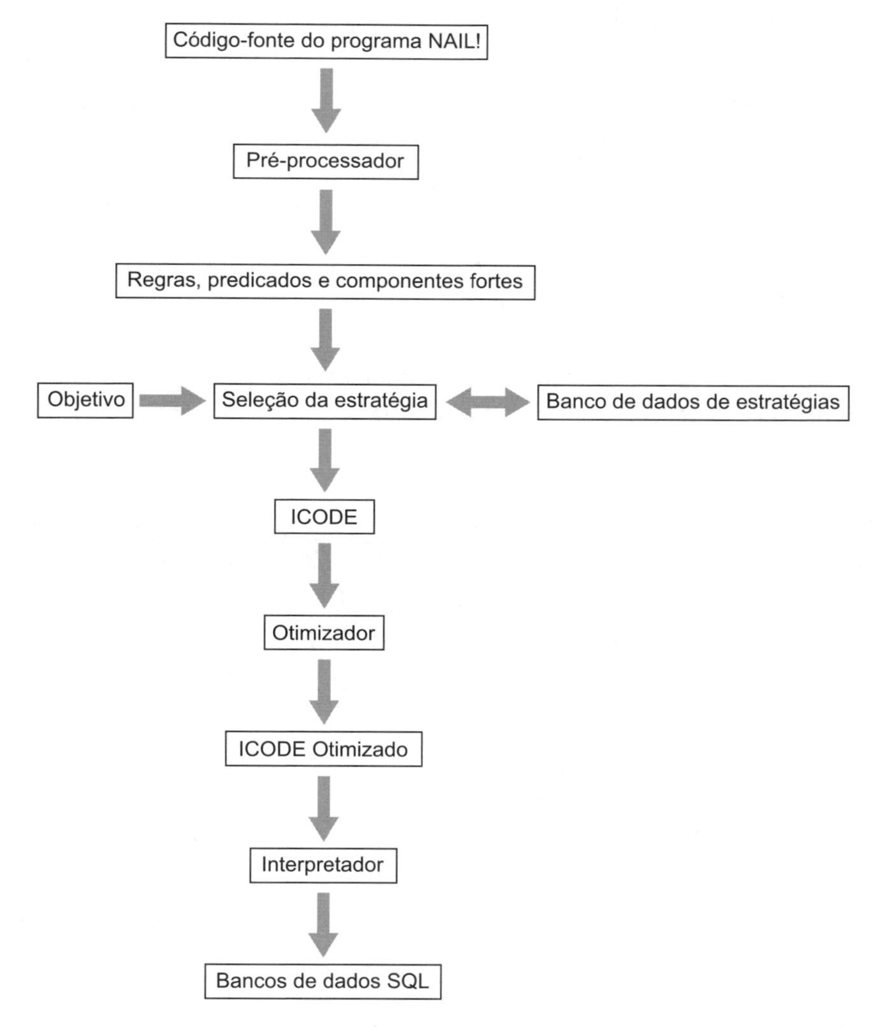

Figura 11.5 | Arquitetura do sistema NAIL!.

Primeiramente, o pré-processador "pega" o código-fonte do programa NAIL! e faz alterações necessárias, isolando operadores de negação e de conjunto e substituindo disjunções por declarações de regras conjuntivas, gerando com isso um novo arquivo contendo predicados e regras. Esse arquivo serve de "entrada" para o módulo de **Seleção de Estratégia**, que escolhe as melhores estratégias de execução e gera outro arquivo de código utilizando uma linguagem interna chamada **ICODE**.

Esse código é então otimizado por um módulo denominado otimizador e, em seguida, executado por um interpretador.

11.4.3 Sistema CORAL

O terceiro sistema de banco de dados dedutivo é o CORAL, desenvolvido na Universidade de Wisconsin tendo como base a experiência adquirida no projeto LDL. Ele possui uma arquitetura aberta e oferece uma linguagem declarativa, que combina as características mais importantes das linguagens Prolog e SQL.

Uma característica interessante do CORAL é que ele adapta a construção de expressões de agrupamento de conjunto da linguagem LDL para torná-la mais próxima de uma construção GROUP BY da linguagem SQL.

O CORAL encontra-se mais próximo do Prolog do que da LDL no que diz respeito ao suporte de manipulação de registros. Há muitas implementações para lidar de forma eficiente com eles. É oferecida ainda uma boa interface com a linguagem C++ e, por ser de arquitetura aberta, permite ao usuário desenvolver e adicionar extensões ao sistema.

Conclusão

Neste capítulo, vimos os conceitos fundamentais dos sistemas de banco de dados hierárquico, de rede e dedutivos. Em relação a esse último, foram apresentados três exemplos: LDL, NAIL! e CORAL.

Exercícios

1. Quais são as estruturas básicas do modelo de banco de dados de rede? Explique cada uma delas.
2. Quais são os comandos de atualização de dados disponíveis no modelo de rede?
3. Cite e explique os conceitos em que se baseia o modelo de dados hierárquico.
4. Liste os comandos da linguagem de manipulação de dados hierárquicos.
5. O que é banco de dados dedutivo?
6. O que são fatos no mundo de banco de dados dedutivos?
7. Dê uma definição para regras.
8. Em qual linguagem se baseiam os bancos de dados dedutivos?
9. Quais são os sistemas de bancos de dados dedutivos atualmente conhecidos?

Capítulo 12

Bancos de Dados Orientados a Objetos

Os bancos de dados orientados a objetos são um avanço considerável em comparação com os sistemas relacionais. Esse é o assunto tratado neste capítulo, no qual veremos como eles trabalham e sua integração com outras linguagens de programação.

Apresentaremos também uma pequena introdução à técnica de programação orientada a objetos.

12.1 Introdução

Apesar do grande sucesso comercial que alcançaram os sistemas de bancos de dados relacionais, eles apresentam deficiências quando é preciso desenvolver aplicações para as áreas de engenharia (CAD/CAM/CAE), simulações científicas ou médicas, informações geográficas (GIS - *Geographical Information System*), telecomunicações, gerência de documentos e multimídia. Essas aplicações fazem uso de estruturas de dados mais complexas, como imagens, vídeos, áudio e textos formatados em parágrafos. Surgiu, então, uma proposta de um novo modelo de banco de dados que pudesse oferecer uma solução a essas deficiências.

Outro fator que impulsionou o surgimento desse modelo de banco de dados foi a crescente popularidade das linguagens orientadas a objeto, como Smalltalk, C++, C#, Object Pascal e Java. É um consenso geral que os bancos de dados são peças fundamentais no desenvolvimento de muitos sistemas aplicativos, mas eles são difíceis de utilizar em conjunto com essas linguagens orientadas a objeto. Assim, procura-se uma integração do banco de dados orientado a objetos com as aplicações criadas com uma das linguagens citadas anteriormente, ou seja, busca-se aliar a capacidade de armazenamento dos bancos de dados com os poderosos recursos oferecidos pelas linguagens na manipulação de objetos e métodos.

Vários protótipos experimentais foram desenvolvidos, sendo que alguns chegaram inclusive a se tornar disponíveis comercialmente. Como exemplo, podemos citar o GemStone/S, da GemTalk, Systems, o Objectivity/DB, da Objectivity Inc., e o ObjectStore, da Ignite Technologies.

Com a disponibilidade comercial de SGBDs orientados a objetos (SGBDOO), a adoção de novas características em termos de modelagem de dados e uma linguagem padrão para se trabalhar com esses sistemas tornaram-se necessárias. Assim, foi formado o ODMG, sigla de *Object Database Management Group* (Grupo de Gerenciamento de Bancos de Dados de Objetos), um consórcio formado por diversas organizações, fornecedores de SGBDs e usuários de bancos de dados de objetos. Esse grupo propôs um padrão conhecido como ODMG-93, atualmente revisado e denominado ODMG 3.0, que foi aceito mundialmente pela indústria de SGBDOO - Sistemas Gerenciadores de Banco de Dados Orientados a Objeto. É possível fazer o download de um arquivo em formato PDF contendo as especificações dessa última revisão, um material escrito pelo próprio Rick Cattell, que foi o organizador de um encontro de fornecedores de banco de dados no verão de 1991, quando trabalhava na Sun Microsystems. O endereço para download é: `<https://cs.ulb.ac.be/public/_media/teaching/odmg.pdf>` (acesso em: jan. 2020).

O ODMG é responsável também pela definição de um padrão de linguagens para o modelo orientado para objeto, sendo classificadas como **ODL - Object Definition Language** (Linguagem de Definição de Objeto) e **OQL - Object Query Language** (Linguagem de Consulta de Objeto). Nesse padrão, foi estabelecido que o banco de dados deve possuir um vínculo/ligação com alguma linguagem hospedeira orientada a objeto, como Smalltalk, C++ ou Java. Outra especificação diz respeito aos tipos de dados e métodos a serem suportados pelo sistema. Com isso, os bancos de dados orientados a objeto acabaram adotando muitas das características e conceitos implementados originalmente nessas linguagens.

12.2 Programação Orientada a Objeto (POO)

A Programação Orientada a Objeto ((POO - em inglês, *Programming Object Oriented*, ou OOP) é atualmente utilizada nas mais diversas áreas de desenvolvimento de softwares aplicativos, como bancos de dados, sistemas operacionais, interfaces gráficas, automação comercial ou industrial, ferramentas de desenvolvimento, inteligência artificial etc. Ela teve suas origens com a criação da linguagem SIMULA, em fins dos anos de 1960, quando se definiu o conceito de classe, que é o agrupamento em uma só declaração de toda a estrutura de dados de um objeto e das operações possíveis de se realizar com ele.

A característica de esconder as estruturas de dados, tornando-as acessíveis apenas por funções da própria classe, levou ao conceito de encapsulamento.

A partir desses conceitos de orientação a objeto, o Xerox PARC (Palo Alto Research Center - Centro de Pesquisa de Palo Alto) desenvolveu a linguagem Smalltalk, considerada a primeira comercialmente disponível puramente orientada a objetos. O termo "puramente" indica que a linguagem foi projetada desde o início com essa característica, não sendo uma adaptação de outra linguagem já existente. Isso é contrário às linguagens OOP ditas híbridas, como C++, que é uma evolução da popular linguagem C com extensões que permitem trabalhar com classes e outros conceitos da OOP.

A Figura 12.1 apresenta o ambiente de desenvolvimento para programação em linguagem Smalltalk denominado VisualWorks, da empresa Cincom. Há uma versão para aprendizado (uso não comercial) que pode ser baixada gratuitamente a partir do endereço <http://www.cincomsmalltalk.com> (acesso em: jan. 2020). É uma ferramenta bastante poderosa e que vale a pena conhecer, embora seja de uso um pouco difícil e demande muito estudo.

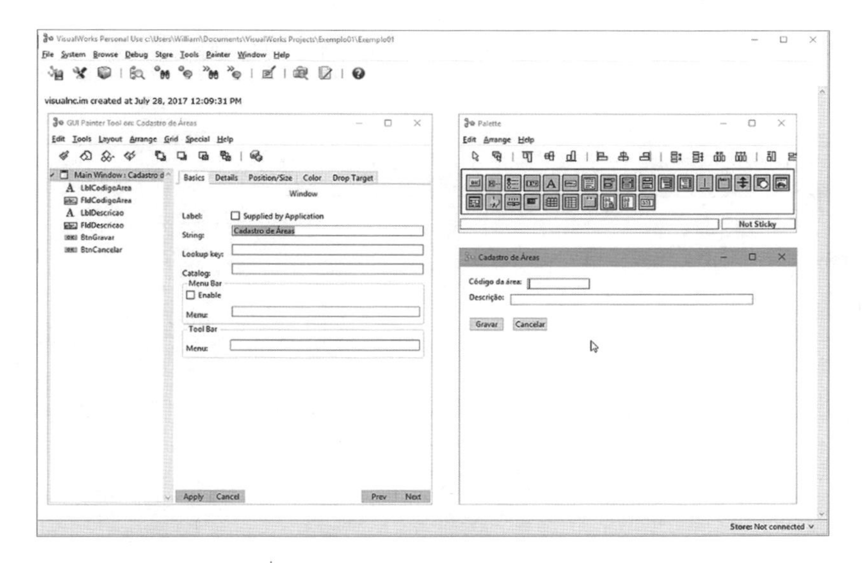

Figura 12.1 | Tela do ambiente de desenvolvimento VisualWorks.

Outras linguagens de programação orientada a objetos muito utilizadas no desenvolvimento de aplicativos em geral são C++, C# e Java. As Figuras 12.2, 12.3 e 12.4 apresentam os ambientes de desenvolvimento do C++ Builder XE 10.3, da Embarcadero, do Visual Studio C# 2019, da Microsoft, e do NetBeans, da Apache. Tanto o C++ Builder quanto o Visual Studio C# possuem versões gratuitas (conhecidas como **Community Edition**) que podem ser baixadas a partir dos sites das respectivas empresas produtoras, a saber: <http://www.embarcadero.com> e <http://www.microsoft.com> (acesso em: jan. 2020). Já o NetBeans pode ser baixado a partir do endereço <http://www.netbeans.org> (acesso em: jan. 2020).

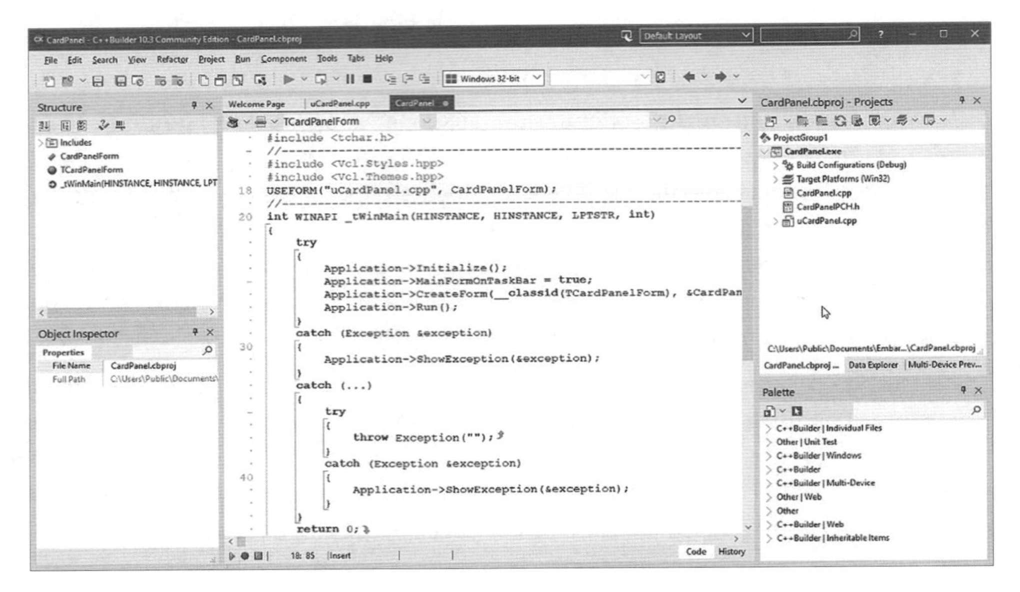

Figura 12.2 | Tela do ambiente de desenvolvimento C++ Builder XE10.3.

```
using DLL_Tekla;
using System;
using System.Windows.Forms;

namespace ExportarDados
{
    public partial class FormExportaDados : Form
    {
        public FormExportaDados()
        {
            InitializeComponent();
        }

        // Lê as informações do projeto/modelo _Tekla e grava na base de da
        private void ExportarDados(ClasseBD.TipoIntegracao enmTipoIntegraca
        {
            bool blnIntegrado = true;
            ClasseTekla _Tekla = new ClasseTekla();
            ClasseBD _BaseDados = new ClasseBD();

            pgrProcesso.Maximum = 10;
            pgrProcesso.Value = 0;

            // Se houver conexão com o _Tekla
            if (_Tekla.Conectado)
            {
                // Se há um modelo carregado no _Tekla
                if ( Tekla.ModeloCarregado)
```

Figura 12.3 | Tela do ambiente de desenvolvimento Visual Studio C# 2019.

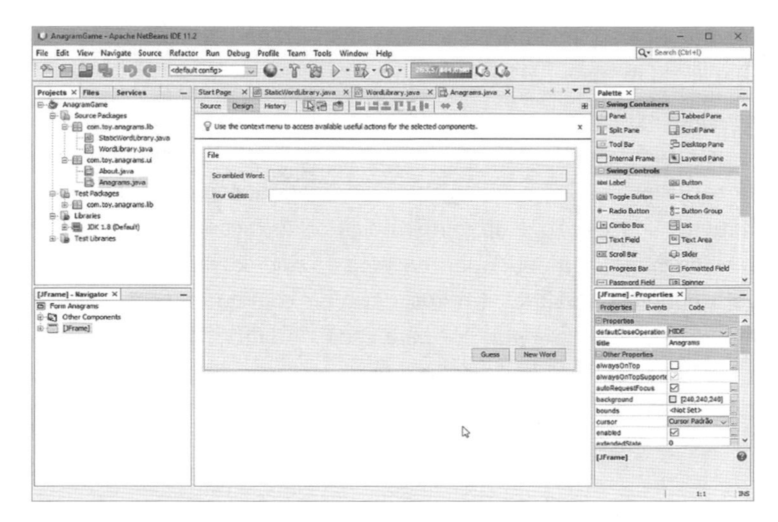

Figura 12.4 | Tela do ambiente de desenvolvimento NetBeans.

Na programação orientada a objeto, um objeto possui basicamente dois componentes: um valor (estado) e um comportamento (ações/operações). Esse objeto assemelha-se a uma variável de um programa, mas, além de armazenar valores, é possível executar algumas operações com ele. Os objetos somente existem enquanto o programa está em execução (objetos transientes), mas bancos de dados orientados a objetos podem armazená-los permanentemente e depois recuperá-los, o que significa que podem inclusive ser compartilhados com outras aplicações.

Duas características peculiares da programação orientada a objeto são a herança e o polimorfismo. A primeira permite que um objeto seja definido a partir de outro, herdando todas as suas propriedades e métodos. Nesse novo objeto é ainda possível adicionar novos elementos (variáveis e funções) sem que se interfira no objeto ancestral. Veja o seguinte exemplo em linguagem C++:

```
class Mensagem {
char *Texto;
public:
       Mensagem(char*);
       ~Mensagem();
       void Imprime();
};

class MsgErro : Mensagem {
int intCodErro;
public:
       MsgErro(int,char*);
       ~MsgErro();
       void CodigoErro(int);
}
```

Às vezes, a herança é também chamada de derivação, uma vez que um objeto novo é derivado de um já existente.

O polimorfismo está relacionado às diversas maneiras como uma mesma função membro de uma classe/objeto pode ser referenciada. Essa característica é também chamada de sobrecarga de funções e convivemos diariamente com ela quando usamos operadores matemáticos. Nesse caso, o operador (adição, subtração, multiplicação, divisão etc.) trabalha da mesma maneira, independentemente do tipo de valores com os quais ele está lidando, ou seja, podem ser valores inteiros, decimais com duas casas, ponto flutuante de dupla precisão etc. Não há um operador para cada tipo de dado, mas apenas um que se adapta automaticamente. A ideia do polimorfismo/sobrecarga de funções é a mesma, ou seja, ter a capacidade de lidar indistintamente com objetos diferentes. Veja o exemplo apresentado em seguida:

```
overload Calculo;
int Calculo(int,int,int);
double Calculo(double,double,double);

int Calculo(int intParm1,intParm2,intParm3)
{
    return (intParm1+intParm2)*intParm3;
}

double Calculo(double dblParm1,dblParm2,dblParm3)
{
    return (dblParm1+dblParm2)*dblParm3;
}
```

Nesse caso, são os parâmetros passados à função **Calculo()** que vão determinar qual versão será executada. É importante notar que deve haver pelo menos um parâmetro diferente entre as versões para que seja possível essa distinção.

Outros dois conceitos presentes na programação orientada a objeto são os construtores e os destruidores. Eles nada mais são que funções escritas especificamente para alocar memória no momento da criação dos objetos e posteriormente liberá-la, quando o objeto não é mais necessário (é destruído).

12.3 Características dos SGBDOOs

Uma das principais características dos sistemas de bancos de dados orientados a objeto é o fato de o desenvolvedor poder especificar não apenas a estrutura de dados de objetos, mas também as funções que desempenham operações nesses objetos, os comumente chamados métodos.

Cada objeto armazenado no banco de dados possui uma referência única, gerada pelo sistema quando ele é adicionado, denominada **OID - Object Identifier** (Identificador de Objeto). Esse identificador não é visível ao usuário e é responsável pela correspondência entre um objeto do mundo real e um objeto do banco de dados. Uma característica interessante é que, além de não se repetir entre objetos diferentes, quando um objeto é excluído o seu OID não é reutilizado em um novo objeto criado no banco de dados nem pode ser alterado pelo sistema. Normalmente, utilizam-se números inteiros grandes como identificadores de objetos.

Em banco de dados orientado a objetos, dois ou mais objetos são iguais quando possuem o mesmo valor. Por outro lado, eles são o mesmo (apenas possuem nomes diferentes) quando possuem o mesmo OID. Veja o exemplo da Figura 12.5.

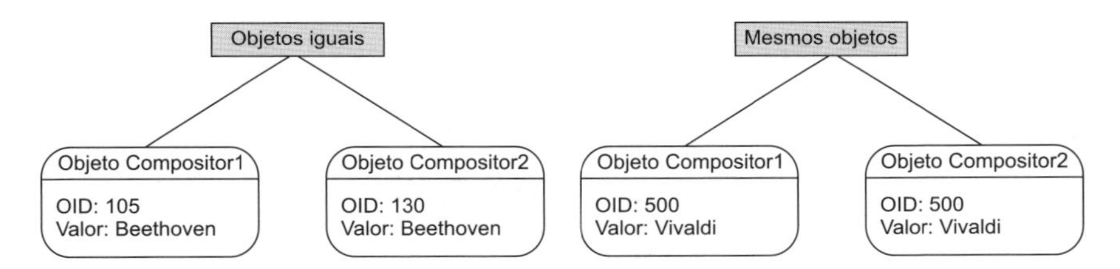

Figura 12.5 | Exemplo de objetos que compartilham os mesmos valores e o mesmo OID.

O estado de um objeto (valor corrente) é determinado a partir de outros objetos/valores utilizando-se construtores de tipo. Há basicamente seis construtores: **atom** (valor atômico), **tuple** (tupla/registro de tabela), **set** (conjunto de valores), **list** (lista ordenada), **bag (compartimento)** e **array** (matriz de dados). O construtor do tipo **atom** representa valores fundamentais, como números inteiros, números fracionários, cadeias de caracteres, valores lógicos etc.

Esses construtores de tipo são utilizados na definição das estruturas dos bancos de dados. O exemplo seguinte declara os tipos Areas, Livros e Autores do nosso conhecido esquema de banco de dados relacional de editora de livros.

```
define type Areas:
       tuple (CodigoArea integer;
              DescricaoArea string;);

define type Livros:
       tuple (CodigoISBN string;
              Titulo string;
              Area integer;
              Formato float;
              TipoEncadernacao integer;
```

```
                NumeroPaginas integer;
                Peso float;
                ValorCusto float;
                ValorVenda float;
                NumeroEdicao integer;
                AnoEdicao integer;
                NumeroReimpressao integer;
                NumeroContrato string;
                EstoqueMinimo integer;
                EstoqueMaximo integer;
                EstoqueAtual integer;
                DataUltimaEntrada string);

define type Autores:
       tuple (CodigoAutor integer;
              NomeAutor string;
              Endereco string;
                                      NumeroImovel string;
                                      Bairro string;
                                      Cidade string;
                                      Estado string;
                                      CPF string;
                                      RG string;
              Telefone string;
               DataNascimento string;
               Sexo char;
               EstadoCivil integer;
               Email string;
               NomeContato string;
               LocalTrabalho string);
```

Vejamos agora o conceito de ocultação ou encapsulamento em sistemas de bancos de dados orientados a objeto. A ideia principal por trás dessa característica é a capacidade de definir comportamentos baseados em operações que podem ser aplicadas aos objetos. Uma aplicação nunca acessa ou modifica diretamente os valores de um objeto. Essas operações somente são efetuadas por meio da chamada a métodos (funções membros da classe) desse objeto. Esses métodos são invocados por meio de envio de mensagens ao objeto. Para se acessar um método de um objeto, utiliza-se a notação de ponto, como nas linguagens C++, C#, Java ou Object Pascal, conforme ilustrado no seguinte exemplo:

```
objDado = Clientes.novo_cliente("WILLIAM");
```

Há uma enorme diferença nas formas como um banco de dados relacional e um orientado a objetos trabalha na recuperação das informações armazenadas. No primeiro, podemos criar consultas complexas sobre dados simples. Já o segundo permite a criação de consultas simples sobre dados complexos.

Um termo muito utilizado em banco de dados de objetos é persistência, que está relacionado com a noção de tempo de vida que um objeto pode ter. Para melhor entender esse conceito, vamos demonstrar com dois exemplos. No primeiro, temos uma aplicação utilizada na Bolsa de Valores que é responsável pelo acompanhamento dos valores de ações. Como esses valores variam em curtos espaços de tempo, o valor do objeto em si existe/persiste por pouco tempo também.

No segundo caso, uma aplicação de gestão financeira possui objetos que precisam ter um tempo de vida maior, uma vez que as informações (como faturamento, fluxo de caixa, previsões de pagamento etc.) são atualizadas por um período mais longo, sendo que muitas vezes nem chegam a ser atualizadas, como nos casos de registros de históricos. Assim, eles devem ser armazenados no próprio banco de dados, para que não se percam os valores. Há dois mecanismos para tornar objetos persistentes: nomeação e acessibilidade.

No mecanismo de nomeação, um nome persistente único é dado a um objeto, por meio do qual é possível recuperá-lo pelo sistema. Esse nome é dado por meio de uma instrução específica, como demonstrado no seguinte exemplo:

```
define class CadastroClientes:
       type set(Clientes);
       operations novo_cliente(dado:Clientes): boolean;
                  altera_cliente(dado:Cliente): boolean;
                  exclui_cliente(dado:Clientes): boolean;
                  create_clientes: CadastroClientes;
                  destroy_clientes: boolean;
end CadastroClientes;

persistent name TodosClientes: CadastroCliente;
```

Se um banco de dados possui muitos objetos (dezenas ou centenas), não é nada prático declarar todos eles. Nesse caso entra o mecanismo de acessibilidade. Se um determinado objeto for acessível a outro e este último for tornado persistente, então o primeiro também se torna persistente automaticamente.

Apesar das suas qualidades, um banco de dados orientado a objeto normalmente apresenta problemas relacionados ao desempenho e à escalabilidade. Não são também adequados para a manipulação de dados convencionais, como os existentes em bases relacionais.

12.4 Linguagem ODL

A linguagem **ODL - Object Definition Language** (Linguagem de Definição de Objeto), como o próprio nome sugere, foi projetada para a definição de novos tipos de objetos (classes e interfaces), o que indica que ela não é uma linguagem de programação completa. Como ela é independente de uma linguagem específica, podemos definir a estrutura do banco de dados e especificar posteriormente a linguagem de programação hospedeira utilizada no desenvolvimento da aplicação, como C++, Smalltalk ou Java. Vamos demonstrar com um pequeno exemplo como essa linguagem trabalha.

Assumindo que estamos utilizando um banco de dados relacional padrão SQL, devemos usar os seguintes comandos para criar uma tabela de dados de cadastro de clientes e outra para cadastro de fornecedores:

```
CREATE TABLE CLIENTES
(CODIGO_CLIENTE INTEGER NOT NULL  PRIMARY KEY,
 NOME VARCHAR(50),
 ENDERECO VARCHAR(50),
 BAIRRO VARCHAR(40),
 CIDADE VARCHAR(40),
 ESTADO CHAR(2),
 CEP CHAR(9),
 SEXO CHAR(1),
 LIMITE_COMPRA DECIMAL(8,2));

CREATE TABLE FORNECEDORES
(CODIGO_FORNECEDOR SMALLINT NOT NULL  PRIMARY KEY,
 NOME VARCHAR(50),
 ENDERECO VARCHAR(50),
 BAIRRO VARCHAR(40),
 CIDADE VARCHAR(40),
 ESTADO CHAR(2),
 CEP CHAR(9),
 CREDITO DECIMAL(8,2));
```

Note que temos campos que são comuns a ambas estruturas (no caso, o campo do nome e os campos de informação do endereço). Podemos utilizar domínios para agilizar o trabalho (caso o sistema ofereça esse recurso), mas ainda assim será necessário declarar cada campo separadamente dentro da estrutura das tabelas. Agora, vejamos como isso seria feito com um banco de dados orientado a objeto. Primeiramente, definimos uma classe denominada **ClasseBase**:

```
class ClasseBase
(extent DadosBase)
{
 attribute string Nome;
 attribute string Endereco;
 attribute string Bairro;
 attribute string Cidade;
 attribute string Estado;
 attribute string CEP;
};
```

Agora, podemos criar os objetos **Clientes** e **Fornecedores** do esquema do banco de dados com os seguintes comandos:

```
class OClientes extends ClasseBase
(extent Clientes
 key CodigoCliente)
{
 attribute integer CodigoCliente;
 attribute enum GeneroSexo{M,F} Sexo;
 attribute float LimiteCompra;
}

class OFornecedores extends ClasseBase
(extent Fornecedores
 key CodigoFornecedor)
{
 attribute short CodigoFornecedor;
 attribute float Credito;
 attribute enum TipoPessoa{F,J} Pessoa;
}
```

Podemos ver que os campos que possuem uma especificação comum foram agregados em uma classe, tornando mais fácil a vida do desenvolvedor, pois ele precisa apenas indicar que o objeto é descendente dessa classe. A palavra-chave **extends** indica que a classe/objeto herda os atributos e métodos da classe/objeto que a segue.

O comando **enum** cria um conjunto de valores enumerados que são atribuídos ao campo, que somente aceitará os valores constantes na lista. Note como isso é similar ao tipo de dados enumerado, que pode ser definido pelo programador na linguagem C/C++.

12.5 Linguagem OQL

A linguagem **OQL - Object Query Language** (Linguagem de Consulta de Objeto) tem por objetivo permitir a consulta e extração de objetos de um banco de dados de objetos. Ela pode ser utilizada dentro de outra linguagem de programação (como C++, Smalltalk ou

Java) e possui uma sintaxe baseada no padrão SQL, mas, diferentemente desta, não possui comandos para atualização, a qual somente deve ser efetuada pelos métodos dos objetos (como já mencionado anteriormente). No entanto, é possível invocar métodos a partir da própria consulta.

Comparando-a com a linguagem SQL, teríamos o seguinte comando para selecionar os clientes com limite de compra maior que R$ 1.000,00:

- Comando SQL para consulta à base de dados relacional

```
SELECT NOME FROM CLIENTES WHERE LIMITE_COMPRA >= 1000;
```

- Comando OQL para uma consulta à base de dados orientada a objeto

```
select C.Nome from C in Clientes where C.Limite_Compra >= 1000;
```

O ponto de entrada para o banco de dados nesse caso é **Clientes**, que é o próprio nome da extensão de uma classe, definido pelo comando **extent**. O nome da extensão é considerado nome de um objeto persistente.

Uma visão em OQL é definida a partir do conceito de consulta identificada, sendo utilizada a palavra-chave **define** para especificar um identificador para a consulta. Esse identificador não deve conflitar com o nome de outros objetos, classes, métodos ou funções definidos no esquema. No caso de se especificar um nome que já exista para outra consulta identificada, ela é sobrescrita. Veja o seguinte exemplo:

```
define lista_fornecedor(tipo_pessoa) as
       select fornec from fornec in Fornecedores
              where fornec.Pessoa = tipo_pessoa;
```

A linguagem OQL possui ainda operadores/funções para agregação e quantificação, como **count** (contagem de itens), **avg** (média), **min** (menor valor), **max** (maior valor) e **sum** (soma de itens), de modo similar ao que temos em SQL. O exemplo seguinte mostra um código que retorna o total de fornecedores do tipo pessoa jurídica existentes no banco de dados, utilizando a consulta identificada do exemplo anterior:

```
count (fornec in lista_fornecedor('J'));
```

Na área de banco de dados de objeto para aplicações comerciais, um dos pioneiros foi o Jasmine, fruto do desenvolvimento conjunto entre a Computer Associates (CA) e a Fujitsu. Foi um sistema orientado a objeto puro, não um sistema híbrido, mas hoje não é mais produzido.

12.6 **Sistemas híbridos (Objeto-Relacional)**

Alguns fornecedores de sistemas de bancos de dados relacionais adicionaram a seus produtos a capacidade de incorporar objetos mais complexos, como imagem, som e vídeo, além de recursos de orientação a objetos. Isso, no entanto, não os torna sistemas puramente orientados a objetos, apesar de terem sido denominados **ORDMS - Object-Relational Database Management System** (Sistema de Gerenciamento de Banco de Dados Objeto-Relacional).

Esses sistemas são frequentemente chamados de Sistemas de Gerenciamento de Bancos de Dados Relacionais a Objeto (SGBDRO) ou Servidores Universais, mas, na verdade, eles apenas implementam uma camada de abstração de dados em cima de métodos relacionais já conhecidos, o que torna possível a manipulação de estruturas de dados mais complexas. Eles seguem ainda as especificações SQL3, que fornecem capacidades estendidas e de objetos adicionadas ao padrão SQL.

Podemos citar como exemplos o Informix e o DB2 (ambos da IBM) e o Oracle a partir da versão 9i.

O Informix é um SGBDRO no qual foram combinadas as tecnologias de bancos de dados relacionais e de bancos de dados orientados a objeto que já existiam em dois produtos independentes: o Informix Dynamic Server e o Illustra. Este último foi adquirido pela empresa que produzia o Informix (Informix Software Inc.) e incorporado a ele.

Características estendidas que foram transportadas do Illustra:

- Suporte a tipos de dados adicionais
- Suporte a rotinas definidas pelo usuário (UDF - User Defined Functions)
- Herança
- Indexação das extensões adicionais
- API para criação de Data Blades

Os **Data Blades** são módulos que podem ser instalados no Informix para estender suas funcionalidades, como adição de suporte a novos tipos de dados. Eles podem ser escritos pelo próprio usuário ou por terceiros, graças à API aberta que se encontra disponível.

As rotinas (procedimentos ou funções) que podem ser definidas pelos usuários podem ser implementadas como stored procedures, seguindo-se o padrão SQL, em C, C++ ou Java.

O suporte à herança é um item fundamental na programação orientada a objeto e, no Informix, isso é abordado em dois níveis: herança de dados e herança de função. Vejamos um exemplo, no qual um tipo de dado é definido e, a partir dele, são criados outros dois:

```
CREATE ROW TYPE Pessoa (
       Nome VARCHAR(50),
       Sexo CHAR(1),
       NumeroRG CHAR(12),
       NumeroCPF CHAR(14),
       DataNascimento DATE);

CREATE ROW TYPE Funcionarios (
       CodigoFuncionario CHAR(3),
       CodigoDepartemento INT,
       Endereco VARCHAR(50),
       Bairro VARCHAR(40),
       Cidade VARCHAR(40),
       DataAdmissao DATE,
       Salario MONEY)
       UNDER Pessoa;

CREATE ROW TYPE Clientes (
       CodigoCliente CHAR(5),
       Endereco VARCHAR(50),
       Bairro VARCHAR(40),
       Cidade VARCHAR(40),
       DataUltimaCompra DATE,
       ValorCompra MONEY)
       UNDER Pessoa;
```

Um tipo de dados **Pessoa** foi definido pelo primeiro comando **CREATE ROW TYPE**. Em seguida, temos a definição de mais dois tipos (**Funcionarios** e **Clientes**), que herdam todos os atributos de **Pessoa**. A palavra-chave **UNDER** informa na declaração do novo tipo qual o tipo ancestral. O Informix não oferece suporte à herança múltipla, ou seja, um tipo não herda atributos de mais de um tipo ancestral.

Podemos, ainda, criar tabelas de dados utilizando esses novos tipos, ou seja, elas conterão instâncias dos objetos **Funcionarios** e **Clientes**. Veja o código a seguir:

```
CREATE TABLE Tbl_Funcionarios OF TYPE Funcionarios;
CREATE TABLE Tbl_Clientes OF TYPE Clientes;
```

Vamos agora definir duas funções para extrair dados dessas tabelas. A primeira estará ligada ao tipo de dados **Funcionarios**:

```
CREATE FUNCTION ListaCidade(func Funcionarios) RETURNING VARCHAR;
RETURN func.Nome;
END FUNCTION;
```

Agora, a próxima função será idêntica, porém vinculada ao tipo de dados **Clientes**:

```
CREATE FUNCTION ListaCidade(cli Clientes) RETURNING VARCHAR;
RETURN cli.Nome;
END FUNCTION;
```

Isso demonstra novamente a versatilidade do polimorfismo/sobrecarga de funções. As duas funções que criamos possuem o mesmo nome, mas trabalham de forma diferente. O que determinará qual delas deve ser chamada é o parâmetro que lhes for passado. Veja os exemplos que seguem:

```
SELECT * FROM Tbl_Funcionarios fnc WHERE ListaCidade(fnc) = 'São Paulo';
SELECT * FROM Tbl_Clientes cli WHERE ListaCidade(cli) = 'Curitiba';
```

O Oracle, um sistema relacional, também possui suporte a alguns conceitos de orientação a objeto. Veja na listagem a seguir os comandos para definição de novos tipos de dados e de tabelas, que correspondem ao exemplo em Informix visto anteriormente:

```
CREATE TYPE Pessoa AS OBJECT
       (Nome VARCHAR(50),
        Sexo CHAR(1),
        NumeroRG CHAR(12),
        NumeroCPF CHAR(14),
        DataNascimento DATE);
CREATE TYPE Funcionarios OF Pessoa
       (CodigoFuncionario CHAR(3),
        CodigoDepartemento INT,
        Endereco VARCHAR(50),
        Bairro VARCHAR(40),
        Cidade VARCHAR(40),
        DataAdmissao DATE,
        Salario NUMBER(9,2));

CREATE TYPE Clientes OF Pessoa
       (CodigoCliente CHAR(5),
        Endereco VARCHAR(50),
        Bairro VARCHAR(40),
        Cidade VARCHAR(40),
        DataUltimaCompra DATE,
        ValorCompra NUMBER(9,2));

CREATE TABLE Tbl_Funcionarios OF Funcionarios;
CREATE TABLE Tbl_Clientes OF Clientes;
```

Conclusão

Estudamos aqui os fundamentos dos sistemas de bancos de dados orientados a objetos, assim como as linguagens definidas para manipulação dos dados (ODL e OQL). Também foi tratada de forma resumida a programação orientada a objetos, cujos conceitos são muito aplicados em bancos de dados orientados a objetos.

Por fim, foi apresentada uma introdução aos sistemas híbridos, que são na verdade bancos relacionais com algumas características de orientação a objetos incorporadas.

Exercícios

1. Quais são os fatores que contribuíram para o surgimento dos bancos de dados orientados a objeto?
2. Defina encapsulamento de dados.
3. O que são herança e polimorfismo?
4. O que é um OID?
5. Descreva as linguagens ODL e OQL.

Capítulo 13

Bancos de Dados Distribuídos e Data Warehouse

Vamos estudar neste capítulo os conceitos, características, tipos e exigências para definição de bancos de dados distribuídos, além das técnicas que podem ser utilizadas na sua implantação. Ainda em relação a esse assunto, veremos também os conceitos de Data Warehouse, OLAP, OLTP, EIS, ODS e Datamining. Os fatores que devem ser considerados na implantação de um Data Warehouse também serão apresentados.

13.1 Conceitos e características

Sistemas de computação distribuída consistem em diversos elementos de processamento que se encontram interligados em uma rede de computadores e não precisam necessariamente ser homogêneos, ou seja, podem ser de fabricantes ou fornecedores diferentes. Esses elementos trabalham juntos com o objetivo principal de resolver, de uma maneira eficiente, um problema grande que fora repartido em porções menores e mais fáceis de gerenciar. Nesse modelo, tanto usuários como aplicativos devem ter acesso transparente a dados e recursos computacionais, o que significa que eles aparecem ao usuário final de forma contínua, como se fossem uma única base de dados.

Um banco de dados distribuído pode ser definido como uma coleção de diversos outros bancos de dados, logicamente inter-relacionados, que se encontram espalhados por uma rede de computadores. Apesar das diversas localizações físicas, há um gerenciamento centralizado, que permite acesso a partir de qualquer estação cliente que esteja conectada à rede.

Nesse modelo, temos também um software responsável por todo o gerenciamento do banco de dados, denominado Sistema de Gerenciamento de Banco de Dados Distribuído (SGBDD). Uma das funções principais é permitir que os diversos bancos distribuídos pela rede sejam manipulados de forma transparente, ou seja, não cabe ao usuário conhecer os detalhes da distribuição dos dados nem suas localizações. Assim, se ele executa uma consulta, vai parecer que o banco de dados se encontra centralizado em um único servidor. Outra função importante é o processamento uniforme de consultas e transações.

O modelo de banco de dados distribuído é fortemente baseado na arquitetura cliente/servidor (que estudaremos mais à frente) e utiliza muito dos conceitos empregados nela.

É comum falar em sistemas multiprocessados quando se trata de bancos de dados distribuídos. Existem dois tipos atualmente conhecidos:

- Sistema de memória compartilhada, no qual tanto o armazenamento secundário em disco quanto a memória principal (RAM) são compartilhados por todos os processadores.
- Sistema de disco compartilhado, no qual somente o armazenamento secundário em disco é compartilhado pelos processadores, e cada um possui sua própria memória principal (RAM).

Os bancos desenvolvidos com base em uma dessas arquiteturas são normalmente denominados Sistemas de Bancos de Dados Paralelos, uma vez que é utilizado processamento paralelo.

A outra arquitetura que podemos encontrar quando se fala em bancos de dados distribuídos é a de processamento distribuído, em que cada processador possui sua própria memória principal e seu meio de armazenamento secundário. Eles se comunicam por meio de uma rede de alta velocidade para executar suas tarefas de processamento. A diferença principal entre essa arquitetura e um modelo de banco de dados distribuído é o fato de todos os componentes serem homogêneos (de um mesmo fabricante ou fornecedor), o que não ocorre com bancos distribuídos, em que é comum encontrarmos plataformas de hardware e de software totalmente diferentes entre si.

Para tirar vantagens reais de um banco de dados distribuído, é necessário que estejam presentes, além das funções comuns a um SGBD centralizado, as seguintes funções extras:

- Controle de distribuição, fragmentação e replicação dos dados por intermédio de extensão no catálogo do SGBDD.
- Capacidade de processar consultas distribuídas, acessando, a partir de uma rede de comunicação, localizações remotas para extração de dados.
- Gerenciamento de consultas e transações que acessam dados a partir de vários locais, ao mesmo tempo em que se mantêm o acesso sincronizado e a integridade do próprio banco de dados.

- Capacidade de decidir qual cópia de um item de dado que se encontra replicado deve ser considerada.
- Recuperação do banco de dados distribuído quando houver alguma falha ou colapso do sistema (os comumente denominados *crashs*).
- Segurança na execução de transações distribuídas e gerenciamento de privilégios de autorização/acesso por parte dos usuários.
- Gerenciamento do catálogo do banco de dados distribuído, de forma que haja informações referentes às localizações dos bancos. Esse catálogo pode ser geral (disponível a todo o banco) ou local (restrito a cada nó da rede envolvida no processo).

Os locais em que se encontram distribuídos os bancos podem estar fisicamente próximos (como em um mesmo edifício) ou geograficamente distantes (em outro bairro, cidade, estado ou mesmo país), sendo conectados por meio de uma rede WAN montada sobre uma estrutura VPN (internet em banda larga ASDL, ISDN, a cabo, a rádio ou fibra óptica) ou com a tecnologia Frame Relay (que tem um custo muito mais elevado que o da VPN).

A escolha do tipo e da topologia de rede é de altíssima importância, uma vez que esses itens podem ter grande influência no desempenho dos processamentos de consultas em um sistema distribuído.

Em um banco de dados distribuído, encontramos três técnicas utilizadas na divisão do banco em unidades lógicas, as quais denominamos fragmentos. No processo de decisão sobre a fragmentação do banco de dados, é necessário determinar quais unidades lógicas serão fragmentadas e distribuídas. Vamos tomar como exemplo para demonstrar as técnicas de fragmentação um banco de dados que contém as seguintes relações/tabelas em sua estrutura:

Quadro 13.1

Departamentos	CodigoDepto	NomeDepto
	001	FINANÇAS
	002	VENDAS
	003	RECURSOS HUMANOS
	004	COMPRAS

Quadro 13.2

Funcionarios	CodFunc	NomeFunc	Endereco	CodDepto
	001842	ALBERT MORIEL	R. 2 - CENTRO	003
	002301	VERÔNICA MOREIRA	AV. VITÓRIA, 40 - JD. AUGUSTA	003
	002740	HUMBERTO MATTOS	R. AUGUSTA, 300 - CENTRO	001
	003095	CÍCERO FONSECA	AV. SÃO PAULO, 80 - CENTRO	002

O primeiro tipo é denominado fragmentação horizontal, em que podemos agrupar os registros em diversos subconjuntos, utilizando para isso um ou mais atributos. Uma relação é dividida horizontalmente, com as linhas agrupadas em novas relações, cada uma possuindo um significado lógico. Com esse exemplo, seria possível dividir a relação **Funcionarios** em três subconjuntos, conforme o valor do campo **CodDepto**. Desta forma, teríamos as seguintes tabelas no sistema distribuído:

Quadro 13.3 | Servidor 1

Departamentos	CodDepto	NomeDepto
	001	FINANÇAS
	002	VENDAS
	003	RECURSOS HUMANOS
	004	COMPRAS

Quadro 13.4

Funcionarios	CodFunc	NomeFunc	Endereco	CodDepto
	001842	ALBERT MORIEL	R. 2 - CENTRO	003
	002301	VERÔNICA MOREIRA	AV. VITÓRIA, 40 - JD. AUGUSTA	003

Quadro 13.5 | Servidor 2

Funcionarios	CodFunc	NomeFunc	Endereco	CodDepto
	002740	HUMBERTO MATTOS	R. AUGUSTA, 300 - CENTRO	001

Quadro 13.6 | Servidor 3

Funcionarios	CodFunc	NomeFunc	Endereco	CodDepto
	003095	CÍCERO FONSECA	AV. SÃO PAULO, 80 - CENTRO	002

No segundo tipo, a fragmentação vertical, temos a divisão de uma relação em outros subconjuntos que contêm colunas específicas. Cada subconjunto possui apenas algumas colunas, sendo necessário um campo (chave primária ou chave candidata) para que seja possível reconstruir as informações originais antes do processo de fragmentação.

Suponha que a relação **Funcionarios** deva ser fragmentada, gerando-se dois subconjuntos: o primeiro, contendo o código, o nome e o endereço do funcionário; o segundo, contendo apenas o código do departamento no qual ele trabalha. A situação seria a seguinte:

Quadro 13.7 | Servidor 1

Departamentos	CodDepto	NomeDepto
	001	FINANÇAS
	002	VENDAS
	003	RECURSOS HUMANOS
	004	COMPRAS

Quadro 13.8

Funcionarios	CodFunc	NomeFunc	Endereco
	001842	ALBERT MORIEL	R. 2 - CENTRO
	002301	VERÔNICA MOREIRA	AV. VITÓRIA, 40 - JD. AUGUSTA
	002740	HUMBERTO MATTOS	R. AUGUSTA, 300 - CENTRO
	003095	CÍCERO FONSECA	AV. SÃO PAULO, 80 - CENTRO

Quadro 13.9 | Servidor 2

Funcionarios	CodFunc	CodDepto
	001842	003
	002301	003
	002740	001
	003095	002

Repare que foi necessário incluir também o campo de código de funcionário no segundo subconjunto, para assim ser possível recuperar as informações de departamento relativas aos funcionários.

O terceiro tipo, conhecido como fragmentação híbrida, é uma mistura dos dois anteriores, apresentando características de ambos.

Além dessas técnicas, podemos também definir uma distribuição em que os subconjuntos são formados por tabelas inteiras. Por exemplo, as tabelas relacionadas com funcionários e folha de pagamento podem estar armazenadas no servidor do departamento de recursos humanos; as tabelas relacionadas ao sistema de contas a pagar/receber, agrupadas no servidor do departamento financeiro - e assim por diante. Veja o exemplo da Figura 13.1.

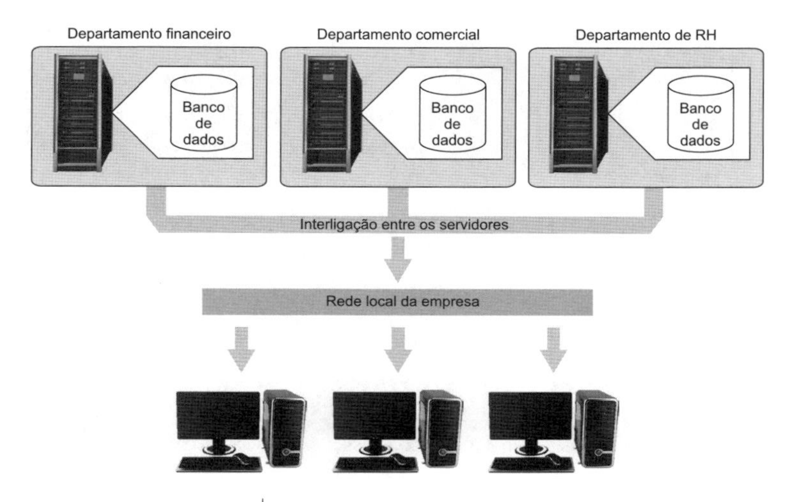

Figura 13.1 | Arquitetura de banco de dados fragmentado.

Há operadores na linguagem SQL (UNION, INNER/OUTER UNION e INNER/OUTER JOIN) que possibilitam a união/junção dos subconjuntos para reconstruir uma relação completa.

Outra característica que pode ser encontrada em um ambiente de banco de dados distribuído é a replicação de dados. Ela consiste na duplicação total ou parcial do banco de dados em mais de uma localização ou ponto da rede. Isso é útil para melhorar a disponibilidade dos dados, uma vez que agiliza as consultas globais na recuperação de dados, mas, como efeito colateral, pode tornar o sistema todo mais moroso nas operações de atualização, as quais devem ser replicadas nas cópias. Veja na Figura 13.2 um diagrama que demonstra a arquitetura de banco fragmentado, na Figura 13.3 a replicação de dados e, na Figura 13.4, um modelo de banco de dados distribuído com acesso remoto via rede WAN.

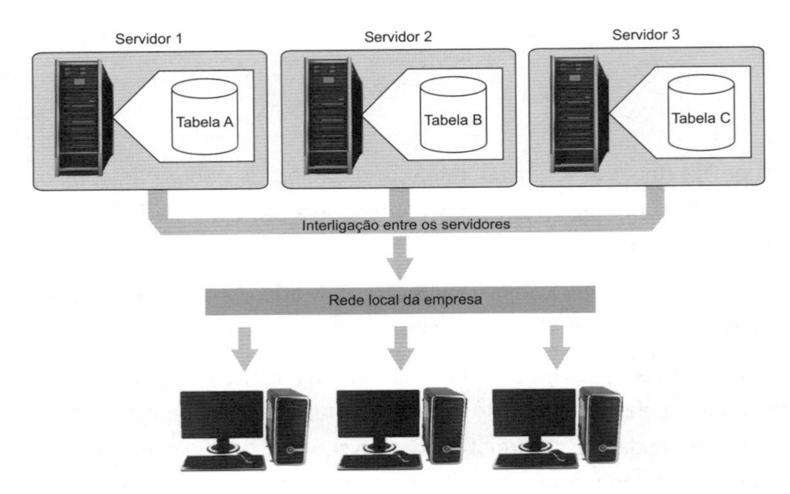

Figura 13.2 | Arquitetura de banco de dados fragmentado.

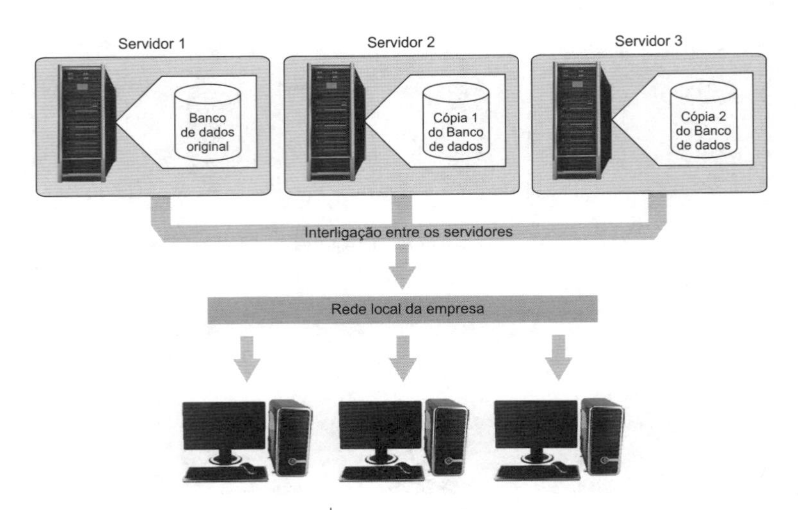

Figura 13.3 | Replicação do banco de dados.

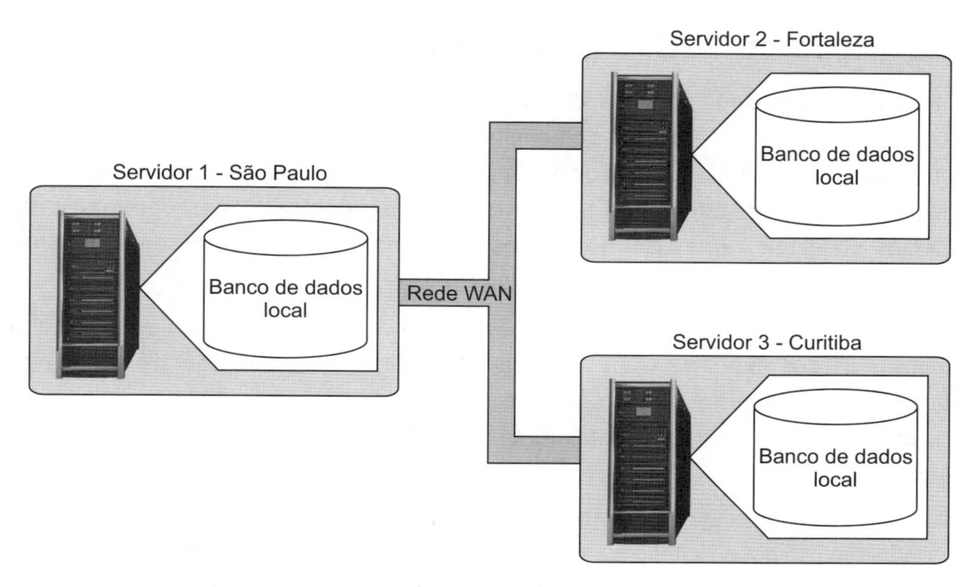

Figura 13.4 | Acesso remoto por rede WAN.

Como solução para os problemas de distribuição e localização dos dados, temos três enfoques. Em todos eles há um componente denominado **Gerenciador de Transações**, que é responsável por analisar as requisições das estações clientes e direcioná-las para o servidor apropriado. O servidor responde à requisição e retorna um conjunto de registros para a consulta. O **Gerenciador de Transações** então sintetiza todas essas respostas em uma só e devolve o resultado ao usuário.

No primeiro tipo de enfoque, cada **Gerenciador de Transações** mantém seu próprio catálogo e armazena ainda uma cópia do catálogo global do sistema, na qual se encontram as informações de todas as localizações na rede. Assim, cada sistema sabe onde os outros estão. A vantagem desse enfoque é que, se um catálogo for alterado, somente as modificações são transmitidas pela rede. A desvantagem é a possibilidade de a integridade dos dados ser quebrada, o que leva à necessidade de um mecanismo que acompanha as mudanças efetuadas nos catálogos locais e atualiza todas as informações quando houver alterações.

No segundo enfoque, cada **Gerenciador de Transações** também mantém seu próprio catálogo de sistema, mas um examina o catálogo do outro antes que uma busca seja efetuada. Um problema inerente a essa configuração é que, se um dos servidores estiver desativado, os dados em seu banco são ignorados.

O terceiro e último enfoque utiliza um catálogo global com informações sobre todas as localizações na rede. Antes de executar uma operação, o **Gerenciador de Transações** analisa esse catálogo. Esse esquema cria a ilusão de um sistema centralizado, mas tem como efeitos colaterais a demanda excessiva de processamento e elevado tráfego de rede.

13.2 Tipos de SGBDs distribuídos

Há vários fatores que podem distinguir um sistema de banco de dados distribuído de outros. O primeiro deles é o grau de homogeneidade, que está diretamente relacionado com os tipos de software utilizados em todo o sistema. Se os servidores e os clientes utilizam softwares de um mesmo fabricante ou fornecedor (softwares idênticos), então podemos dizer que temos um **SGBDD homogêneo**. Se houver uma diversidade de softwares, então temos um **SGBDD heterogêneo**.

Nesse ambiente heterogêneo, deve haver uma convivência pacífica entre os equipamentos de diferentes marcas e modelos, mesmo nos casos em que até os sistemas operacionais são distintos. Essa capacidade de um aplicativo poder acessar informações armazenadas em outro sistema totalmente diferente define o que chamamos de **interoperabilidade**.

Um segundo fator que caracteriza um SGBDD é o grau de autonomia local. Isso pode ser traduzido como a possibilidade de um SGBD que faz parte do sistema distribuído trabalhar isoladamente (*stand-alone*). Se isso não for possível, então o SGBDD é considerado um sistema que não possui autonomia local; caso contrário, isto é, se o acesso direto de transações locais for possível, o sistema tem alguma autonomia local.

Ainda relacionado ao grau de autonomia local de um SGBDD, podemos encontrar um tipo denominado SGBDD federado, no qual cada servidor é um SGBD centralizado, independente e autônomo, com um grau de autonomia local bastante elevado. Temos também sistemas de múltiplos bancos de dados que possuem um esquema global, mas construído interativamente conforme as necessidades das aplicações. Podemos notar que são sistemas híbridos entre centralizado e distribuído.

Em sistemas heterogêneos, é possível haver um SGBD relacional em um servidor, em outro um SGDB hierárquico e ainda em outro um SGBD de rede. Devido a essa diversidade, faz-se necessária uma forma de traduzir as consultas para as linguagens inerentes a cada um deles.

Mesmo que se utilize em todo o sistema um SGBD relacional, ainda assim é possível encontrarmos alguns problemas, como o fato de cada um utilizar uma versão diferente da linguagem de consulta - como, o SQL-89, o SQL-92 e o SQL3 - ou mesmo termos em um servidor um banco Oracle, em outro um banco SQL Server e em um terceiro um banco MySQL.

A forma como os dados são modelados também é um fator de complexidade em um SGBDD heterogêneo. Isso ocorre por causa da variedade de bancos de dados existentes em uma organização, cada qual seguindo uma abordagem ou modelagem diferente. Mesmo que tenhamos bancos de dados rodando em um mesmo ambiente, há chances de atributos similares serem definidos com nomes ou tamanhos diferentes.

Podemos apontar também as diferenças no significado, interpretação e utilização dos mesmos dados em um sistema heterogêneo. Como exemplo, podemos citar o campo de número de CNPJ de fornecedores ou clientes. Em uma empresa que possua fornecedores e clientes fora do Brasil, esses campos podem ter denominações e tamanhos totalmente diferentes.

Em um sistema distribuído, podemos identificar três tipos principais de autonomia que cada SGBD componente pode apresentar. São eles:

- **Autonomia de comunicação:** capacidade de decidir comunicar-se com outro SGBD.
- **Autonomia de execução:** capacidade de executar operações locais sem sofrer nenhuma interferência de outras operações externas e para decidir a ordem em que elas devem ser executadas.
- **Autonomia de associação:** capacidade de decidir se suas funcionalidades e recursos devem ser compartilhados e quando serão compartilhados.

13.3 Controle de concorrência distribuída

O controle de acesso concorrente de usuários e a recuperação de dados são fatores muito importantes em um SGDB distribuído. Eles não devem ser relegados a um segundo plano, pois é por meio deles que podemos tratar alguns problemas que não são encontrados em ambiente centralizado, como:

- **Manipulação de várias cópias de itens de dados:** o controle de concorrência permite que se mantenha a consistência dos dados entre as cópias e a recuperação torna uma cópia consistente com as outras se o ponto da rede no qual se encontra a cópia apresentar alguma falha.
- **Falhas em pontos da rede:** mesmo que um ou mais pontos da rede apresentem falhas e parem de funcionar, o SGBDD deve ter a capacidade de continuar trabalhando normalmente.
- **Falhas na comunicação:** se ocorrerem falhas na comunicação de dados pela rede, elas não devem interferir no funcionamento geral do sistema, uma vez que ele deve ter capacidade de lidar com elas.
- **Falha em commit:** o sistema deve ser capaz de lidar com falha de *commit* de uma transação. O *commit* encerra uma transação completa.
- **Deadlock:** o sistema deve lidar com problemas relacionados a *deadlock*, uma situação em que mais de usuário está acessando o mesmo registro simultaneamente.

Para o controle de concorrência, temos dois tipos: controle baseado em cópia distinta de item de dado e controle baseado em votação. No primeiro tipo se encontram técnicas que são extensões às já existentes em bancos de dados centralizados. Uma dessas extensões se aplica ao contexto de bloqueio centralizado. A ideia principal é designar cópias distintas de um item de dado e associar a elas os bloqueios. O servidor que contém a cópia recebe todas as solicitações de bloqueio e desbloqueio. Veja o esquema da Figura 13.5.

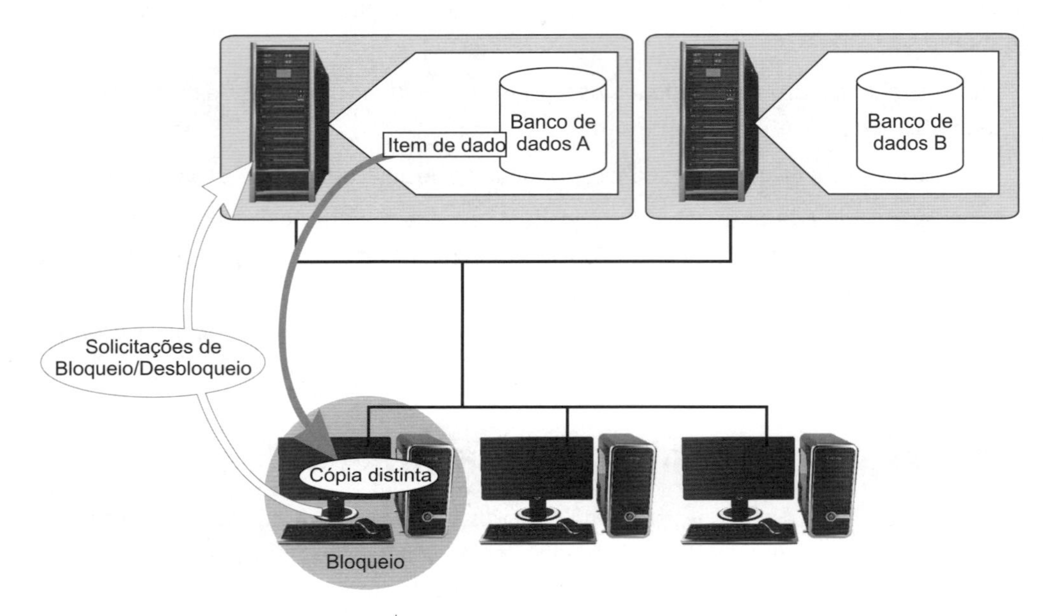

Figura 13.5 | Controle de concorrência baseado em cópias.

Alguns métodos foram desenvolvidos para trabalhar com essa ideia de cópias distintas, sendo diferentes na forma de sua escolha. Esses métodos se encontram descritos a seguir. Na abordagem, utilizamos o termo "nó" para designar um ponto ou localização dentro da rede, que pode ser um servidor ou mais comumente uma estação cliente.

13.3.1 Método do nó principal

Um único nó primário é definido como supervisor das operações de bloqueio. Isso significa que todos os bloqueios são mantidos por ele e todas as solicitações de bloqueio/desbloqueio são enviadas a ele. Esse método tem a vantagem de ser uma simples extensão da abordagem centralizada, não sendo muito complexo. No entanto, uma vez que todas as solicitações passam pelo nó principal, podem ocorrer gargalos no sistema. Outro problema é que, se ocorrer alguma falha nesse nó primário, o sistema todo pode paralisar.

13.3.2 Método do nó principal com backup

Esse método é similar ao anterior, com a diferença de que um nó de backup é definido e todas as operações de bloqueio são executadas em ambos. Isso permite que, no caso de uma falha no nó principal, o nó de backup entre em ação automaticamente. Porém, essa técnica pode causar uma queda no desempenho do processo de aquisição de um bloqueio, já que todas as solicitações e concessões de bloqueios devem ser gravadas em ambos os nós.

13.3.3 Método da cópia primária

Esse método procura distribuir a carga de coordenação das solicitações e concessões de bloqueios entre vários pontos. Isso é efetuado com o armazenamento das cópias distintas em diferentes localizações. Se um nó contém uma cópia primária de um item de dado e ele apresenta alguma falha, somente as transações que estejam acessando essa cópia serão afetadas, com as demais transações funcionando normalmente.

No controle de concorrência baseada em votação não há cópia distinta de um item de dado. Em vez disso, o nó que precisa de um bloqueio envia uma solicitação a todos os outros nós que possuem uma cópia do item. Cada uma delas mantém seu próprio bloqueio e a concessão pode ser dada ou negada.

Se a transação que fez a solicitação de bloqueio recebe concessão pela maioria das cópias, então ela segura o bloqueio e informa às demais essa ocorrência. Se em um determinado espaço de tempo não for recebida a concessão da maioria, a solicitação é cancelada e esse cancelamento é informado aos outros nós. Toda essa operação pode envolver um elevado tráfego de dados pela rede.

13.4 Conceito e características de data warehouse

Data Warehouse (literalmente, "armazém de dados") pode ser definido como um conjunto de dados integrados, não voláteis, que podem variar de tempos em tempos e orientados ao assunto. Esse conjunto de dados é utilizado com finalidades analíticas e em um processo de tomada de decisão de negócios, nos diversos níveis organizacionais de uma empresa. O seu desenvolvimento foi possível graças ao aumento no poder de processamento e às sofisticadas técnicas de análise de resultados.

Os Data Warehouses são projetados para suportar altas demandas de processamento, uma vez que manipulam quantidades elevadas de dados oriundos de vários bancos de dados, que podem inclusive pertencer a plataformas diferentes ou possuir estruturas de dados distintas, como ocorre com bancos de dados distribuídos, estudados nos tópicos anteriores.

Quando se fala em Data Warehouse, é comum ouvirmos expressões como **OLAP**, **OLTP**, **EIS** e **Datamining**. **OLAP** é a sigla em inglês para On-Line Analytical Processing (Processamento Analítico On-Line) e significa que as informações são processadas para uma análise complexa. Por outro lado, o **OLTP** - On-Line Transaction Processing (Processamento de Transação On-Line) refere-se aos sistemas com os quais trabalhamos normalmente, ou seja, qualquer operação (inserção, alteração ou exclusão) é executada de imediato no banco de dados utilizando-se transações. **EIS** é a sigla de Executive Information System (Sistema de Informações para Executivos), um sistema que oferece recursos para análise de dados em um nível mais complexo, como forma de suporte à tomada de decisões. O termo **Datamining** será abordado mais adiante.

Os sistemas OLAP são projetados para atender às consultas que surgem em função das necessidades dos usuários no momento. Nessa tecnologia, os dados brutos são transformados em informações consistentes para tornar fácil sua compreensão por parte do usuário. Podemos classificar o OLAP nos seguintes tipos:

Quadro 13.10

Tipo	Descrição
ROLAP (Relational OLAP)	Utiliza bancos de dados relacionais e tem como principal vantagem o fato de utilizar tecnologia já consagrada, de arquitetura aberta e padronizada, que abrange uma ampla faixa de plataformas.
MOLAP (Multidimensional OLAP)	Utiliza bancos de dados multidimensionais, possibilitando execução de análises sofisticadas. Os dados são organizados em estruturas de array para oferecer um ótimo desempenho.
HOLAP (Hybrid OLAP)	Uma estrutura híbrida, que une características dos modelos ROLAP e MOLAP. Assim, produtos no padrão ROLAP incorporam bancos de dados multidimensionais.
WOLAP (Web OLAP)	Tecnologia OLAP aplicada ao ambiente da internet, caracterizada pela independência de plataforma e facilidade de uso e manutenção.

No sistema OLTP os dados são acumulados a partir de transações diárias da empresa. São dados que se encontram em seu estado "puro", sem o devido tratamento para análise. Somente consultas preestabelecidas são possíveis nesse sistema. Desta forma, ele é definido como a fonte de dados para o Data Warehouse.

Existe também outro termo com o qual nos deparamos frequentemente, **ODS - Operational Data Store** (Depósito de Dados Operacional), que se refere a uma espécie de repositório de dados, similar a um Data Warehouse, mas que não coloca à disposição as informações para uma tomada de decisão.

Vamos imaginar um laboratório farmacêutico cujo gerente de vendas precisa ter em mãos informações referentes aos produtos/medicamentos que mais têm saída em uma determinada época do ano (inverno, por exemplo). Com base nessas informações, ele deve decidir em qual linha vai atuar mais. Ele também precisa passar essas informações ao gerente de produção, para que ele tome as providências necessárias para produzir em maior quantidade os produtos/medicamentos adequados; caso contrário, o fornecimento será prejudicado.

A área responsável pelo transporte também deve ter conhecimento desse aumento na produção/venda para poder administrar os processos de entrega aos clientes (se for necessário, contratar mais transportadoras). Podemos, desta forma, perceber a importância de uma informação de boa qualidade. As informações devem ter um grau de precisão alto, pois podem interferir não apenas em um, mas em vários processos de gestão ou setores de uma empresa.

A principal característica dos Data Warehouses é que eles são verdadeiros depósitos de dados integrados originados de várias fontes. Formam, assim, um modelo de dados multidimensional. Esse modelo é bem adequado às tecnologias disponíveis para suporte à tomada de decisão.

Para melhor entender o conceito de modelo de dados multidimensional, vamos utilizar um exemplo em que temos uma tabela de vendas de produtos por região, conforme indicado a seguir.

Quadro 13.11

Produto	Região Sul	Região Norte	Região Sudeste	Região Nordeste
Soja	1200	800	2300	900
Milho	2080	1005	4280	1520
Arroz	3845	2876	5630	3003

Vamos supor agora que há necessidade de desmembrar essas informações trimestralmente. Para isso, vamos precisar de uma tabela com três dimensões, conforme mostrado na Figura 13.6. Nesse caso, cada intersecção de uma linha com uma coluna possui quatro dimensões (uma para cada trimestre do ano). Seria possível adicionar mais dimensões, por exemplo, ao se desmembrarem os trimestres em meses, o que nos dá uma ideia da complexidade inerente ao processamento desses dados.

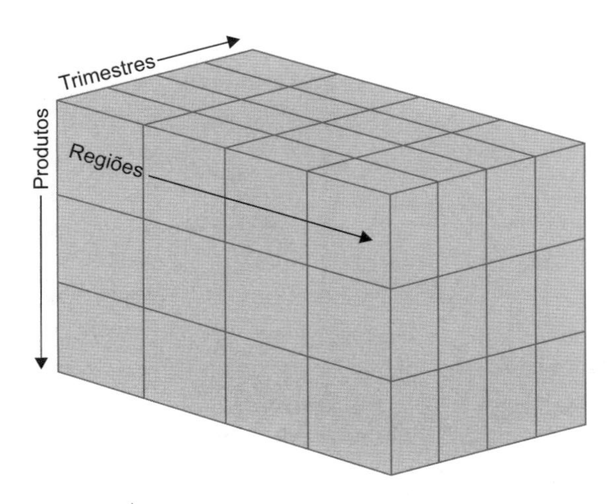

Figura 13.6 | Representação tridimensional de uma visão de dados.

Devido ao fato de os Data Warehouses suportarem análises de dados temporais, eles necessitam de registros históricos, por exemplo de cinco ou dez anos, que são trabalhados em uma escala analítica (visão individual dos itens de dados) ou sintética (visão geral sumarizada). Esses dados históricos geralmente são mantidos em bancos de dados transacionais e formam um volume de informação bastante extenso.

As informações dos Data Warehouses não se alteram com tanta frequência (não são voláteis) e as atualizações não são efetuadas em tempo real, mas periodicamente. A periodicidade, no entanto, deve ser definida com base nas necessidades de cada "consumidor de informações" (na prática, os gerentes), podendo ser semanal, mensal, trimestral. Isso também depende, logicamente, do grau de importância das informações para o andamento dos negócios da empresa.

Por exemplo, para o caso de compras que são efetuadas mensalmente, os dados podem ser atualizados todo início do mês (ou quinzenalmente, se assim se desejar). A Figura 13.7 apresenta uma visão dos processos básicos envolvidos em um Data Warehouse. Nela, podemos ver que também podem ser utilizados outros tipos de fontes de dados além dos próprios bancos de dados, como, planilhas eletrônicas.

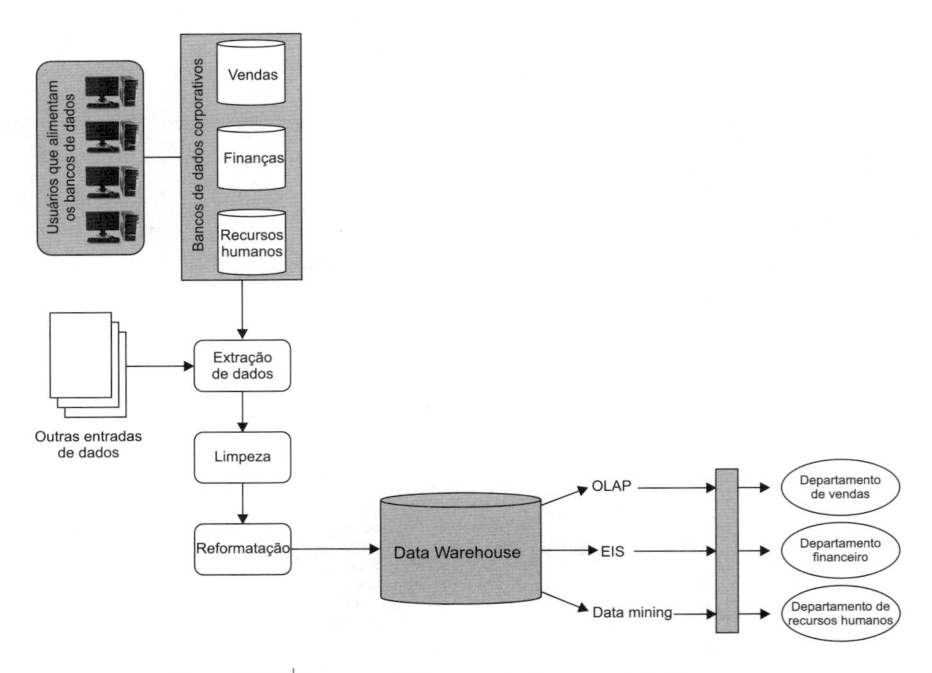

Figura 13.7 | Processos básicos envolvidos em um Data Warehouse.

Uma característica do Data Warehouse é a possibilidade que ele oferece de chegarmos a detalhes minuciosos de uma informação analítica. No exemplo do laboratório farmacêutico, uma informação do volume de vendas de um determinado medicamento é apresentada de forma sintetizada, mas uma vez que um medicamento pode apresentar-se em diversas formas (comprimido, xarope, solução injetável etc.), podemos "abrir" essa informação para que sejam mostrados dados de cada modelo/tipo de apresentação do produto. Isso é oferecido pelo mecanismo do OLAP.

A implantação de um Data Warehouse requer muito cuidado e um planejamento bem elaborado. O projeto em si não deve, de forma alguma, ficar nas mãos apenas da equipe de sistemas, sendo necessária uma ampla visão do uso que ele terá. Os profissionais da área de informática têm grande importância no contexto, mas são os usuários finais que poderão dizer quais informações são necessárias para a montagem do banco de dados do Data Warehouse e onde elas se encontram dentro dos sistemas atualmente em uso pela empresa. Em resumo, eles é que definirão o modelo de dados.

A aquisição dos dados que comporão o Data Warehouse compreende alguns passos importantes, entre os quais podemos citar:

- Extração de dados de várias fontes, as quais podem ser heterogêneas no que diz respeito à plataforma em que os dados residem (como sistema operacional e hardware), ao modelo e estrutura de dados e à estrutura de rede empregada para interligar os computadores.
- Formatação dos dados para torná-los adequados às necessidades de uso do Data Warehouse. Nessa fase inclui-se a conciliação quanto ao domínio e significado dos dados, principalmente quando são oriundos de sistemas existentes em empresas subsidiárias de outros países.
- Limpeza dos dados, pois eles podem conter redundância de informações e registros incompletos ou não mais necessários, pelo fato de já serem muito antigos (por exemplo, um produto que não é mais fabricado, mas que consta no cadastro) etc.
- Ajuste dos dados para os padronizar com o modelo de dados adotado no Data Warehouse.

O repositório de metadados possui fundamental importância, pois ele inclui tanto os metadados técnicos (detalhes sobre o processamento - aquisição, descrições de dados, operações, estruturas de armazenamento etc.) como os metadados de negócios (regras relevantes de negócios e detalhes organizacionais).

O aspecto de segurança também é outro item que deve ser levado em conta com muita atenção. Uma vez que o banco de dados do Data Warehouse contém informações muitas vezes de caráter sigiloso, como dados financeiros ou volume de vendas da empresa, somente devem ter acesso a ele pessoas-chave, como, por exemplo, gerentes e diretores, que realmente precisam dessas informações para poder administrar o negócio de maneira ágil e eficaz.

Deve-se ainda avaliar o projeto quanto ao retorno financeiro que ele pode proporcionar. Esse retorno não pode exceder um tempo muito longo, mas também não se deve esperar um retorno imediato. Pode-se pensar em algo como um período igual à metade do tempo levado para a implantação do projeto, que normalmente é medido em anos.

O controle da qualidade e da consistência dos dados, característica que pode torná-los confiáveis ou não, é de vital importância no processo de Data Warehousing.

O próprio gerenciamento do projeto é desafiador e não se deve subestimá-lo. A dificuldade e o tempo exigido no projeto podem ser alternativas mais economicamente viáveis à implantação de Data Marts.

As ferramentas utilizadas na implementação de uma arquitetura de Data Warehouse precisam ser fáceis de manusear e, de preferência, acompanhadas por uma interface gráfica, que permita ao usuário montar sua "consulta" interativamente por meio de cliques do mouse e seleção de objetos, sem necessidade de conhecer os comandos JOIN, GROUP BY, WHERE etc. da linguagem SQL. Nesse terreno encontramos as ferramentas **QBE - Query By Example** (Consulta por Exemplo), em que uma consulta a um banco de dados é "desenhada" e o sistema cria o comando em linguagem SQL, responsável pela extração das informações.

É mais do que óbvio que, após a implantação de um projeto de Data Warehouse, diversos ajustes devem ser feitos durante algum tempo, uns para corrigir problemas (como gargalos que podem surgir em virtude do volume de dados que transitam pela estrutura de rede) outros para melhorar certas funcionalidades do sistema. O diagrama da Figura 13.8 demonstra o relacionamento que há entre esses diversos componentes da arquitetura Data Warehouse.

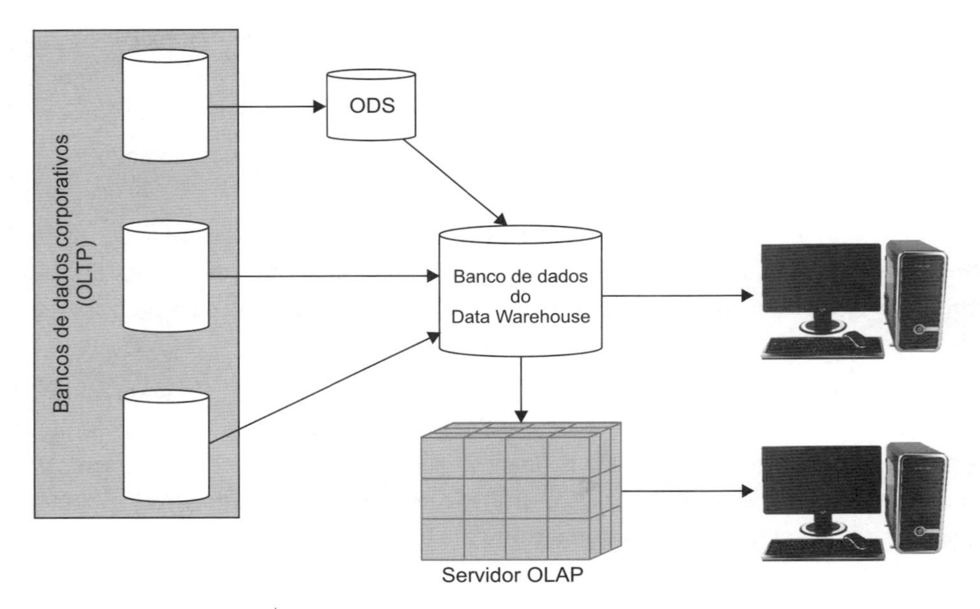

Figura 13.8 | Relacionamento entre os componentes de um Data Warehouse.

Um dos pré-requisitos para adotar uma arquitetura desse tipo é a utilização de servidores multiprocessados, devido, em grande parte, ao volume de informações que eles precisam manipular. O segundo, e não menos importante, diz respeito ao conjunto de sistema operacional/software gerenciador de banco de dados. Atualmente, os principais sistemas operacionais e bancos de dados suportam a tecnologia OLAP, o que viabiliza perfeitamente a montagem de um Data Warehouse.

Entre os principais sistemas gerenciadores de bancos de dados que oferecem recursos para construção de Data Warehouses estão o DB2, da IBM, e o Oracle a partir da versão 11g.

Os Data Marts são um subconjunto de informações existentes em um Data Warehouse, mas cujo desenho é elaborado de forma a atender a um segmento ou unidade de uma organização. Desta forma, eles fazem parte da estratégia adotada no Data Warehouse. São considerados Data Warehouses departamentais, nos quais os dados são ajustados aos requisitos de cada área ou departamento.

São muito utilizados em pequenas empresas ou com o objetivo de reduzir a complexidade de um projeto de Data Warehouse. É costume dividir essa arquitetura em três camadas, assim distribuídas:

1. Camada do banco de dados transacional, em que os dados da empresa são propriamente armazenados.
2. Camada do Data Warehouse, um repositório de dados históricos com informações detalhadas.
3. Camada do Data Mart, que são conjuntos de tabelas estruturadas, alimentadas pela segunda camada.

Veja o diagrama apresentado na Figura 13.9.

Os sistemas de **Datamining** (Mineração de Dados) trabalham com previsões - ou seja, por meio de árvores de decisão, buscam avaliar o que pode acontecer, permitindo ao usuário responder a questões como "e se ocorresse tal situação?". Assim, os executivos, gerentes e analistas podem tomar medidas preventivas, e não corretivas. São conceitualmente diferentes do Data Warehouse, que fornece respostas a questões sobre o passado histórico da organização.

As ferramentas de **Datamining** são capazes de analisar um banco de dados, encontrar padrões e aprender com eles para que seja possível predizer da melhor maneira os fatos e acontecimentos.

Marcel Holshemier e Arno Siebes definiram essa tecnologia como a busca de relacionamentos e padrões globais existentes em bancos de dados que se encontram escondidos dos usuários. Esses relacionamentos são conhecimentos valiosos e, se forem um espelho da realidade, podem ter grande importância em uma previsão.

O Datamining pode trabalhar em conjunto com um Data Warehouse para auxiliar nos processos de tomada de decisões. Por esse motivo, deve ser considerado com cuidado durante o projeto do Data Warehouse.

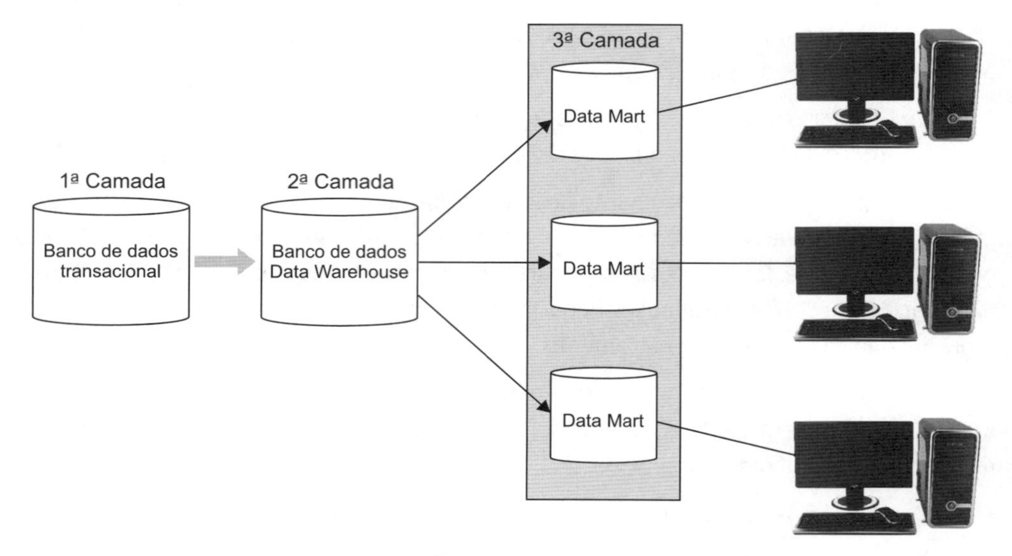

Figura 13.9 | Arquitetura de um Data Mart.

Entre alguns dos principais tipos de aplicações que fazem uso do Datamining podemos encontrar:

- **Marketing e propaganda:** análise do comportamento dos consumidores com relação aos seus padrões de compra.
- **Finanças:** avaliação de concessões de crédito a clientes, análise de desempenho de investimentos e aplicações financeiras.
- **Manufatura:** otimização de recursos, força de trabalho e matéria-prima.
- **Saúde:** análise da eficácia de determinados tratamentos, relacionamento de dados entre diagnósticos e pacientes.

Conclusão

Estudamos neste capítulo assuntos diretamente relacionados com bancos de dados distribuídos, sendo os principais: conceitos, características e tipos conhecidos; exigências para implantação de um banco de dados distribuído; técnicas para criação de um banco de dados distribuído (fragmentação horizontal, fragmentação vertical e fragmentação híbrida); replicação de dados; enfoques no controle de distribuição e localização dos dados; controle de acesso concorrente.

Também conhecemos o Data Warehouse, que em grande parte faz uso de bancos de dados distribuídos. Os assuntos tratados foram: conceitos de Data Warehouse, OLAP, OLTP, EIS, ODS e Datamining, todos eles fatores que devem ser considerados na implantação de um Data Warehouse.

Exercícios

1. O que é banco de dados distribuído?
2. Quais são as funções adicionais de um SGBD distribuído?
3. Quais são as técnicas de fragmentação de um banco de dados?
4. O que é replicação de dados?
5. Quais são os enfoques empregados na distribuição e localização de dados em um SGBD distribuído?
6. O que é interoperabilidade?
7. Defina controle de concorrência.
8. Defina Data Warehouse.
9. De onde saem as informações que alimentam o Data Warehouse?
10. Dê uma definição para OLAP e OLTP.
11. Quais são as classificações do sistema OLAP?
12. Defina Data Mart.
13. O que é Datamining?

Capítulo 14

Arquitetura Cliente/Servidor, Internet e Multimídia

Neste capítulo, você conhecerá a origem da computação descentralizada, a qual viabilizou, por meio da arquitetura cliente/servidor, o surgimento da internet. Também verá como as páginas da web acessam bancos de dados para manipular informações neles contidas.

Por fim, terá uma noção de como os bancos de dados evoluíram para permitir o armazenamento de dados que não estão em formato de textos ou números, como áudio, vídeo e imagem.

14.1 Computação centralizada: grande porte e terminais

Hoje, estamos bastante acostumados a ver nos escritórios microcomputadores interligados em rede ou acessando arquivos armazenados em outros computadores, como servidores de arquivo. No entanto, antes do advento desse tipo de arquitetura, havia um outro modelo que trabalhava de maneira similar e que abordaremos neste primeiro tópico.

Antes do surgimento da arquitetura cliente/servidor, reinava absoluto um sistema computacional formado por um computador central, chamado de grande porte (*mainframe*, em inglês), que era responsável por todo o processamento, armazenagem de dados e concentração de programas aplicativos. O computador de grande porte é composto por vários processadores interligados. Em alguns sistemas, mais processadores podem ser acrescentados para se aumentar o poder de processamento. Com essa estrutura, ele é capaz de efetuar multiprocessamento a uma velocidade muito grande.

Devido ao desempenho espetacular desses equipamentos, grande parte deles possuía (ou ainda possui) um sistema de refrigeração a água, em virtude do aquecimento provocado pelas altas taxas de velocidade. Geralmente, essas máquinas ocupam uma sala inteira, totalmente climatizada e, na maioria dos casos, com um esquema de segurança muito rígido (como acesso à sala somente por pessoas autorizadas). Um dos mainframes mais conhecidos é o modelo 3090 da IBM, uma máquina realmente fantástica.

A Figura 14.1 apresenta os principais componentes de um sistema de grande porte. Como o processamento era centralizado, havia a necessidade de se disponibilizarem estações de trabalho para os usuários. Essas estações eram conhecidas como terminais de vídeo, justamente por serem apenas equipamentos para apresentação e entrada de dados, não sendo capazes de efetuar qualquer tipo de processamento ou mesmo armazenar dados. Devido a essa característica, eram também conhecidos pejorativamente como "terminais burros". Um dos mais utilizados antigamente era o modelo 3270, também da IBM.

Esses terminais se ligavam a outro equipamento, denominado **controladora de terminais**. Dentre os mais conhecidos, temos os modelos 3274 e 3276, ambos também da IBM. Essa controladora era encarregada de distribuir os sinais entre os diversos terminais a ela ligados, similarmente ao que um hub, roteador ou switch faz hoje na rede. Veja a Figura 14.2.

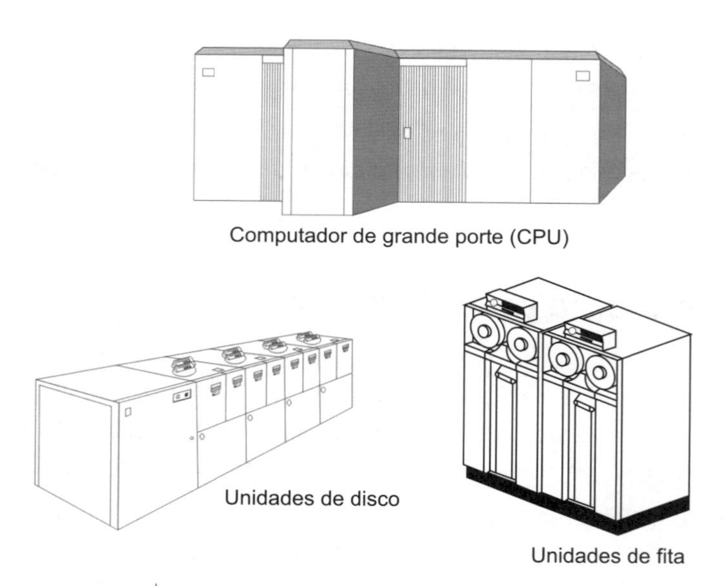

Figura 14.1 | Componentes de um sistema computacional de grande porte.

Figura 14.2 | Controladora de terminais e terminal de vídeo

Nesse ambiente, era possível ligar a dupla controladora/terminal diretamente ao grande porte, como em uma rede local, e aos chamados terminais remotos, que por meio de um sistema de telecomunicação (cabo coaxial, fibra óptica, sinal de rádio etc.) recebiam e transmitiam os dados. A Figura 14.3 ilustra essas duas arquiteturas.

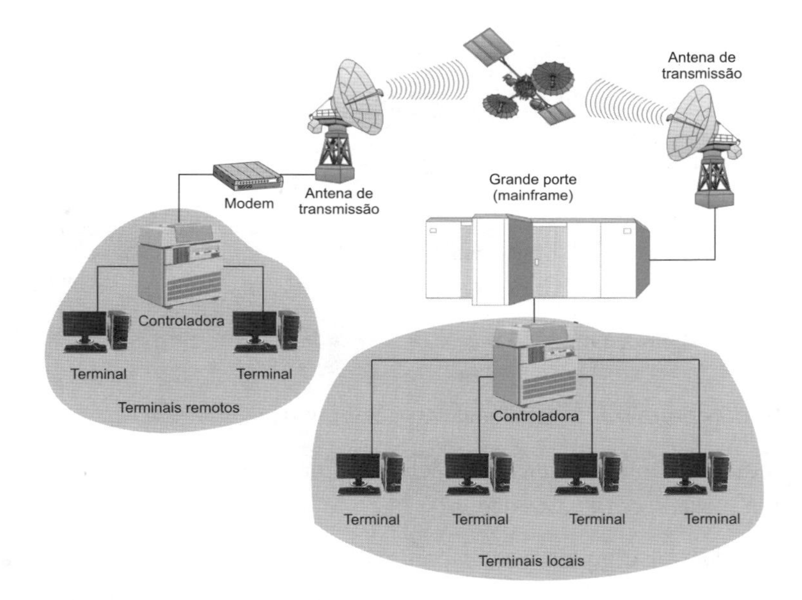

Figura 14.3 | Tipos de arquiteturas de ligação entre terminais e computador mainframe.

Com o surgimento dos primeiros microcomputadores, apareceu também um problema: o espaço para a convivência dos dois equipamentos, o micro e o terminal de vídeo. Foi então que, no início da década de 1980, mais precisamente em 1982, surgiu um periférico que se tornou um verdadeiro padrão de mercado. Era a placa de emulação de terminal IRMA, da DCA (Digital Communications Associates), e em pouco tempo já havia uma legião de fabricantes de placas compatíveis. Com ela, podíamos transformar um microcomputador IBM PC/XT/AT em um terminal de vídeo 3270. Ela era instalada em um conector (slot) padrão ISA e se ligava por um cabo coaxial à controladora de terminais.

Utilizando um software específico, o micro fazia a emulação 100%, inclusive reconfigurando o teclado para ser compatível com o sistema. Desta forma, não era mais necessária a presença de um terminal de vídeo dedicado. Essa configuração é demonstrada na Figura 14.4.

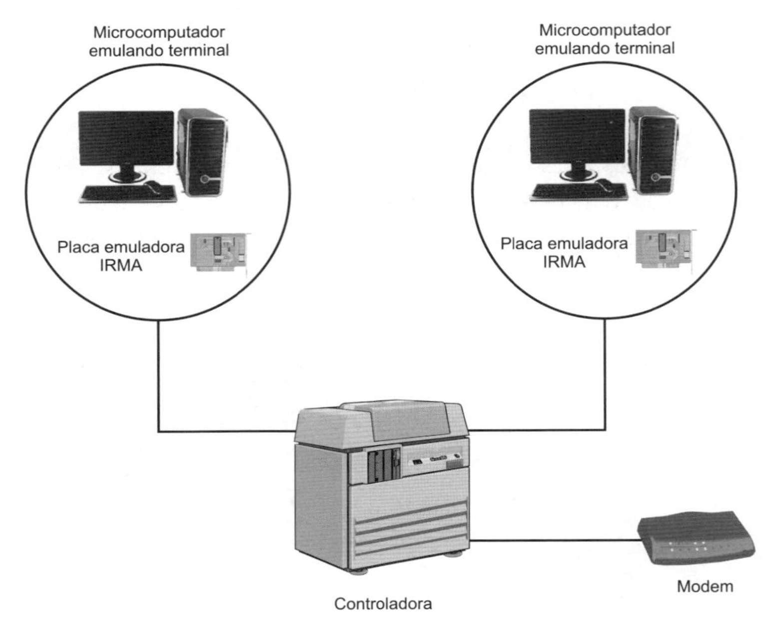

Figura 14.4 | Emulação de terminal de vídeo por microcomputador.

A arquitetura centralizada trabalhava basicamente da seguinte forma:

1. O computador central enviava os dados a serem exibidos pelo terminal de vídeo, como uma tela de entrada de dados.
2. A controladora distribuía os sinais para os terminais adequadamente. Para que se pudesse identificar cada terminal, eles recebiam um número, normalmente denominado TID (Terminal Identification), que era único para cada equipamento, assim como ocorre hoje com os endereços IP dos computadores conectados a uma rede. Mesmo as impressoras ligadas ao sistema recebiam um número de identificação.
3. O usuário entrava com os dados na tela do aplicativo e a partir de uma tecla, como [ENTER], enviava-os para o computador de grande porte.
4. O computador de grande porte processava os dados recebidos e, se fosse necessário, enviava de volta ao terminal os dados resultantes do processamento.

A Figura 14.5 mostra um diagrama que exibe os componentes envolvidos nessas etapas.

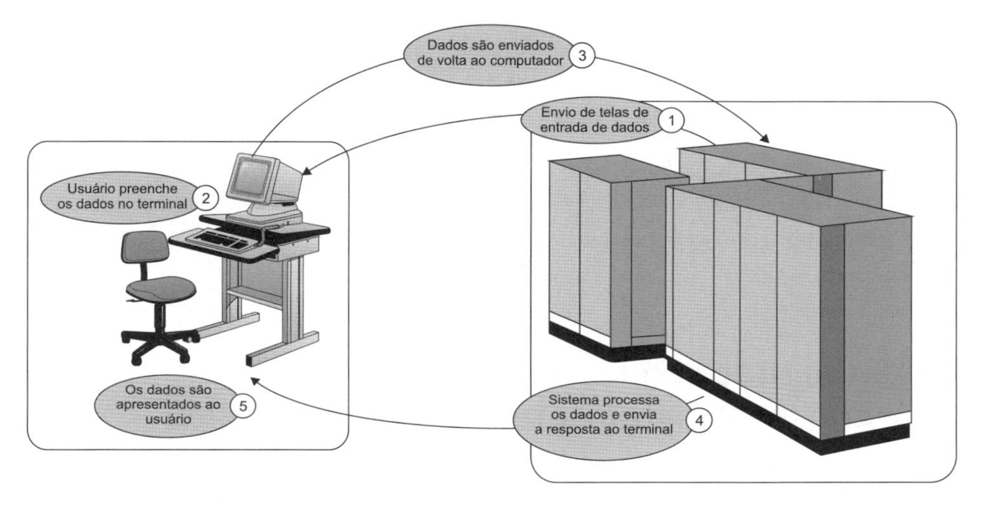

Figura 14.5 | Processo de comunicação de dados entre terminal e computador mainframe.

A maioria das aplicações era desenvolvida em COBOL e rodava em ambiente CICS/VSAM (no caso específico de plataforma IBM). Havia também sistemas desenvolvidos na linguagem NATURAL acessando banco de dados ADABAS, ambos da empresa alemã Software AG. De qualquer forma, a aplicação não era executada pelo terminal, mas sim no computador de grande porte.

Um dos grandes inconvenientes dessa arquitetura era a dependência de fabricante, o que significava que tanto hardware quanto software eram, na maioria das vezes, da mesma empresa.

Em 1974, a IBM lançou um protocolo que se tornou padrão para a interligação de computadores mainframes em rede. Era o SNA (System Network Architecture), que permitia que os usuários acessassem as enormes bases de dados armazenadas nos computadores de grande porte.

Alguns exemplos de bancos de dados para grande porte são: DB2, da IBM, IMS (Information Management System), também da IBM, ADABAS, da Software AG, SUPRA Server SQL e SUPRA Server PDM, ambos da Cincom, e o próprio Oracle.

Com o DB2, a IBM lidera o mercado de banco de dados relacional padrão SQL para ambiente de grande porte. Há versões para os mais diversos sistemas operacionais da IBM (MVS, VSE, VM, AIX, OS/390, AS/400) e não IBM, como HP-UX, Linux, Solaris e Windows, para microcomputadores. As versões mais recentes desse gerenciador oferecem recursos para acesso ao banco de dados pela internet, utilizando apenas um navegador padrão, como Mozilla Firefox ou Google Chrome. Isso torna possível o desenvolvimento de aplicações web de comércio eletrônico.

Outras características presentes nas novas versões são a capacidade de lidar com objetos complexos, como imagens, sons e vídeos, e a ferramenta de pesquisa linguística de documentos por palavra, por sinônimo, por parágrafo ou por caracteres genéricos. Com isso, viabiliza-se o desenvolvimento de aplicações multimídia altamente sofisticadas.

Várias linguagens de programação oferecem suporte para acesso a banco de dados DB2, como é o caso do Delphi e C++ Builder (Embarcadero). Via ODBC, também é possível acessar bases de dados DB2 por praticamente qualquer linguagem que seja compatível com essa tecnologia.

14.2 Computação descentralizada: rede local e arquitetura cliente/servidor

A proliferação de micros, espalhados pelas mesas da maioria dos funcionários das empresas, levou a uma situação um tanto incômoda e caótica. Cada um podia ter seus próprios arquivos de dados ou planilhas, que muitas vezes continham informações similares, mas estruturadas conforme a necessidade pessoal. Até os softwares existentes nos equipamentos tendiam a ser diferentes. Para solucionar esse tipo de problema, era inevitável que se encontrasse uma forma de interligar todos os micros, e para isso era preciso desenvolver primeiramente sistemas operacionais com recursos para trabalho em rede. Um dos pioneiros foi o NetWare, da Novell, que se tornou sinônimo de rede local.

Nesse novo quadro, a situação era um pouco melhor, ficando os principais arquivos de dados e programas armazenados em um servidor de arquivos, enquanto as estações de trabalho (micros ligados ao servidor) se responsabilizavam pela execução normal dos programas, pelo acesso aos arquivos e pelo processamento de dados.

A evolução dessa arquitetura era inevitável e, hoje, podemos encontrar vários tipos de servidores especializados em determinadas tarefas, como servidor de impressão, servidor de conexão à internet, servidor de aplicativos, servidores web, servidores de banco de dados etc. A Figura 14.6 ilustra esse tipo de ambiente.

Nos anos de 1990, houve uma verdadeira correria em direção a um novo processo denominado ***downsizing***, que em bom português seria algo como rebaixar o nível de processamento, migrando-se dos computadores de grande porte para equipamentos de menor porte: os microcomputadores pessoais. Isso se tornou possível graças à tecnologia de rede local que estava em expansão, tanto em termos de hardware (placas de rede, hubs, roteadores, switches etc.) quanto de software (sistemas operacionais, protocolos, softwares gerenciadores de rede etc.).

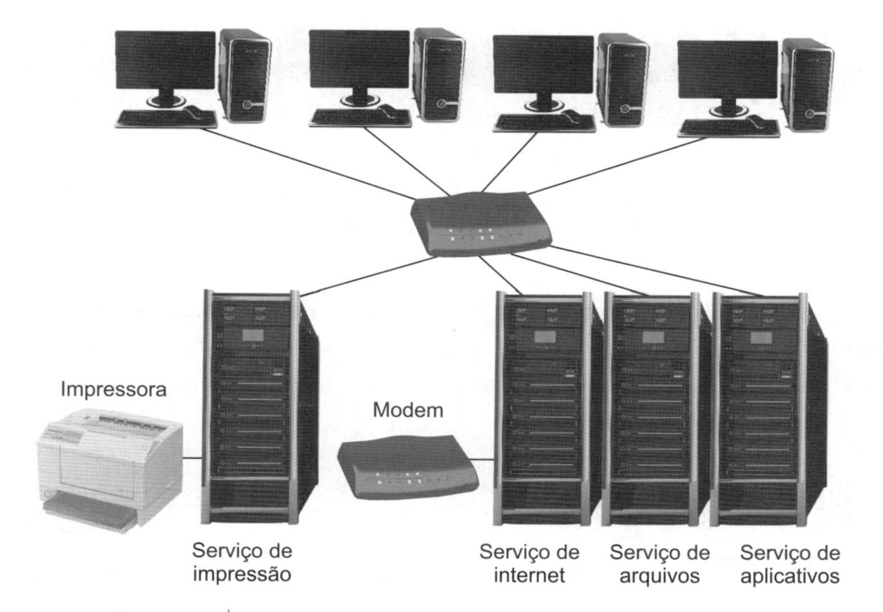

Figura 14.6 | Arquitetura típica de uma rede local com servidores dedicados.

A meta principal dos gerentes de TI da época era a redução de custos. No entanto, os poucos softwares de gerenciamentos de banco de dados para microcomputadores existentes até então não tinham capacidade nem ofereciam recursos para que se pudesse trabalhar em um ambiente descentralizado. Assim, diversos fornecedores passaram a desenvolver novas soluções, algumas das quais migradas de ambientes de grande porte ou de minicomputadores. Iniciou-se, então, a difusão do conceito da arquitetura cliente/servidor.

Ter microcomputadores conectados em rede não significa que exista uma arquitetura cliente/servidor de fato. Em um verdadeiro ambiente cliente/servidor existem processos distintos para o usuário e para a manutenção dos dados. O processo do usuário é denominado **de cliente**, pois é o responsável pela requisição de serviços, pelo recebimento de respostas e também pela interface com o usuário. A aplicação que roda na estação cliente comumente é chamada de ***front-end***. Essas estações são microcomputadores que rodam em um sistema operacional com interface gráfica e geralmente possuem configurações mais modestas.

Já no segundo processo encontramos o **servidor**, uma máquina com configurações bem mais robustas que reage aos serviços solicitados pelas estações clientes. Essas reações podem ser o processamento de algum dado, a impressão de um relatório ou uma consulta de registros de um banco de dados.

No caso específico de uma consulta a banco de dados, após ter efetuado as operações necessárias, o servidor retorna o conjunto de registros resultantes da consulta (popularmente conhecido como ***dataset***) ao cliente. Por ser um sistema reativo, ele somente entra em ação quando há alguma requisição por parte do cliente. As aplicações que são executadas no servidor para desempenhar essas tarefas são denominadas **back-end**. Na Figura 14.7, podemos ver o fluxo de dados entre o cliente e o servidor.

No servidor encontramos ainda os recursos compartilhados com os clientes, como, por exemplo, diretório, arquivos e impressora. O acesso a esses recursos é controlado por rígidos esquemas de segurança, como níveis de acessos definidos pelo administrador da rede e senhas para cada usuário.

Tanto o cliente quanto o servidor devem estar providos de hardware e de software capazes de oferecer as funcionalidades de todo o ambiente, como sistema operacional, protocolos de rede, software aplicativo adequado, gerenciadores de banco de dados etc.

Figura 14.7 | Fluxo de dados entre cliente e servidor.

No lado cliente, as aplicações exigem menos recursos da máquina do que os softwares que rodam no servidor. Esse último deve possuir uma estrutura sofisticada para que seja capaz de atender a várias requisições ao mesmo tempo, como, por exemplo, vários usuários acessando o mesmo banco de dados. Se ele for o responsável por gerenciar os processos de impressão, deve controlar a fila de arquivos a serem impressos.

Os sistemas operacionais de rede mais utilizados são o UNIX e suas diversas variantes (AIX, IRIX, Solaris, HP-UX etc.), as muitas opções do Linux (Red Hat, Ubuntu, Suse etc.), NetWare e Windows Server 2019. Ainda é possível encontrar redes que utilizam no servidor o OS/2, da IBM, um sistema muito bom e estável, mas que, por motivos diversos (como falta de bons softwares aplicativos), foi descontinuado em fins dos anos 1990.

Como já visto anteriormente, também é possível termos mais de um servidor, por exemplo:

1. **Servidor de banco de dados:** no qual reside o gerenciador de banco de dados e os bancos de dados propriamente ditos.
2. **Servidor de aplicações:** no qual se encontram os softwares aplicativos a serem utilizados pelos clientes.

3. **Servidor de impressão:** responsável por gerenciar a fila de impressão de documentos.
4. **Servidor de internet:** responsável pela conexão à internet e por sua distribuição, de forma compartilhada, aos demais computadores ligados à rede.

É interessante ressaltar que a arquitetura cliente/servidor possui a característica de permitir a utilização de mais de um servidor para a mesma tarefa. Por exemplo, podemos ter três servidores de banco de dados, e os bancos de dados podem se encontrar distribuídos entre eles. O gerenciador de banco de dados deve coordenar as tarefas de manutenção de forma transparente ao usuário.

Um ambiente cliente/servidor é ainda heterogêneo, o que significa que podemos encontrar diversas máquinas com sistemas operacionais e até mesmo arquitetura física (hardware) distintos convivendo lado a lado, pacificamente. Este é um dos grandes trunfos dessa arquitetura, pois não estamos presos a soluções proprietárias, já que temos a liberdade de escolher tanto o hardware quanto o software que melhor atendam às nossas necessidades, seja em termos de custo ou de benefícios oferecidos. Veja na Figura 14.8 uma ilustração de arquitetura cliente/servidor na qual temos diversas plataformas de hardware/software.

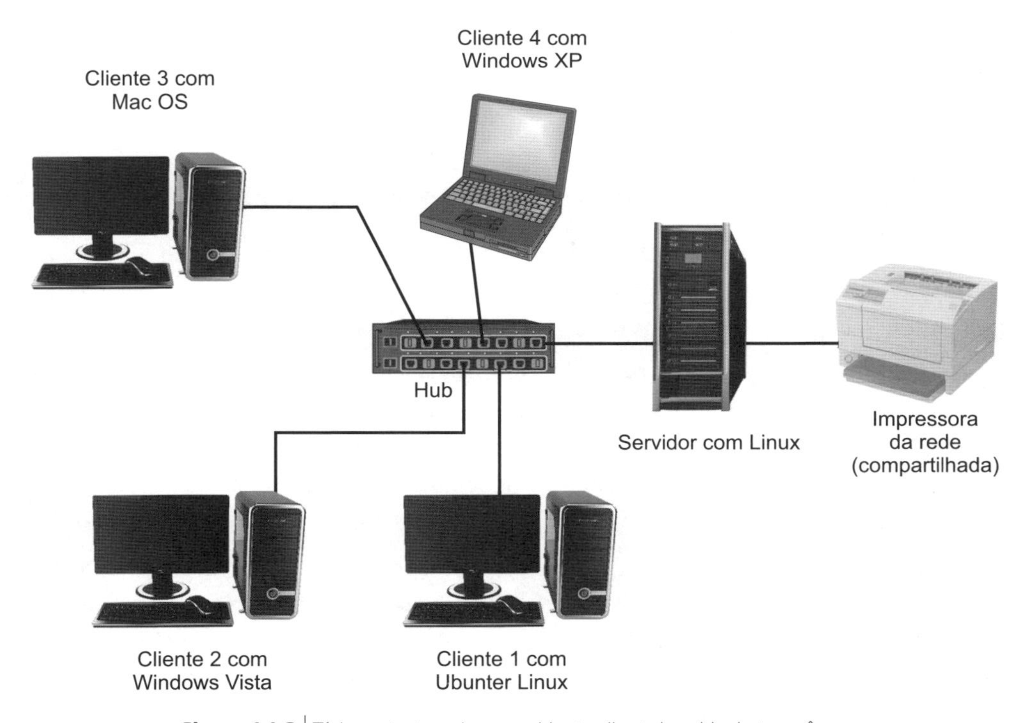

Figura 14.8 | Típica estrutura de um ambiente cliente/servidor heterogêneo.

Para ter um ambiente cliente/servidor, precisamos invariavelmente de uma rede de micros interligados com o servidor. Atualmente, podemos classificar as redes em LAN e WAN. As primeiras, cuja sigla significa *Local Area Network* (rede local), possuem um campo de abrangência pequeno, ou seja, permitem a interligação e compartilhamento de recursos entre equipamentos que se encontram a curtas distâncias uns dos outros, por exemplo, em um mesmo prédio. As redes WAN (*Wide Area Network* - rede de longa distância), por outro lado, permitem a comunicação entre os equipamentos de forma remota, ou seja, a distâncias maiores do que as abrangidas pelas LANs. Como exemplo, podemos citar o caso de um gerente que, a partir de seu micro em casa, pode acessar o sistema de gestão na empresa utilizando a infraestrutura da internet.

Os protocolos de rede são os mecanismos responsáveis pela comunicação entre os diversos equipamentos. Podemos dividi-los em dois tipos, os de transporte e os de cliente/servidor. No primeiro grupo, encontramos os protocolos que se encarregam do transporte dos pacotes de dados entre o cliente e o servidor (ou mesmo entre os clientes), como os conhecidíssimos TCP/IP, IPX e AppleTalk. Já os protocolos de cliente/servidor controlam a maneira como os serviços do lado cliente são solicitados ao servidor. Nesse grupo, temos como exemplos o NetBIOS, o SPX e o RPC.

O sistema operacional, tanto do servidor quanto das estações clientes, deve suportar o trabalho em rede, ou seja, ter a capacidade de efetuar a comunicação utilizando um desses protocolos.

14.3 Tipos de arquitetura cliente/servidor

Basicamente, podemos classificar a arquitetura cliente/servidor em dois tipos: duas camadas e multicamadas. Essa última normalmente se apresenta com três camadas. No caso, o termo camada se refere às divisões lógicas e físicas dos componentes do sistema.

No tipo duas camadas (***two-tier architecture***), encontramos um cliente (1ª camada) que se comunica diretamente com o servidor (2ª camada) por meio de uma aplicação cliente. Nesse caso, tanto o banco de dados como a aplicação que executa as regras de negócio residem no servidor, mas também podemos ter situações em que essas regras estão nas aplicações que rodam nos clientes.

As regras de negócio são rotinas do sistema responsáveis pelo processamento dos dados ou por sua validação. Ao ser executado no servidor, o processamento se torna mais rápido, haja vista que sua arquitetura é muito superior à do computador do usuário, que age como cliente. É o tipo de arquitetura mais comum em uso atualmente no mercado e possui como vantagem a sua simplicidade e compatibilidade com sistemas legados.

O segundo tipo (três camadas - ***three-tier architecture***) já possui um pouco mais de complexidade. Aqui, temos uma divisão mais ampla entre quem trabalha com os dados e quem os armazena. Há três componentes envlvidos: anfitrião (host), servidor e cliente. O servidor de aplicação age como uma ponte entre o cliente e o servidor de banco de dados (o anfitrião, ou host). Agora, ele é o responsável pela manipulação das regras de negócio (procedimentos e restrições) do banco de dados. Ele também gerencia todas as requisições oriundas dos clientes antes de encaminhá-las ao servidor de banco de dados. Em sistemas que possuem mais de um servidor, ele se encarrega de direcionar as solicitações dos clientes para eles, coletar as respostas retornadas e sintetizá-las de forma que o cliente receba somente uma resposta.

Na primeira camada ficam as aplicações clientes que são dedicadas apenas à interface com o usuário (apresentação e entrada dos dados), na maioria das vezes executadas em ambientes gráficos (interface gráfica) de acordo com o sistema operacional que se está utilizando. Na terceira camada se encontram os bancos de dados propriamente ditos. Podemos ver na Figura 14.9 um diagrama que apresenta a estrutura de um ambiente de três camadas.

As principais vantagens dessa estrutura são:

- **Flexibilidade na manutenção das regras de negócio:** qualquer alteração em uma rotina de validação dos dados não gera necessidade de adaptações nas aplicações clientes.
- **Flexibilidade na manutenção das aplicações clientes:** de igual forma, qualquer alteração que seja efetuada na interface com o usuário (telas do aplicativo ***front-end***) não interfere nas regras de negócio do sistema.
- **Compartilhamento de processos e serviços entre várias aplicações:** uma vez que eles residem no servidor de regras, e não na camada do usuário (estação cliente) ou no servidor de banco de dados, podemos ter diversas aplicações fazendo uso simultâneo deles.
- **O desenvolvimento de aplicações clientes torna-se mais simplificado:** todas as rotinas de regras de negócio estão concentradas na segunda camada. Somente será necessário utilizá-las adequadamente dentro dos formulários/telas da aplicação.

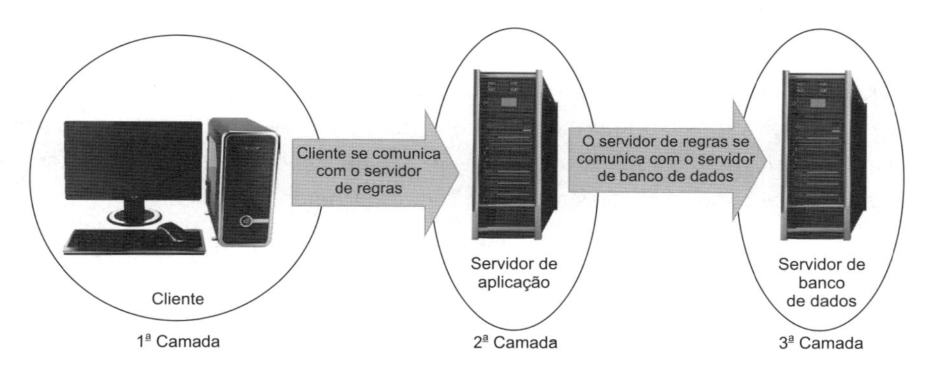

Figura 14.9 | Arquitetura de três camadas.

14.4 Bancos de dados cliente/servidor

Apesar de toda a infraestrutura de hardware (cabeamento, roteadores, switches, placas de rede etc.) e software (sistemas operacionais de rede, protocolos, gerenciadores de rede etc.), não é possível termos um ambiente cliente/servidor funcional sem um sistema gerenciador de bancos de dados específico que trabalhe nessa arquitetura. Ele se encarrega do controle de todo processo que envolva atualização e recuperação de informações armazenadas no banco de dados.

É preciso fazer aqui uma observação muito importante: alguns sistemas de bancos de dados para microcomputadores de mesa (desktops) são desenvolvidos em torno de uma tecnologia em que o "motor" de acesso ao banco de dados propriamente dito fica "embutido" na aplicação - ou, em alguns casos, a aplicação depende do próprio software gerenciador, que deve estar presente quando da execução. Esse é o caso do Microsoft Access. Por exemplo, uma aplicação desenvolvida nele, contendo o banco de dados, os diversos formulários que formam a interface com o usuário, relatórios, códigos de programas etc., somente pode ser executada a partir do ambiente do Access ou no máximo com uma ferramenta específica denominada Access Runtime.

Podemos desenvolver aplicações completas com esses softwares simplesmente criando menus, telas e relatórios visualmente, com pouquíssima programação. No entanto, essas aplicações não podem ser executadas sem que esteja presente o ambiente em que foram desenvolvidas ou pelo menos o **run-time**. Ferramentas de desenvolvimento como Visual Basic, Visual C#, Delphi ou C++Builder, por exemplo, fazem uso de uma ponte para que a aplicação possa acessar o banco de dados. Essa ponte normalmente é composta pelas tecnologias ODBC (*Open Database Connectivity* - Conectividade de Banco de Dados Aberta) ou ADO (*Active Data Objects* - Objetos de Dados Ativos), ambas criadas pela Microsoft. Elas nada mais são do que interfaces de programação (API - *Application Program Interface*) que tornam os programas capazes de se comunicar com o banco de dados.

Aplicações clientes também podem ser desenvolvidas na linguagem Java (criado pela Sun e hoje nas mãos da Oracle), utilizando-se o JDBC (*Java Database Connectivity*) para acesso às bases de dados. Veja a Figura 14.10.

De qualquer modo, mesmo que o banco de dados esteja instalado em uma máquina e seja acessado por outras por intermédio da rede (utilizando-se o recurso de compartilhamento de diretório), não podemos considerar esse esquema um modelo cliente/servidor. Na verdade, o que temos é simplesmente um compartilhamento de arquivo.

Os sistemas de bancos de dados relacionais, que em grande parte originaram-se como sistemas centralizados, tiveram características da arquitetura cliente/servidor incorporadas, levando para o lado cliente toda a interface com o usuário e os programas aplicativos.

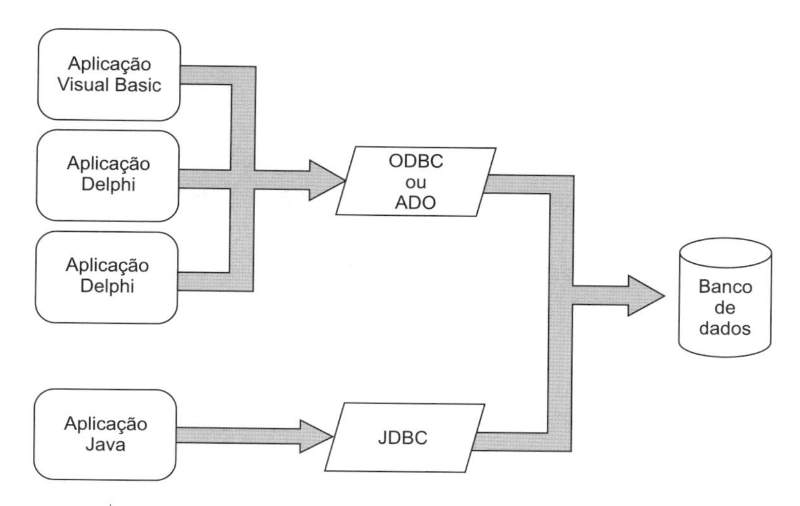

Figura 14.10 | Interfaces para acesso a bancos de dados por meio de linguagens de programação.

Um sistema gerenciador de banco de dados para ambiente cliente/servidor trabalha com o conceito de que é preciso responder a solicitações recebidas das aplicações clientes. Esses sistemas geralmente trabalham com a linguagem SQL e costumam ser denominados servidores SQL.

Uma vez que é possível haver vários servidores SQL trabalhando juntos e possivelmente manipulando bancos de dados distintos, inclusive de diferentes fornecedores, a aplicação cliente deve ser capaz de "montar" comandos da linguagem SQL a partir de solicitações do usuário e então enviá-los aos servidores adequados. Para conhecer a localização de cada servidor, a aplicação cliente faz uso de um dicionário de dados que contém informações relativas à distribuição dos dados entre esses servidores SQL. Como resultado, os conjuntos de registros retornados por cada servidor (após o processamento da consulta) são agregados para gerar um único conjunto de dados a ser apresentado ao usuário.

Nesse tipo de abordagem, o servidor SQL é denominado também **servidor de transação**, enquanto os clientes são chamados de **processadores de aplicação**.

Algumas das principais características de um banco de dados cliente/servidor são:

- definição de perfil de usuário, no qual cada um tem um nível de acesso ao sistema;
- forte consistência e integridade dos dados;
- segurança oferecida por sistema de backup e espelhamento/replicação de arquivos;
- gerenciamento de transações e acesso concorrente.

Como aos usuários são determinados níveis de acesso, somente o administrador do sistema pode manipular diretamente o banco de dados. Isso significa que ele é o único que pode criar bancos de dados, adicionar novas tabelas, alterar a estrutura das tabelas, definir novos usuários e estabelecer suas permissões etc.

O gerenciamento de transações é um processo que à primeira vista pode parecer um pouco complexo, mas logo percebemos que é de fácil entendimento. Em vez de apresentar o conceito, vejamos um exemplo prático.

Imaginemos um sistema aplicativo para emissão de notas fiscais eletrônicas (NFes) de venda de produtos. Nesse processo, a baixa do estoque é efetuada, assim como o lançamento no "Contas a Receber" do valor total da duplicata/fatura, quando a nota fiscal é emitida com sucesso. Agora, digamos que a NFe tenha sido devidamente autorizada pela Secretaria da Fazenda (Sefaz), mas, durante a impressão do DANFE, algum problema tenha ocorrido, como falta de papel na impressora. Nesse caso, as quantidades em estoque dos produtos que foram impressos devem ser restauradas ao seu valor anterior. Da mesma maneira, o lançamento no "Contas a Receber" deve ser cancelado. Isso pode ser facilmente controlado por meio das transações.

Quando uma transação é iniciada, o sistema executa as tarefas necessárias e, em caso de uma delas falhar, a transação inteira é cancelada. Assim, qualquer atualização no banco de dados já efetuada é desfeita automaticamente, sem que o usuário precise intervir.

Como podemos ter várias estações clientes acessando ao mesmo tempo o banco de dados, o sistema gerenciador deve ser multiusuário, capaz de tratar adequadamente os bloqueios de registros. Alguns sistemas mantêm cópias antigas dos dados dos registros até que uma determinada alteração seja efetivada. Mais detalhes a respeito de transações e controle de acesso concorrente serão vistos no capítulo que aborda a segurança de dados.

Atualmente, entre os sistemas gerenciadores de bancos de dados relacionais para ambiente cliente/servidor mais utilizados, temos:

- Microsoft SQL Server
- Oracle
- MySQL, um sistema Open Source (software livre) da Oracle
- PostgreSQL, outro sistema Open Source da PostgreSQL
- DB2 da IBM

14.5 **Banco de dados em aplicações para web**

O surgimento da World Wide Web (mundialmente conhecida simplesmente como web), no início dos anos de 1990, mudou totalmente a concepção da internet, que já existia há algum tempo nos meios acadêmicos e nas instituições governamentais. Com a www, a internet mudou as formas de comunicação e de distribuição de conhecimentos, tornando possível a qualquer um acessar uma quantidade quase incalculável de informações, na forma de textos, imagens, vídeos e sons, apresentados em documentos devidamente formatados (popularmente conhecidos como páginas) por uma linguagem chamada HTML (*Hypertext Markup Language* - Linguagem de Marcação de Hipertexto).

Essas páginas podem ser visualizadas em um programa denominado navegador (browser, em inglês), que nada mais é do que um aplicativo cliente que roda na máquina do usuário, uma vez que a tecnologia web está totalmente baseada na arquitetura cliente/servidor. Os documentos (ou páginas) são arquivos compartilhados e disponíveis nos servidores web (computadores que oferecem recursos aos navegadores).

Como o usuário pode navegar pelos documentos clicando em ***hyperlinks***, não há uma sequência imposta pelo próprio sistema. É o usuário quem decide o que quer ver.

Para acessar uma determinada informação/documento na web, precisamos especificar no navegador um endereço URL (*Uniform Resource Locator* - Localizador Universal de Recursos) que define a localização desse documento dentro da web. Esse endereço contém um nome de identificação do servidor e o caminho (diretório) dentro desse servidor em que se encontra o documento.

Na Figura 14.11, podemos ver um exemplo de endereço URL e suas diversas partes componentes.

Um endereço URL sempre começa com "http" (*Hypertext Transfer Protocol* - Protocolo de Transferência de Hipertexto), que identifica o protocolo usado pelos navegadores para acessar as páginas da web. É esse protocolo que permite a comunicação entre os navegadores e o servidor web.

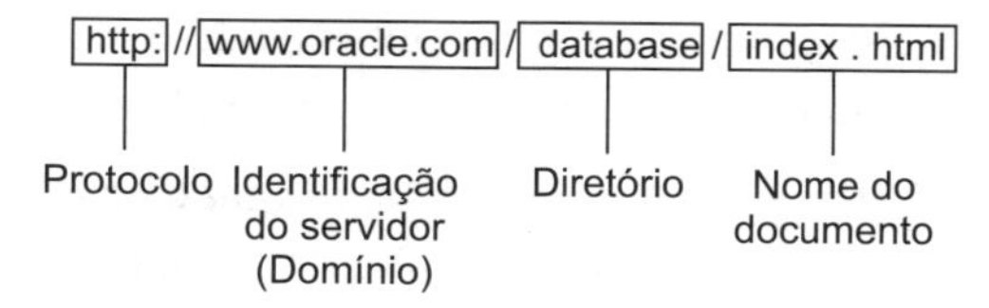

Figura 14.11 | Exemplo de URL e seus componentes.

A estrutura básica de funcionamento da internet não foge aos padrões da arquitetura cliente/servidor. Muito pelo contrário, ela é o melhor exemplo de aplicação em larga escala dessa tecnologia.

A estação cliente é o nosso próprio microcomputador, enquanto o servidor no qual está hospedado o site que estamos acessando é o servidor da rede. Nele se encontra um software denominado servidor web, responsável por prover as informações que desejamos acessar.

O navegador envia uma requisição de página ao servidor por meio de um comando **GET**. A solicitação é recebida pelo servidor web, que então recupera o documento correspondente e o devolve ao navegador. Veja o diagrama da Figura 14.12, que demonstra os passos envolvidos na requisição e recepção de dados entre o servidor web e o navegador do usuário.

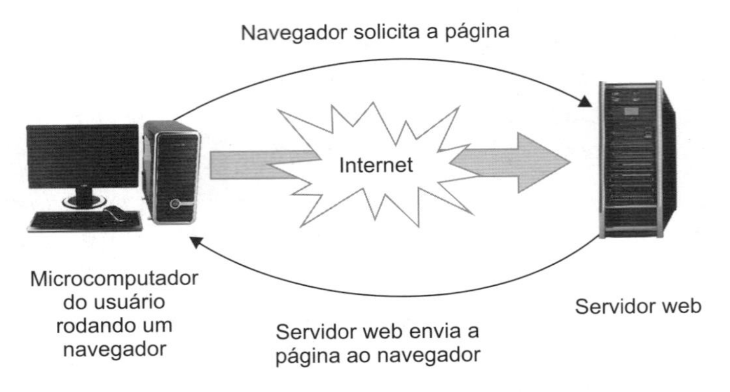

Figura 14.12 | Processo de comunicação entre navegador e servidor web.

A evolução inevitável da internet levou a mudanças profundas na forma como as informações na web são armazenadas, acessadas, recuperadas e distribuídas. De simples páginas estáticas, passamos a ter acesso a páginas dinâmicas, cujo conteúdo está em constante atualização. A página em si pode ser "montada" de acordo com certos critérios ou especificações do usuário. Mas, para que fosse possível ter páginas dinâmicas, era necessário desenvolver uma tecnologia que permitisse a um navegador web se comunicar com um sistema de banco de dados e requisitar os dados nele contidos.

Foi então que as empresas produtoras de sistemas de bancos de dados e de ferramentas de programação deram início ao desenvolvimento da tecnologia necessária.

A primeira providência foi adicionar extensões à linguagem HTML, de forma a torná-la capaz de executar pequenos programas, denominados scripts. A interface padrão para a comunicação entre o navegador web e o SGBD foi chamada de CGI (*Common Gateway Interface* - Interface de Passagem Comum). Ela atua como um middleware entre as duas extremidades, facilitando o acesso a bancos de dados heterogêneos (como no sistema de banco de dados distribuído).

Diversas linguagens podem ser utilizadas na construção de aplicativos CGI, como PERL, C/C++, Delphi/Pascal etc. Basicamente, um navegador web solicita ao servidor web que um aplicativo CGI (programa .EXE) seja executado. O servidor então requisita do sistema operacional a criação de outro processo, no qual será executado o aplicativo. E aí está um dos grandes inconvenientes dessa abordagem. Para cada solicitação de execução, o servidor cria um processo e cada processo faz uma nova conexão com o SGBD. Em ambiente UNIX os processos são pequenos, mas em Windows eles são mais pesados, o que pode ocasionar falta de recursos do sistema se houver muitas requisições simultâneas.

Para contornar o problema, foi criada a tecnologia ISAPI (*Internet Server Application Programming Interface* - Interface de Programação de Aplicação para Servidor de Internet), que trabalha com **threads**, a unidade básica de execução no ambiente Windows.

Com o ISAPI, os programadores podem desenvolver aplicações que são executadas dentro de um mesmo processo do servidor web. Veja a comparação dos dois sistemas na Figura 14.13.

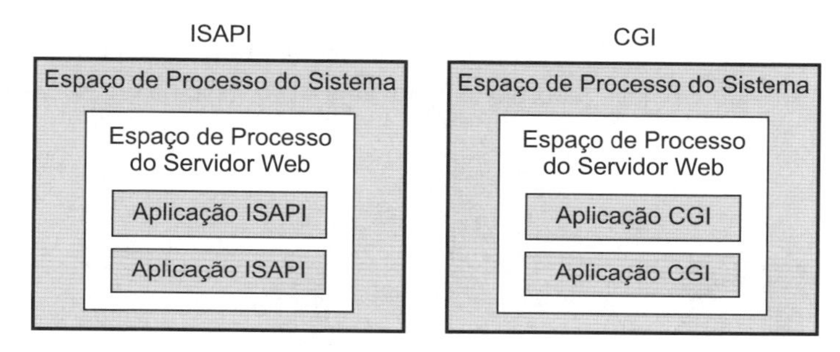

Figura 14.13 | Comparação entre as tecnologias ISAPI e CGI.

A Netscape também desenvolveu uma tecnologia própria para execução de aplicações web, denominada NSAPI (*Netscape Server Application Programming Interface* - Interface de Programação de Aplicação para Servidor Netscape). Seu funcionamento é similar ao do ISAPI.

Enquanto em CGI os aplicativos são arquivos executáveis .EXE, em ISAPI/NSAPI eles são bibliotecas de ligação dinâmica (DLL - *Dynamic Link Libraries*). Uma vez que o ISAPI e o NSAPI trabalham com o conceito de **threads**, todo aplicativo deve ser desenvolvido para suportar processamento concorrente.

Outra forma de acesso à base de dados a partir de um navegador web é o JDBC, que consiste em uma biblioteca de classes escritas para linguagem Java, e não um padrão de conexão. Essas classes tornam possível a execução de instruções SQL para se manipularem dados de um banco de dados relacional mediante uma conexão direta, sem processos adicionais.

Podemos ver na Figura 14.14 o processo que envolve a solicitação, processamento e retorno de uma página dinâmica. A Figura 14.15 apresenta o processo sob a óptica do JDBC.

É importante destacar que o SGBD e o próprio banco de dados podem residir no mesmo equipamento utilizado como servidor web ou estarem em um equipamento à parte.

Além dessas tecnologias existe outra, desenvolvida pela Microsoft, denominada ASP (*Active Server Pages* - Servidor de Páginas Ativas). Ela se encontra incorporada ao servidor web do Microsoft IIS (*Internet Information Server*) e pode executar scripts escritos em VBScript ou JavaScript. Eles podem estar inseridos nas próprias páginas (arquivos com extensão .ASP) ou existirem como arquivos externos que são chamados por elas.

Essa tecnologia foi posteriormente substituída por uma versão mais robusta, denominada ASP.NET, que faz uso da plataforma .NET da Microsoft e emprega como linguagens de programação o VB.NET ou C#. Os arquivos das páginas escritas em ASP.NET, para que se diferenciem dos da antigo ASP, têm a extensão .ASPX.

Em ASP.NET, diferentemente de ASP, não temos scripts, mas sim aplicações em formato de uma biblioteca dinâmica DLL que são invocadas por uma página. Essa aplicação DLL envia ao servidor web instruções SQL, solicitando uma conexão com o banco de dados e posterior manipulação dos dados armazenados nele. O SGBD retorna um conjunto de registros em resposta à consulta, que é o formato para ser inserido em um documento padrão HTML e devolvido pelo servidor ao navegador do usuário. Veja o processo na Figura 14.16.

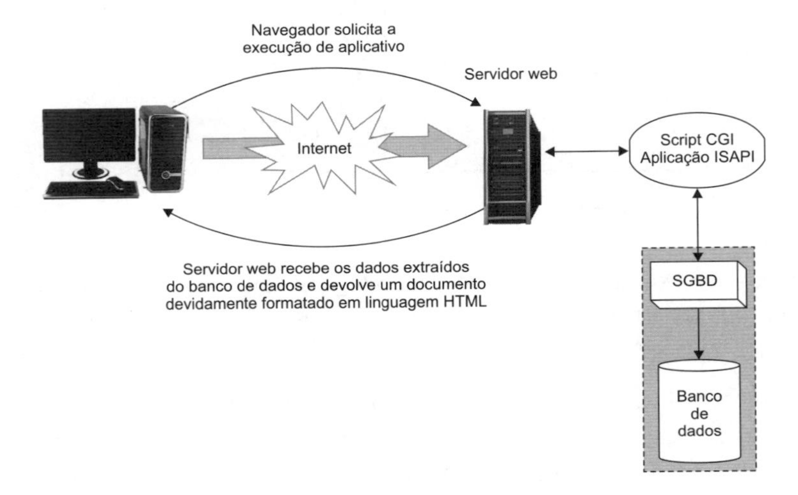

Figura 14.14 | Manipulação de banco de dados via CGI ou ISAPI.

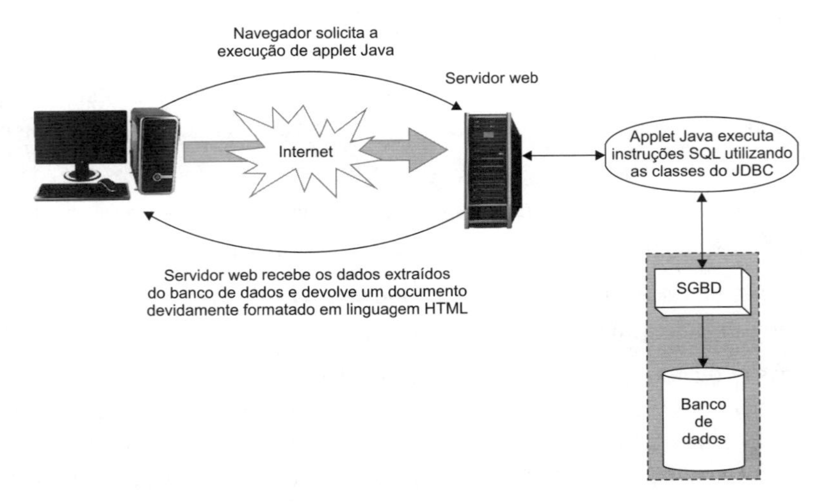

Figura 14.15 | Manipulação de banco de dados via applet Java.

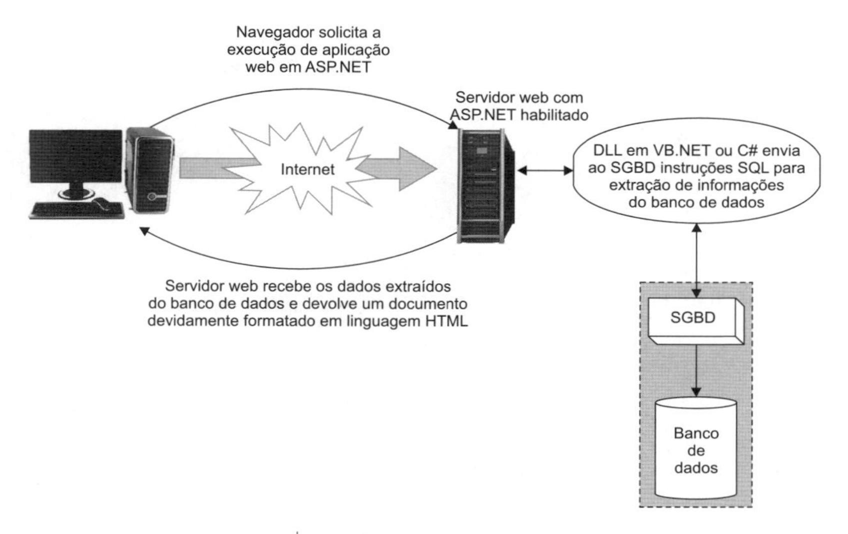

Figura 14.16 | Manipulação de banco de dados via ASP.NET.

Também podemos utilizar a linguagem PHP para desenvolver aplicações web que manipulam bases de dados. Ela é muito popular e conta com milhões de sites já desenvolvidos. Diferentemente das demais tecnologias vistas anteriormente, ela se baseia em um servidor de aplicação que recebe as requisições do servidor web para acessar e manipular o banco de dados. As páginas escritas nessa linguagem devem ter a extensão .PHP. A seguir, temos um código exemplo escrito em PHP e, na Figura 14.17, o processo ilustrado graficamente.

```
<!doctype html PUBLIC "-//W3C//DTD XHTML 1.0 Transitional//EN"
"http://www.w3.org/TR/xhtml1/DTD/xhtml1-transitional.dtd">
<html xmlns="http://www.w3.org/1999/xhtml" xml:lang="pt-br" lang="pt-br">
    <head>
            <meta http-equiv="Content-Type" content="text/
html;charset=iso-8859-1" />
        <title>Conexão com banco de dados MySQL</title>
    </head>
    <body>
        <?php
               echo "<h1>Inserção de registro no banco de dados</h1>";
               $conexao_bd = new mysqli("localhost","progweb","q1!w2@
e3#","db_exemploweb");

               if(mysqli_connect_errno() != 0) {
                       echo "<p><b>Não foi possível conectar ao banco de
dados</b></p>";
```

```
                        echo mysqli_connect_errno() . " => " . mysqli_connect_
error();
            }
            else {
                        $strComandoSQL = "INSERT INTO cadastro(Nome,RG,Orgao_
Emissor,CPF,Sexo,Endereco,Numero,Bairro,Complemento,Cidade,Estado,CEP,DDD,Te
lefone,EMail,Data_Inclusao)".
                           " VALUES('SÓCRATES','12.345.678-X','SSP-
SP','123.456.789-00','M','AV. DA SAUDADE','1982','CENTRO','','
SÃO PAULO','SP','01001-001','11','1234-5678','socrates@provedor.com.
br','2017/09/01')";
                        $retorno = $conexao_bd->query($strComandoSQL);

                        if(!$retorno)
                              echo "<h2>Não foi possível inserir o
registro!</h2>";
                        else
             echo "<h2>Registro inserido com sucesso!</h2>";

                         $retorno->close();
            }

            $conexao_bd->close();
        ?>
    </body>
</html>
```

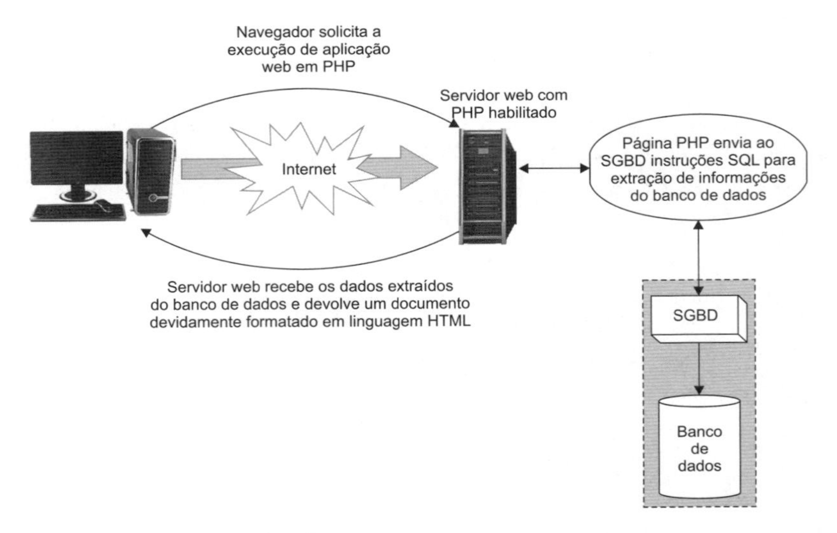

Figura 14.17 | Manipulação de banco de dados via PHP.

Em pouco tempo, as empresas perceberam o poder oferecido por essas tecnologias de divulgação de informações pela internet e o alcance que elas poderiam atingir. Então, começaram a desenvolver sites nos quais constavam os catálogos de seus produtos, cujos dados se encontravam armazenados em bancos de dados. Na segunda fase, essas mesmas empresas passaram ao desenvolvimento de lojas virtuais que ofereciam venda de produtos pela internet, resultando no que hoje conhecemos por comércio eletrônico.

14.6 **Multimídia**

Com as aplicações multimídia alcançando um grau de complexidade e sofisticação cada vez maior, nada mais natural do que os sistemas de bancos de dados incorporarem recursos para o desenvolvimento de aplicações que ofereçam esse tipo de recurso.

Hoje, podemos encontrar bancos de dados que contêm novos tipos de dados, além dos tradicionais. Entre eles, podemos citar os que possuem as seguintes características:

- Texto formatado que permite a análise de documentos estruturados de forma mais fácil.
- Gráficos que representam desenhos ou ilustrações criadas em softwares de ilustração, como CorelDRAW, Adobe Illustrator ou Inkscape.
- Imagens escaneadas ou fotografias originadas de câmeras digitais ou smartphones/tablets, gravadas em formatos padronizados pelo mercado, como BMP, JPEG, TIF, PNG etc.
- Animações que contêm sequências de imagens, como um desenho animado, que pode ser desenvolvido com aplicativos disponíveis no mercado.
- Vídeos, semelhantemente a trechos de filmes, como os trailers disponíveis na internet.
- Áudio que pode ser formado por sequências musicais (como arquivos MIDI), arquivos de som em formato WAV ou músicas em MP3.

Sistemas de gerenciamento de dados de multimídia podem ser empregados em vários tipos de aplicações, como aquelas em que os dados e os metadados (catálogo do sistema) são armazenados em um repositório central para utilização posterior. Como exemplo, poderíamos citar o utilizado pelo IBGE para armazenar informações referentes a mapas cartográficos do Brasil ou o utilizado pelo EMBRAPA para armazenamento de fotos de satélites do monitoramento de áreas em devastação.

Uma segunda categoria engloba aplicações direcionadas a apresentações, nas quais os dados de áudio e vídeo são armazenados de maneira que possam ser distribuídos a um ritmo constante, sem que ocorram interrupções. Principalmente em dados de vídeos, a aplicação deve oferecer funcionalidades similares às de um videocassete, ou seja, controles de pausa, avanço ou retrocesso de cenas.

Alguns tipos de aplicações de banco de dados multimídia são:

- **Gerenciamento de documentos:** em que se encontram registros detalhados de uma variedade de documentos, como projetos de engenharia, artigos de publicação, documentos de cartórios etc.
- **Divulgação/disseminação de conhecimentos:** aplicações multimídia que permitem a exibição de áudio e vídeo, similarmente às antigas enciclopédias eletrônicas que eram comercializadas em CD-ROM ou DVD-ROM nos anos 1990; cursos on-line contendo aulas interativas sobre as mais diversas áreas ou matérias do currículo escolar e cursos para treinamento e aperfeiçoamento profissional; exibição de áudios e vídeos por streaming.
- **Marketing e propaganda:** aplicações utilizadas na divulgação de produtos e serviços. Trata-se de um recurso que pode ser muito explorado pela indústria do turismo (agências de viagens e hotéis, por exemplo) ou pelas prefeituras municipais, que podem apresentar os atrativos oferecidos pelas cidades, áreas turísticas e de lazer, condições ambientais e de moradia, parque industrial etc.
- **Monitoramento:** como a aplicação de banco de dados da EMBRAPA, mencionada anteriormente, em que se encontram armazenadas imagens de satélite do território brasileiro para monitoramento das áreas florestais para controle do desmatamento.

Até o momento, não há produtos de bancos de dados projetados especificamente para gerenciar dados de multimídia, mas podemos encontrar sistemas que dão suporte a esses tipos de dados. Entre eles, podemos citar o Informix, o DB2, o Oracle Universal Server (a partir da versão 8i) e SQL Server.

Conclusão

Você aprendeu neste capítulo como os primeiros sistemas computacionais, formados por computadores de grande porte e terminais de vídeo, trabalhavam e como a arquitetura empregada nesses sistemas serviu de base para o desenvolvimento do que hoje conhecemos como arquitetura cliente/servidor, formada por microcomputadores conectados em rede a servidores.

Foi essa arquitetura que tornou possível o surgimento da internet, cujo avanço obrigou os fornecedores de banco de dados a adaptarem seus sistemas e a criarem tecnologias que tornassem possível que páginas web manipulassem os dados armazenados em bancos gerenciados por seus sistemas. Em função disso, você estudou também como trabalham as principais tecnologias que permitem esse acesso.

Exercícios

1. Como era o modelo computacional no início da era informatizada?
2. Qual equipamento permitiu a utilização de microcomputadores PC como terminais de vídeo?
3. Descreva as fases envolvidas no processo de comunicação grande porte/terminal de vídeo.
4. Como é o processo de interação da estação cliente com o servidor?
5. Quais são os tipos de rede e a característica que os distingue?
6. O que é ambiente cliente/servidor de duas camadas?
7. O que é ambiente cliente/servidor de três camadas?
8. Como trabalha um sistema de banco de dados cliente/servidor?
9. Cite dois fatores que contribuíram para a passagem do ambiente centralizado para o descentralizado.
10. Quais são as principais dificuldades encontradas na implantação de um ambiente descentralizado?
11. O que é endereço URL?
12. Como é efetuada uma requisição de página a um servidor web?
13. Descreva o que você aprendeu sobre CGI, ISAPI e JDBC.
14. Quais são as linguagens utilizadas pela tecnologia ASP.NET?
15. O que é primordial para que seja possível executar uma página PHP?
16. Quais são os principais tipos de aplicações de bancos de dados multimídia?

Capítulo 15

Segurança e controle de transações

Este capítulo aborda um assunto muito importante na área de banco de dados: a segurança. Você conhecerá as diversas técnicas que podem ser utilizadas na proteção dos dados armazenados em uma base, desde a definição de permissões de acesso a usuários até o uso de redundância de discos, de firewall e de controle de transações.

15.1 Introdução à segurança de dados

A segurança de um sistema de banco de dados está relacionada diretamente com sua integridade e com a proteção das informações nele armazenadas. Ao se trabalhar com segurança, é importante levar em consideração algumas questões, sendo as principais:

- O direito (ou não) de acesso a determinadas informações tidas como confidenciais ou sigilosas, como salários de funcionários, avaliações de desempenho ou gratificações que não podem ser acessadas por pessoas não autorizadas.
- O nível em que a segurança deve trabalhar, ou seja, as funções de segurança que devem ser tratadas no nível físico, no nível operacional ou no nível do sistema de gerenciamento do banco de dados.

Em aplicações do tipo monousuário, como um aplicativo doméstico para controle de orçamento doméstico (contas a pagar e a receber), a segurança não precisa necessariamente ser um fator crítico e merecedor de muita atenção. Isso, todavia, não ocorre quando se trata de sistemas multiusuários de uma empresa. Nesse caso, é imprescindível haver técnicas que controlem o acesso por parte de grupos de usuários, fornecendo-se acesso apenas a partes específicas do banco de dados.

Atualmente, todos os SGBDs relacionais possuem um subsistema de controle de acesso que é responsável pelo gerenciamento de usuários, pela definição de níveis de acesso e pela seleção das operações que podem ser executadas pelos usuários, bem como pelas informações que podem ser acessadas. Já vimos superficialmente como esse recurso trabalha.

Outra importante função desse sistema é a criptografia dos dados armazenados no banco, cujo objetivo é protegê-los (por serem sigilosos, como, por exemplo, números de cartões de crédito).

Cabe ao administrador do banco de dados (DBA) a responsabilidade de definir privilégios de acesso aos usuários do sistema de acordo com as políticas de segurança adotadas pela empresa/organização. Ele possui uma conta de usuário especial, normalmente denominada **conta de superusuário** ou **conta do administrador**.

Os bancos de dados relacionais permitem o gerenciamento de privilégios dos usuários em dois níveis:

- **Nível de conta de usuário:** cada conta ou usuário individual possui um tipo de privilégio específico, independentemente das relações/tabelas existentes no banco de dados.
- **Nível de relação/tabela:** é possível definir para cada tabela do banco de dados um privilégio específico para acesso e manipulação dos dados.

Em sistemas padrão SQL, a segurança é baseada no conceito de direitos ou privilégios, por meio dos quais os usuários têm ou não permissão para executar determinadas operações.

Atualmente, o padrão ANSI/ISO define quatro privilégios: SELECT (consulta/extração de dados), INSERT (inclusão de novos registros), UPDATE (atualização de registros) e DELETE (exclusão de registros). Se um usuário com privilégio somente de consulta (SELECT) tentar incluir um registro utilizando o comando "INSERT INTO", o servidor SQL retorna uma mensagem de erro.

Conforme já vimos anteriormente, em SQL existem dois comandos para gerenciamento de privilégios de usuários: **GRANT** para atribuir a um usuário um determinado privilégio e **REVOKE** para revogar (remover) um privilégio anteriormente estabelecido.

Para que possamos conceder privilégios a um usuário, é preciso que ele seja previamente criado. Isso pode ser feito com o comando **CREATE USER** pelo administrador de banco de dados.

Suponha que exista um banco de dados com uma tabela de cadastro de clientes denominada **Clientes**. Para atribuir privilégios de inclusão e exclusão ao usuário identificado como **user001**, teríamos de executar o seguinte comando SQL:

```
GRANT INSERT, DELETE ON CLIENTES TO user001;
```

Se posteriormente fosse necessário revogar o privilégio de exclusão, usaríamos o comando:

```
REVOKE DELETE ON CLIENTES FROM user001;
```

Os sistemas SQL atuais possuem ambientes gráficos que tornam mais fácil e intuitiva a tarefa de gerenciar contas, usuários e privilégios, uma vez que tudo é executado de forma visual, sem a necessidade de digitação de comandos.

Vejamos, então, como utilizar os recursos desse tipo de ferramenta, que pode ser encontrado em dois gerenciadores padrão SQL muito populares, o MySQL 5.7 e o Microsoft SQL Server 2019 Express Edition.

A ferramenta de administração de banco de dados do MySQL responsável por toda operação de manutenção do banco de dados e, consequentemente, pelo gerenciamento de contas de usuários e seus privilégios, é a **MySQL Workbench**. Nessa ferramenta, deve-se selecionar a opção **Users and Privileges** para acessar a tela da Figura 15.1. Clique no botão **Add Account** para criar uma nova conta de usuário. Na tela da Figura 15.2, digite um nome para o usuário, selecione o tipo de autenticação **Standard** e digite a senha de acesso do usuário nos campos **Password** e **Confirm Password**.

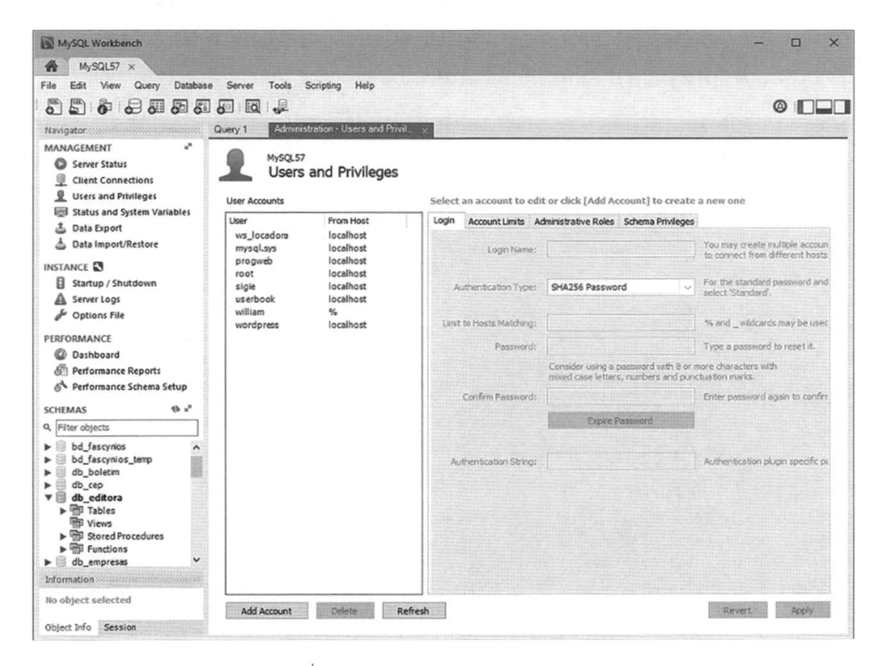

Figura 15.1 | Tela aberta pela opção Users and Privileges.

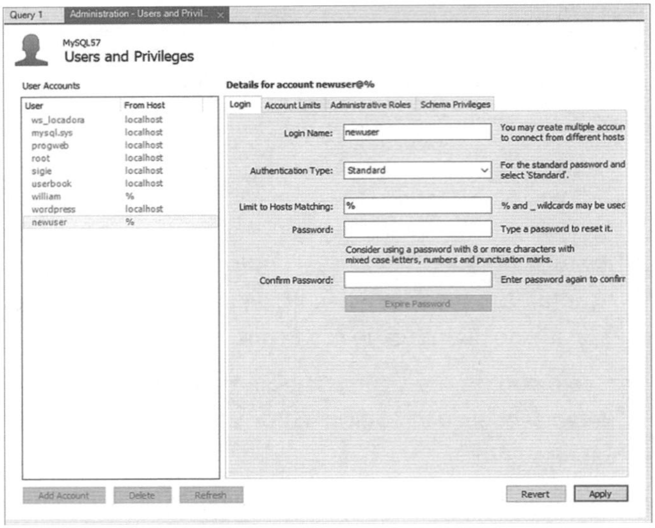

Figura 15.2 | Tela de inclusão de nova conta de usuário.

Em seguida, acesse a aba **Schema Privileges** (Figura 15.3) e clique no botão **Add Entry**. Uma caixa de diálogo é apresentada para seleção do banco de dados ao qual desejamos vincular a nova conta de usuário (Figura 15.4).

Após ter escolhido o banco de dados, clique no botão **OK**. Ocorrerá o retorno à tela de definição de privilégios. Marque as opções **SELECT**, **INSERT** e **UPDATE** (Figura 15.5). Clique no botão **Apply** para confirmar as alterações.

Após essas configurações, caso se tente excluir um registro da tabela Clientes por meio do comando **DELETE**, o MySQL reportará a mensagem de erro da Figura 15.6.

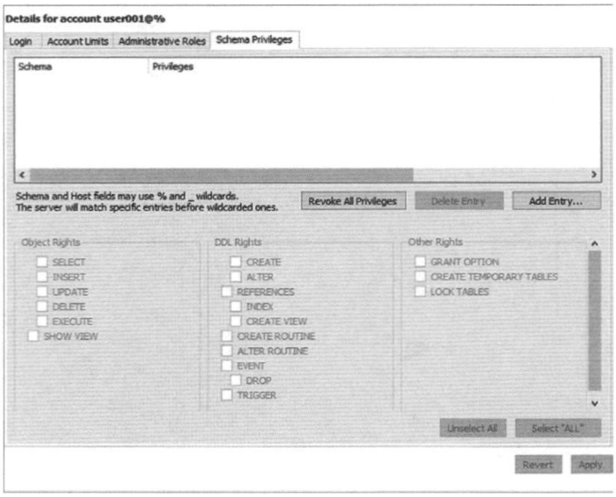

Figura 15.3 | Tela de configuração dos privilégios do usuário.

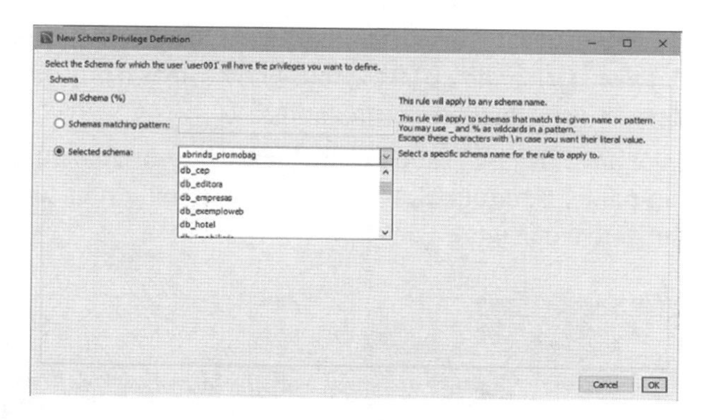

Figura 15.4 | Tela para seleção do banco de dados a ter o usuário vinculado.

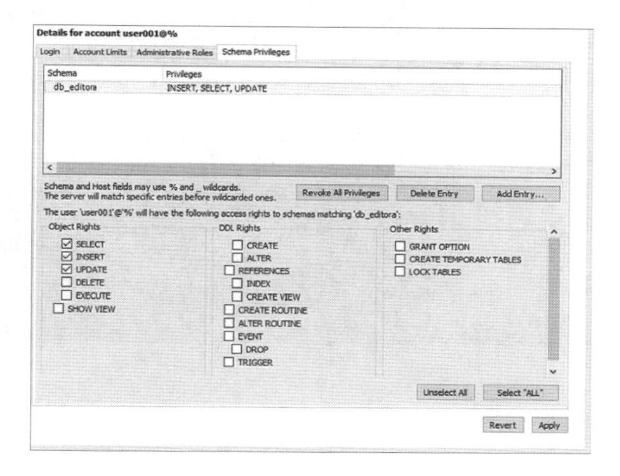

Figura 15.5 | Tela com privilégios selecionados.

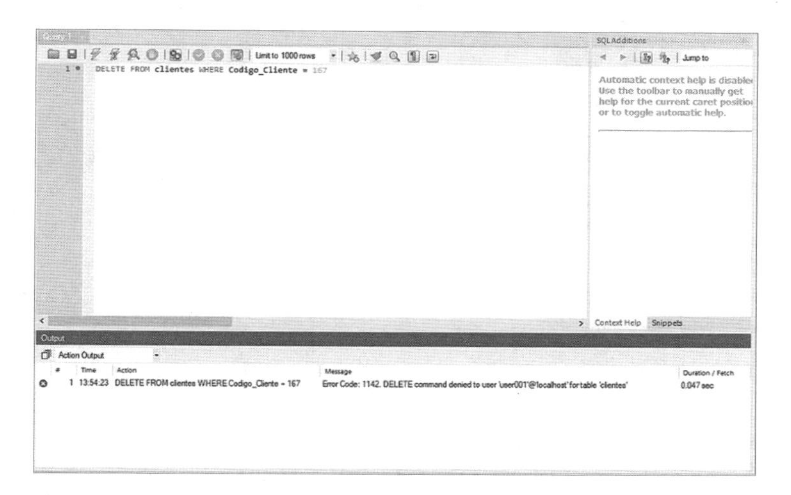

Figura 15.6 | Mensagem de erro retornada pelo MySQL na tentativa de excluir algum registro com o novo usuário.

Já o SQL Server oferece o **SQL Server Management Studio**, mostrado na Figura 15.7. Para este livro, foi utilizada a versão 2019 Express Edition, mas o procedimento é o mesmo nas edições completas ou em versões mais recentes.

Para adicionar um novo usuário, clique com o botão direito do mouse na pasta **Segurança**, mostrada no painel **Pesquisador de Objetos**. Escolha a opção **Novo → Logon** (Figura 15.8). Assim, a tela da Figura 15.9 deve ser aberta.

Figura 15.7 | Tela principal do SQL Management Studio.

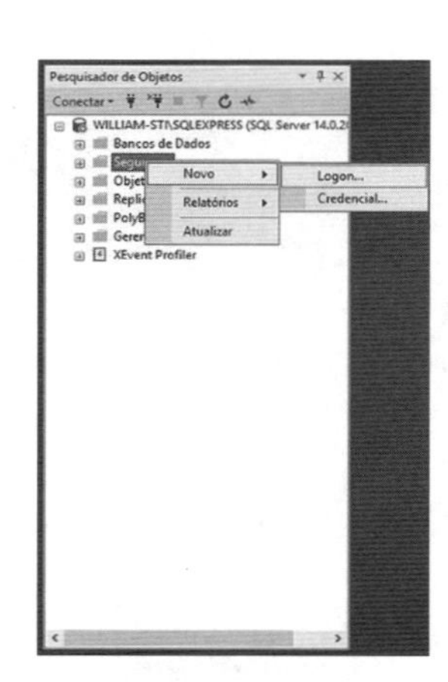

Figura 15.8 | Opção para criação de nova conta de usuário.

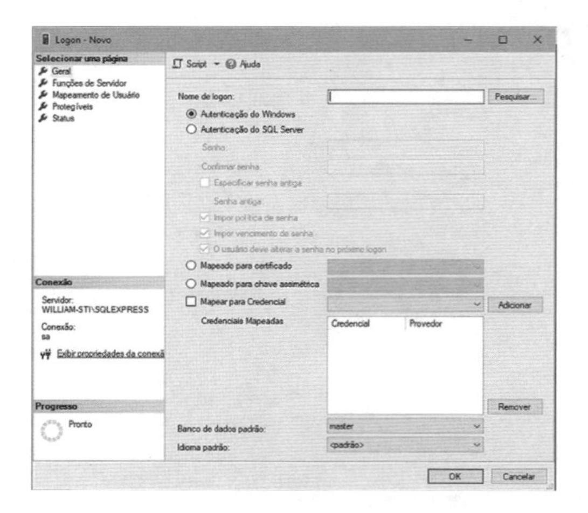

Figura 15.9 | Tela de adição de novo usuário.

Digite um nome de identificação do usuário na caixa de entrada **Nome de logon**. Em seguida, selecione a opção **Autenticação do SQL Server** para habilitar os campos mostrados na Figura 15.10.

Entre com a senha de acesso nas caixas de entrada **Senha** e **Confirmar senha**. Após clicar no botão **OK**, o novo usuário estará cadastrado.

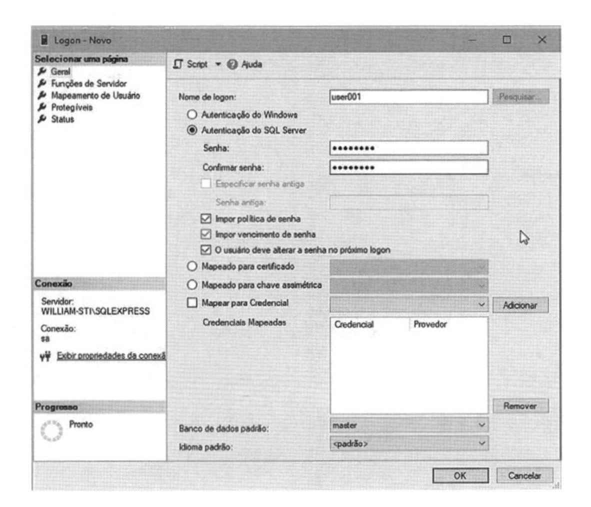

Figura 15.10 | Tela de criação de nova conta de usuário.

Para definir os privilégios do usuário dentro do banco de dados, clique com o botão direito no nome do banco de dados mostrado no painel **Pesquisador de Objetos** e escolha a opção **Propriedades** (Figura 15.11). A tela da Figura 15.12 é apresentada em seguida. Clique na opção **Permissões** e marque os privilégios da coluna **Conceder** da tela da Figura 15.13.

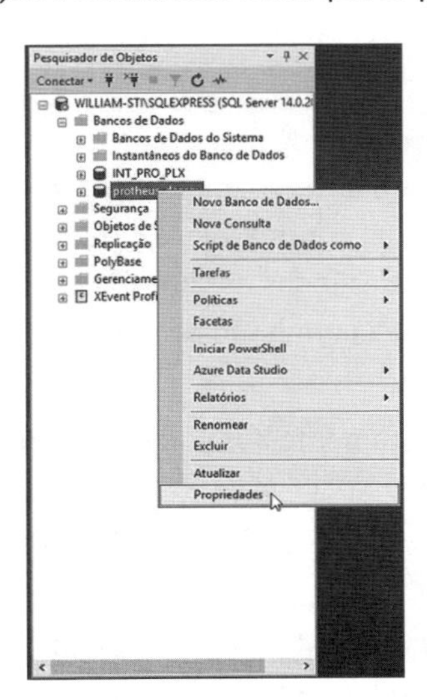

Figura 15.11 | Opção de configuração de propriedades do banco de dados.

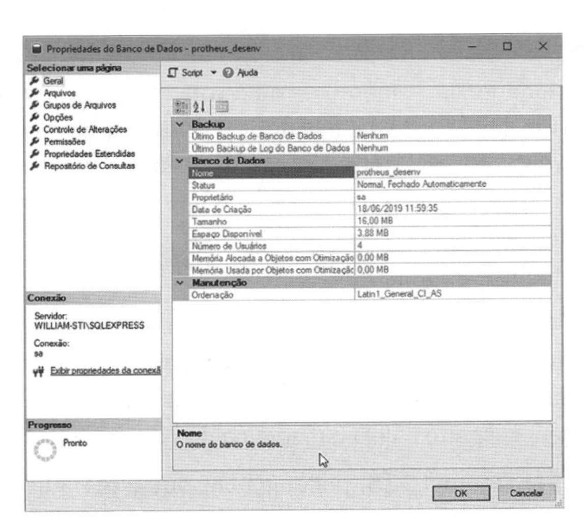

Figura 15.12 | Tela de configuração de propriedades do banco.

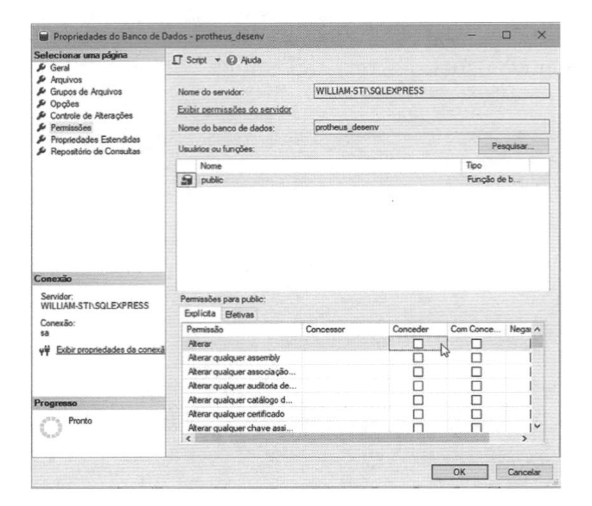

Figura 15.13 | Tela de configuração de permissões do usuário.

15.2 **Proteção externa por hardware ou software**

Além da adoção de políticas de segurança relativas a permissões de acesso de usuários, é conveniente também incluir no mecanismo de segurança outras formas de proteção que se encontrem disponíveis, como os **firewalls**, um dos tipos de segurança de maior eficiência. Há duas categorias de firewalls: por software e por hardware. Quanto ao primeiro tipo, é possível encontrar até programas gratuitos disponíveis na internet, capazes de atender muitos casos.

Independentemente de o firewall ser por software ou por hardware, o princípio básico de funcionamento é o mesmo. Uma vez que ele está situado entre a conexão externa (internet) e a rede interna, o acesso a essa última é restrito e as informações existentes nos computadores que formam a rede não se propagam fora dela. Todas as conexões passam pelo firewall para serem examinadas antes de ser concedida permissão para acesso e/ou tráfego de informações.

Os firewalls utilizam filtros que trabalham mediante roteamento dos pacotes das redes interna e externa. É possível também configurar bloqueios para alguns tipos de conexões, como no caso específico de acesso à internet, possibilitando bloquear endereços que sejam suspeitos. Veja o diagrama da Figura 15.14.

Na Figura 15.15, podemos ver outra configuração, na qual temos um roteador trabalhando em conjunto com um computador configurado como firewall. O trabalho de um roteador é escolher o caminho pelo qual trafegarão os pacotes de mensagens, ou seja, ele decide como os dados devem ser encaminhados através dos links que interligam as redes, utilizando para isso informações complexas de endereçamento.

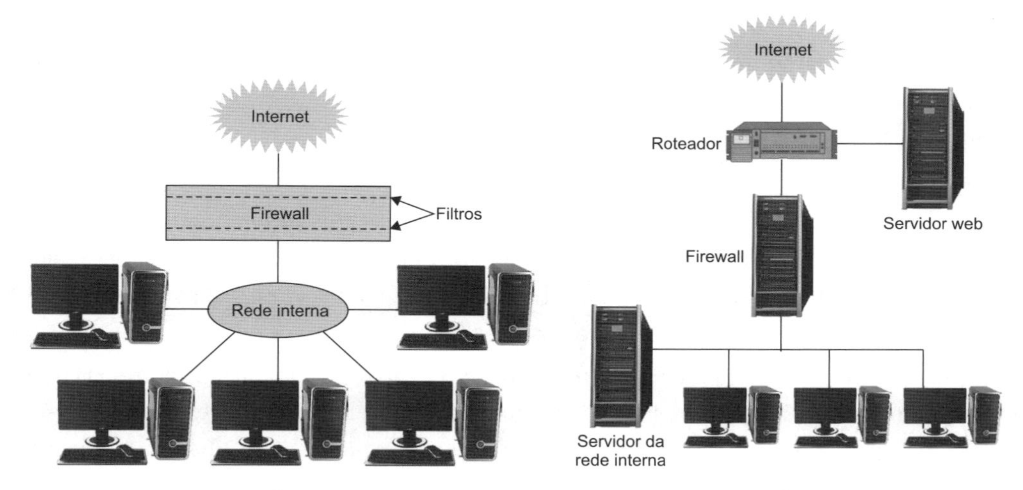

Figura 15.14 | Configuração de firewall sem roteador.

Figura 15.15 | Configuração de firewall com roteador.

Podemos ter dois tipos de roteador: estático e dinâmico. O roteador estático sempre seleciona o caminho mais curto entre dois pontos. Apesar de ser mais simples, requer cuidados extras, pois as informações de roteamento são registradas manualmente. Um roteador dinâmico é mais sofisticado. Ele é capaz de tomar decisões que chegam ao nível de cada pacote, baseando-se em informações provenientes de outros roteadores e dispositivos da rede.

Apesar de todas as suas vantagens, os firewalls não podem proteger a rede interna de algumas situações, entre as quais podemos citar:

- Próprios usuários internos com más intenções.
- Conexões abertas pelas quais o tráfego de rede não passa.
- Vírus de computadores. Para preveni-los, softwares antivírus devem ser instalados nas máquinas clientes gerenciadas pelo servidor.

Os softwares de proxy geralmente fazem parte dos firewalls e são usados para permitir aos micros de uma rede interna acesso à web, ao FTP e a outros serviços para os quais ele foi previamente configurado. Basicamente, o proxy recebe requisições de máquinas que estão na rede interna, envia-as aos servidores que estão do lado externo da rede, lê as respostas externas e envia de volta o resultado aos clientes da rede interna. Em resumo, ele funciona como um intermediário de serviços e conexões de rede.

O proxy não permite ainda que se tenha acesso direto à rede interna. Um usuário externo apenas consegue acessar o servidor de proxy, mas não os demais equipamentos da rede. O proxy também é capaz de efetuar auditoria nas atividades da rede (por exemplo, saber quais sites são mais visitados pelos usuários).

Normalmente, o mesmo servidor de proxy é usado para todos os clientes em uma rede interna, que pode ou não ser constituída de sub-redes. Os tipos de servidores de proxy mais utilizados são:

- Proxies genéricos, que oferecem serviços de proxy para várias aplicações (por exemplo, Web, FTP, Gopher e Telnet) em um único servidor.
- Proxies específicos, que oferecem serviços de proxy para uma determinada aplicação, como é o caso do Web Proxy, um proxy que tem por finalidade fazer caching de documentos web que foram acessados, reduzindo de forma considerável o tráfego de acesso à internet em requisições futuras.
- Proxies de circuitos, que oferecem conexões virtuais ponto a ponto entre o cliente e o destino final. Normalmente, eles fazem a autenticação antes de estabelecer a conexão final, agindo como um controlador. Esse tipo de proxy baseia-se no conceito de proxy genérico.

Como podemos ver, é possível fechar muitas portas para que nenhum intruso passe por elas e ter um sistema de segurança que possa garantir a integridade das valiosas informações contidas em um banco de dados.

15.3 Preservação dos dados

Vamos agora falar de outro aspecto de segurança que está relacionado com a forma de preservação e de recuperação de dados armazenados no banco. Isso significa que o administrador deve fazer uso de recursos oferecidos pelo próprio servidor de banco de dados ou utilizar outro meio que possibilite a criação de cópias do banco de dados. A maneira mais óbvia é fazer backups (cópias de segurança) periódicos. Alguns sistemas operacionais e servidores oferecem ferramentas para essa tarefa, mas, caso não estejam disponíveis, pode ser utilizado um dos vários aplicativos utilitários disponíveis no mercado, alguns deles até gratuitos. A maioria dos SGBDs relacionais padrão SQL oferece utilitários de cópia e restauração (backup/restore).

Para banco de dados MySQL, o **MySQL Workbench** oferece ferramentas para execução de backup e restore. Isso também é válido para o **SQL Server Management Studio**. No MySQL Workbench, clique no menu **Server** e escolha a opção **Data Export** (Figura 15.16). A tela da Figura 15.17 é exibida em seguida. Marque o banco de dados desejado na coluna da esquerda. À direita, são apresentados todos os objetos do banco, como tabelas, views, stored procedures etc. (Figura 15.18). Normalmente, deixamos todos marcados para efetuar o backup, que é iniciado logo após um clique no botão **Start Export**.

É possível escolher o caminho (disco e pasta) no qual serão gravados os arquivos de backup. Para isso, clique no botão com reticências ao lado da caixa de entrada **Export to Dump Project Folder**.

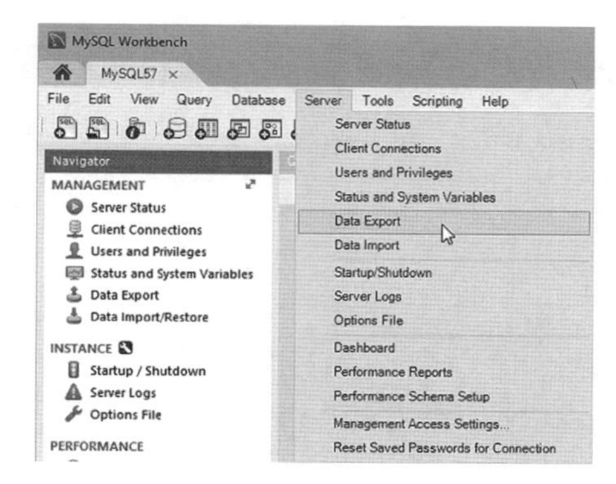

Figura 15.16 | Opção para backup de banco de dados no MySQL Workbench.

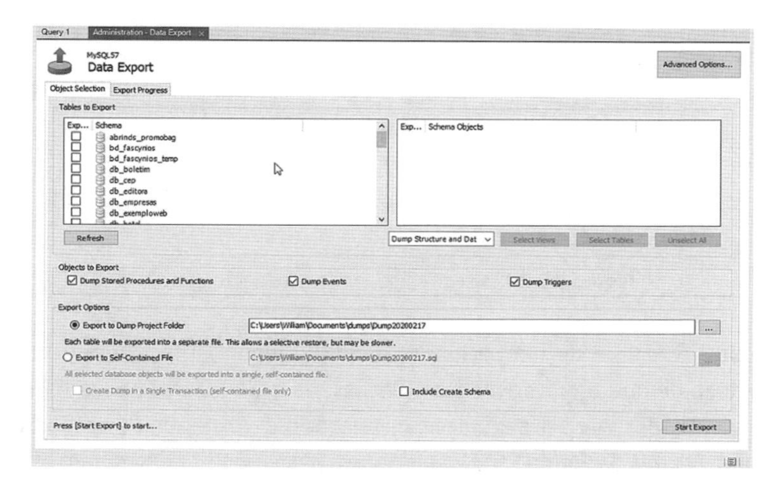

Figura 15.17 | Seleção do banco de dados para execução do backup.

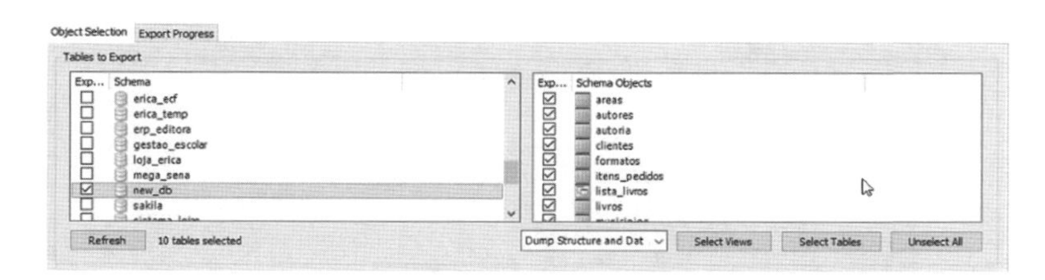

Figura 15.18 | Banco de dados e seus objetos selecionados para backup.

Ao fim do processo de backup, que pode levar de poucos segundos até horas, dependendo do tamanho do banco, a tela da Figura 15.19 é apresentada. Se você acessar a pasta onde foram gravados os arquivos de backup, uma lista similar à da Figura 15.20 deverá aparecer.

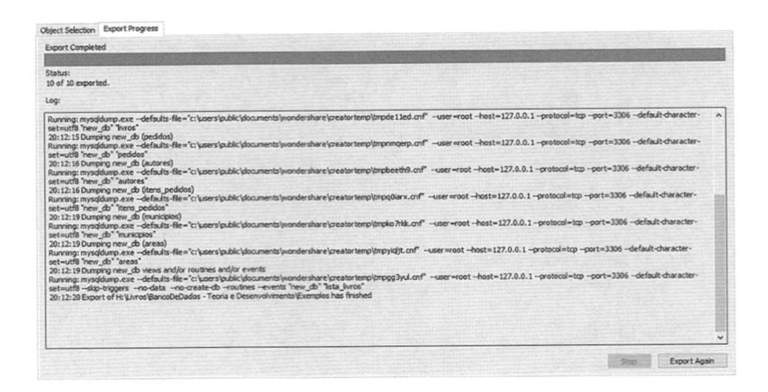

Figura 15.19 | Tela de finalização do backup.

Livros › BancoDeDados - Teoria e Desenvolvimento › Exemplos › BKP_Banco

Nome	Data de modificaç...	Tipo	Tamanho
new_db_areas.sql	17/02/2020 20:12	Microsoft SQL Ser...	4 KB
new_db_autores.sql	17/02/2020 20:12	Microsoft SQL Ser...	4 KB
new_db_autoria.sql	17/02/2020 20:12	Microsoft SQL Ser...	6 KB
new_db_clientes.sql	17/02/2020 20:12	Microsoft SQL Ser...	8.590 KB
new_db_formatos.sql	17/02/2020 20:12	Microsoft SQL Ser...	3 KB
new_db_itens_pedidos.sql	17/02/2020 20:12	Microsoft SQL Ser...	3.347 KB
new_db_livros.sql	17/02/2020 20:12	Microsoft SQL Ser...	13 KB
new_db_municipios.sql	17/02/2020 20:12	Microsoft SQL Ser...	191 KB
new_db_pedidos.sql	17/02/2020 20:12	Microsoft SQL Ser...	40 KB
new_db_routines.sql	17/02/2020 20:12	Microsoft SQL Ser...	5 KB

Figura 15.20 | Lista de arquivos gerados pelo backup.

Para executar o restore de um backup efetuado anteriormente, em primeiro lugar, devemos ter certeza de que o procedimento é necessário, pois há um grande risco de se perderem dados atualizados. Após assegurar-se da necessidade, selecione a opção **Data Import** do menu **Server**. Na tela da Figura 15.21, selecione a pasta onde se encontram os arquivos do backup a ser restaurado. Você pode escolher quais tabelas ou outros componentes do banco de dados deseja restaurar, marcando-os depois da seleção da pasta (Figura 15.22).

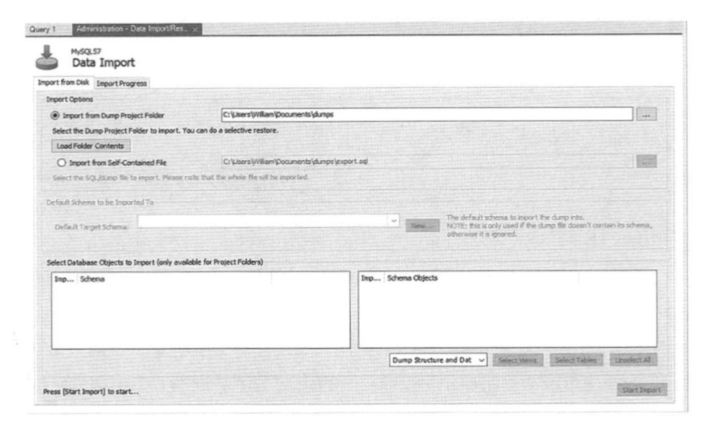

Figura 15.21 | Tela para restauração de backup.

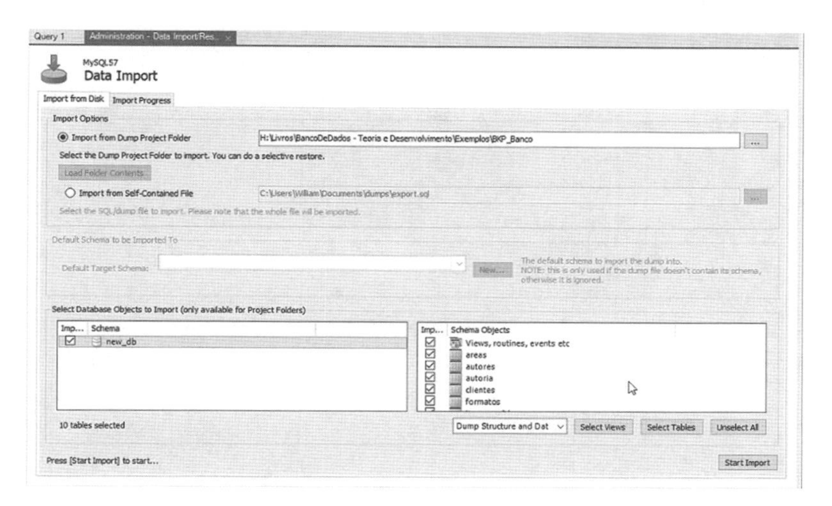

Figura 15.22 | Seleção dos itens a serem restaurados.

Para efetuar um backup de banco de dados SQL Server, devemos acessar o **SQL Server Management Studio** e, com servidor ativo, clicar o botão direito do mouse sobre a base de dados desejada e selecionar a opção **Tarefas** → **Fazer Backup** (Figura 15.23). Surge, em seguida, a tela da Figura 15.24. Clique no botão **OK** para iniciar o backup do banco.

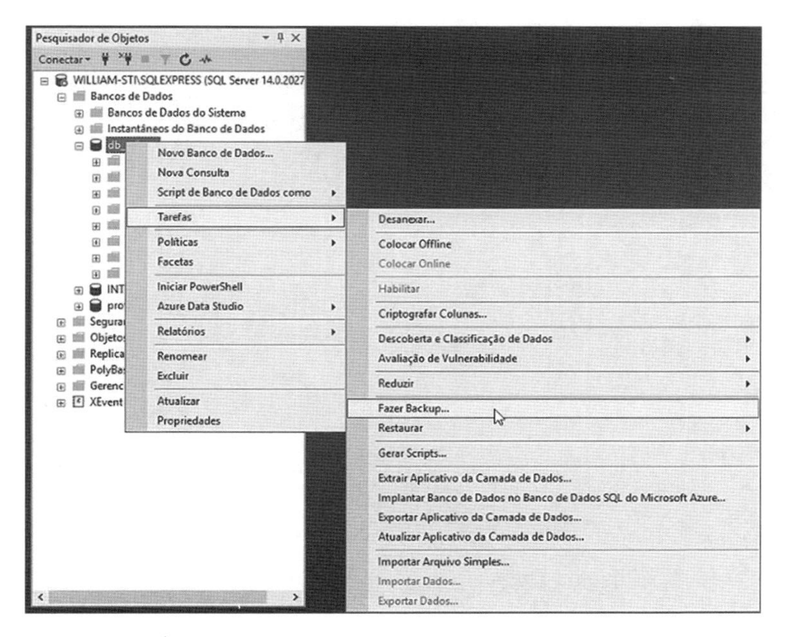

Figura 15.23 | Opção para execução de backup do SQL Server Management Studio.

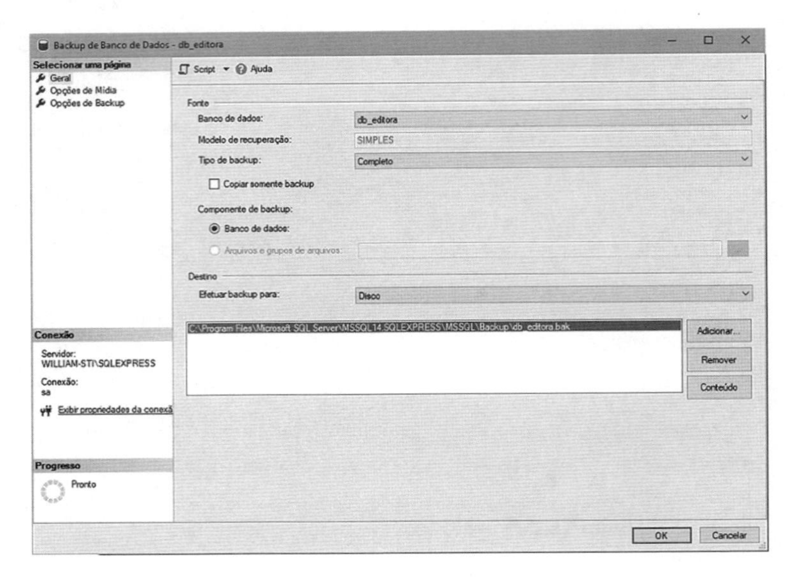

Figura 15.24 | Configurações para execução de backup.

As Figuras 15.25 e 15.26 apresentam os parâmetros de configuração das outras duas opções do menu à esquerda da janela.

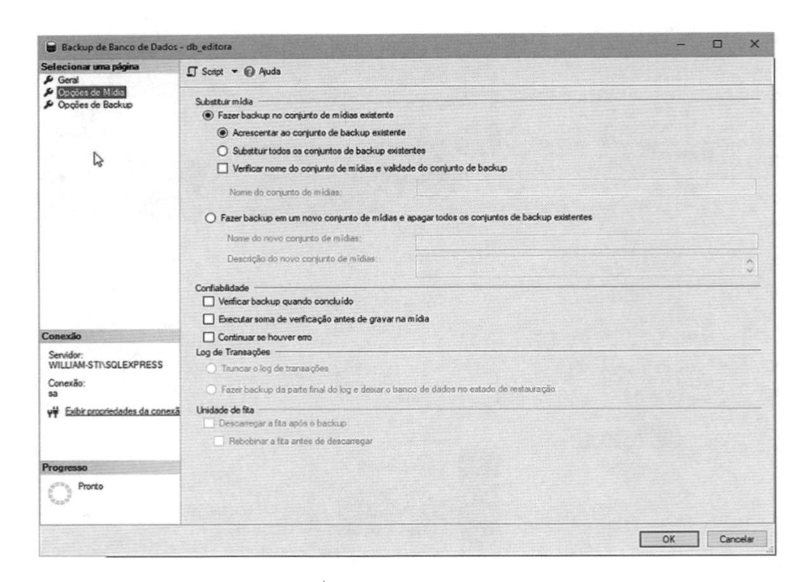

Figura 15.25 | Configurações de Opções de Mídia.

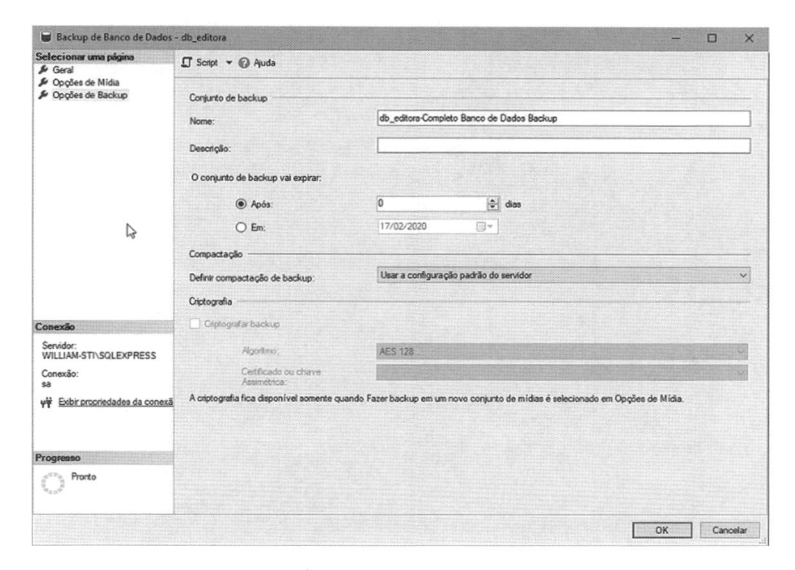

Figura 15.26 | Configurações de Opções de Backup.

Para restaurar um backup, selecione a opção **Tarefas** → **Restaurar** → **Banco de Dados** (Figura 15.27). Você deverá, em seguida, selecionar o banco a ser restaurado na tela da Figura 15.28.

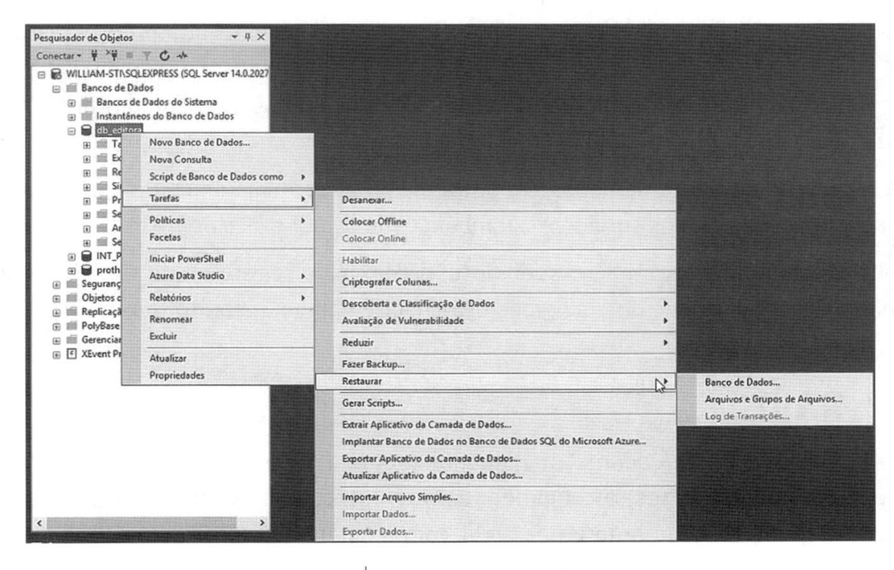

Figura 15.27 | Opção para restauração de backup.

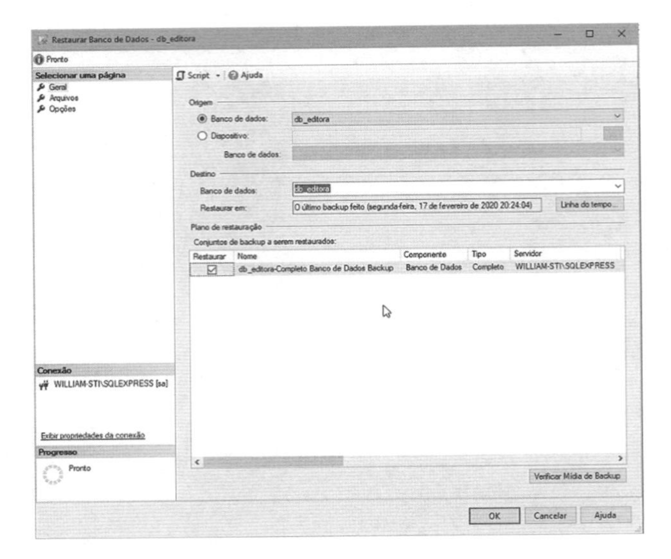

Figura 15.28 | Seleção do banco a ser restaurado.

Embora não seja uma regra que deva ser seguida à risca, é aconselhável que as operações de backup e restore sejam executadas quando não houver usuários acessando o banco de dados.

Devemos ter em mente, ainda, que não é possível deixar a critério de uma única pessoa a execução da cópia de segurança, mas utilizar o método de cópia automática quando for oferecido pelo sistema. Nunca é demais ter duas ou três cópias (por exemplo, uma que é a imagem atual do banco de dados e duas que são imagens de momento anteriores). Isso facilita caso houver necessidade de recuperação de dados.

A replicação do banco de dados em outra máquina escrava, um recurso que pode ser encontrado na maioria dos servidores, também é muito útil e altamente recomendável.

Outra forma um pouco mais dispendiosa, porém mais segura e que não depende de terceiros, é a utilização de discos rígidos espelhados, como na arquitetura RAID.

15.4 **RAID**

RAID é a sigla de *Redundant Array Independent Disk* (Conjunto Redundante de Discos Econômicos/Independentes) e compreende um agrupamento de discos rígidos que funcionam de forma concomitante ou paralela, com o objetivo de se reduzirem os riscos de danos causados a arquivos e de se aumentar o desempenho de acesso aos dados.

Os discos podem trabalhar independentemente ou de maneira sincronizada, com os dados espalhados entre eles. O RAID pode ser implementado via software ou por hardware.

Existem vários tipos de configurações disponíveis, denominados níveis, descritos a seguir.

15.4.1 RAID 0 + 1

O RAID 0 + 1 exige pelo menos quatro discos na sua implementação, com espelhamento de cada par de disco e os pares representando o RAID nível 0. Veja a Figura 15.29.

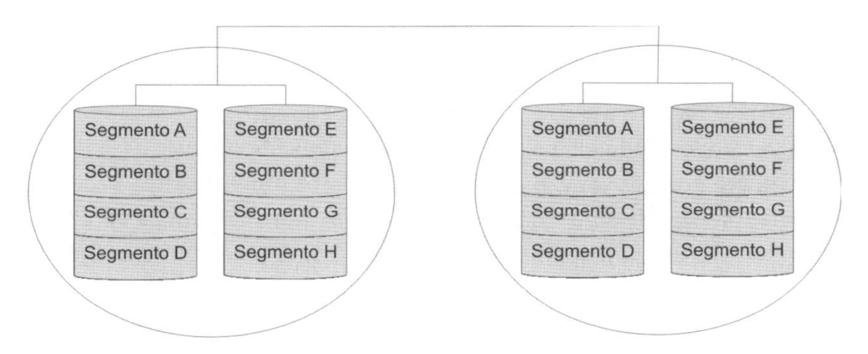

Figura 15.29 | Configuração RAID 0 + 1.

15.4.2 RAID 0

No RAID 0, são necessários ao menos dois discos. Aqui, os dados são fragmentados em segmentos consecutivos gravados sequencialmente em diferentes discos do conjunto. Os segmentos possuem um tamanho fixo, definido por blocos. A Figura 15.30 ilustra a configuração dessa arquitetura.

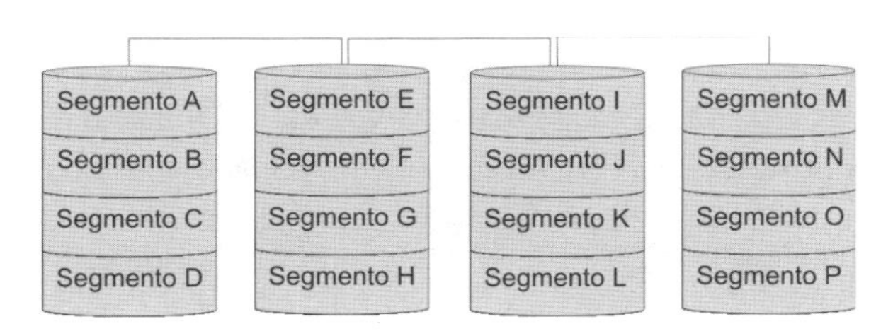

Figura 15.30 | Configuração RAID 0.

15.4.3 RAID 1

O RAID nível 1 também distribui os dados entre os discos, mas, neste caso, além do espelhamento, há também a duplicidade de discos, como ilustrado na Figura 15.31. Para implementação, são necessários pelo menos dois discos.

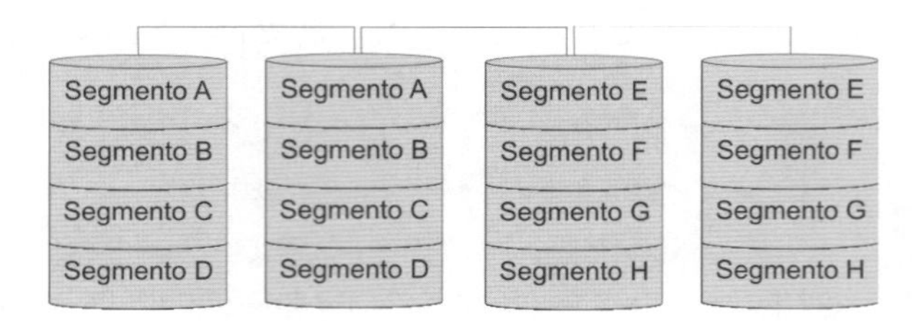

Figura 15.31 | Configuração RAID 1.

15.4.4 RAID 2

O RAID nível 2 possui semelhança com o RAID 4, apresentado mais à frente, mas exige um disco extra em que são gravadas informações de controle de erros (ECC - *Error Correcting Code*). Esse tipo ficou obsoleto em virtude de os novos drives de disco rígido já possuírem esse controle no próprio circuito. A Figura 15.32 apresenta sua configuração.

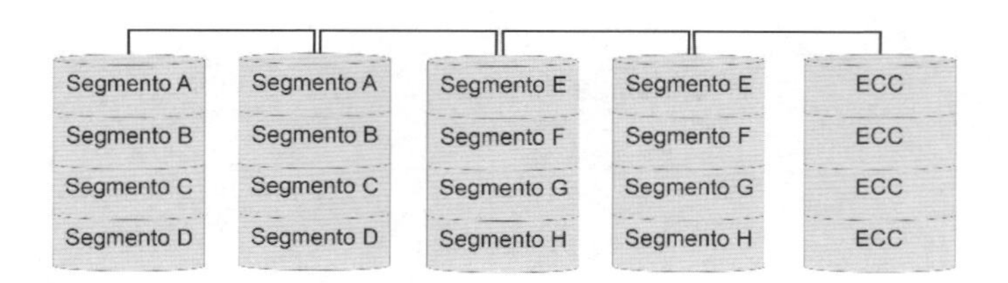

Figura 15.32 | Configuração RAID 2.

15.4.5 RAID 3

Esse tipo de RAID possui como característica principal a gravação paralela com paridade. O controle dos discos é bastante complexo, uma vez que se utiliza o menor tamanho possível para os segmentos de dados. Desta forma, é necessário que todos os discos tenham seis eixos perfeitamente sincronizados, a fim de se evitar atraso na transferência dos dados.

15.4.6 RAID 4

A implementação do RAID nível 4 exige um conjunto de discos iguais, com um mínimo de três unidades. Um dos discos é reservado para a gravação das informações de paridade dos dados. Os discos de gravação de dados são configurados para armazenar segmentos grandes o suficiente para conter um registro inteiro, o que possibilita a leitura independente dos dados. Veja sua configuração na Figura 15.33.

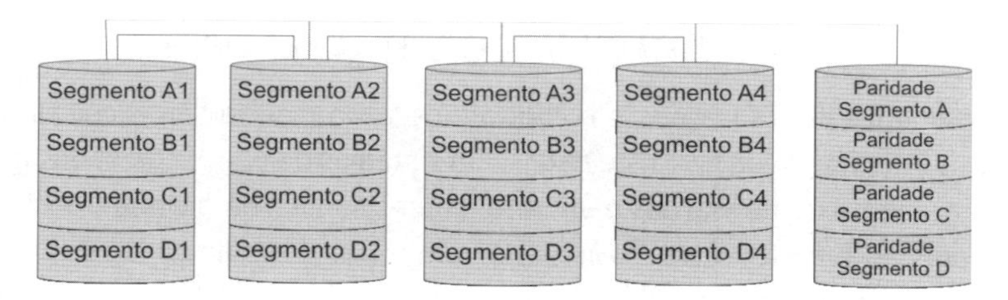

Figura 15.33 | Configuração RAID 4.

15.4.7 **RAID 5**

O RAID 5 tem funcionamento similar ao do RAID 4, mas, em vez de se gravarem as informações de paridade em um disco extra, elas são distribuídas pelos discos do conjunto, gravando-se um ou mais bits em cada disco. A Figura 15.34 exibe sua configuração.

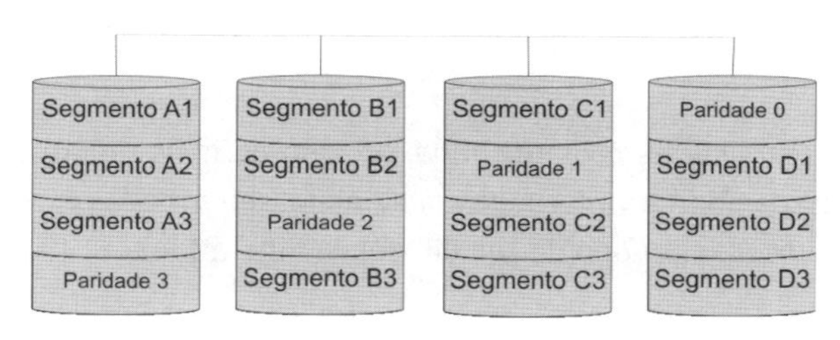

Figura 15.34 | Configuração RAID 5.

15.4.8 **RAID 6**

Trata-se de um tipo relativamente novo, que trabalha de forma similar ao RAID 5. No entanto, utiliza-se o dobro de bits de paridade, o que permite que, caso dois discos apresentem falha, os dados ainda permaneçam íntegros.

15.4.9 **Arquiteturas híbridas de RAID**

Nessa categoria temos o RAID 50 (ou 5 + 0), o qual agrupa em uma mesma configuração o modelo RAID 5 (paridade) em conjunto com o modelo RAID 0 (segmentação).

Outro tipo híbrido mais complexo, pois combina software e hardware, é o RAID 100 (10 + 0). Nele, o RAID 0 é implementado por software, enquanto o RAID 10 é implementado via hardware.

15.5 Transações e controle de concorrência

O gerenciamento de transações e o controle de concorrência são técnicas utilizadas para garantir a integridade do banco de dados. Em sistemas de bancos de dados multiusuários, o processamento de transações é um fator imprescindível para o bom funcionamento do sistema, pois ele permite o acesso simultâneo e concorrente de vários usuários. Esses sistemas exigem alta disponibilidade e respostas em curto espaço de tempo, de forma que o usuário quase não perceba o volume de informações que trafega no momento.

Sistemas multiusuários são fundamentados na capacidade de realização de vários processos ao mesmo tempo, similarmente em alguns aspectos ao conceito de multitarefa existente na maioria dos sistemas operacionais atualmente em uso. Com essa técnica, se houver vários programas rodando, os comandos que eles enviam ao sistema para execução são fragmentados em processos compostos por conjuntos de comandos. O sistema então executa um processo de um programa e o suspende temporariamente. Outro processo (de outro programa) entra em execução e, quando ele é suspenso, volta-se ao processo anterior, a partir do ponto de parada. Podemos perceber que a execução é entrelaçada. Veja a Figura 15.35.

Quando temos um sistema computacional provido de mais de um processador, essa execução de processos pode ser efetuada em paralelo, sendo cada processo realizado por um processador no mesmo período de tempo. Veja a Figura 15.36.

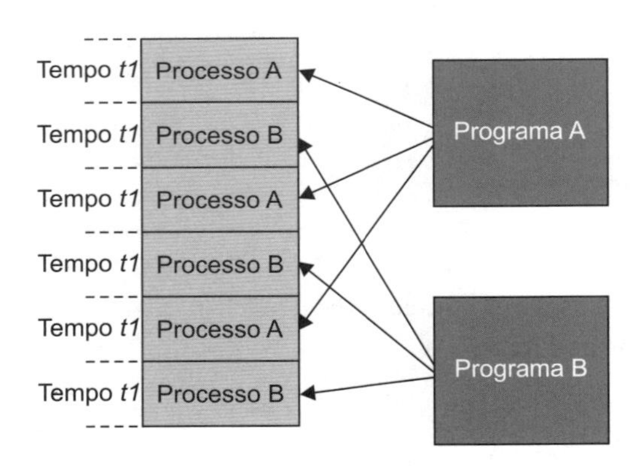

Figura 15.35 | Entrelaçamento de processos de programas.

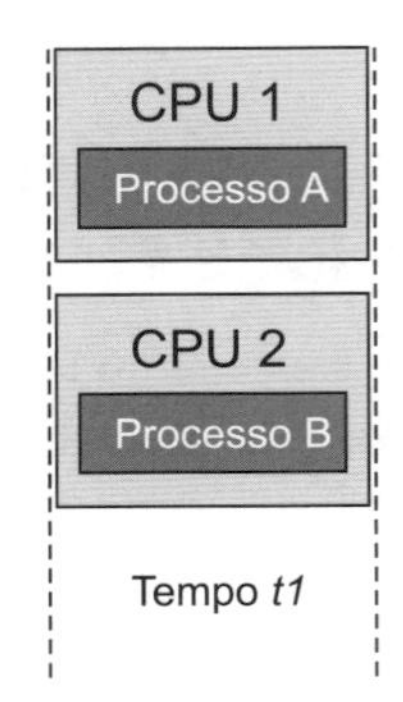

Figura 15.36 | Execução de processos em sistemas com múltiplas CPUs.

Uma transação pode ser definida como uma unidade lógica de processamento de um banco de dados, a qual possui diversas operações, como inclusão, alteração, exclusão etc. O limite de uma transação é especificado por meio de comandos explícitos que indicam o início (**BEGIN TRANSACTION**) e o fim da transação (**END TRANSACTION**). Todos os comandos de acesso ao banco de dados existentes entre essas duas fases formam a transação em si.

Sem esse gerenciamento de transações, muitos problemas podem acabar ocorrendo, como perda de atualização de dados, leitura suja de dados e agregação incorreta. O primeiro problema pode acontecer quando duas transações que acessam os mesmos itens têm suas operações executadas de forma entrelaçada, ocasionando valores incorretos em um dos itens.

O segundo problema surge em decorrência de alguma falha ocorrida na transação enquanto se efetua uma atualização nos dados. Quando uma transação falha, os itens com os quais ela lida voltam ao seu estado anterior, mas, antes de isso ocorrer, outra transação pode acessar o valor do item atualizado.

Já o terceiro problema envolve a execução de comandos/funções de agregação (com soma, contagem, média etc.). No mesmo momento, pode ser que uma ou mais transações estejam atualizando o banco de dados e a função de agregação pode efetuar o cálculo com alguns valores atualizados e outros não.

Quando o SGBD executa uma transação, três verificações devem ser efetuadas:

- Todas as operações que formam a transação devem ser completadas com sucesso, para só então haver a gravação permanente das alterações no banco de dados.
- A transação não deve surtir qualquer efeito no banco de dados ou em outras transações.
- Se houver falha na execução de uma ou mais operações da transação, não se deve permitir que as demais sejam aplicadas. Em resumo, ou a transação é completada integralmente ou é simplesmente cancelada.

Quando uma transação é cancelada, há um processo denominado **ROLLBACK** (rolar para trás, literalmente) que força o SGBD a recuperar os valores antigos dos registros antes de a transação ter sido iniciada.

Se a transação for executada com sucesso, as atualizações são registradas por meio de um **COMMIT** (confirmação). Depois disso, não é possível voltar atrás.

Como um exemplo prático, vamos imaginar um sistema aplicativo em que as seguintes operações devem ser executadas:

```
Executar enquanto houver registro de venda
    Baixar o estoque do produto do registro corrente
    Lançar no arquivo de movimento de vendas diárias
    Imprimir dados do produto na Nota Fiscal/Cupom Fiscal
    Somar o valor total do produto
    Ler o próximo registro
Fim do bloco de execução
Lançar no Contas a Receber
```

Todas essas operações devem ser executadas dentro de uma transação, como mostra o diagrama da Figura 15.37.

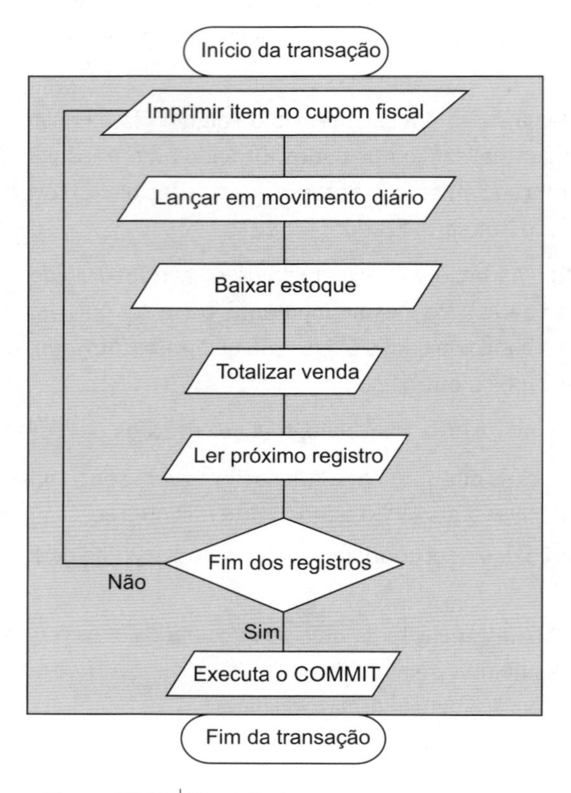

Figura 15.37 | Execução de um processo transacional.

Se uma das operações falhar, digamos a impressão do item vendido no cupom fiscal, então todas as operações já realizadas anteriormente, mesmo que envolvam outros registros já processados, devem ser desfeitas/canceladas.

Para iniciar uma transação, devemos utilizar o comando **BEGIN TRANSACTION**, embora essa inicialização seja realizada implicitamente por meio da execução de alguns comandos SQL. O encerramento de uma transação se dá explicitamente com a chamada ao comando **COMMIT** ou **ROLLBACK**.

Podemos também especificar algumas configurações de uma transação por meio do comando **SET TRANSACTON**. Essas configurações englobam o modo de acesso, o tamanho da área de diagnóstico e o nível de isolamento.

Quanto ao modo de acesso, podemos especificá-lo entre somente leitura (READ ONLY) ou leitura/gravação (READ WRITE), que é o padrão assumido, a menos que o nível de isolamento READ UNCOMMITTED (ler dados não confirmados) seja especificado. No modo

READ WRITE estão habilitadas as operações de inclusão, alteração e exclusão. Já o modo READ ONLY somente permite a consulta/recuperação de dados.

Na opção de tamanho de área de diagnóstico podemos especificar um valor inteiro que indica o número de condições que a área de diagnóstico pode manter. Essas condições retornam informações ao usuário relativas ao comando SQL recentemente executado, como erros e exceções.

Para o nível de isolamento existem as opções READ UNCOMMITTED, READ COMMITTED, REPEATABLE READ e SERIALIZABLE. Uma transação sendo executada em um nível diferente de SERIALIZABLE pode ocasionar uma das seguintes situações:

- **Leitura suja (dirty read):** uma transação pode acessar dados atualizados por outra transação que ainda não foram confirmados (committed).
- **Leitura não repetitiva (nonrepeatable read):** uma transação pode acessar um valor de uma tabela, mas se outra transação atualizar esse valor e a primeira transação fizer outro acesso, esse novo valor é o que será considerado.
- **Fantasmas (phantom):** uma transação lê um conjunto de dados da tabela por meio de uma condição (como a cláusula WHERE) e, se uma segunda transação incluir um novo registro, uma nova repetição da primeira transação vai considerar esse novo registro que antes não existia.

Veja no Quadro 15.1 um resumo das possíveis ocorrências de violações com cada nível de isolamento:

Quadro 15.1 | Pode ocorrer violação

Nível de Isolamento	Leitura suja	Leitura não repetitiva	Fantasma
READ UNCOMMITTED	Sim	Sim	Sim
READ COMMITTED	Não	Sim	Sim
REPEATABLE READ	Não	Não	Sim
SERIALIZABLE	Não	Não	Não

A seguir, temos um pequeno exemplo de transação em SQL:

```
EXEC SQL SET TRANSACTION
     READ WRITE
     DIAGNOSTICS SIZE 5
     ISOLATION LEVEL SERIALIZABLE;

EXEC SQL INSERT INTO PRODUTO (CODIGOPRODUTO,DESCRICAO,PRECO,ESTOQUE)
                    VALUES('89781301231','BICO DE INJEÇÃO DE COMBUSTÍVEL',
                           120.00,7);
EXEC SQL COMMIT;
```

Algumas das técnicas comumente utilizadas no controle de execução de transações são baseadas em bloqueios de registro, que consistem na associação de um status a esse registro para indicar as operações que podem ou não ser aplicadas. Os bloqueios são a forma de sincronização do acesso por transações que são executadas concorrentemente.

Há basicamente dois tipos de bloqueio:

- **Bloqueio binário:** pode apresentar um dos dois valores: bloqueado (locked) e desbloqueado (unlocked). Se um registro estiver bloqueado, ele não pode ser acessado por outra operação que o requisite. Se o registro estiver desbloqueado, então ele pode ser acessado normalmente. O problema é que no máximo uma transação pode manter o bloqueio ativo.
- **Bloqueio compartilhado/exclusivo:** nesse tipo, outras transações podem acessar um mesmo registro, desde que somente para leitura. No entanto, se a transação precisar atualizar os dados do registro, ela deve ter acesso exclusivo a ele. Existem três possíveis operações de bloqueio nesse esquema: bloqueado para leitura (READ LOCKED), bloqueado para gravação (WRITE LOCKED) e desbloqueado (UNLOCKED). Em uma operação de bloqueio para leitura, permite-se que outras transações leiam o registro, ao passo que em um bloqueio para gravação o acesso é exclusivo, impedindo-se outras transações de efetuarem alterações no valor do registro.

No controle de concorrência pode acontecer o que chamamos de **deadlock**, que é uma situação em que, num conjunto com várias transações, uma está esperando pela liberação de um registro que se encontra bloqueado por outra.

Existem algumas técnicas que podem ser utilizadas para prevenir a ocorrência de deadlocks. Entre elas, podemos destacar:

- **Protocolo de prevenção:** todas as transações devem bloquear antecipadamente os registros/itens de dados que vão utilizar.
- **Ordenação dos itens:** os registros do banco de dados são ordenados e a transação que precisa deles fará o bloqueio baseando-se nessa ordem.
- **Registro de timestamp:** um identificador único (formado por data e hora) é atribuído a cada transação, e a ordem desse identificador determina a prioridade da inicialização de transação e, consequentemente, o bloqueio dos registros.

Também podemos tratar dos deadlocks por meio da detecção e do uso de **timeout** (tempo limite). No primeiro caso, o próprio sistema verifica se uma ocorrência de deadlock existe realmente. Isso é interessante se pudermos saber antecipadamente que haverá pouca chance de várias transações acessarem os mesmos registros simultaneamente, o que pode ocorrer se elas forem curtas ou se os processos envolvidos forem leves (pouca carga de processamento).

O uso de timeout pode ser outra opção, e consiste em determinar um tempo limite para a espera de uma transação. Se esse tempo for extrapolado, o sistema supõe que a transação está em estado de deadlock e a cancela completamente.

Alguns protocolos de controle de concorrência utilizam uma técnica em que são mantidas várias versões de um mesmo item de dado, ou seja, além dos valores atuais, o sistema mantém valores antigos. Quando uma transação solicita acesso a um registro, a versão mais apropriada é escolhida. Com isso, algumas operações de leitura são aceitas. Quando a transação efetua uma gravação do registro, os valores anteriores são retidos como uma cópia. A principal desvantagem dessa técnica é o fato de o tamanho dos arquivos aumentar demais em virtude das diversas versões dos registros. A solução é o sistema oferecer meios de se excluírem definitivamente essas cópias antigas, como é o caso do Interbase, da empresa Embarcadero, que permite esse tipo de operação quando se efetua um backup/restore do banco de dados.

Conclusão

Neste capítulo, você aprendeu como é importante ter uma política de proteção e preservação dos dados contra acessos indevidos ou corrupção das informações com risco de perda. Para isso, viu como atribuir permissões de acesso a usuários e como utilizar o firewall e outras ferramentas como forma de proteger o sistema (e toda a infraestrutura da empresa) contra acesso externo não autorizado.

O capítulo abordou ainda a execução de backup dos bancos de dados, de forma manual ou automatizada, e o uso da arquitetura RAID na replicação de dados. Por fim, apresentou o processo de controle de transações e concorrência.

Exercícios

1. Com o que se relaciona o mecanismo de segurança de acesso?
2. O que são permissões?
3. O que são firewalls?
4. O que é proxy?
5. Dê uma definição para roteador.
6. Quais são os comandos SQL para conceder e revogar privilégios de acesso?
7. O que são transações?
8. Quais são os níveis de isolamento de uma transação?
9. Quais são as situações que podem ocorrer com níveis de isolamentos diferentes de SERIALIZABLE?
10. Quais são os tipos de bloqueio existentes?
11. O que é deadlock?

Capítulo 16

Dispositivos Móveis e Computação em Nuvem

Neste capítulo, você conhecerá o banco de dados SQLite, muito utilizado em aplicações para dispositivos móveis (smartphones e tablets), além dos métodos empregados para que essas aplicações possam acessar bancos de dados externos.

Você também verá uma introdução à computação em nuvem, uma tecnologia que tem crescido bastante nos últimos anos.

16.1 Um novo mundo

Com o advento dos dispositivos móveis (smartphones e tablets), surgiu a necessidade de uma nova metodologia para armazenamento de dados, tendo em vista a existência de aplicativos para esses equipamentos que precisam gravar informações de forma permanente para posterior utilização, assim como acontece com aplicativos para computadores pessoais (desktops ou notebooks).

No entanto, é impraticável termos um servidor de banco de dados relacional SQL instalado nesse tipo de equipamento, dadas as exigências de hardware e as dificuldades para administração do banco, muito embora haja iniciativa de algumas empresas nesse sentido. A indústria procurou, então, outra solução, o que levou à adoção de duas estratégias distintas: a primeira consiste em acessar um banco de dados externo, hospedado em um servidor dedicado; a outra utiliza um gerenciador de banco de dados que é acessado diretamente por meio de uma biblioteca de funções, sem necessidade de um intermediário.

No primeiro caso, o cenário é diferente daquele a que a maioria dos programadores já está acostumada quando desenvolve aplicações para ambiente cliente/servidor ou para rodarem de forma autônoma. Em primeiro lugar, por questões de segurança do sistema, tanto Android quanto iOS não permitem que um banco de dados externo seja acessado de forma nativa, ou seja, utilizando-se um driver ou outro mecanismo de acesso. Para que uma aplicação rodando em Android ou iOS possa se conectar e manipular os dados de uma base que esteja hospedada em servidor SQL, é necessário que ela consuma um serviço também disponível no servidor, o qual é responsável por todas as operações junto ao banco de dados. Esse serviço pode ser desenvolvido nas mais variadas linguagens de programação, como C#, C, Java ou PHP.

O processo é similar ao existente entre um navegador e um servidor web, ou seja, a aplicação solicita que o serviço desempenhe alguma ação, como recuperar dados de uma determinada tabela.

Vamos imaginar uma aplicação destinada ao atendimento de clientes de uma loja de roupas. O atendente digita ou faz a leitura do código de barras para incluir no pedido do cliente. O aplicativo precisa acessar o banco de dados que se encontra no servidor da loja para recuperar os dados de descrição e preço de venda. O serviço de acesso ao banco de dados é então invocado e, por sua vez, acessa e executa uma consulta para ler os dados desejados.

Os dados lidos do banco são "formatados" como um objeto JSON (**JavaScript Object Notation**) para posterior retorno pelo serviço à aplicação no dispositivo móvel, que, ao receber esse objeto, desmembra os dados nele contido (um processo denominado **desserialização**) para que possa trabalhar com eles.

A Figura 16.1 ilustra o processo todo envolvido nessa comunicação.

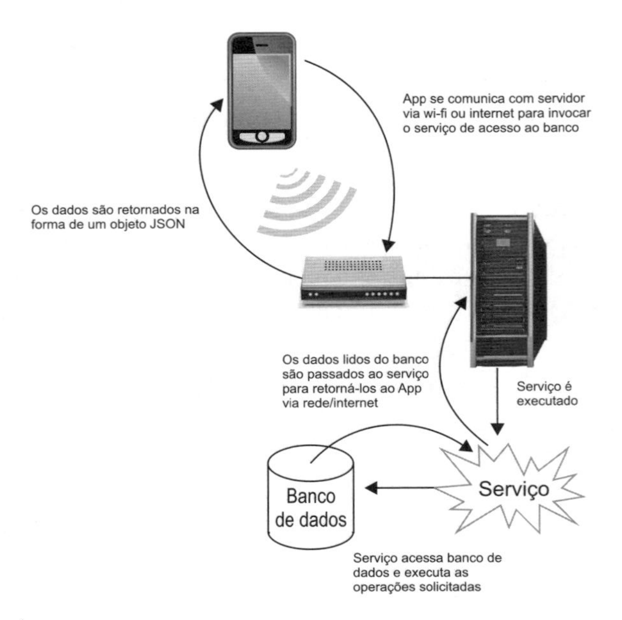

Figura 16.1 | Processo de acesso a banco de dados externo empregado por aplicações móveis.

De igual modo, quando é necessária a adição de um registro nessa base de dados, a aplicação invoca outro serviço, passando-lhe também um objeto JSON com os dados a serem gravados. Esse serviço "desserializa" os dados contidos nesse objeto JSON e efetua a inserção do novo registro.

A listagem a seguir apresenta um código escrito em PHP que implementa um serviço (um WebService, na verdade) de acesso e manipulação de banco de dados a ser consumido por uma aplicação móvel.

```
header("Access-Control-Allow-Origin: *");
header("Content-type: application/json");

require_once("classe_bd.php");

$CodigoProduto = strtoupper($_REQUEST["codigo"]);

$Retorno = "";

if (($CodigoProduto != NULL) && ($CodigoProduto != "")) {
    $ComandoSQL = "SELECT Codigo,Descricao,Uni_Medida,Valor_Venda FROM
Produtos WHERE Codigo = '$CodigoProduto' ORDER BY Descricao";

    $ConexaoBD = BancoDados::AbrirConexao();
    $Resultado = $ConexaoBD->query($ComandoSQL);
    $Produtos = $Resultado->fetchAll();

    foreach ($Produtos as $Registro) {
        if ($Retorno != "") {
            $Retorno .= ",";
        }

        $Retorno .= '{"CODIGO":"' . trim($Registro["Codigo"]) .
                    '","DESCRICAO":"' . trim($Registro["Descricao"]) .
                    '","UM":"' . trim($Registro["Uni_Medida"]) .'"}';
    }
}

echo $Retorno;
```

Já a próxima listagem apresenta o código em C# de uma aplicação para dispositivo móvel que consome o serviço apresentado na listagem anterior para acessar as informações de um banco de dados de produtos.

```
using Models;
using Models.Requisicao;
using Newtonsoft.Json;
using System;
using System.Net.Http;
using System.Threading.Tasks;

namespace Requisicao
{
    // Classe para execução do WebService ler_produto.php na validação do
código do material
    public class ProdutoService
    {
        public string Descricao { get; set; }
        public string UnidadeMedida { get; set; }

        private HttpClient InitCliente()
        {
            HttpClient cliente = new HttpClient();

            cliente.DefaultRequestHeaders.Add("Accept", "application/json");
            cliente.DefaultRequestHeaders.Add("Connection", "close");

            return cliente;
        }

        // Método para retornar dados do produto
        public async Task<bool> LerProduto(string strCodigo)
        {
            string strURL = Global.URLConexao + "ler_produto.php?codigo=" +
strCodigo.Trim();
            bool blnAchou = false;

            try
            {
                HttpClient cliente = InitCliente();

                var resultado = await cliente.GetAsync(strURL);

                if (resultado.IsSuccessStatusCode)
                {
                    string conteudo = await resultado.Content.
ReadAsStringAsync();
```

```
                    if (conteudo.Trim() == "")
                    {
                        Descricao = "";
                        UnidadeMedida = "";
                    }
                    else
                    {
                        var dadosProduto = JsonConvert.DeserializeObject<Pro
duto>(conteudo);
                        Descricao = dadosProduto.DESCRICAO;
                        UnidadeMedida = dadosProduto.UM;
                        blnAchou = true;
                    }

                }
                else
                {
                    Descricao = "";
                    UnidadeMedida = "";
                }

                return blnAchou;
            }
            catch
            {
                throw new Exception("Erro na pesquisa do produto!");
            }
        }
    }
}
```

Podemos ver nessa listagem que o método **DeseralizeObject**, da classe **JsonConvert**, é chamado para "desserializar" o objeto retornado. A seguir, podemos ver um exemplo de conteúdo que é retornado em um objeto JSON:

```
[
        {
                "CODIGO": "031204016",
                "DESCRICAO": "LIXA",
                "UNI_MEDIDA": "PC"
        },
        {
                "CODIGO": "031204008",
                "DESCRICAO": "LIXA CINTA 533X75 GR80 K121",
```

```
            “UNI_MEDIDA”: “PC”
        },
        {
            “CODIGO”: “031204001”,
            “DESCRICAO”: “LIXA D AGUA GR 100”,
            “UNI_MEDIDA”: “PC”
        },
        {
            “CODIGO”: “031204002”,
            “DESCRICAO”: “LIXA D AGUA GR 150”,
            “UNI_MEDIDA”: “PC”
        },
        {
            “CODIGO”: “031200038”,
            “DESCRICAO”: “LIXA D AGUA GR 1500”,
            “UNI_MEDIDA”: “PC”
        },
        {
            “CODIGO”: “031204009”,
            “DESCRICAO”: “LIXA D AGUA GR 220”,
            “UNI_MEDIDA”: “PC”
        },
        {
            “CODIGO”: “031200037”,
            “DESCRICAO”: “LIXA D AGUA GR 600”,
            “UNI_MEDIDA”: “PC”
        },
        {
            “CODIGO”: “031204012”,
            “DESCRICAO”: “LIXA DISCO 400X15 GR100-DUPLA FACE REF W427”,
            “UNI_MEDIDA”: “PC”
        },
        {
            “CODIGO”: “031204013”,
            “DESCRICAO”: “LIXA DISCO 400X15 GR120-DUPLA FACE REF W427”,
            “UNI_MEDIDA”: “PC”
        },
        {
            “CODIGO”: “031204014”,
            “DESCRICAO”: “LIXA DISCO 400X15 GR36-DUPLA FACE REF W427”,
            “UNI_MEDIDA”: “PC”
        },
        {
```

```
            "CODIGO": "031204010",
            "DESCRICAO": "LIXA DISCO 400X15 GR60-DUPLA FACE REF W427",
            "UNI_MEDIDA": "PC"
        },
        {
            "CODIGO": "031204011",
            "DESCRICAO": "LIXA DISCO 400X15 GR80-DUPLA FACE REF W427",
            "UNI_MEDIDA": "PC"
        },
        {
            "CODIGO": "031204007",
            "DESCRICAO": "LIXA DISCO W247 400 X 15 MM",
            "UNI_MEDIDA": "PC"
        },
        {
            "CODIGO": "031204015",
            "DESCRICAO": "LIXA ESPECIAL NORTON",
            "UNI_MEDIDA": "PC"
        },
        {
            "CODIGO": "031204003",
            "DESCRICAO": "LIXA FERRO GR 100",
            "UNI_MEDIDA": "PC"
        },
        {
            "CODIGO": "031204005",
            "DESCRICAO": "LIXA FERRO GR 50",
            "UNI_MEDIDA": "PC"
        },
        {
            "CODIGO": "031204004",
            "DESCRICAO": "LIXA FERRO GR 80",
            "UNI_MEDIDA": "PC"
        },
        {
            "CODIGO": "031200071",
            "DESCRICAO": "LIXA P FERRO 120",
            "UNI_MEDIDA": "PC"
        }
]
```

Os colchetes envolvem todo o grupo de dados, enquanto os pares de chaves agrupam os valores correspondentes a um registro do banco de dados. Dentro delas, encontramos um conjunto formador por um par de strings. A primeira representa o nome de um campo (que não precisa ser o mesmo nome dado ao campo da tabela) e a segunda é o valor propriamente dito.

16.2 SQLite

O emprego da abordagem anterior é válido no caso de se ter acesso à internet ou à rede interna via wi-fi. No entanto, pode ocorrer de esse meio de comunicação não estar disponível ou mesmo de não desejarmos que a aplicação seja dependente dessa comunicação o tempo todo para guardar os dados. Imagine, por exemplo, uma aplicação para medição de obras. Não faz muito sentido as informações ficarem guardadas em um banco de dados externo padrão SQL, tendo em vista que a obra que o empreiteiro está medindo pode estar em um local que não tem acesso fácil à rede de dados móveis.

Para suprir esse tipo de necessidade, tanto a plataforma Android quanto a iOS adotou como padrão um novo patamar de banco de dados: o SQLite. Ele não é um servidor de banco de dados relacional nos moldes que já conhecemos, mas uma biblioteca completa escrita em linguagem C que implementa um gerenciador de banco de dados SQL. Por meio dessa biblioteca podemos acessar, ler e escrever diretamente no arquivo do banco de dados, sem necessidade de qualquer intermediário.

Independentemente da linguagem de programação adotada, o primeiro passo é desenvolver uma classe que represente o modelo de dados a ser manipulado pelo aplicativo. Esse modelo servirá de base para a criação do banco de dados SQLite e para criar um vínculo dinâmico com os campos da tela do aplicativo responsáveis pela entrada/exibição de dados.

É importante deixar claro que não precisamos nos preocupar com a criação física do arquivo que contém o banco de dados nem com a manutenção (criação ou alteração) das tabelas, uma vez que a própria biblioteca se encarrega de criar o arquivo do banco ou as tabelas (caso não sejam encontrados) ou de alterar sua estrutura (no caso de já existirem).

Embora a biblioteca tenha sido totalmente escrita em C, ela não suporta classes, portanto, as linguagens de programação para desenvolvimento de aplicativos móveis encapsularam toda a API dessa biblioteca em classes de objetos. Assim, ao utilizarmos Java (no Android), ObjectiveC (no iOS) ou C# (com o framework Xamarin, para ambas as plataformas), sempre invocaremos métodos dessas classes quando desejarmos executar alguma operação de banco de dados, como inserção, alteração, consulta ou exclusão de registros.

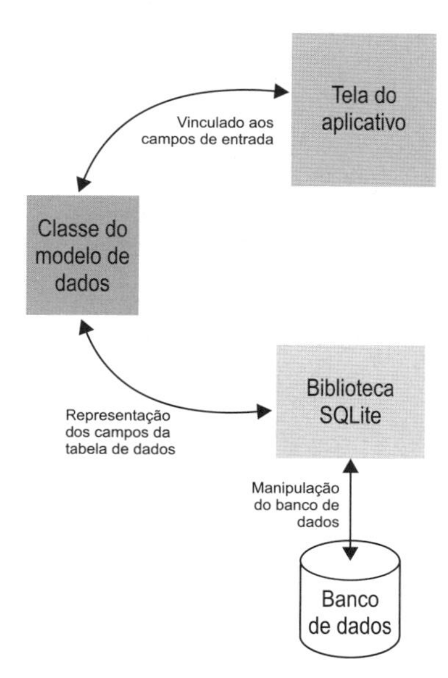

Figura 16.2 | Relacionamento entre classe modelo de dados e campos de entrada e SQLite.

Apesar de termos tratado do uso do SQLite em aplicações para dispositivos móveis, essa biblioteca também pode ser perfeitamente utilizada no desenvolvimento de aplicativos para microcomputadores desktop ou notebooks, em um método denominado de banco de dados embarcado, no qual o aplicativo possui toda a infraestrutura necessária para trabalhar com um banco de dados relacional, o que é útil no caso de aplicações que não demandam toda aquela arquitetura de um ambiente cliente/servidor. Por exemplo, você poderia desenvolver seu próprio navegador web, que gravaria os endereços de sites favoritos em um banco SQLite.

Não precisamos instalar o SQLite com a aplicação móvel, uma vez que ele já vem embarcado nos sistemas Android e iOS por padrão. A seguinte listagem demonstra um código que define um objeto e as funções para manipulação de um banco de dados SQLite em uma aplicação escrita na linguagem C# com o framework Xamarin.

```
using Interfaces;
using Models;
using Models.Requisicao;
using SQLite;
using System;
using System.Collections.ObjectModel;
using Xamarin.Forms;
```

```
namespace Database
{
    public class DBAlmox
    {
        private SQLiteConnection sqlBancoDados;
        public bool EstaVazio { get; set; }

        public DBAlmox()
        {
            try
            {
                sqlBancoDados = DependencyService.Get<IConexaoDB>().
CriarConexao(Constantes.DB_MOBILE);
                sqlBancoDados.CreateTable<Material>();
                EstaVazio = sqlBancoDados.Table<Material>().Count() == 0;
            }
            catch
            {
                throw new Exception("Erro na conexão com o banco de dados!");
            }
        }

        // Método para adicionar novo item à lista
        public void Adicionar(Material material)
        {
            try
            {
                sqlBancoDados.Insert(material);
                EstaVazio = false;
            }
            catch
            {
                throw new Exception("Erro na adição do item!");
            }
        }

        // Método para alterar um item da lista
        public void Alterar(Material material)
        {
            if (material.IDRegistro != 0)
            {
                try
                {
```

```
                sqlBancoDados.Update(material);
            }
            catch
            {
                throw new Exception("Erro na alteração do item!");
            }
        }
    }

    // Método para excluir um item da lista
    public void Excluir(Material material)
    {
        try
        {
            int intIDRegistro = material.IDRegistro;

            if (intIDRegistro != 0)
                sqlBancoDados.Delete<Material>(intIDRegistro);
        }
        catch
        {
            throw new Exception("Erro na exclusão do item!");
        }
    }

    // Método para limpar a base SQLite
    public void LimparBase()
    {
        try
        {
            sqlBancoDados.DeleteAll<Material>();
            EstaVazio = true;
        }
        catch
        {
           throw new Exception("Erro na limpeza dos itens da requisição!");
        }
    }

    // Método para atualizar dados da requisição
    public void AtualizarRequisicao()
    {
```

```
            ObservableCollection<Material> materiais = new ObservableCollect
ion<Material>(RetornaLista());

            try
            {
                foreach (var material in materiais)
                {
                    material.NUM_REQUISCAOE = Global.NumeroRequisicao;
                    material.CENTRO_CUSTO = Global.CentroCusto.Trim().ToUpper();
                    material.DEPTO = Global.Departamento.Trim().ToUpper();
                }

                sqlBancoDados.UpdateAll(materiais);
            }
            catch
            {
              throw new Exception("Erro na atualização dos itens da requisição!");
            }
        }

        // Método para retornar a quantidade de registros
        public int NumeroRegistros() => sqlBancoDados.Table<Material>().Count();

        // Cria a lista de itens de materiais da requisição p/ exibir na grade
        public ObservableCollection<Material> RetornaLista()
        {
            ObservableCollection<Material> listaMateriais = new Observ
ableCollection<Material>(sqlBancoDados.Table<Material>().OrderBy(c =>
c.IDRegistro).ToList());

            return listaMateriais;
        }
    }
}
```

Já o código da próxima listagem faz uso das definições da classe anterior para gravar os dados no banco.

```
using database;
using Interfaces;
using Libs;
using Models;
using Models.Requisicao;
```

```
using Services.Requisicao;
using ViewModel.Requisicao;
using Syncfusion.Data;
using Syncfusion.SfDataGrid.XForms;
using System;
using System.Threading.Tasks;

using Xamarin.Forms;
using Xamarin.Forms.Xaml;

namespace Views. Requisicao
{
    [XamlCompilation(XamlCompilationOptions.Compile)]
        public partial class MovimentoMaterial : ContentPage
        {
        private DBAlmox dbAlmox;
        private Material material;
        private ProdutoServico pesquisaCodigo = new ProdutoSrv();
        private ViewModelAlmoxReq vmAlmoxReq;
        private Material materialSelecionado;

        public MovimentoMaterial(DBAlmox dbAlmox)
        {
            InitializeComponent();

            this.dbAlmox = dbAlmox;

            vmAlmoxReq = new ViewModelAlmoxReq(dbAlmox);
            materialSelecionado = new MaterialConsumo();

            txtRequisicao.Text = "Requisição nro. " + Global.
NumeroRequisicao + "  -  Movimento " + Global.TipoMovimento;

            // Zera as variáveis globais
            Global.CodigoProduto = "";
            Global.DescricaoProduto = "";
            Global.UnidadeMedida = "";
            Global.Observacao = "";
            Global.PesquisaDescricao = false;

            GradeDados.LiveDataUpdateMode = LiveDataUpdateMode.
AllowSummaryUpdate;
```

```
            InicializaMaterial();
            AtualizaGrade();
        }

        protected override void OnAppearing()
        {
            base.OnAppearing();

            // Exibe os dados do material corrente
            fldCodigoProduto.Text = Global.CodigoProduto;
            fldDescricao.Text = Global.DescricaoProduto;
            fldUniMedida.Text = Global.UnidadeMedida;

            if (Global.PesquisaDescricao)
                fldQuantidade.Focus();

            AtualizaGrade();
        }

        // Executado quando for tocada a opção Voltar do menu do topo
        private async void BtnVoltar_Clicked(object sender, EventArgs e)
        {
            if (dbAlmox.NumeroRegistros() > 0)
            {
                if (await DisplayAlert("Confirmação", "Os dados digitados
serão perdidos ao sair da tela! Confirma realmente a saída?", "Sim", "Não"))
                    await Navigation.PopAsync();
            }
            else
                await Navigation.PopAsync();
        }

        // Executado quando for tocada a opção Alterar
        private async void BtnAlterar_Clicked(object sender, EventArgs e)
        {
            try
            {
                if (materialSelecionado.IDRegistro != 0)
                    await Navigation.PushAsync(new EditarItem(dbAlmox,
materialSelecionado));
                else
                    await DisplayAlert("Aviso", "Selecione o item a
alterar!", "OK");
```

```
            }
            catch
            {
                await DisplayAlert("Aviso", "Não foi possível alterar o
item! Tente novamente...", "OK");
            }
        }

        // Executado quando for tocada a opção Excluir
        private async void BtnExcluir_Clicked(object sender, EventArgs e)
        {
            try
            {
                if (materialSelecionado.IDRegistro != 0)
                    await Navigation.PushAsync(new ExcluirItem(dbAlmox,
materialSelecionado));
                else
                    await DisplayAlert("Aviso", "Selecione o item a
excluir!", "OK");
            }
            catch
            {
                await DisplayAlert("Aviso", "Não foi possível excluir o
item! Tente novamente...", "OK");
            }
        }

        // Executado quando for tocada a opção Finalizar para gravar os
dados no SQL Server
        private async void BtnFinalizar_Clicked(object sender, EventArgs e)
        {
            try
            {
                // Somente grava se houver itens cadastrados
                if (dbAlmox.NumeroRegistros() > 0)
                {
                    AtualizarSQLServer sqlServer = new AtualizarSQLServer();

                    if (await DisplayAlert("Confirmação", "Deseja finalizar
a requisição?", "Sim", "Não"))
                    {
                        sqlServer.GravarItens(); // Executa método para
gravação dos dados no servidor
```

```
                        // Limpa a base SQLite e zera as variáveis globais
                        dbAlmox.LimparBase();

                        Global.NumeroRequisicao = "";
                        Global.CentroCusto = "";
                        Global.CodigoObra = "";
                        Global.TipoMovimento = "";
                        Global.DescricaoMovimento = "";
                        Global.CodigoProduto = "";
                        Global.DescricaoProduto = "";
                        Global.UnidadeMedida = "";
                        Global.IdMovimento = -1;
                        Global.IdCentroCusto = -1;
                        Global.IdObra = -1;

                        await Navigation.PopAsync();
                    }
                }
                else
                    await DisplayAlert("Aviso", "Insira os itens da
requisição para poder finalizar!", "OK");
            }
            catch
            {
                await DisplayAlert("Aviso", "Não foi possível finalizar a
requisição! Tente novamente...", "OK");
            }
        }

        // Executado quando o campo de código for informado
        private void FldCodigoProduto_Completed(object sender, EventArgs e)
=> PesquisarCodigo();

        // Método para pesquisar material pelo código na base SQL Server
        private async void PesquisarCodigo()
        {
            try
            {
                if (!LibValidar.NuloVazio(Global.CodigoProduto))
                {
                    if (await ExecutaPesquisa())
                        fldQuantidade.Focus();
                }
```

```
            }
            catch
            {
                await DisplayAlert("Aviso", "Não foi possível pesquisar o
material! Tente novamente...", "OK");
            }
        }

        // Método que efetivamente executa a pesquisa
        private async Task<bool> ExecutaPesquisa()
        {
            bool blnValidado;

            if (!await pesquisaCodigo.LerProduto(Global.CodigoProduto))
            {
                await DisplayAlert("Aviso", "Código de material não
encontrado!", "OK");

                blnValidado = false;
                Global.CodigoProduto = "";
                Global.DescricaoProduto = "";
                Global.UnidadeMedida = "";

                fldCodigoProduto.Text = "";
                fldDescricao.Text = "";
                fldUniMedida.Text = "";

                fldCodigoProduto.Focus();
            }
            else
            {
                blnValidado = true;
                Global.DescricaoProduto = pesquisaCodigo.Descricao;
                Global.UnidadeMedida = pesquisaCodigo.UnidadeMedida;

                fldDescricao.Text = pesquisaCodigo.Descricao;
                fldUniMedida.Text = pesquisaCodigo.UnidadeMedida;
            }

            return blnValidado;
        }
```

```
        // Executado quando o valor do campo de código for alterado
        private void FldCodigoProduto_TextChanged(object sender,
TextChangedEventArgs e)
        {
            Global.CodigoProduto = e.NewTextValue.Trim();

            if (e.NewTextValue != e.OldTextValue)
            {
                Global.Observacao = "";
                fldQuantidade.Text = "";
            }
        }

        // Executado quando o campo de código perder o foco
        private async void FldCodigoProduto_Unfocused(object sender,
FocusEventArgs e)
        {
            if (!LibValidar.NuloVazio(Global.CodigoProduto))
                await ExecutaPesquisa();
        }

        // Método para pesquisar material pela descrição no SQL Server
        private async void BtnPesquisar_Clicked(object sender, EventArgs e)
        {
            try
            {
                await Navigation.PushAsync(new ListarProdutos());
            }
            catch
            {
                await DisplayAlert("Aviso", "Não foi possível pesquisar o
material! Tente novamente...", "OK");
            }
        }

        // Executado quando a quantidade é informada
        private async void FldQuantidade_Completed(object sender, EventArgs
e) => await ValidaQuantidade();

        // Método para validar a quantidade digitada
        private async Task<bool> ValidaQuantidade()
        {
            bool blnValidado = true;
```

```
            if (LibValidar.NuloVazio(fldQuantidade.Text))
                blnValidado = false;
            else
            {
                if (Convert.ToDouble(fldQuantidade.Text.Trim()) <= 0)
                    blnValidado = false;
            }

            if (!blnValidado)
            {
                await DisplayAlert("Aviso", "Informe a quantidade 
entregue!", "OK");
                fldQuantidade.Focus();
            }

            return blnValidado;
        }

        // Executado pelo botão Adicionar para inserir itens na grade de 
dados
        private async void BtnAdicionar_Clicked(object sender, EventArgs e)
        {
            bool blnTemCodigo;
            bool blnTemQuantidade;
            string strQuantidade;

            try
            {
                blnTemCodigo = !LibValidar.NuloVazio(Global.CodigoProduto);
                blnTemQuantidade = !LibValidar.NuloVazio(fldQuantidade.Text);

                // Executa somente se código e quantidade forem informados
                if (blnTemCodigo && blnTemQuantidade)
                {
                    if (await ValidaQuantidade())
                    {
                        strQuantidade = LibConversao.
PontoParaVirgula(fldQuantidade.Text);

                        if (LibValidar.NuloVazio(Global.Observacao))
                            Global.Observacao = "";
```

```
                        // Dados armazenados no objeto que representa o
matereial
                        material = new MaterialConsumo
                        {
                            CHV_MOB = Global.NumeroRequisicao.Trim(),
                            CCUSTO = Global.CentroCusto.Trim().ToUpper(),
                            OBRA = Global.CodigoObra.Trim().ToUpper(),
                            TIPO_MOV = Global.TipoMovimento,
                            CODPRODUTO = fldCodigoProduto.Text.Trim().
ToUpper(),
                            DESCRICAO = Global.DescricaoProduto.ToUpper(),
                            UM = Global.UnidadeMedida,
                            QUANT = Convert.ToDouble(strQuantidade.Trim()),
                            OBS = Global.Observacao.Trim().ToUpper(),
                            USER_MOB = Global.Usuario.Trim()
                        };

                        dbAlmox.Adicionar(material);  // Chama método para
inserir novo registro
                        AtualizaGrade();

                        // Zera as variáveis globais
                        Global.CodigoProduto = "";
                        Global.DescricaoProduto = "";
                        Global.UnidadeMedida = "";
                        Global.Observacao = "";
                        Global.PesquisaDescricao = false;

                        fldCodigoProduto.Text = "";
                        fldDescricao.Text = "";
                        fldUniMedida.Text = "";
                        fldQuantidade.Text = "";
                    }
                }
                else if (!blnTemCodigo && !blnTemQuantidade)
                {
                    await DisplayAlert("Aviso", "Informe os dados do
produto!", "OK");
                    fldCodigoProduto.Focus();
                }
                else
                {
                    if (!blnTemCodigo)
```

```
                    {
                        await DisplayAlert("Aviso", "Informe o código do
produto!", "OK");
                        fldCodigoProduto.Focus();
                    }
                    else
                        await ExecutaPesquisa();

                    if (!blnTemQuantidade)
                    {
                        await DisplayAlert("Aviso", "Informe a quantidade
entregue!", "OK");
                        fldQuantidade.Focus();
                    }
                }
            }
            catch
            {
                await DisplayAlert("Aviso", "Não foi possível incluir o
item! Tente novamente...", "OK");
            }
        }

        // Atualiza os registros da grade de dados
        private void AtualizaGrade() => GradeDados.ItemsSource = vmAlmoxReq.
CriaLista();

        // Limpa os dados do objeto que referencia o item selecionado na
grade
        private void InicializaMaterial()
        {
            materialSelecionado.IDRegistro = 0;
            materialSelecionado.CHV_MOB = "";
            materialSelecionado.CCUSTO = "";
            materialSelecionado.OBRA = "";
            materialSelecionado.TIPO_MOV = "";
            materialSelecionado.CODPRODUTO = "";
            materialSelecionado.DESCRICAO = "";
            materialSelecionado.UM = "";
            materialSelecionado.QUANT = 0;
            materialSelecionado.OBS = "";
            materialSelecionado.USER_MOB = "";
        }
```

```
        // Executado ao ser selecionado um item da grade
        private void GradeDados_SelectionChanged(object sender,
GridSelectionChangedEventArgs e)
        {
            int intLinha = GradeDados.SelectedIndex;
            var registro = GradeDados.GetRecordAtRowIndex(intLinha);
            var dados = GradeDados.View.GetPropertyAccessProvider();

            materialSelecionado.IDRegistro = Convert.ToInt32(dados.
GetValue(registro, "IDRegistro").ToString());
            materialSelecionado.NUM_REQUISICAO = dados.GetValue(registro,
"NUM_REQUISICAO").ToString();
            materialSelecionado.CENTRO_CUSTO = dados.GetValue(registro,
"CENTRO_CUSTO").ToString();
            materialSelecionado.CODIGO = dados.GetValue(registro, "CODIGO").
ToString();
            materialSelecionado.DESCRICAO = dados.GetValue(registro,
"DESCRICAO").ToString();
            materialSelecionado.UM = dados.GetValue(registro, "UM").
ToString();
            materialSelecionado.QUANT = Convert.ToDouble(dados.
GetValue(registro, "QUANT").ToString());
        }
    }
}
```

16.3 Computação em nuvem

A computação em nuvem (**Cloud Computing**, em inglês) pode parecer algo novo, mas já tem uns bons anos de estrada. Podemos, na verdade, dizer que ela surgiu nos anos 1960, a partir dos estudos elaborados pelos pesquisadores John McCarthy e Joseph Carl Robnett Licklide. Foram esses estudos que viabilizaram a interligação de computadores em uma grande rede, o que resultou no que hoje conhecemos como internet.

O conceito por trás da computação em nuvem envolve a disponibilização de recursos de um sistema computacional para armazenamento e processamento de dados sem qualquer intervenção do usuário quanto ao gerenciamento dessa disponibilidade. Esses recursos são oferecidos sob demanda, ou seja, sua disponibilidade condiciona-se às necessidades do usuário.

Uma vez que o sistema em si é formado por uma quantidade enorme de computadores interligados, tecnicamente não há limite de espaço para o armazenamento de dados, que é alocado dinamicamente pelo próprio sistema. Da mesma forma, se uma aplicação muito pesada estiver em execução, como um software de animação 3D, o sistema aloca a quantidade de processadores ideal para a execução da tarefa, ao passo que, para um simples editor de textos, pode-se ter apenas um processador trabalhando. Em outras palavras, o usuário não precisa se preocupar em gerenciar o espaço em disco ou os recursos de memória e de processamento.

Esses recursos de computação - que podem incluir desde o simples armazenamento de documentos (como planilhas de cálculo, textos, arquivos de vídeo, imagens etc.) até um site completo de e-commerce - podem ser acessados de qualquer lugar e a qualquer hora, desde que se tenha uma conexão com a internet com velocidade adequada para a tarefa.

Apesar do conceito em si datar de muitas décadas atrás, foi somente a partir de 1997, com a apresentação da tese do professor Ramnath Chellappa (a qual explicava os termos da computação em nuvem e como era possível utilizar computadores espalhados e interligados mundo afora pela internet) que grandes empresas começaram a demonstrar interesse pelo assunto. Assim, IBM, Amazon, Google, Oracle, Apple e Microsoft se moveram para desenvolver seus próprios produtos e oferecê-los no mercado. Essas empresas tinham como grande trunfo o fato de já possuírem uma infraestrutura gigantesca em termos de hardware e software. Hoje, os principais nomes da computação em nuvem são o AWS (Amazon Web Services), Azure (da Microsoft), o Google Cloud (da Google) e o iCloud (da Apple).

A Figura 16.3 ilustra como esse processo funciona. É importante deixar claro que, para seu funcionamento, é imprescindível haver uma conexão de internet com velocidade mínima de 10 mbits para um desempenho aceitável das aplicações.

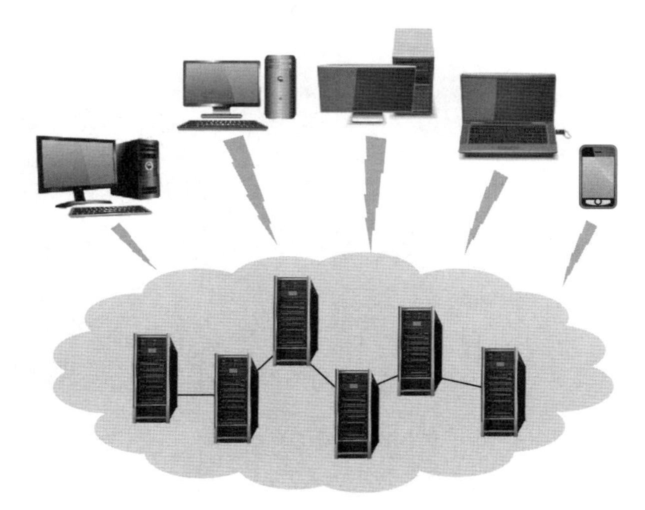

Figura 16.3 | Processo envolvido na disponibilidade de recursos da computação em nuvem.

Você pode, utilizando essa arquitetura, rodar programas sem a necessidade de instalá-los em sua máquina. Tomemos como exemplo as aplicações que estão disponíveis a partir do próprio site do Google. Encontram-se lá processador de textos, planilha de cálculo, editor de apresentações e diversas outras aplicações. Isso significa que você não precisa ter instalado em seu computador um Word ou um Excel para poder executar tarefas mais simples de processamento de textos ou criação de planilhas de cálculos. Você pode, inclusive, utilizar essas aplicações em seu smartphone ou tablet, simplesmente acessando o site do Google e escolhendo a aplicação desejada no menu mostrado pela Figura 16.4.

Figura 16.4 | Opções de aplicações Google.

As Figuras 16.5 e 16.6 exibem as telas do editor de textos e da planilha de cálculo.

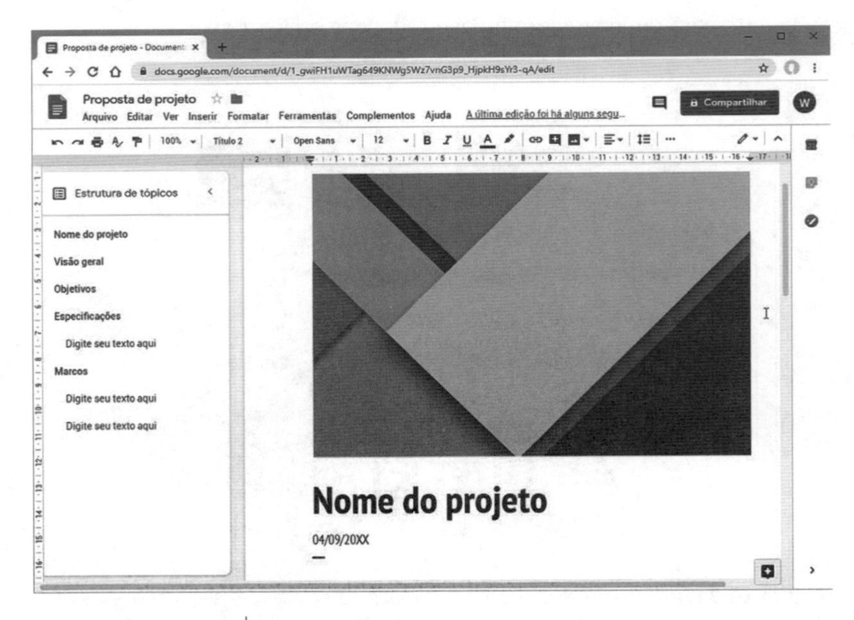

Figura 16.5 | Tela do editor de textos disponível na plataforma Google.

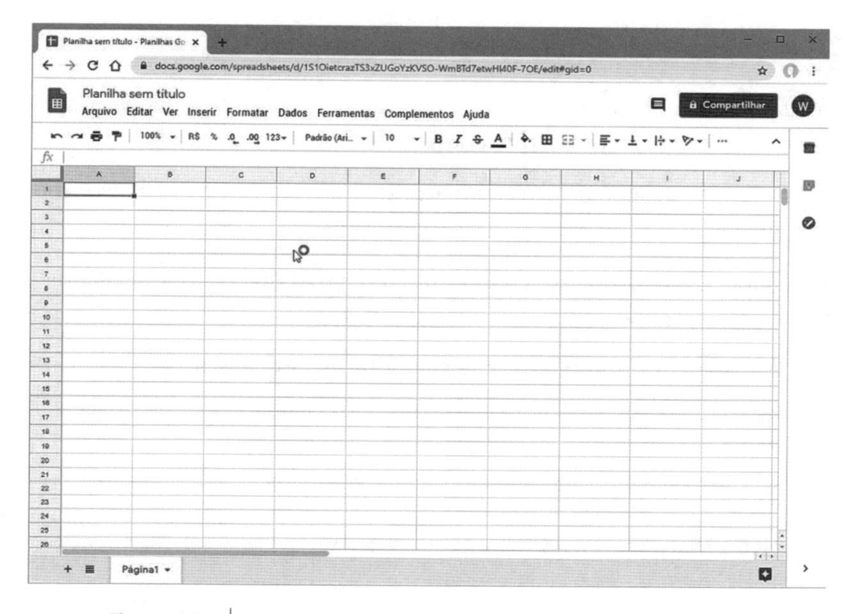

Figura 16.6 | Tela da planilha de cálculo disponível na plataforma Google.

E em que se relacionam a computação em nuvem e os sistemas de bancos de dados? A resposta é: em praticamente tudo. Isso porque são necessários sistemas de gerenciamento de banco de dados de altíssima capacidade de processamento e escalabilidade para que seja possível atender às demandas de milhares ou mesmo milhões de usuários conectados ao mesmo tempo. Outro fator que liga os dois mundos é justamente o armazenamento de dados, cuja tecnologia precisa ser robusta e oferecer um nível de segurança muito elevado, acima dos padrões comumente empregados em sistemas de menor porte.

Conclusão

Este capítulo apresentou as técnicas para armazenamento de dados de forma persistente em dispositivos móveis, utilizando o SQLite ou uma base de dados externa, hospedada em um servidor SQL. Para um melhor entendimento, foram inclusive apresentados códigos de programas que fazem uso desses métodos de acesso.

Você também viu uma introdução aos fundamentos da computação em nuvem, uma arquitetura que torna possível aos usuários acessar remotamente dados e programas em qualquer lugar, sem ter a preocupação com espaço para armazenamento.

O próximo capítulo, que por sinal encerra nossos estudos, tratará das ferramentas de gerenciamento de bancos de dados de dois sistemas bastante conhecidos: o MySQL e o SQL Server.

Exercícios

1. Explique o motivo de aplicações para dispositivos móveis não poderem acessar diretamente bancos de dados de servidores.
2. Explique como funciona a técnica de acesso a um banco de dados externo por uma aplicação móvel.
3. Como podemos armazenar dados de forma persistente em um dispositivo móvel a partir de uma aplicação?
4. Descreva o que você entendeu sobre computação em nuvem.

Capítulo 17

Gerenciamento de Bases em MySQL e SQWL Server

Finalizaremos nosso estudo com uma pequena apresentação dos populares servidores MySQL e SQL Server, assim como das ferramentas de gerenciamento disponíveis para eles, o MySQL Workbench e o SQL Server Management Studio.

Veremos como criar bancos e tabelas com essas ferramentas, como executar comandos SQL, como gerar scripts SQL e, no caso do MySQL Workbench, como criar diagramas entidade-relacionamento.

17.1 MySQL e SQL Server

Já tivemos anteriormente algum contato com o MySQL e o SQL Server. São dois sistemas gerenciadores de banco de dados muito populares. O MySQL surgiu como um produto livre, que se encaixava na política de código aberto (Open Source). Isso significava que o usuário, mais precisamente o desenvolvedor, poderia ter acesso a todo o código fonte do programa e, com os conhecimentos necessários, fazer alterações ou adicionar as melhorias que desejasse.

Após a aquisição da marca pela Oracle, o produto ainda continua sendo livre em sua versão Community Server, mas agora também é oferecida uma versão paga, com recursos extras que não se encontram disponíveis na versão gratuita, que pode ser baixada a partir do site <http://www.mysql.com> (Acesso em: fev. 2020).

Já o SQL Server é um produto da Microsoft que iniciou sua carreira timidamente, mas atingiu um nível de qualidade comparável ao de seus principais concorrentes, como o Oracle. Inicialmente, era um produto pago, mas desde a versão 2008 uma opção gratuita é oferecida, denominada Express Edition.

Ambos oferecem ferramentas para administração das suas bases de dados, que veremos como utilizar nos próximos tópicos.

17.2 **SQL Server Management Studio**

A ferramenta padrão para administração de bases de dados do SQL Server é o SQL Server Management Studio, que pode ser baixado gratuitamente a partir do site da Microsoft.

Depois de baixado e instalado, podemos executá-lo por meio da opção de mesmo nome no menu de programas do Windows. É mostrada inicialmente uma caixa de diálogo para informação do nome do servidor, usuário e senha para que a conexão seja estabelecida com o servidor SQL Server (Figura 17.1).

A partir do painel **Pesquisador de Objetos**, clique no item **Banco de Dados** para expandi-lo. Então, clique o botão direito do mouse sobre ele e escolha a opção **Novo Banco de Dados** a partir do menu local apresentado (Figura 17.2).

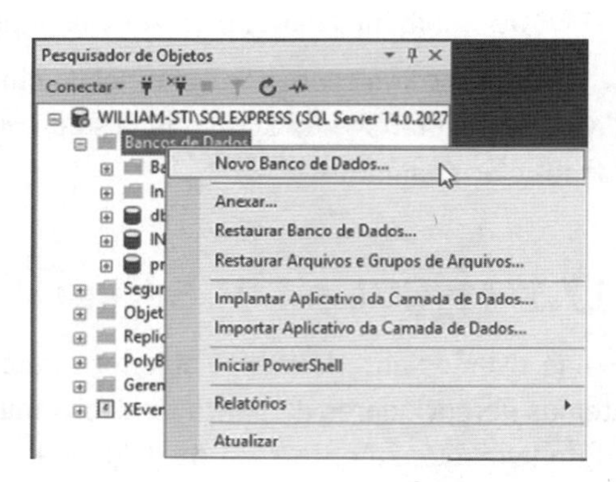

Figura 17.1 | Tela de conexão com o servidor.

Figura 17.2 | Opção para criação de banco de dados.

Com isso, será mostrada em seguida a tela da Figura 17.3 para especificação do nome do banco de dados a ser criado. As Figuras 17.4 e 17.5 apresentam as opções de configuração dos itens **Opções** e **Grupos de Arquivos**.

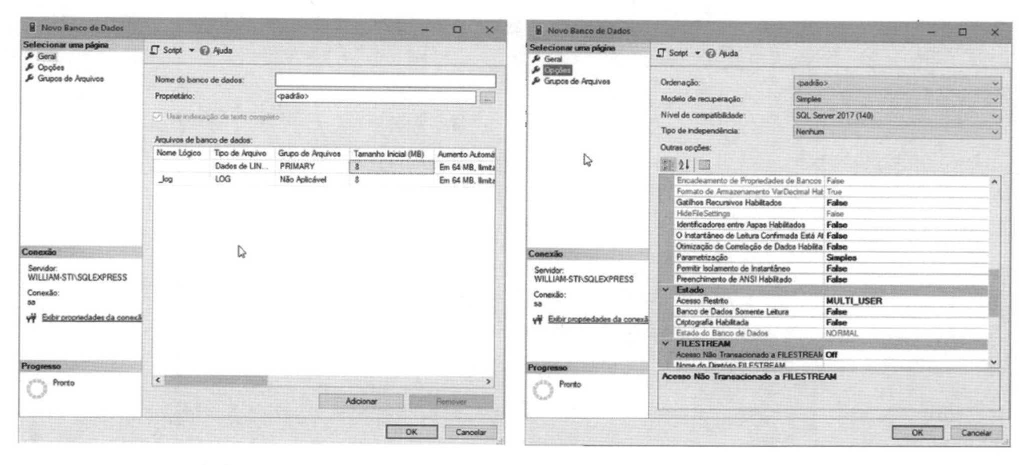

Figura 17.3 | Tela de especificação do nome do banco de dados.

Figura 17.4 | Tela de configuração do item Opções.

Com o banco de dados criado, podemos adicionar as tabelas a ele. Para isso, clique com o botão direito no item **Tabelas** e escolha a opção **Novo** → **Tabela** (Figura 17.6).

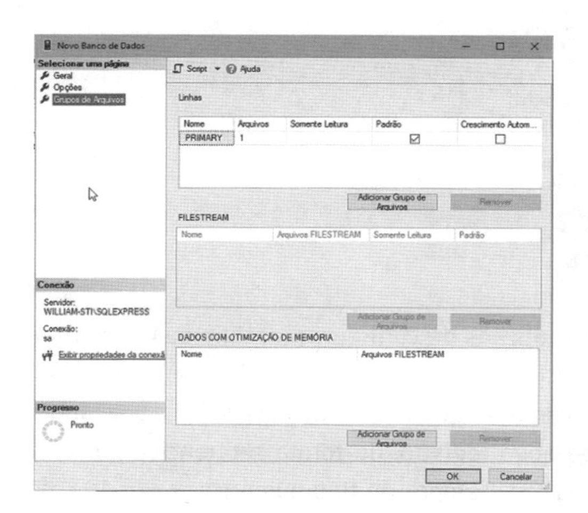

Figura 17.5|- Opções de configuração do item Grupo de Arquivos.

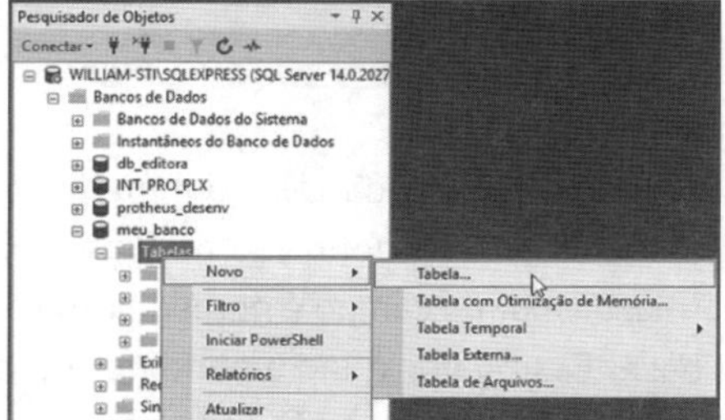

Figura 17.6 | Opção para criação de tabela.

Uma tela de edição da estrutura da tabela é apresentada em seguida (Figura 17.7). Quem já trabalhou com o Access notará alguma semelhança com o editor de tabelas desse. Na coluna denominada **Nome da Coluna**, digite o nome do campo. Selecione o tipo de dado do campo a partir das opções disponíveis na coluna **Tipo de Dados** (Figura 17.8). A coluna **Permitir Nulo** deve ser marcada caso se deseje que o campo não seja obrigatório, isto é, que possa ser deixado sem valor.

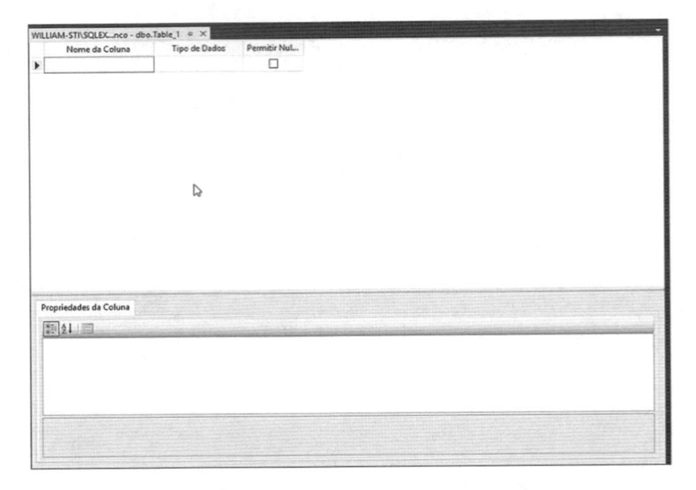

Figura 17.7 | Tela para definição de estrutura de tabelas.

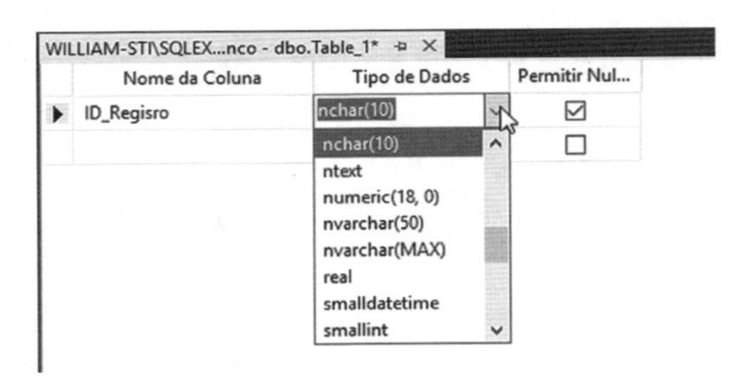

Figura 17.8 | Tipos de dados.

A parte inferior da tela contém diversas opções de configuração. Uma das mais úteis é a que permite a definição de um valor incremental para o campo (Figura 17.9). Dessa forma, o valor do campo é gerado automaticamente quando um novo registro é adicionado à base. Esse valor é incrementado a cada novo registro, de forma sequencial. Por esse motivo, essa configuração somente é válida para campos do tipo numérico.

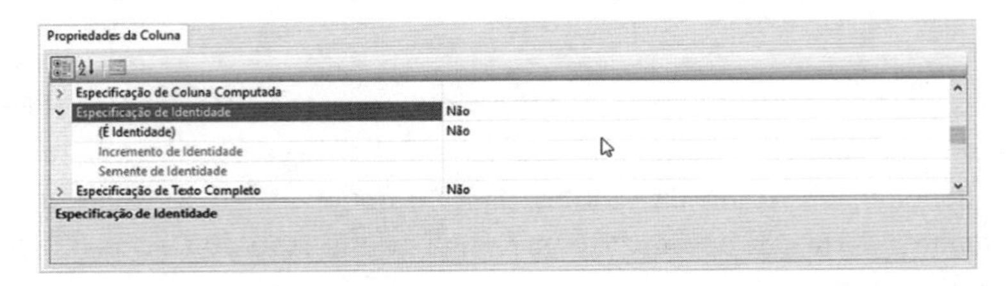

Figura 17.9 | Configuração de campo identidade.

A Figura 17.10 mostra a definição de vários campos da tabela.

WILLIAM-STI\SQLEX...tora - dbo.autores

Nome da Coluna	Tipo de Dados	Permitir Nul...
Codigo_Autor	smallint	☐
Nome_Autor	varchar(80)	☑
Endereco	varchar(50)	☑
Numero	char(5)	☑
Complemento	varchar(30)	☑
Bairro	varchar(40)	☑
Cidade	varchar(40)	☑
Estado	char(2)	☑
CEP	char(9)	☑
DDD_Telefone	char(3)	☑
Telefone	char(30)	☑
FAX	char(16)	☑
CPF	char(14)	☑
RG	char(12)	☑
PIS	char(18)	☑

Figura 17.10 | Tabela com definição de estrutura completa.

Para visualizar os dados de uma tabela, há duas opções. A primeira é clicar com o botão direito do mouse sobre a tabela desejada e selecionar a opção **Selecionar 1000 Linhas Superiores** (Figura 17.11). A outra opção é clicar no botão **Nova Consulta** e digitar o comando **SELECT** no editor de consultas (Figura 17.12). É possível adicionar várias linhas de comandos nesse editor e, para executar qualquer uma delas, basta selecioná-la e clicar em **Executar** ou teclar [F5] (Figura 17.13).

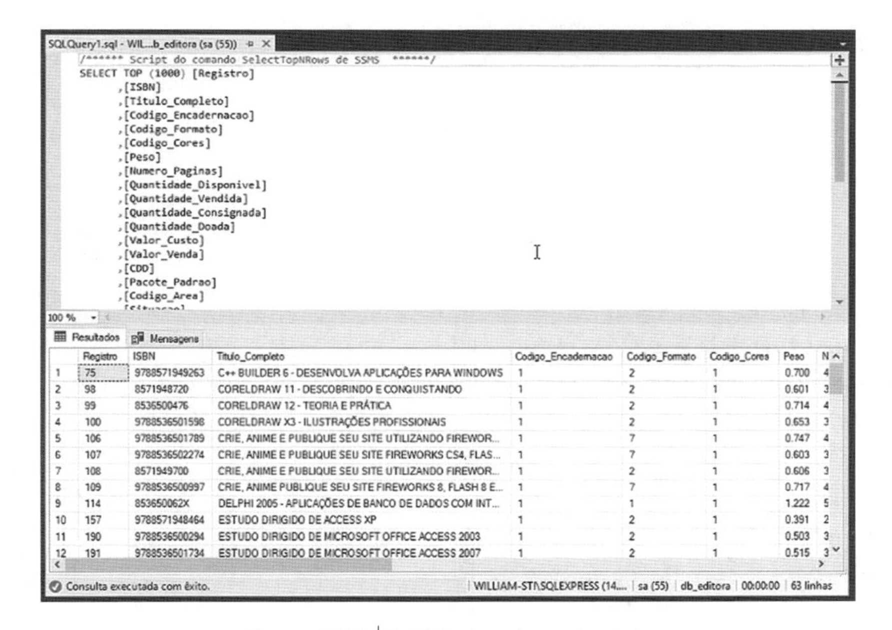

Figura 17.11 | Exibição de registros da tabela.

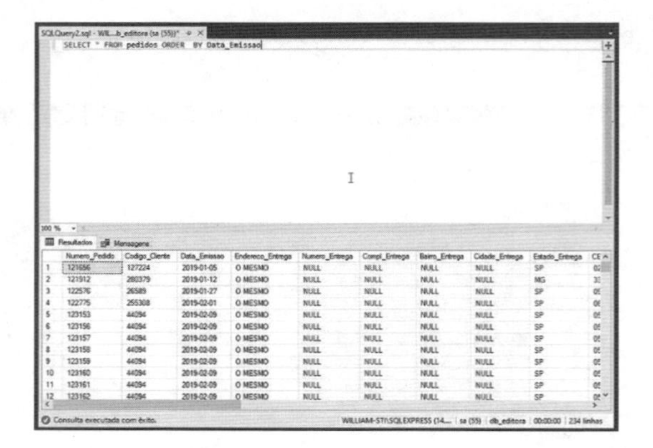

Figura 17.12 | Execução de comando SQL.

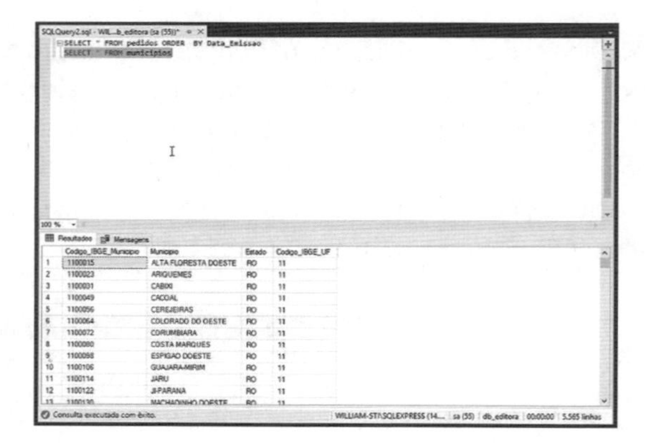

Figura 17.13 | Editor de consulta com mais de uma instrução SQL.

É possível visualizar a estrutura da tabela a partir do painel **Pesquisador de Objetos**. Para isso, clique duas vezes na tabela desejada para expandi-la e, depois, clique no item **Colunas**. Você deverá ver a lista de campos da tabela, conforme o exemplo da Figura 17.14.

Para visualizar o comando SQL de criação da tabela, clique com o botão direito no nome dela e escolha a opção **Script de tabela → CREATE para → Janela do Editor de Nova Consulta** (Figura 17.15). Com isso, a tela da Figura 17.16 é exibida em seguida.

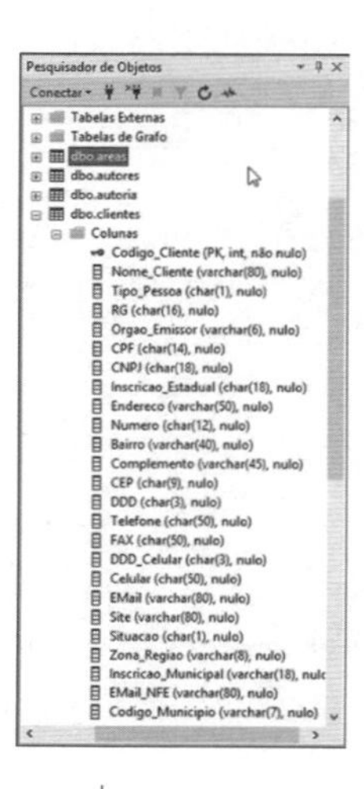

Figura 17.14 | Lista de campos da tabela.

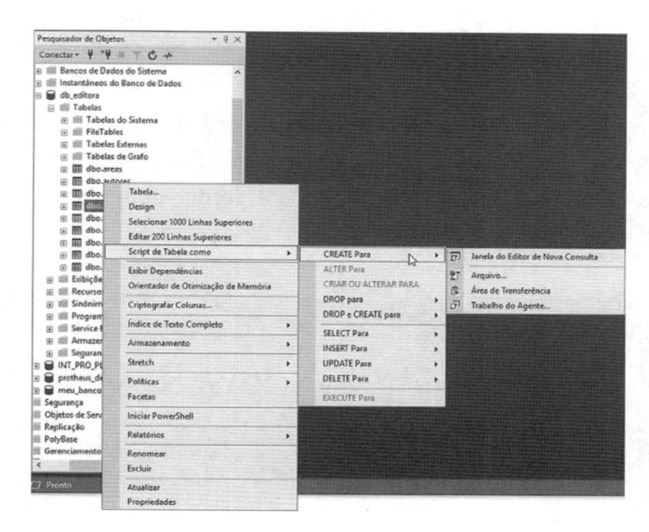

Figura 17.15 | Opção para geração de script para criação de tabela.

```
SQLQuery4.sql - WIL...SS.master (sa (53))
USE [db_editora]
GO

/****** Object:  Table [dbo].[clientes]    Script Date: 18/02/2020 21:53:26 ******/
SET ANSI_NULLS ON
GO

SET QUOTED_IDENTIFIER ON
GO

CREATE TABLE [dbo].[clientes](
    [Codigo_Cliente] [int] IDENTITY(0,1) NOT NULL,
    [Nome_Cliente] [varchar](80) NULL,
    [Tipo_Pessoa] [char](1) NULL,
    [RG] [char](16) NULL,
    [Orgao_Emissor] [varchar](6) NULL,
    [CPF] [char](14) NULL,
    [CNPJ] [char](18) NULL,
    [Inscricao_Estadual] [char](18) NULL,
    [Endereco] [varchar](50) NULL,
    [Numero] [char](12) NULL,
    [Bairro] [varchar](40) NULL,
    [Complemento] [varchar](45) NULL,
    [CEP] [char](9) NULL,
    [DDD] [char](3) NULL,
    [Telefone] [char](50) NULL,
    [FAX] [char](50) NULL,
    [DDD_Celular] [char](3) NULL,
    [Celular] [char](50) NULL,
    [EMail] [varchar](80) NULL,
    [Site] [varchar](80) NULL,
    [Situacao] [char](1) NULL,
    [Zona_Regiao] [varchar](8) NULL,
    [Inscricao_Municipal] [varchar](18) NULL,
    [EMail_NFE] [varchar](80) NULL,
    [Codigo_Municipio] [varchar](7) NULL,
PRIMARY KEY CLUSTERED
100 %
Conectado. (1/1)    WILLIAM-STI\SQLEXPRESS (14... | sa (53) | master | 00:00:00 | 0 linhas
```

Figura 17.16 | Comando SQL para criação de tabela.

17.3 **MySQL Workbench**

O MySQL oferece como ferramenta padrão para administração de bases de dados o MySQL Workbench, que é instalado junto com o MySQL. Com ele, podemos criar e remover bancos de dados e tabelas, adicionar usuários e definir seus privilégios de acesso, criar stored procedures, efetuar backup e restore de bancos, configurar parâmetros do sistema e fazer uso de um recurso muito interessante para os DBAs (administradores de banco de dados) e desenvolvedores: aquele que viabiliza a criação de diagramas entidade-relacionamento.

Ao ser executado, o MySQL Workbench apresenta a tela da Figura 17.17. Clique no nome da conexão ou crie uma, caso não haja nenhuma. Para isso, clique no ícone circular com o sinal + no centro e, na tela da Figura 17.18, forneça um nome para a conexão, o nome do usuário e a senha de acesso.

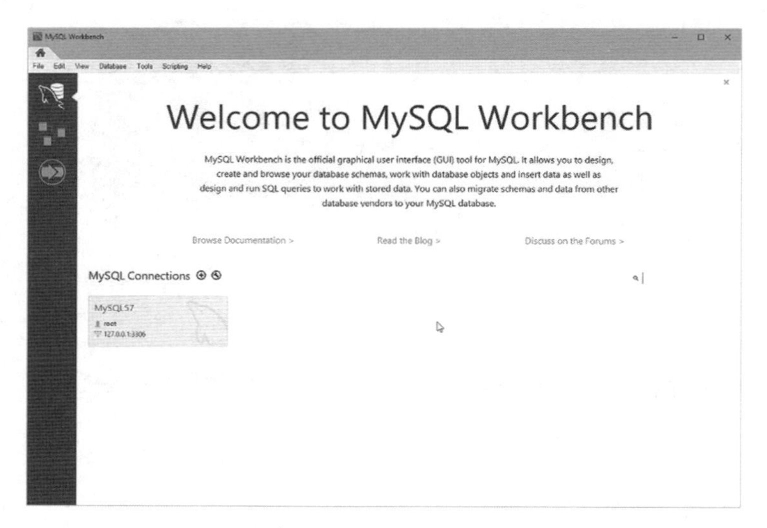

Figura 17.17 | Tela de abertura do MySQL Workbench.

Com o acesso ao servidor efetuado, o MySQL Workbench apresenta a tela da Figura 17.19. Note que, na parte inferior do painel à esquerda (seção **SCHEMAS**), encontram-se listados todos os bancos de dados já definidos.

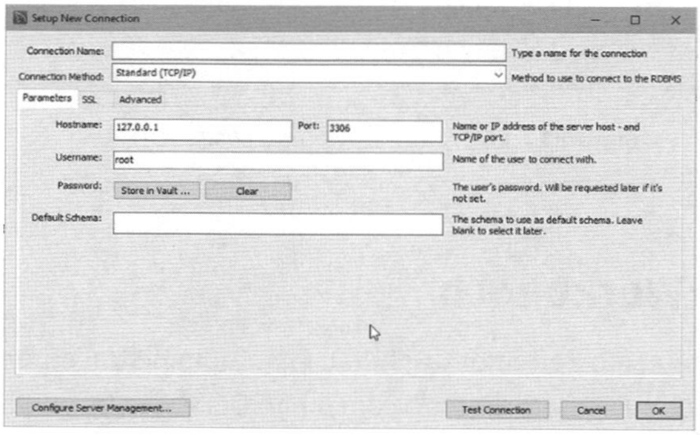

Figura 17.18 | Tela para definição dos parâmetros de conexão ao servidor MySQL.

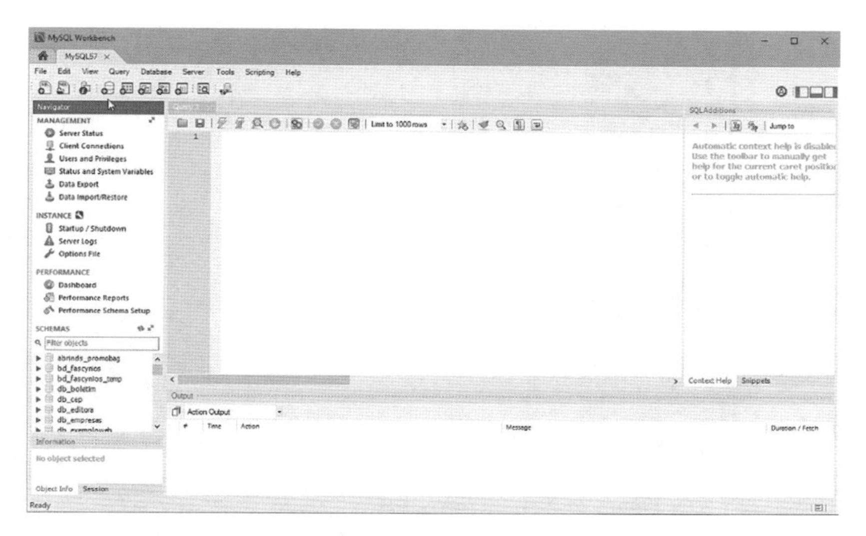

Figura 17.19 | Tela principal do MySQL Workbench.

Para criar um novo banco de dados de forma interativa no MySQL Workbench, clique no ícone referente a **Create a new schema** (). A tela da Figura 17.20 é exibida em seguida. Digite um nome para o banco de dados na caixa de entrada **Name**. Na caixa de combinação **Collation,** é possível selecionar um conjunto de caracteres para o banco (Figura 17.21).

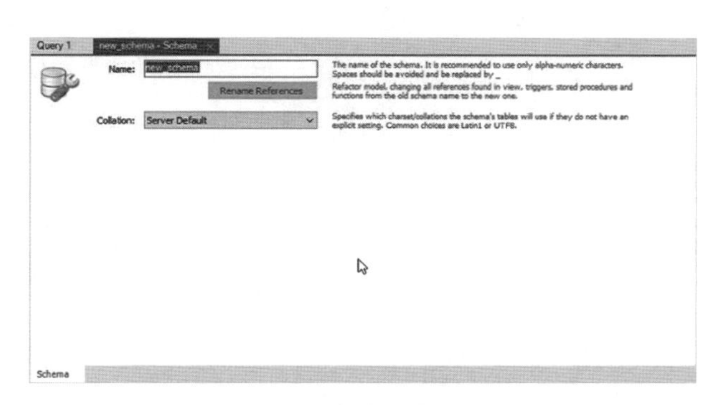

Figura 17.20 | Especificação do nome do banco.

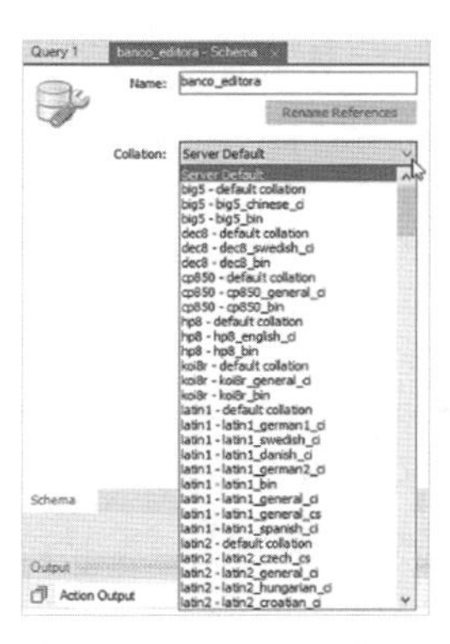

Figura 17.21 | Seleção do conjunto de caracteres.

A tela seguinte (Figura 17.22) mostra o comando SQL para criação do banco de dados. Após clicar no botão **Apply**, o banco será efetivamente criado. A partir de então, é possível adicionar as tabelas. Para isso, selecione o banco aplicando a ele um duplo clique. Em seguida, clique no ícone referente a **Create new table** () e assim apresentar-se-á a tela do editor de tabelas (Figura 17.23).

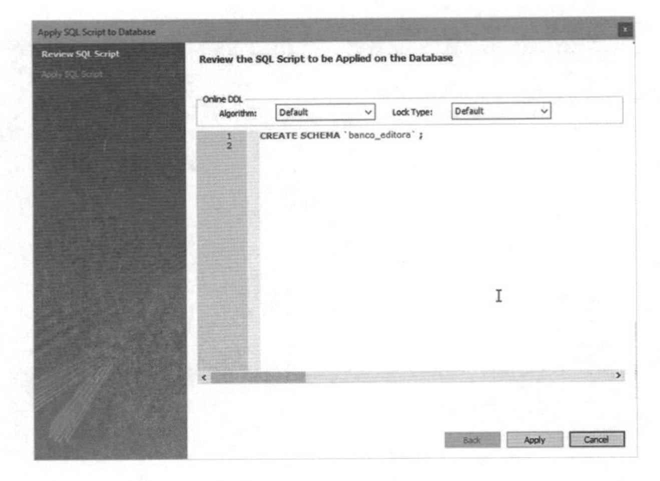

Figura 17.22 | Tela principal do MySQL Workbench.

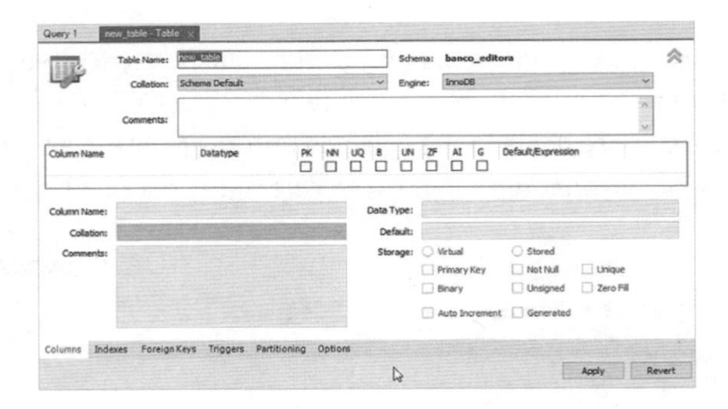

Figura 17.23 | Tela do editor de tabelas do banco.

Na caixa de entrada **Table Name** devemos informar o nome da tabela a ser criada. Em **Engine**, é possível selecionar o tipo de banco de dados – por exemplo, InnoDB ou MyISAM (Figura 17.24).

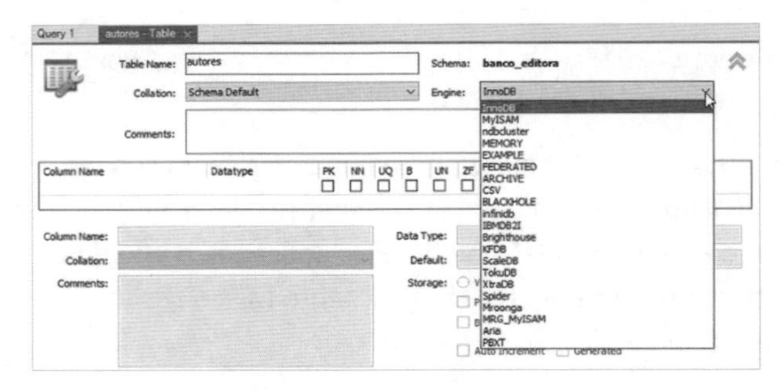

Figura 17.24 | Tela do editor de tabelas do banco.

Em **Column Name,** especificamos o nome do campo dentro da tabela. O tipo de dado é selecionado na coluna **Datatype**. As caixas de seleção à direita servem para configurar alguns atributos do campo, como chave-primária (PK), não permissão de nulo (NN), campo autoincrementado (AI) etc. Veja o exemplo da Figura 17.25. Já a Figura 17.26 apresenta uma tabela com sua estrutura completa.

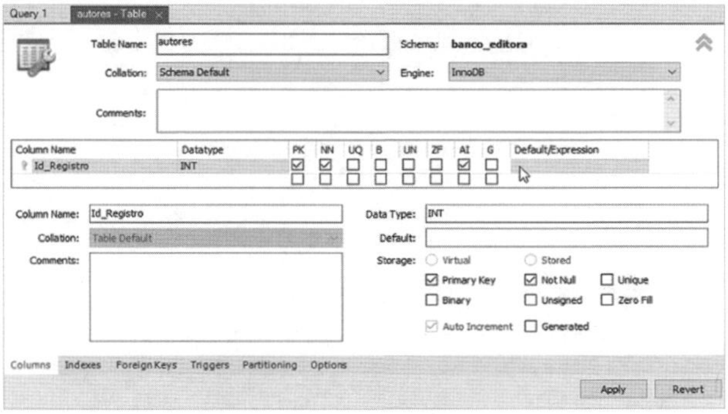

Figura 17.25 | Tela do editor de tabelas do banco.

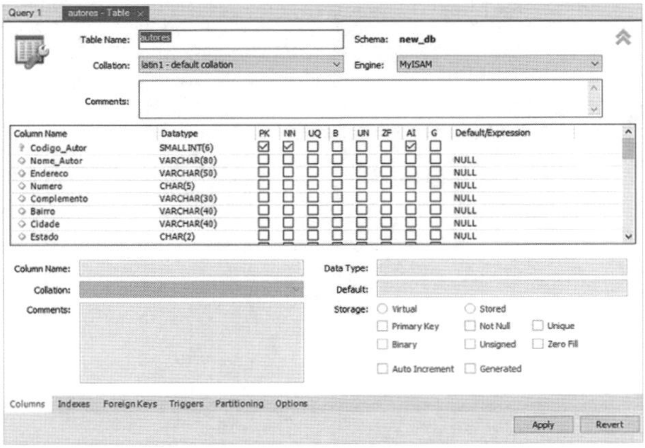

Figura 17.26 | Tela do editor de tabelas do banco.

Para confirmar a gravação da nova tabela, clique no botão **Apply**.

Vejamos agora como utilizar o recurso de modelagem de dados do MySQL Workbench. Por meio dele, podemos criar diagramas entidade-relacionamento de forma visual e depois gerar os comandos SQL para a criação da base de dados.

Selecione a opção **File** → **New Model** e a tela da Figura 17.27 surge em seguida. Dê dois cliques na aba com a legenda **mydb** para que sejam mostradas as configurações na parte inferior da tela. Altere o nome do modelo para *modelo_bd_editora* (Figura 17.28). Clique no botão **Add Diagram** para que a tela da Figura 17.29 seja exibida.

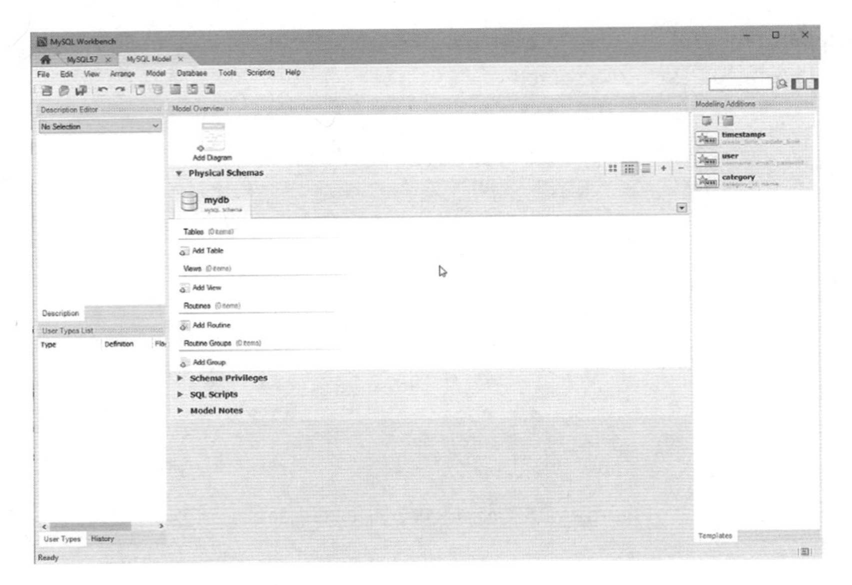

Figura 17.27 | Tela inicial da ferramenta de modelagem de dados.

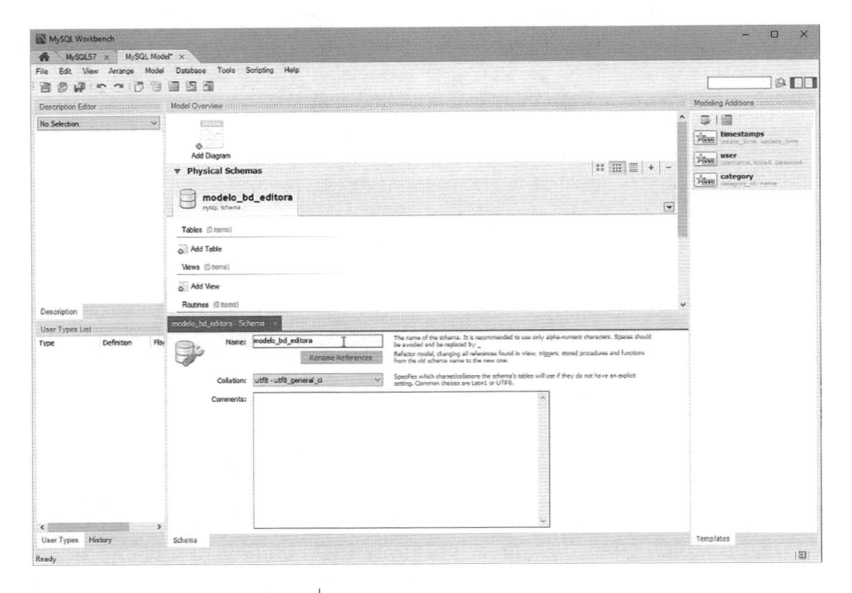

Figura 17.28 | Alteração do nome do modelo de dados.

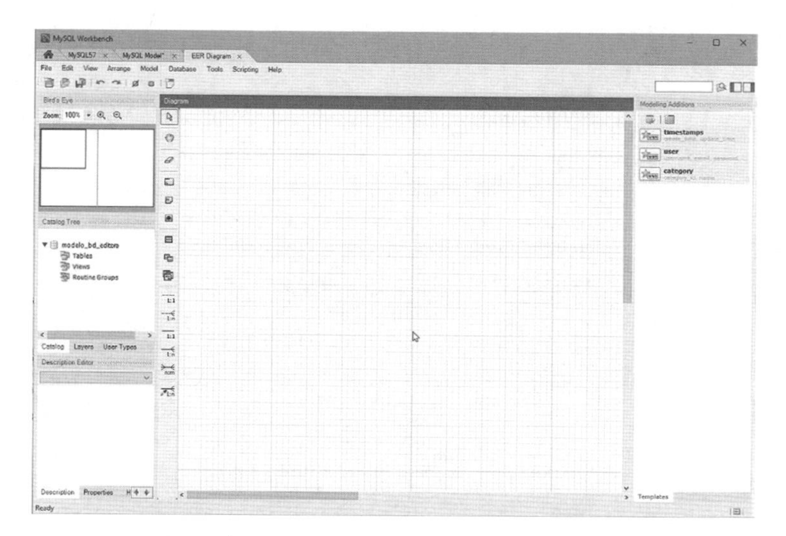

Figura 17.29 | Tela do editor de diagrama entidade-relacionamento.

À esquerda temos a barra de ferramentas, com os diversos objetos que podem ser adicionados ao diagrama. No centro temos a área de desenho do diagrama.

O primeiro passo é inserir um objeto do tipo tabela, o que pode ser feito com o ícone referente a **New Table** (▦). Depois de selecioná-lo, clique em qualquer lugar na área de desenho para adicionar o objeto (Figura 17.30). Em seguida, dê um duplo clique nele para abrir o editor de tabela na parte inferior (Figura 17.31). Seu funcionamento é similar ao que utilizamos para criar tabelas no banco de dados. A Figura 17.32 exibe o objeto com os campos definidos. Já a Figura 17.33 apresenta mais dois objetos do tipo tabela adicionados ao diagrama.

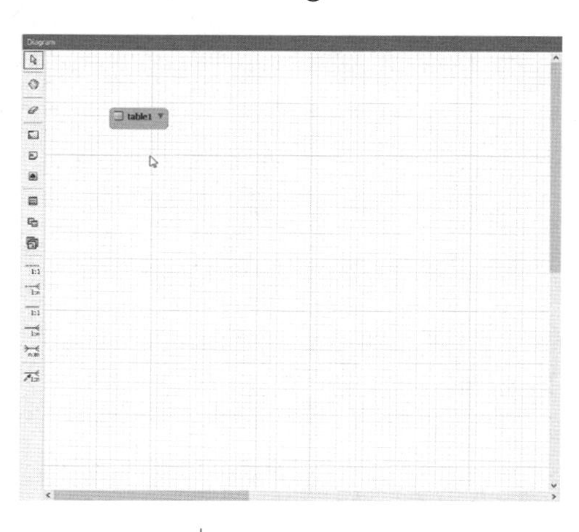

Figura 17.30 | Objeto do tipo tabela adicionado.

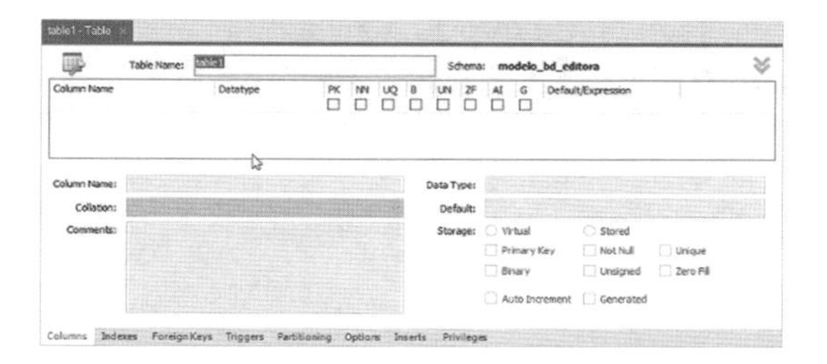

Figura 17.31 | Editor de tabela.

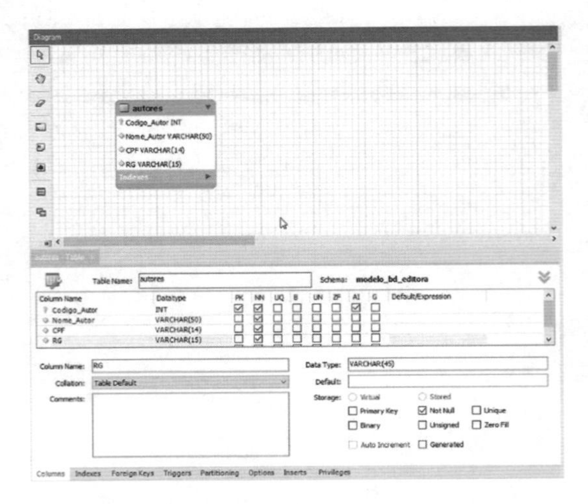

Figura 17.32 | Objeto do tipo tabela com campos definidos.

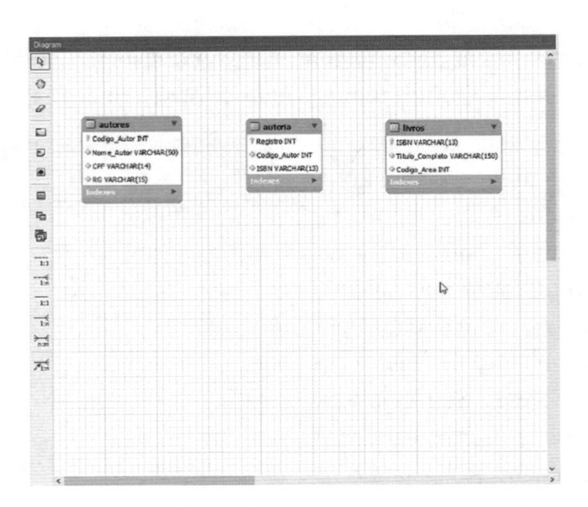

Figura 17.33 | Diagrama com três tabelas adicionadas.

As estruturas dos campos desses objetos encontram-se apresentadas a seguir.

Quadro 17.1 | Autores

Nome do campo	Tipo de dado	Atributos especiais
Codigo_Autor	INT	PK NN AI
Nome_Autor	VARCHAR(50)	NN
CPF	VARCHAR(14)	NN
RG	VARCHAR(15)	NN

Quadro 17.2 | Livros

Nome do campo	Tipo de dado	Atributos especiais
ISBN	VARCHAR(13)	PK NN
Titulo_Completo	VARCHAR(150)	NN
Codigo_Area	INT	NN

Quadro 17.3 | Autoria

Nome do campo	Tipo de dado	Atributos especiais
Registro	INT	PK NN AI
Codigo_Autor	INT	NN
ISBN	VARCHAR(13)	NN

Vamos agora criar os relacionamentos entre essas tabelas. Selecione a ferramenta representada pelo último ícone (). Em seguida, clique no campo **Codigo_Autor** da tabela **autoria** e, depois, no campo **Codigo_Autor** da tabela **autores**. Veja as Figuras 17.34 e 17.35.

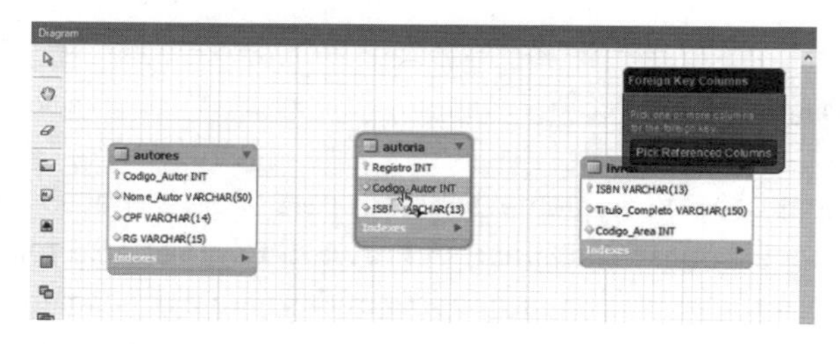

Figura 17.34 | Seleção do campo Codigo_Autor da tabela autoria.

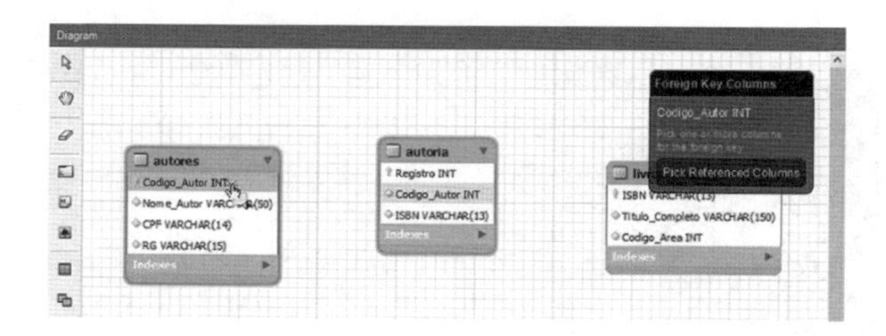

Figura 17.35 | Seleção do campo Codigo_Autor da tabela autores.

Do mesmo modo, selecione os campos ISBN das tabelas **autoria** e **autores**. Lembre-se de que a seleção deve ser feita nessa ordem. Ao fim desses procedimentos, a tela da Figura 17.36 deve se apresentar. A linha tracejada indica o relacionamento entre as tabelas. Note que o relacionamento autores/autoria é do tipo 1:N, assim como entre livros e autoria.

Se você posicionar o cursor sobre a linha que representa o relacionamento, verá em destaque os campos que o formam (Figura 17.37).

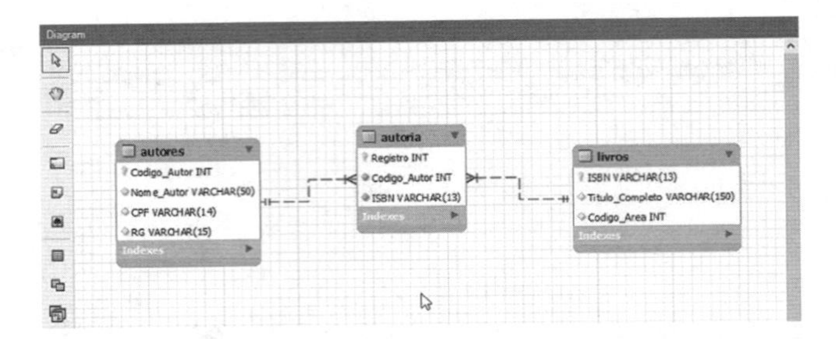

Figura 17.36 | Relacionamento entre as tabelas finalizado.

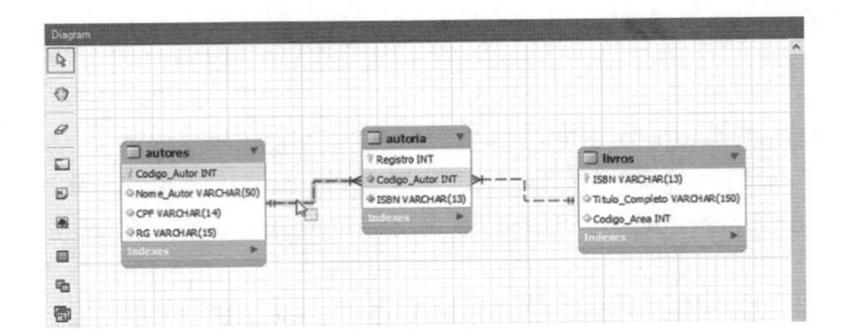

Figura 17.37 | Exibição dos campos envolvidos no relacionamento.

Finalizada a construção do diagrama, podemos partir para a criação do banco de dados a partir dele. Selecione a opção **Database → Forward Engineer** e a tela da Figura 17.38 surge em seguida. Efetue as configurações solicitadas para a criação do banco de dados e depois clique no botão **Next**. Outra tela é apresentada (Figura 17.39). Clique novamente em **Next** para avançar.

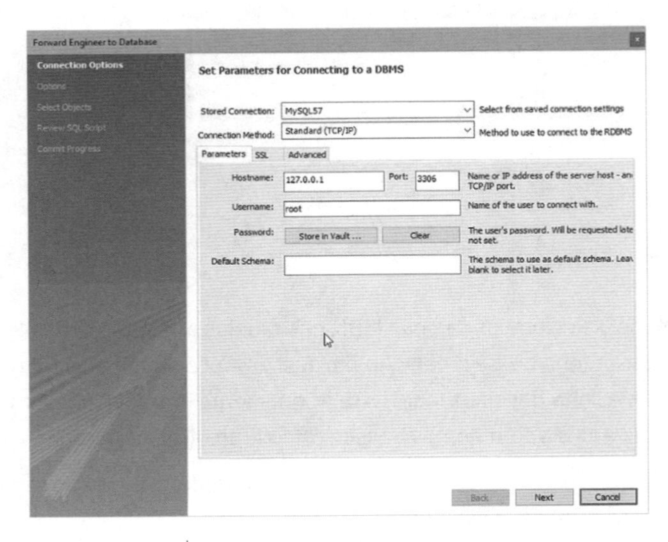

Figura 17.38 | Configuração para conexão com o banco de dados.

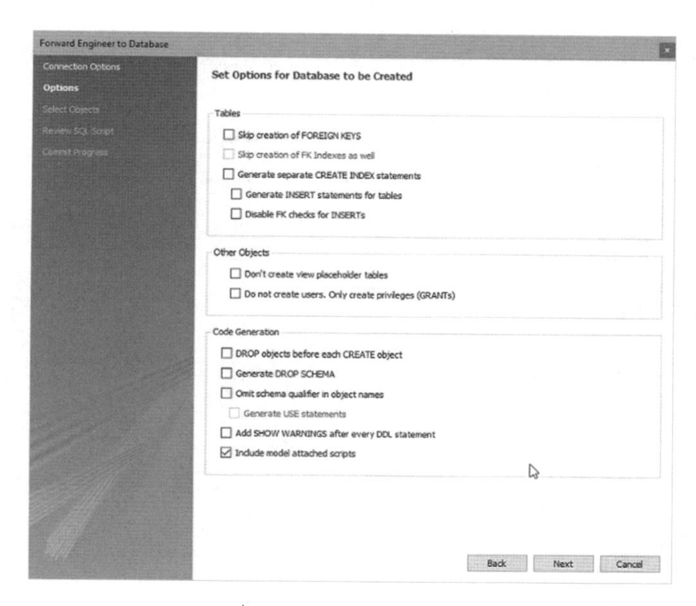

Figura 17.39 | Opções para criação do banco de dados.

Na tela seguinte (Figura 17.40), marque os objetos do banco de dados que deverão ser criados. A tela mostrada após clique no botão **Next** apresenta o script de comandos SQL para criação do banco (Figura 17.41). A Figura 17.42 exibe o banco de dados e as respectivas tabelas geradas.

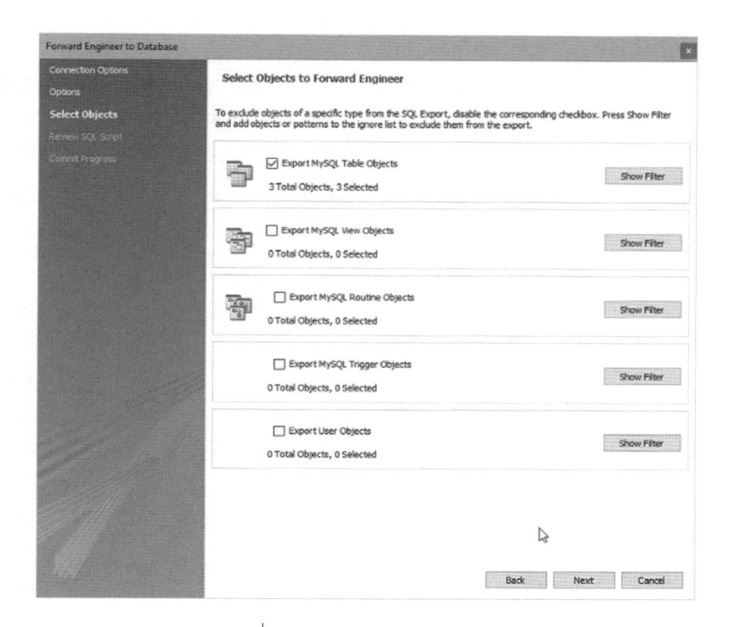

Figura 17.40 | Seleção de objetos do banco de dados.

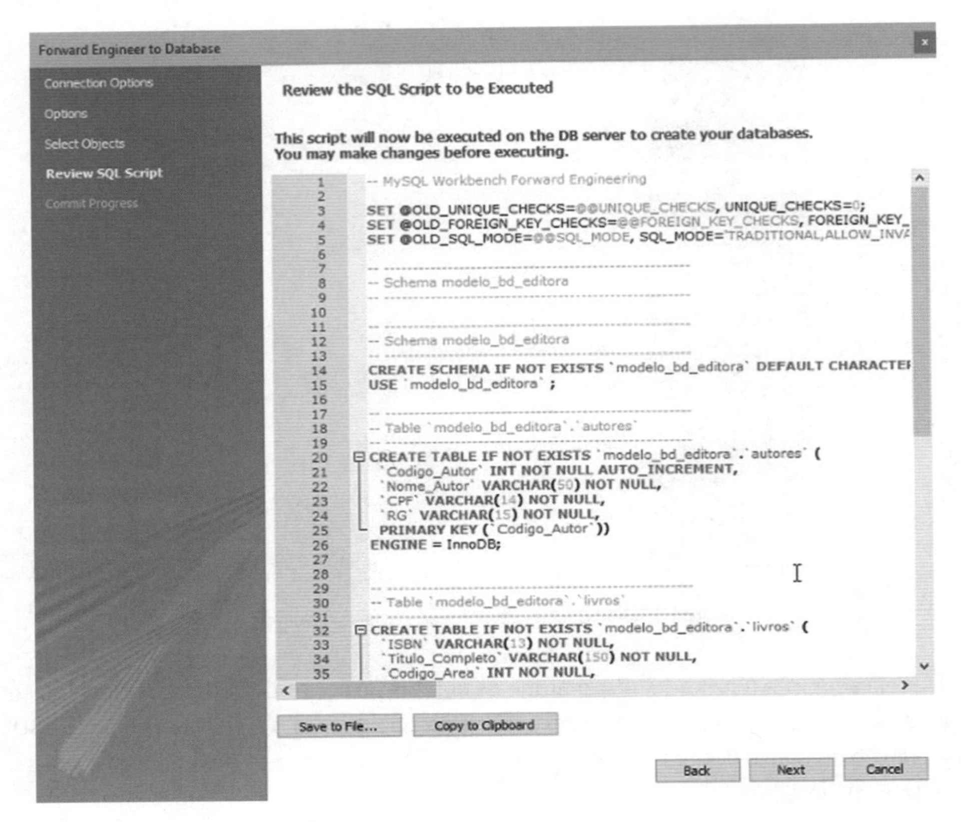

Figura 17.41 | Script de comandos SQL para criação do banco de dados.

O MySQL Workbench, além de possibilitar a geração de um banco de dados a partir de um diagrama entidade-relacionamento criado nele, também oferece um recurso bastante interessante, comumente conhecido como engenharia reversa. Esse recurso consiste na geração do diagrama entidade-relacionamento a partir de uma base de dados, ou seja, mediante processo inverso ao que vimos anteriormente.

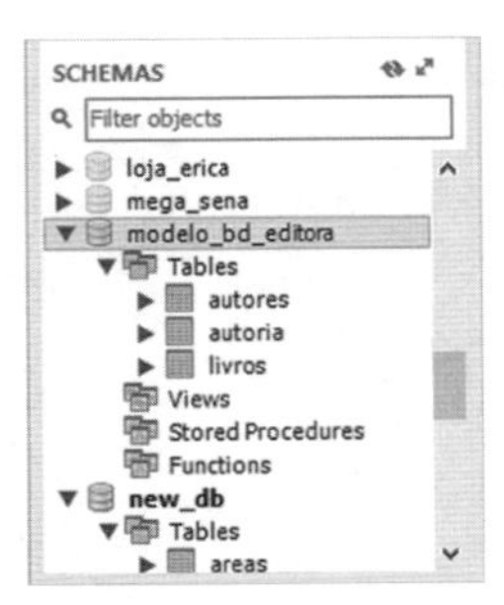

Figura 17.42 | Banco de dados e tabelas geradas a partir do Diagrama Entidade-Relacionamento.

Selecione a opção **Database → Reverse Engineer** e a tela de configuração de acesso ao banco de dados será mostrada em seguida (Figura 17.43). Configurado esse acesso, o MySQL Workbench exibe todos os bancos de dados definidos no servidor ao qual está conectado (Figura 17.44).

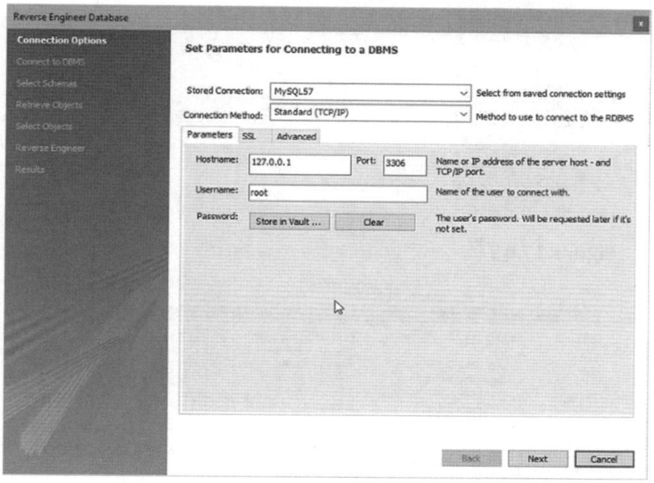

Figura 17.43 | Configurações para acesso ao servidor MySQL.

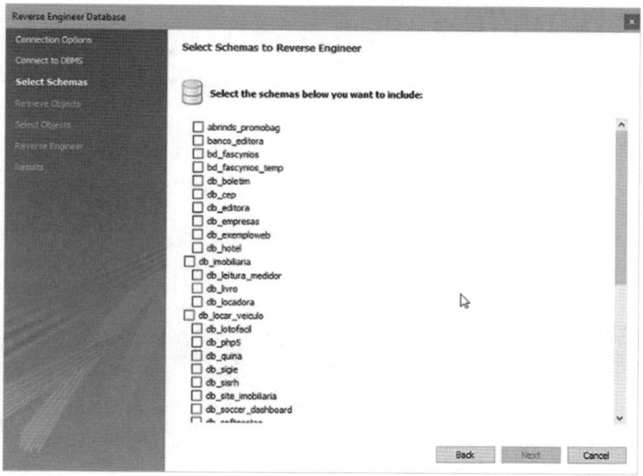

Figura 17.44 | Seleção de banco de dados a ser importado para diagrama.

Selecione o banco desejado e clique no botão **Next**. Na tela seguinte (Figura 17.45), marque os objetos que deseja importar para o diagrama e, então, clique no botão **Execute**. Deverá ser mostrada, por fim, uma tela similar à da Figura 17.46, contendo os objetos que representam todas as tabelas do banco.

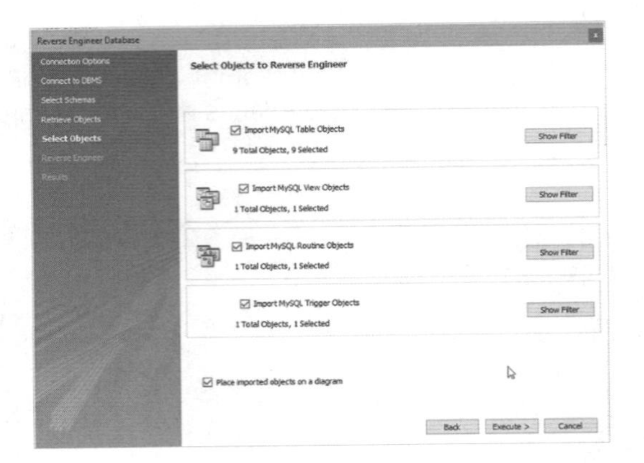

Figura 17.45 | Seleção dos objetos a serem gerados no diagrama.

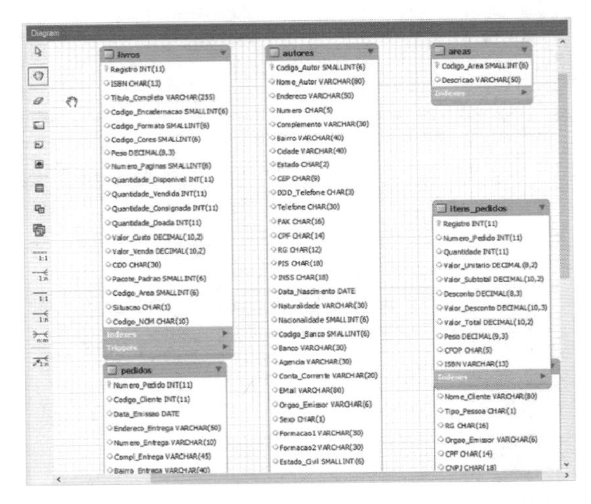

Figura 17.46 | Objetos do tipo tabela gerados na importação do banco de dados.

Conclusão

Neste capítulo final do nosso estudo, vimos como utilizar as ferramentas MySQL Workbench e SQL Server Management Studio para gerenciar bases de dados do MySQL e do SQL Server, respectivamente.

Você viu como criar bancos de dados e tabelas de forma interativa, assim como executar comandos SQL e gerar scripts de comandos SQL.

Também foi demonstrado como utilizar a ferramenta de modelagem de dados do MySQL Workbench para criar Diagramas Entidade-Relacionamento e, a partir deles, gerar toda a base de dados.

Bem, meus caros amigos, espero que nossa pequena viagem tenha sido proveitosa e que tudo que foi apresentado tenha contribuído para aumentar os seus conhecimentos. Bons trabalhos e novos projetos a todos.

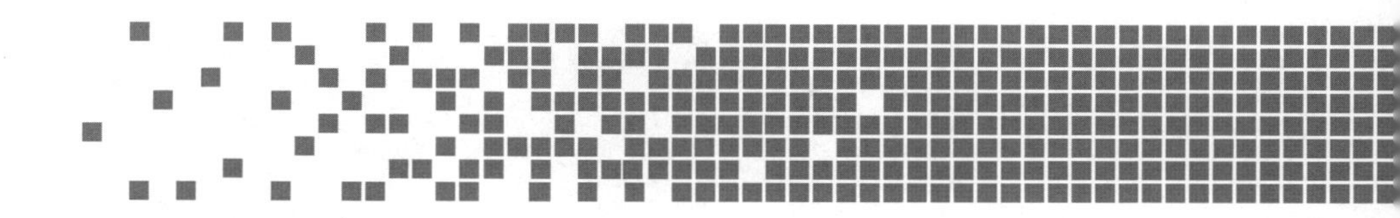

Apêndice

Este apêndice demonstra como criar um projeto de aplicação no Visual Studio 2019 Community Edition. Por ser gratuita, essa versão pode ser baixada a partir do site da Microsoft. No processo, um arquivo instalador é baixado, sendo que a instalação em si ocorre em forma on-line, ou seja, os arquivos necessários são baixados durante a instalação.

Depois de finalizada a instalação, que pode demorar vários minutos, você pode executar o Visual Studio 2019 selecionando a opção correspondente no menu de programas do Windows.

A tela da Figura A-1 é então apresentada. Nela, devemos especificar o tipo de projeto que desejamos criar. Clique na opção **Criar um projeto**.

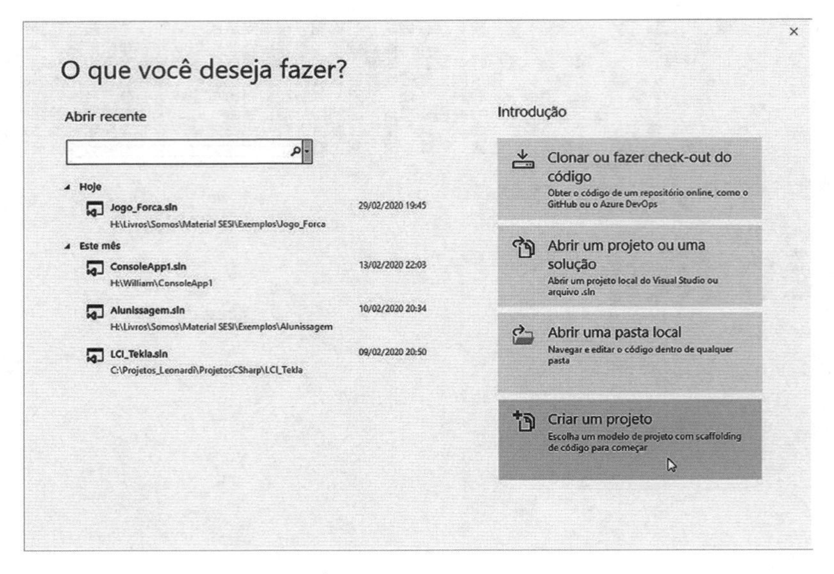

Figura A-1 | Tela inicial do Visual Studio 2019.

Na tela seguinte (Figura A-2), clique na caixa de combinação mais à direita para poder selecionar o tipo de projeto a ser criado (Figura A-3). A partir da caixa de combinação no centro, especifique a plataforma a que se destina a aplicação (Figura A-4). Na caixa de combinação à esquerda (Figura A-5), selecione a linguagem de programação desejada, que em nosso caso deverá ser C++ ou C#.

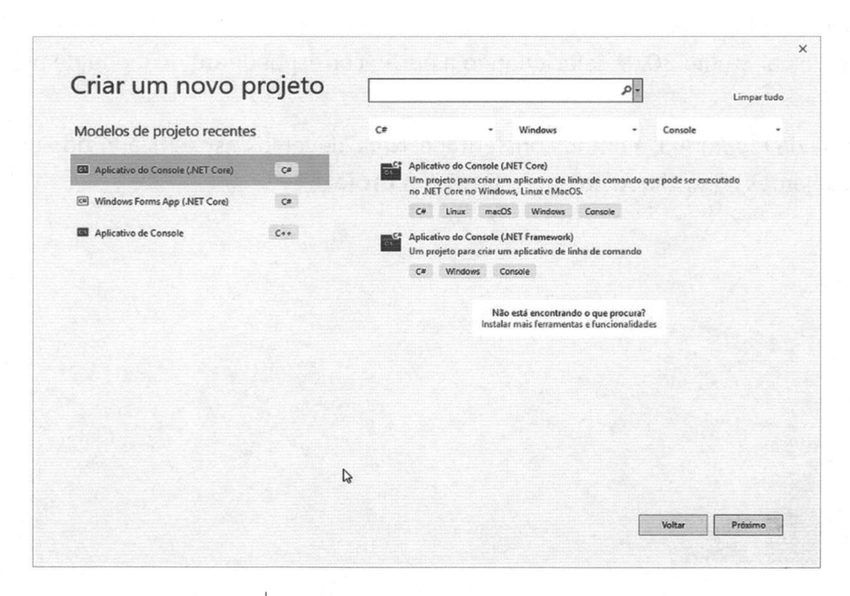

Figura A-2 | Tela para definição do tipo de projeto a ser criado.

Para as aplicações criadas neste livro, a configuração dos projetos deverá ser definida como tipo Console, plataforma Windows e linguagem C++ ou C#, dependendo do caso. Clique, por fim, na opção **Aplicativo do Console (.NET Core)**, como mostrado na Figura A-6. Clique no botão **Próximo** para continuar.

Figura A-3 | Lista de opções de tipo de projeto.

Figura A-4 | Lista de plataformas.

Figura A-5 | Seleção da linguagem de programação.

Figura A-6 | Configuração final do projeto.

Na tela seguinte (Figura A-7), especifique um nome para o projeto. Para escolher a pasta na qual o projeto deverá ser gravado, clique no botão com reticências para abrir a caixa de diálogo padrão do Windows para seleção de pastas (Figura A-8).

Ao fim da definição do projeto, o Visual Studio 2019 mostra a tela do editor de códigos (Figura A-9).

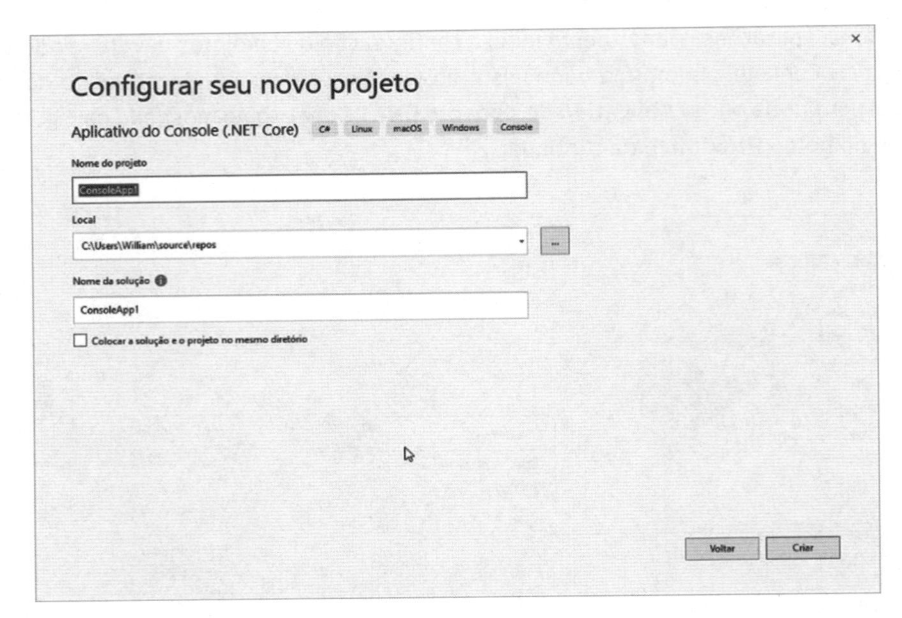

Figura A-7 | Definição do nome do projeto e da pasta de gravação.

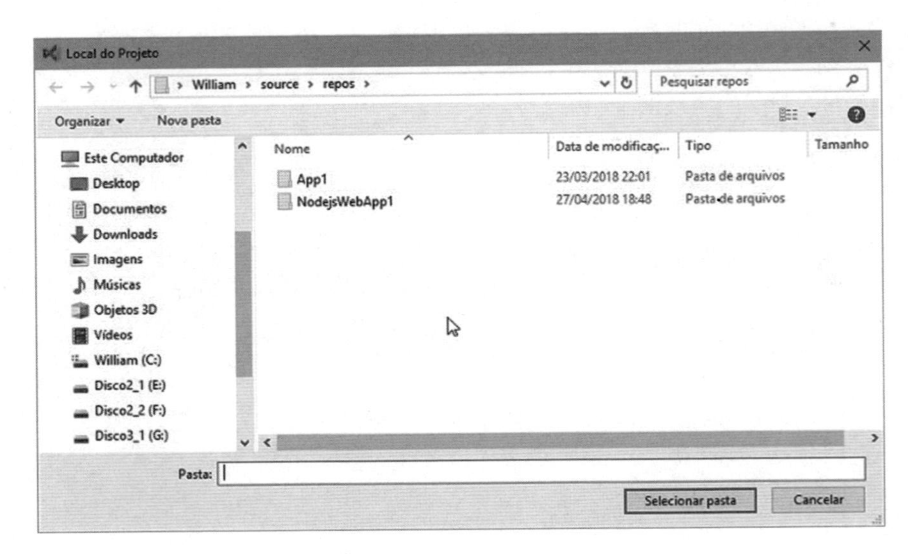

Figura A-8 | Caixa de diálogo para seleção de pasta.

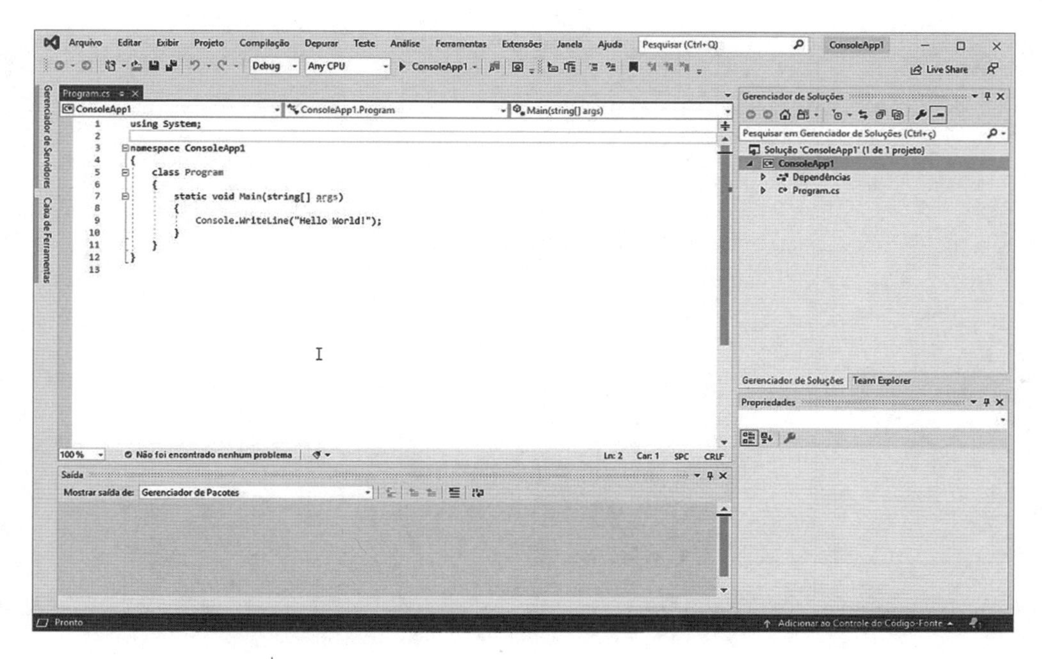

Figura A-9 | Tela do Visual Studio 2019 com o editor de código-fonte apresentado.

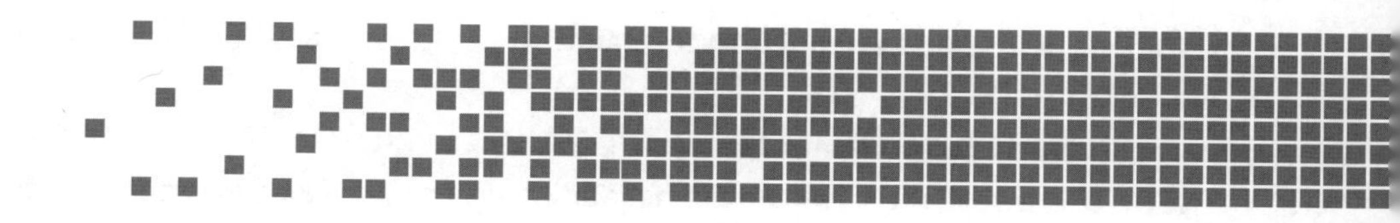

Bibliografia

CELKO, J. **Joe Celko's data and databases**: concepts in practice. San Francisco: Morgan Kaufmann Publishers, 1999.

CONNOLY, T.; BEGG, C. **Databse systems**: a pratical to design, implementation and management. 6.ed. Inglaterra: Pearson, 2015.

DATE, C. J. **Introdução a sistemas de bancos de dados**. Rio de Janeiro: Campus, 2000.

ELMASRI, R.; NAVATHE, S. B. **Fundamentals of database systems**. 7.ed. EUA: Pearson, 2016.

FOSTER, E. C.; GODBOLE, S. **Database systems**: a pragmatic approach. 2.ed. New Hampshire, EUA: Apress, 2016.

GALLAIRE, H. *et al.* **Advances in data base theory**. V. 2. New York: Plenum Press, 1984.

______. **Logic and data bases**. New York: Plenum Press, 1978.

HOTKA, D. **Aprendendo Oracle 9i**. São Paulo: Makron Books, 2003.

KORTH, H.; SILBERSCHATZ, A.; SUDARSHAN, S. **Sistemas de bancos de dados**. São Paulo: Makron Books, 2003.

LIMA, A. L. **ERWin 4.0**: modelagem de dados. São Paulo: Érica, 2002.

______. **MySQL Server**: soluções para desenvolvedores e administradores de bancos de dados. São Paulo: Érica, 2003.

MACHADO, F.; ABREU, M. **Projeto de banco de dados**: uma visão prática. São Paulo: Érica, 2002.

MANZANO, J. A. N. G. **Estudo dirigido de SQL**. São Paulo: Érica, 2002.

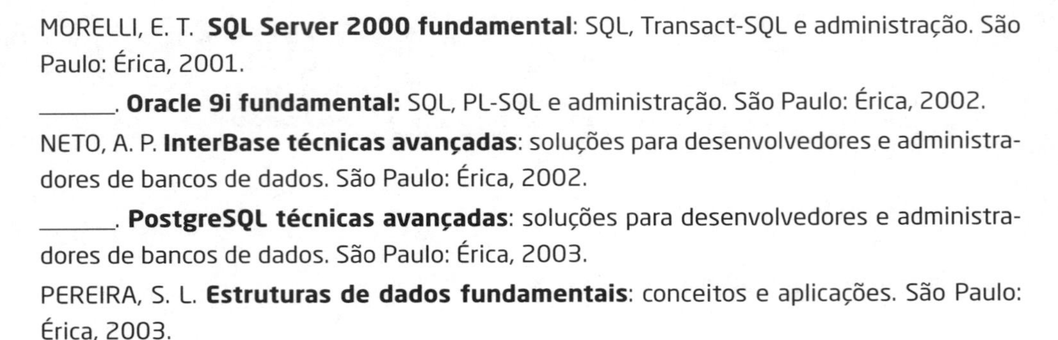

MORELLI, E. T. **SQL Server 2000 fundamental**: SQL, Transact-SQL e administração. São Paulo: Érica, 2001.

______. **Oracle 9i fundamental:** SQL, PL-SQL e administração. São Paulo: Érica, 2002.

NETO, A. P. **InterBase técnicas avançadas**: soluções para desenvolvedores e administradores de bancos de dados. São Paulo: Érica, 2002.

______. **PostgreSQL técnicas avançadas**: soluções para desenvolvedores e administradores de bancos de dados. São Paulo: Érica, 2003.

PEREIRA, S. L. **Estruturas de dados fundamentais**: conceitos e aplicações. São Paulo: Érica, 2003.

SUMATHI, S.; ESAKKIRAJAN, S. **Fundamentals of relational database management systems**. Berlin: Springer-Verlag, 2007.

Marcas registradas

C++ Builder e Delphi são marcas registradas da Embarcadero Technologies, Inc.

Access, Visual Basic, Visual C++, C#, SQL Server e Windows (em todas as suas versões) são marcas registradas da Microsoft Corporation.

MySQL, Java e Oracle são marcas registradas da Oracle Corporation.

SQLite é marca registrada da SQLite Consortium.

PostgreSQL é marca registrada da PostgreSQL Inc.

Informix e DB2 são marcas registradas da IBM Corporation.

Todos os demais nomes registrados, marcas registradas ou direitos de uso citados neste livro pertencem aos seus respectivos proprietários.